内 容 简 介

本书详细解读《信息安全技术 网络安全等级保护安全设计技术要求》（GB/T 25070—2019）中的扩展要求部分，概述云计算、移动互联、物联网、工业控制系统及大数据等的安全设计特点，分别讨论云计算安全保护环境设计、移动互联安全保护环境设计、物联网安全保护环境设计、工业控制系统安全保护环境设计及大数据安全保护环境设计，并按照理论指导实践的原则，针对标准中的具体设计内容，从安全需求分析、安全架构设计、安全设计技术要求应用解读、安全效果评价及安全设计案例等方面对标准设计原则、思想及具体的条款进行剖析。

本书可供等级保护测评机构、等级保护对象的运营使用单位及主管部门开展网络安全等级保护测评工作使用，也可以作为高等院校信息安全、网络空间安全相关专业的教材。

图书在版编目（CIP）数据

网络安全等级保护安全设计技术要求（扩展要求部分）
应用指南 / 郭启全主编 ；祝国邦等编著. -- 北京 ：电
子工业出版社，2025. 6. --（网络安全等级保护与关键
信息基础设施安全保护系列丛书）. -- ISBN 978-7-121
-50285-9

Ⅰ. TP393.08-62

中国国家版本馆 CIP 数据核字第 20251X4E78 号

责任编辑：潘　昕　　　　　　特约编辑：田学清
印　　刷：三河市鑫金马印装有限公司
装　　订：三河市鑫金马印装有限公司
出版发行：电子工业出版社
　　　　　北京市海淀区万寿路 173 信箱　　　邮编 100036
开　　本：787×980　　1/16　　印张：26.5　　字数：500 千字
版　　次：2025 年 6 月第 1 版
印　　次：2025 年 6 月第 1 次印刷
定　　价：135.00 元

网络安全等级保护安全设计技术要求

（扩展要求部分）应用指南

郭启全　主编

祝国邦　范春玲　李秋香　刘志宇　等编著

电子工业出版社·

Publishing House of Electronics Industry

北京·BEIJING

前　　言

《中华人民共和国网络安全法》于 2017 年 6 月 1 日正式施行，该法明确规定国家实行网络安全等级保护制度，对关键信息基础设施在网络安全等级保护制度的基础上，实行重点保护。

随着云计算、移动互联、物联网、工业控制系统及大数据等新技术、新应用的广泛应用和深度发展，为适应当前不断变化的网络安全形势，网络安全等级保护的政策、标准也在不断发展和演进。2019 年 12 月 1 日，《信息安全技术　网络安全等级保护安全设计技术要求》（GB/T 25070—2019）（以下简称《设计要求》）、《信息安全技术　网络安全等级保护基本要求》（GB/T 22239—2019）（以下简称《基本要求》）和《信息安全技术　网络安全等级保护测评要求》（GB/T 28448—2019）等国家标准正式实施，这标志着我国网络安全等级保护工作进入了一个新的发展阶段，对当前及今后我国的网络安全工作具有重要意义。

《设计要求》作为网络安全等级保护系列标准的核心组成部分，规定了网络安全等级保护第一级到第四级保护对象的安全设计技术要求，为云计算、移动互联、物联网、工业控制系统、大数据，以及传统信息系统的安全设计提供了方法论。本书通过落实"一个中心，三重防护"的安全设计要求，进一步明确网络安全等级保护"**主动防御、动态防御、纵深防御、整体防控、精准防护、联防联控**"等安全设计原则，解读网络安全等级保护第一级到第四级保护对象的安全设计技术要求，同时对相应安全设计技术要求进行说明，强化可信计算、集中管控等方面的技术指导和深度应用，指导等级保护对象运营使用单位、网络安全企业、网络安全服务机构等有效地设计和实施网络安全等级保护安全技术方案。

本书被纳入网络安全等级保护与关键信息基础设施安全保护系列丛书。丛书包括：

- 《〈关键信息基础设施安全保护条例〉〈数据安全法〉和网络安全等级保护制度解读与实施》
- 《重要信息系统安全保护能力建设与实践》

- 《网络安全保护平台建设应用与挂图作战》

- 《网络空间地理学关键技术与应用》

- 《网络安全等级保护基本要求（通用要求部分）应用指南》

- 《网络安全等级保护基本要求（扩展要求部分）应用指南》

- 《网络安全等级保护测评要求（通用要求部分）应用指南》

- 《网络安全等级保护测评要求（扩展要求部分）应用指南》

- 《网络安全等级保护安全设计技术要求（通用要求部分）应用指南》

- 《网络安全等级保护安全设计技术要求（扩展要求部分）应用指南》（本书）

本书共分为六章。第 1 章论述《设计要求》的主要变化，概述了云计算、移动互联、物联网、工业控制系统及大数据等新技术、新应用的安全设计特点。第 2 章～第 6 章按照《设计要求》修订增加的扩展内容，分别讨论云计算安全保护环境设计、移动互联安全保护环境设计、物联网安全保护环境设计、工业控制系统安全保护环境设计及大数据安全保护环境设计，各章按照理论指导实践的原则，针对标准中的具体设计内容，从安全需求分析、安全架构设计、安全设计技术要求应用解读、安全效果评价及安全设计案例等方面对标准设计原则、思想及具体的安全条款进行剖析。

本书的主编是郭启全，主要编者有祝国邦、范春玲、李秋香、刘志宇、蒋勇、陆磊、宫月、陈翠云、黄学臻、陈彦如、刘卜瑜、赵勇、李娜、崔婷婷、杨宏志、钟力、张元元、李艺、韩涛、杨杨、霍玉鲜、傅一帆、王晔、陈华胄、谢江、蔚晨。

公安部第一研究所、北京工业大学、阿里云计算有限公司、北京北信源软件股份有限公司、中国信息通信研究院、中电智能科技有限公司、腾讯科技（北京）有限公司、北京微智信业科技有限公司、深圳市网安计算机安全检测技术有限公司、新华三技术有限公司、北京天融信网络安全技术有限公司、深信服科技股份有限公司、山谷网安科技股份有限公司、亚信科技（成都）有限公司、杭州天宽科技有限公司、腾讯云计算（北京）有限责任公司、北京安智物联科技有限公司、广东与非科技有限公司、北京奇虎科技有限公司、中国电子信息产业集团公司第六研究所、南京中新赛克科技有限责任公司、奇安信科技集团股份有限公司、北京华大智宝电子系统有限公司、北京广利核系统工程有限公司、中国电力科学研究院有限公司、宁波和利时信息安全研究院有限公司、浙江中控研究院有限公司、北京全路通信信号研究设计院集团有限公司、北京龙鼎源科技股份有限公司、国家工业信息安全发展研究中心、华夏天信智能物联股份有限公司、成都亚信网络安全产业技术研究院有限公司、上海观安信息技术股份有限公司、光大科技有限公司等单位为本书的编写提供了支持和帮助。

由于编者水平有限，书中难免有疏漏之处，敬请广大读者提出宝贵意见和修改建议。

编　者

目 录

第1章 概述

《中华人民共和国网络安全法》正式施行后,网络安全等级保护制度逐渐成为落实《中华人民共和国网络安全法》的重要抓手,如何践行最新的网络安全等级保护标准,使网络安全发展满足网络安全等级保护新的要求,适应现阶段网络安全的新形势、新变化及新技术、新应用的发展,以及如何将等级保护的思想和方法有效地用于信息系统的安全保护,成为信息系统运营使用单位、网络安全企业及网络安全服务机构等面临的问题。本章对《设计要求》的主要变化,《设计要求》的新增和修订内容(如云计算、移动互联、物联网、工业控制系统及大数据的安全设计)进行总体介绍,指导等级保护对象运营使用单位、网络安全企业、网络安全服务机构等有效地设计和实施网络安全等级保护安全技术方案。

1.1 《设计要求》的主要变化

1. 安全能力要求的变化

《设计要求》在安全能力要求方面强调变被动防御为主动防御、变单点防御为全局防御、变静态防御为动态防御、变粗放粒度防御为精准粒度防御;实时构建弹性防御体系,对拟发生的网络安全攻击进行全局分析和安全防护策略的实时、动态调整,实现精准、及时的预警,以期最大限度地避免、降低信息系统所面临的风险。

2. 保护对象范围的变化

除传统信息系统之外,《设计要求》还将云计算、移动互联、物联网、工业控制系统及大数据等新技术、新应用列入标准范围,构成了"安全通用要求+安全扩展要求"的标准内容:一方面,将传统信息系统之外的新型网络系统涵盖进来,丰富了标准的内容;另一方面,增强了标准的灵活性和可扩展性。随着5G网络、人工智能等新技术的不断涌现,等级保护对象的范围将不断扩展。

3. 安全防护机制的变化

在安全防护机制方面,《设计要求》一方面强化了可信验证技术使用的要求,把可信验证列入各级别，并逐级提出各环节的主要功能要求；另一方面提出了集中管控的理念，对整体网络和信息系统的安全策略及安全计算环境、安全区域边界和安全通信网络中的安全机制实施统一管理，实现对网络链路、网络设备和安全设备运行状况的集中监测，对审计数据的集中分析，对安全策略、恶意代码、补丁升级等安全事项的集中管理，以及对网络中发生的各类安全事件的集中识别、报警和分析。

1.2 《设计要求》的扩展要求概述

1.2.1 云计算平台安全设计概述

云计算平台包括基础设施层、平台服务层、安全管理层及运维管理层等。基础设施层为云计算平台提供基础服务，包括存储资源、计算资源、网络资源、虚拟主机、负载均衡、虚拟网络及资源管理服务；平台服务层提供数据与应用支撑服务，是大数据处理的核心部分，包括大规模数据离线处理、多维分析、流计算、图计算、各类数据库及大数据开发工具等；安全管理层提供云计算平台侧和租户侧的安全能力，包括安全管理、云服务安全、分布式系统安全、数据安全、主机安全及网络安全等；运维管理层包括自动化运维、集群监控、运维管理系统及自助服务门户。

云计算平台安全设计需要考虑云计算服务模式带来的安全责任变化。云计算服务模式包括软件即服务（SaaS）、平台即服务（PaaS）和基础设施即服务（IaaS）三种。在不同的服务模式中，云服务商和云服务客户对计算资源的控制范围不同，而控制范围决定了安全责任的边界。同时，不同服务模式下云服务商和云服务客户的安全管理责任不同，保护对象也随之发生变化。上述安全责任—保护对象—安全措施—安全能力—合规要求，构成了云计算平台安全设计的闭环。

1.2.2 移动互联系统安全设计概述

移动互联系统指的是采用移动互联技术，以移动应用为主要发布形式，用户通过移动终端获取业务和服务的信息系统。它是移动通信、互联网与信息系统融合的产物，主要有以下特点。

（1）移动终端。智能手机、平板电脑、笔记本电脑等通用或专用移动终端是主要的用户端设备。

（2）无线网络。无线局域网、移动通信网是用户终端接入系统的主要途径。

（3）边界模糊。移动终端可以在任何地点接入系统，对服务端来说非常不可信，导致整体网络边界变得相当模糊。

（4）5A 特性（任何时间、任何人、任何地点、任何设备、任何事务）。用户接入和使用系统突破了时间、空间的限制。

（5）以人为本。信息获取强调用户的体验、使用和需求，支持随时进行信息检索和传输，主动向用户推送信息，鼓励用户随时随地参与互动，通过 App、公众号内网页等呈现信息。

移动互联系统安全设计按照"一个中心，三重防护"的要求，即基于安全计算环境、安全区域边界和安全通信网络三个纵深层次，以及集中统一的安全管理中心，从需求分析、整体框架设计和系统安全架构设计的流程全面展开。针对移动互联系统的特点，安全设计主要有三个重点：一是对服务端侧，鉴于移动终端的不可信，强调安全接入和边界访问控制，以保护核心业务与数据安全；二是对移动终端侧，鉴于用户接入和使用系统的 5A 特性，强调移动终端自身的安全防护及系统对移动终端的安全管控，以保护移动终端上的应用和数据安全；三是对无线通信链路，鉴于无线通信信号极易被截获及网络连接经由公共不可信网络，重点强调通信网络的可信保护，以实现网络通信加密和通信实体相互的身份鉴别。

1.2.3　物联网系统安全设计概述

物联网系统通过射频识别、红外线感应器、全球定位系统、激光扫描器等信息传感设备，按约定的协议，把任一物体与互联网相连接，进行信息交换和通信，以实现智能化识别、定位、追踪、监控和管理。物联网系统的特点如下。

（1）物联网是互联网的延伸，实现了人与人、人与物、物与物之间的信息自由交流，每个物体都是一个信息终端。在物联网中，任一对象可以实时地对物体进行识别、定位、追踪、监控，并触发相应事件。

（2）物联网将芯片技术、微型传感器技术、智能技术、纳米技术作为发展的重要支撑，通过在对象上植入各种微型感应芯片，借助无线通信网络将其与互联网相连，随时随地对该对象的信息进行采集，实现全面感知。

（3）物联网具有行业性，不同行业的物联网应用大不相同，如工业、农业、交通、环保、电力、物流、家居等领域的物联网应用都不相同。一个行业的成功案例并不能原样复制到另一个行业，只有在同一个行业中，物联网应用方案才具有通用性。

结合物联网系统的特点，在对物联网系统进行安全设计时，需要注意以下几点。

（1）考虑物联网的行业属性，充分结合行业业务特点，有针对性地进行设计。

（2）由于物联网系统结构复杂，不同物联网应用系统的功能、规模差异很大，可按层级将物联网划分为感知层、网络层和应用层。物联网感知层、网络层和应用层的功能、安全风险、安全需求各不相同，因此需要结合各层级的特点进行分层安全设计。

（3）物联网终端类型繁多，包括 RFID 读写器、红外线感应器、全球定位系统等，不同类型终端接入系统的方式也不相同，包括蓝牙、Wi-Fi、ZigBee 等方式，并且大多数部署于公共区域。因此，需要针对物联网终端类型多样化、部署开放化、接入方式多样化等特点进行需求分析，使物联网安全设计具有适用性。

1.2.4　工业控制系统安全设计概述

工业控制系统（简称"工控系统"，ICS）是由各种自动化控制组件及对实时数据进行采集、监测的过程控制组件共同构成的确保工业基础设施自动化运行、过程控制与监控的业务流程管控系统。工控系统包括多种工业生产中使用的控制系统，如数据采集与监视控制（SCADA）系统、分布式控制系统（DCS）和其他较小的控制系统［如可编程逻辑控制器（PLC）系统，其现已广泛应用于工业部门和关键基础设施中］。工控系统处于工业自动化与控制系统参考模型（见图 1-1）的第 0 层到第 2 层，应用在不同的行业中时有其特定的形式和名称。一些关键设施配置有关于功能安全的安全仪表系统（SIS）、紧急停车系统等，它们处于工业自动化与控制系统参考模型的第 1 层，用于在故障发生时将系统导入安全状态；处于第 2 层以上的有计划排产系统、企业资源规划系统等，它们的特点、形式、安全设计要求与信息系统的类似。

针对工控系统的组成与特点，其安全设计应当突出以下三个方面。

一是要保护包含控制系统在内的工业设施免受攻击而导致的危害。控制回路是工控系统设计的关键环节，一旦迟延、丢失信号、延误处理，或者被注入假信号、修改参数、引发逻辑误动，都有可能造成故障。工控系统的保护对象是与控制系统正常运行直接相关的现场控制设备、现场设备，以及相关的上位机和网络设备系统。信息安全的设计、部署也应当就此展开，需要对构成控制回路的、遍布现场的传感器、执行器、控制器（含 PLC、RTU 等）的处理流程、功能、脆弱点、保障要求进行分析，得出保护与监控的方法和措施，对于第 2 层的上位机和第 3 层的业务系统，要防止恶意逻辑的入侵，避免形成攻击跳板。

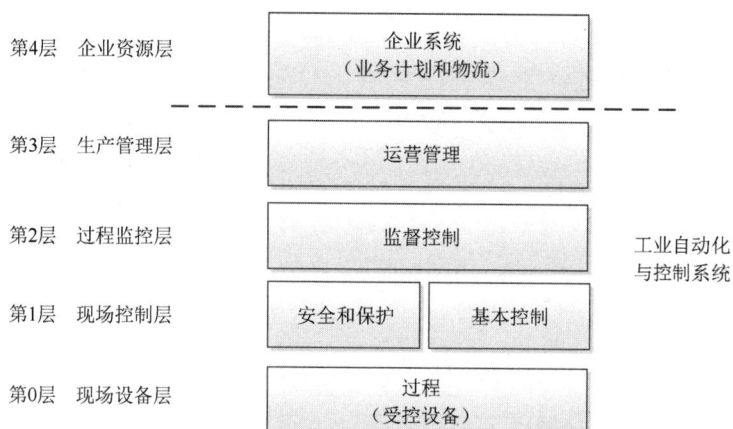

图 1-1　工业自动化与控制系统参考模型

二是保证系统安全可靠（可用）。信息安全设计要充分考虑可靠性要求：信息安全保护单元若串联在系统中，不能影响实时响应，在关键环节处不能有单故障点；信息安全保护单元若并联在系统中，不能干扰系统的正常运行。在配置有安全保护系统的应用中，信息安全设计应与功能安全设计保持一致。保密性要求在某些行业也很重要，要防止信息外泄。

三是维护系统稳定运行的环境。第 0 层和第 1 层系统和设备的工作模式是有节律的短周期实时响应处理，和第 2 层及以上系统和设备的随机工作模式大不相同。上层随机的网络流可能会干扰甚至破坏第 0 层和第 1 层控制回路的运行，如用漏洞扫描方式检查现场控制设备就是一种攻击行为，网络设备在启动或发生故障时发出的频繁广播会对控制回路设备造成干扰和破坏，因此在安全设计中要考虑工控系统稳定运行的要求，防止恶意逻辑用类似的方式进行攻击。

1.2.5　大数据安全设计概述

大数据平台包括大数据业务和大数据应用支撑环境。其中，大数据业务主要包括重要数据、个人信息及大数据应用软件；大数据应用支撑环境包括大数据分析算法与软件、数据组织与分布软件及大数据平台支撑环境。

在进行大数据安全设计时，需要分层考虑数据自身安全、大数据应用支撑环境安全及网络基础设施安全，并按照"一个中心，三重防护"的要求，在计算环境部分考虑大数据业务和大数据应用支撑环境的安全设计。

大数据业务安全部分覆盖数据采集、处理、存储、应用及流转等大数据业务全生命周期，通过采用适合的安全防护技术保障大数据应用的安全，并特别考虑大数据跨境的安全设计、个人隐私保护设计、大数据安全责任划分及数据交易的安全设计。

大数据应用支撑环境安全部分覆盖大数据应用的计算基础设施、数据组织与分布应用软件及计算与分析应用软件等层面，通过采用适合的安全防护技术和监管措施，保障大数据应用支撑环境的安全。

大数据安全管理中心的设计包括数据安全治理维度融合系统管理、安全管理和审计管理等内容，特别考虑用户数据访问行为分析和敏感数据安全管理。

大数据区域边界防护采用网络访问安全、接口安全等安全保障技术和措施，通过密码技术保障数据传输的保密性与完整性，实现通信网络的安全。

大数据安全防护通过数据层、大数据应用层、支撑环境层及网络基础设施层分层构建大数据安全防护体系，通过统一大数据安全管理中心，实现跨层跨域整合安全管理、分层分域管控与综合治理，构成完整的大数据安全架构。

1.3　安全防护技术体系的设计过程

安全防护技术体系的设计过程如图 1-2 所示，主要包括安全需求分析、安全架构设计、安全详细设计和安全效果评价四个子过程。

安全需求分析子过程主要包括安全合规差异驱动的安全需求分析和安全风险驱动的安全需求分析两部分内容。安全合规差异驱动的安全需求分析是指根据等级保护对象的定级情况，结合《基本要求》，通过访谈、核查和测试等技术手段，查验定级对象与网络安全等级保护相关要求差距的过程。依据《设计要求》，在安全防护技术体系设计过程中重点对安全计算环境、安全区域边界、安全通信网络和安全管理中心四个方面进行安全合规差异驱动的安全需求分析。安全风险驱动的安全需求分析是指依据相关标准，通过调查、访谈和技术检测等多种方式，对风险要素进行数据采集，采用定量与定性相结合的方法对采集的数据进行综合风险分析，并形成风险分析结果的过程。

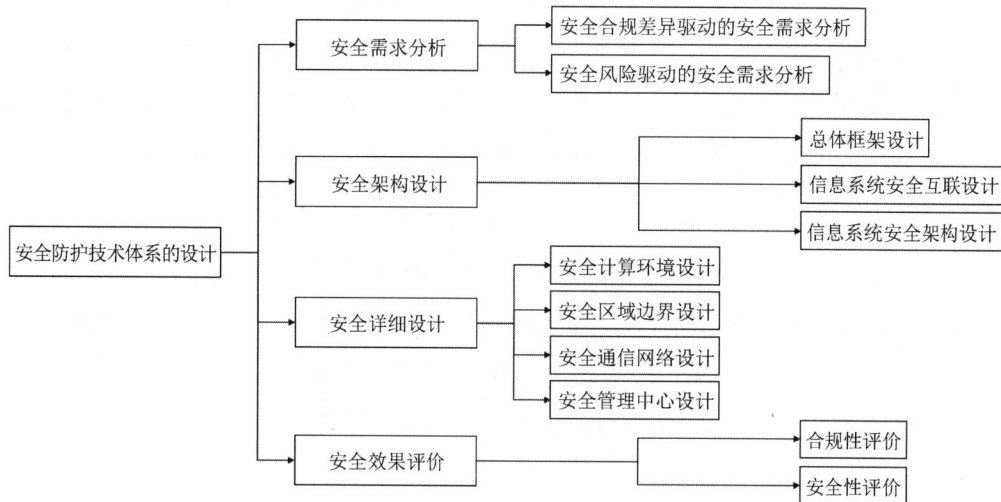

图 1-2　安全防护技术体系的设计过程

安全架构设计子过程主要包括总体框架设计、信息系统安全互联设计和信息系统安全架构设计三部分内容。安全架构设计按照技术与管理要求进行，依据不同级别的具体设计技术要求设计本级系统安全保护环境建设模型，包括安全物理环境、安全区域边界、安全通信网络、安全计算环境、安全管理中心及相关管理要求。安全架构设计的核心内容是对网络进行全方位的安全防护，这并不意味着对整个系统进行同一等级的保护，而是针对系统内部的不同业务区域进行不同等级的保护。因此，安全域划分是进行网络安全等级保护设计的首要步骤，需要合理地划分网络安全域，针对安全域各自的特点采取不同的技术及管理手段，从而构建一整套有针对性的安全防护体系。

安全详细设计子过程主要包括安全计算环境设计、安全区域边界设计、安全通信网络设计和安全管理中心设计等内容。其中，安全计算环境设计的内容包括用户身份鉴别、自主访问控制、标记和强制访问控制、系统安全审计、用户数据完整性保护、用户数据保密性保护、数据备份与恢复、客体安全重用、可信验证、配置可信检查、入侵检测和恶意代码防范等方面；安全区域边界设计的内容包括区域边界访问控制、区域边界包过滤、区域边界安全审计、区域边界恶意代码防范、区域边界完整性保护和可信验证等方面；安全通信网络设计的内容包括通信网络安全审计、通信网络数据传输完整性保护、通信网络数据传输保密性保护和可信连接验证等方面；安全管理中心是纵深防御体系的"大脑"，用于实现技术层面的系统管理、审计管理和安全管理，同时对整个安全保护环境进行集中管控。安全管理中心并非一个机构，也非一个产品，而是一个技术管控枢纽，能够通过一个或多个技术工具在一定程度上实现对安全环境的集中管理，便于对全网安全资源进行调度、管理及监控。

安全效果评价子过程主要包括合规性评价和安全性评价两部分内容。合规性评价从整体到局部详细评估安全方案的设计是否满足等级保护要求；安全性评价主要从动态防御、主动防御、纵深防御、精准防护、整体防控和联防联控等方面的实现角度，对网络安全等级保护整体设计思想进行安全性评价，为网络运营者和相关服务提供商提供整体上的设计指导。

第2章　云计算安全保护环境设计

本章对《设计要求》中云计算等级保护安全设计要求内容进行全面解读，按照"一个中心，三重防护"的要求，基于标准应用的角度，从安全需求出发对不同安全等级的云计算平台进行安全设计和指导，并提供相关案例供读者参考。

2.1　安全需求分析指南

2.1.1　安全需求分析的工作流程

云计算安全需求分析的工作流程与通用要求安全需求分析的工作流程大致相同，主要包括安全资产分析、安全风险分析、安全责任分析、安全确认等。同时，云计算安全需求分析需要考虑云计算的特点，重点关注以下安全问题。

1. 防范来自互联网的 DDoS 攻击

一旦云计算平台上的业务遭受 DDoS 攻击，将直接导致业务不可用，进而造成一定程度的影响。近年来，全世界范围内出现了越来越多的针对业务的 DDoS 攻击，随着云计算平台上应用的增多，云计算平台面临的 DDoS 攻击威胁越来越大。

2. 防范互联网应用的入侵

互联网应用主要利用 Web 安全漏洞写入 Webshell 后门实现入侵和通过破解主机管理账户密码实现入侵等。因此，做好云计算平台上业务的应用安全防护、防止密码被暴力破解和防范 Web 安全漏洞成为云计算平台面临的首要任务。

3. 防范敏感数据外泄

云计算平台业务系统包含大量敏感信息，这些敏感信息一旦外泄，就有可能泄露隐私、影响企业形象，并造成重大的业务损失。因此，如何防范云计算平台业务系统敏感数据外泄是云计算平台建设过程中需要重点考虑的问题。

4. 保障云计算平台业务系统的高可用性

云计算平台业务系统是否稳定直接关系着相关工作人员日常办公和对外提供服务的质量，因此保障云计算平台业务系统的高可用性至关重要。保障云计算平台业务系统的高可用性需要从 IT 基础架构角度出发，保障云计算平台网络的高可用性、服务器资源的高可用性和存储数据的高可用性。

5. 保障云计算平台自身的安全性

云计算平台系统采用云计算技术，由第三方提供 IT 基础架构及云服务，多租户共享云计算平台计算资源，这使得云计算平台安全与传统 IT 基础架构安全差异较大。因此，云计算平台的身份管理、权限管理、多租户计算资源隔离、虚拟机安全性等成为云计算平台安全建设的关注要点。

6. 构建云计算平台安全纵深防御体系

随着大量面向用户的公共信息在互联网上被披露，在安全方面，不但要保障信息的高可用性，而且要防范隐藏在互联网访问过程中的各种网络攻击和黑客入侵行为。同时，云计算技术的应用使得传统的安全防护体系遭遇网络边界模糊化、安全防护扁平化等挑战。考虑到云计算的高安全性要求，云计算平台的安全建设不仅需要在云端构建包括数据、应用、主机、云计算平台、网络、物理等各个层次的安全体系，还需要通过大数据分析模型构建对隐藏在互联网访问过程中的各种网络攻击和黑客入侵行为进行发现、检测的云计算平台安全纵深防御体系。

2.1.2 安全需求分析的主要任务

2.1.2.1 安全资产分析

对资产价值的分析与判定是进行网络和信息系统安全风险分析的前提。云计算环境中的资产，除包括由物理主机、网络设备、安全设备、存储设备等构成的物理集群外，还包括对物理设备进行资源抽象控制的各类控制器、虚拟化网络、计算资源池、存储资源池、安全资源池，以及为了方便提供云计算服务及云安全服务而开发的平台，如云管理平台、安全管理平台等。云计算环境中的资产包括租户资产和云计算平台资产，如图 2-1 所示。

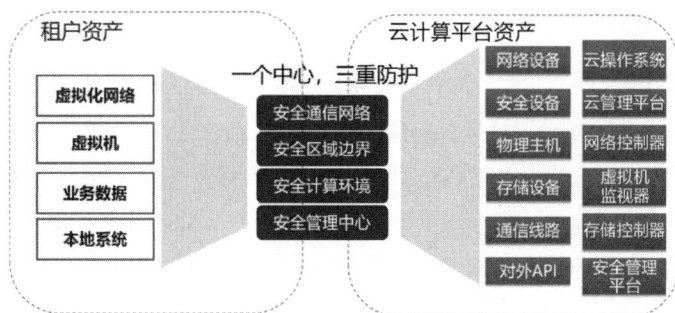

图 2-1　云计算环境中的资产

2.1.2.2　安全风险分析

1. 资产脆弱性分析

在云计算环境下，资产具有无形性特点，网络和信息资产不再局限于具体的物理实体。云计算环境是一个多客户、多业务的系统环境，物理实体由多项业务甚至多个客户共享，导致网络和信息资产可以在客户业务系统内部或客户业务系统之间被反复交换、反复使用，如虚拟机的分配与回收再分配过程。这种共享机制使得云计算环境中的安全风险高度集中，某个宿主机的安全缺陷可能导致其承载的所有虚拟机都存在被利用的脆弱性。此外，虚拟化技术本身及虚拟机等也引入了云计算平台所特有的脆弱性。因此，云计算环境资产的脆弱性分析应该贯穿整个云计算架构体系，具体如表 2-1 所示。

表 2-1　云计算环境资产的脆弱性分析

层面	脆弱性分析
硬件层	硬件层的脆弱性分析主要从承载云计算环境的物理网络角度展开，包括物理网络结构、物理安全区域划分、安全管理区域的设置，以及各安全区域边界的访问控制策略等
资源抽象控制层	资源抽象控制层是虚拟化计算资源层的管理核心，主要围绕虚拟机监视器、网络控制器、存储控制器进行脆弱性分析
虚拟化计算资源层	虚拟化计算资源层的脆弱性分析主要围绕虚拟机及各类虚拟化设备的操作系统安全展开，包括安全补丁、安全策略配置、漏洞检测和扫描等
软件平台层	软件平台层的脆弱性分析主要包括中间件、数据库安全脆弱性分析，以及对外提供接口的安全性检测和接入认证等方面
应用软件层	应用软件层的脆弱性分析主要从云计算管理平台、云安全管理平台等云计算应用的认证授权、审计机制、访问控制策略、数据保密性保护及数据完整性保护等方面展开

2. 云计算平台风险分析

当信息系统上云之后，云计算平台会以强大的处理能力提供从基础设施到软件的应用，只要接入网络并访问云计算提供的服务，就能完成大量日常工作。云计算平台在给人们带来便利的同时，也带来了大量风险。笔者根据对云计算平台业务系统的安全需求调研，归纳出云计算平台业务系统可能面临四大类主要的安全风险：业务系统不可用（可用性）、业务信息的泄露（保密性）、应用系统主机被入侵（保密性和完整性）、云计算平台自身系统的安全问题。

上述四大类安全风险可细化为 19 小类安全风险（仅涉及 IT 基础架构部分的安全），表 2-2 对可能发生的风险场景进行了描述，并对每类风险进行了影响、可能性、风险等级分析。

表 2-2　云计算平台安全风险分析

云计算平台面临的安全风险分类		风险场景描述	影响	可能性	风险等级
业务系统不可用	突发业务流量高峰	网站业务流量出现突发峰值，造成服务器处理能力下降	大	中	高
	DDoS 攻击	攻击者对面向互联网的业务系统进行 DDoS 攻击，造成用户业务不可使用	大	高	高
	存储介质故障	业务采用大量 x86 服务器，服务器集群内磁盘出现故障的概率较大，磁盘故障影响业务数据的完整性和可用性	大	中	高
业务信息的泄露	剩余信息保护	应用系统下线后内存、磁盘等存储资源未清空，被其他应用重用时出现信息泄露	大	低	中
	业务数据被外部用户窃取	外部用户通过黑客入侵、SQL 注入攻击或者数据库权限管理不完善的漏洞获取业务系统数据	很大	低	高
	系统快照被窃取	为实现快速部署和保存系统数据，采用虚拟化技术保存系统快照。但系统快照包含主机上的生产数据，快照如被窃取，将导致主机存储的数据保密性被破坏	大	很低	中
应用系统主机被入侵	网站入侵	攻击者入侵云端网站	大	高	高
	密码暴力破解	攻击者对业务系统密码进行暴力破解	大	很高	高
	业务网站存在漏洞被入侵	攻击者利用漏洞入侵网站后上传网站后门	大	很高	高
	黑客扫描	攻击者利用扫描、手工渗透等方式发现网站存在的漏洞	大	高	高

续表

云计算平台面临的安全风险分类		风险场景描述	影响	可能性	风险等级
应用系统主机被入侵	业务应用系统端口开放管理不严	管理员误操作或安全意识薄弱，导致云端系统开放不必要的远程管理端口或其他服务端口	一般	中	中
	僵尸网络	云主机被攻击者入侵并控制，组建僵尸网络，对云计算平台其他机器或平台开展入侵、DDoS 攻击，发送垃圾邮件、广告，开展挖矿等非法牟利活动，导致云资源被滥用	很大	高	高
云计算平台自身系统的安全问题	云计算平台组件缺乏认证机制	云计算平台因系统由多个组件构成，组件间的通信缺乏认证机制，导致组件通信可以被劫持或伪造	很大	很低	中
	云计算平台管理权限被非法获取	云计算平台管理权限被非法获取后，整个云计算平台的资源可以被控制	很大	很低	中
	API 认证不严	云计算平台提供 API，但因认证不严格导致 API 被非法调用，云资源被非法控制	大	低	中
	云资源的安全隔离	云资源因隔离机制不完善，导致云计算平台资源被其他租户非法访问	大	很低	中
	云主机镜像被篡改	云主机的实例生产镜像被植入木马或后门，导致镜像生产的实例被木马或后门控制	很大	很低	中
	宿主机故障	云主机所在宿主机故障，影响宿主机业务的连续性	一般	中	中
	虚拟机逃逸	黑客通过虚拟平台漏洞逃逸到云主机的宿主机，对其他云主机进行攻击	大	很低	中

3. 租户侧风险分析

租户侧风险主要集中在业务应用层面、接口层面、运维层面等。

业务应用层面基于对云计算平台的访问完成其业务功能，业务应用的操作也会影响云计算平台本身的安全。业务应用系统自身可能存在安全漏洞或业务逻辑权限处理不当等情况，导致非授权用户越权访问数据或获取数据操作权限；业务应用系统在提供自有应用时可能出现不良信息。

接口层面包括内部接口和外部接口。内部接口主要指平台内部各组件之间的接口；外部接口包括数据源到平台设施之间的接口、平台设施到数据交易之间的接口。租户侧面临的风险主要集中在数据源与云计算平台之间及云计算平台与应用之间，当通过不安全的通道进行数据传输时，有可能出现中间人攻击、数据泄露等安全隐患。

运维层面指租户通过运维终端远程运维部署在云计算平台上的设施，主要风险有以下几种。

（1）开发或运维人员不受控制：开发或运维人员往往拥有管理员权限，在安全管控手段不足的情况下，存在个别开发或运维人员从后台直接导出高价值敏感数据的风险。

（2）运维终端本身存在安全漏洞：运维终端由于存在安全漏洞，可能被攻击者利用，引发数据泄露和云计算平台被攻击的风险。

（3）运维过程中的数据管理风险：重要业务系统的第三方厂商开发人员利用开发源代码、上线调试等机会，有意或无意地遗留系统漏洞，内置软件后门，非法窃取敏感信息。

2.1.2.3　安全责任分析

基于公有云的客户应用的安全责任由云服务商和客户共同承担。

（1）云服务商要保障云计算平台自身安全并给云上客户提供安全产品和能力。

（2）客户负责基于云服务商提供的服务构建的应用系统的安全。

云服务商和客户的安全责任分析如图 2-2 所示。

图 2-2　云服务商和客户的安全责任分析

云服务商负责基础设施（包括跨地域、多可用区部署的数据中心）和物理设备（包括计算、存储和网络设备）的物理和硬件安全，并负责运行在云操作系统上的虚拟化层和云产品层的安全。同时，云服务商负责平台侧的身份与访问的控制，以及云计算平台的安全监控和运营，从而为客户提供高可用性和高安全性的云服务平台。

客户负责以安全的方式配置和使用各种云产品，并基于这些云产品的安全能力以安全可控的方式构建自己的云上应用和业务，保障云上数据的安全。云服务商为客户提供云安全服务，保护客户的云上业务和应用系统。云服务商建议客户使用云安全服务或者云服务商安全生态里的第三方安全产品，为其云上应用和业务系统提供全面的安全防护。

在安全责任共担模式下，云服务商保障云计算平台层面的安全，并向客户提供集成的云产品安全能力和云安全服务，让客户减少对安全性的顾虑，更专注于核心业务的发展。

1. 云服务商的安全责任

云服务商负责基础设施、物理设备、分布式云操作系统及云服务产品的安全，并为客户提供保护云端应用及数据的技术手段。

云服务商保障云计算平台自身的安全，具体包括以下几个方面。

- 保障云数据中心的物理安全。

- 保障云计算平台硬件、软件和网络安全，包括操作系统及数据库的补丁管理、网络访问控制、DDoS 防护、灾难恢复等。

- 及时发现云计算平台的安全漏洞并修复，修复漏洞的过程中不影响客户业务的可用性。

- 通过与外部第三方独立安全监管与审计机构合作，对自身进行安全合规与审计评估。

云服务商为客户提供保护云端信息系统安全的技术手段，具体包括以下几个方面。

- 为客户提供多地域、多可用区分布的云数据中心及多线 BGP 接入网络，使得客户可利用云服务商提供的基础设施构建跨机房、高可用的云端应用。

- 为客户提供安全的硬件基础设施和设备。

- 为客户提供云上账户安全管理能力，包括但不限于云账号支持主子账号、多因素认证、分组授权、细粒度授权、临时授权等账户安全管控手段。

- 为客户提供安全监控和运营能力，包括安全审计手段。

- 为客户提供数据加密手段。

- 为客户提供各类安全服务。

- 引入第三方安全厂商，为客户提供个性化的行业安全解决方案。

2. 客户的安全责任

客户应基于云服务商提供的服务构建自己的云端应用系统，综合运用云服务商产品的安全功能、云安全服务及安全生态提供的第三方安全产品保护自己的业务系统。

客户应对云上产品进行安全配置管理，保障云上业务的基础安全和数据安全。如果客户使用的是基础类服务（如云服务商提供的云服务器——ECS），那么相关服务实例完全由客户控制，客户应管理实例并进行安全配置，同时应加固租用的云服务器操作系统、升级补丁、配置安全组防火墙，进行网络访问控制。但如果客户使用的是非基础类服务（如平台类或云原生类服务），那么客户的安全责任会相应上移，既不需要关心如何维护实例，也不需要关心操作系统的补丁升级、配置加固，只需要管理这些服务的账户及授权，并使用这些服务提供的安全功能。例如，云计算平台侧和租户侧的身份认证与方案控制系统为客户提供了不同维度的权限控制能力，客户只需要根据业务需求妥善配置类似产品中的安全功能即可。

客户应使用云服务商产品的原生加密能力或第三方加密服务对敏感数据进行加密，并对加密密钥进行妥善管理（如使用密钥管理服务的托管能力）。

客户在云计算平台上的应用和业务系统需要通过使用云安全服务及安全生态提供的第三方安全产品进行保护。客户也可以使用云安全服务对云上应用和业务系统、云上资源进行有效的安全监控与运营。在账户安全层面，客户应保护云服务商账户认证凭证（如提供多因素认证功能），并在账号设置上遵循最小权限原则，通过群组授权等手段实现职责分离。客户也应使用云服务商操作审计服务记录管理控制台操作及 OpenAPI 调用日志，对账号操作进行审计。

整体而言，公有云云服务商为客户提供各种安全能力和服务，而客户负责正确配置与使用上述安全能力和服务，以构建其云上应用和业务系统的安全体系。上述公有云的责任共担模型与私有云不同，私有云的责任模型取决于和客户之间的合同模式。

2.1.2.4　安全需求确认

进行安全需求确认首先要对资产进行分析、类别划分，并依据类别确定每类资产的范围，然后根据范围枚举所有资产；针对每类资产，分析其面临的威胁、威胁可利用途径，并评估威胁利用程度对应的风险等级。基于前述对信息资产、威胁、风险的梳理，完成安全需求确认。

1. 资产确认

云计算平台安全不仅要识别云服务商自身资产，还要识别云服务客户业务数据资产。在识别过程中要统计所有的信息资产，可以根据云计算平台的安全目标确定资产识别的颗粒度。资产确认如表 2-3 所示。

表 2-3　资产确认

资产的类别	具体内容
硬件资产	云计算相关硬件主要包括服务器、存储设备、网络设备和数据中心成套装备等，以及提供和使用云服务的终端设备
软件资产	云计算相关软件主要包括资源调度和管理系统、云计算平台软件和应用软件等
数据资产	云计算平台运营管理、运行管理和运维管理的数据，云服务客户存储在云计算平台上的业务数据和备份数据
人员资产	工作人员，包括正式员工、临时员工、外聘员工等
服务资产	通过购买方式获取的，能够对其他已识别资产的运行起支持作用（也就是对业务起支持作用）的服务

2. 威胁确认

在网络安全领域，C、I、A 分别代表机密性（Confidentiality）、完整性（Integrity）、可用性（Availability）。网络安全需求将 CIA 作为系统信息安全检查的总体安全需求，对机密性（C）、完整性（I）、可用性（A）分别从内部因素、外部因素、内外部合作因素进行威胁分析和枚举。威胁确认如表 2-4 所示。

表 2-4　威胁确认

威胁的来源	威胁的类别	威胁造成风险的属性			需要确认的内容
		机密性（C）	完整性（I）	可用性（A）	
内部因素	剩余信息保护	√	—	—	数据安全销毁
	业务应用系统端口开放管理不严	√	—	√	最小化服务
	云计算平台管理权限缺乏认证机制	√	—	√	认证安全
	云资源的安全隔离	√	√	—	虚拟机隔离
	主机越权	√	√	—	主机安全
	云计算平台组件缺乏认证机制	√	—	√	认证安全
	API 认证不严	√	—	√	接口安全
	存储介质故障	—	—	√	硬件故障
	宿主机故障	—	—	√	硬件故障

续表

威胁的来源	威胁的类别	威胁造成风险的属性			需要确认的内容
		机密性（C）	完整性（I）	可用性（A）	
外部因素	业务数据被外部用户窃取	√	—	—	数据安全保护
	网站被入侵	√	—	√	系统安全保护
	密码被暴力破解	√	—	√	系统安全保护
	系统快照被窃取	√	—	√	数据安全保护
	黑客扫描	—	—	√	系统安全保护
	僵尸网络	—	—	√	系统安全保护
	云主机镜像被篡改	√	√	—	数据安全保护
	虚拟机逃逸	—	√	—	虚拟机隔离
	突发业务流量高峰	—	—	√	业务可用性
	DDoS 攻击	—	—	√	业务可用性
内外部合作因素	资源迁移	√	√	√	数据传输安全

3. 风险确认

根据技术实现的难易程度、漏洞的普遍性和漏洞的可检测性，采用划分等级的方式对已识别风险的严重程度进行赋值。风险确认如表 2-5 所示。

表 2-5   风险确认

风险的来源	技术实现的难易程度	漏洞的普遍性	漏洞的可检测性	风险等级
云计算平台/云租户安全风险判定	易	广泛	易	高
	平均	常见	平均	中
	难	少见	难	低

2.2   安全架构设计指南

2.2.1   安全架构设计的工作流程

云计算平台系统安全架构设计的工作流程与通用要求安全架构设计的工作流程相同，需要遵循等级保护"一个中心，三重防护"的纵深防护思想，即对从通信网络到区域边界再到计算环境进行重重防护，通过安全管理中心对安全设备进行集中监控、调度和管理，构建云计算安全防护体系。云计算平台系统安全架构需要结合云计算的特点，主要考虑图 2-3 所示的内容。

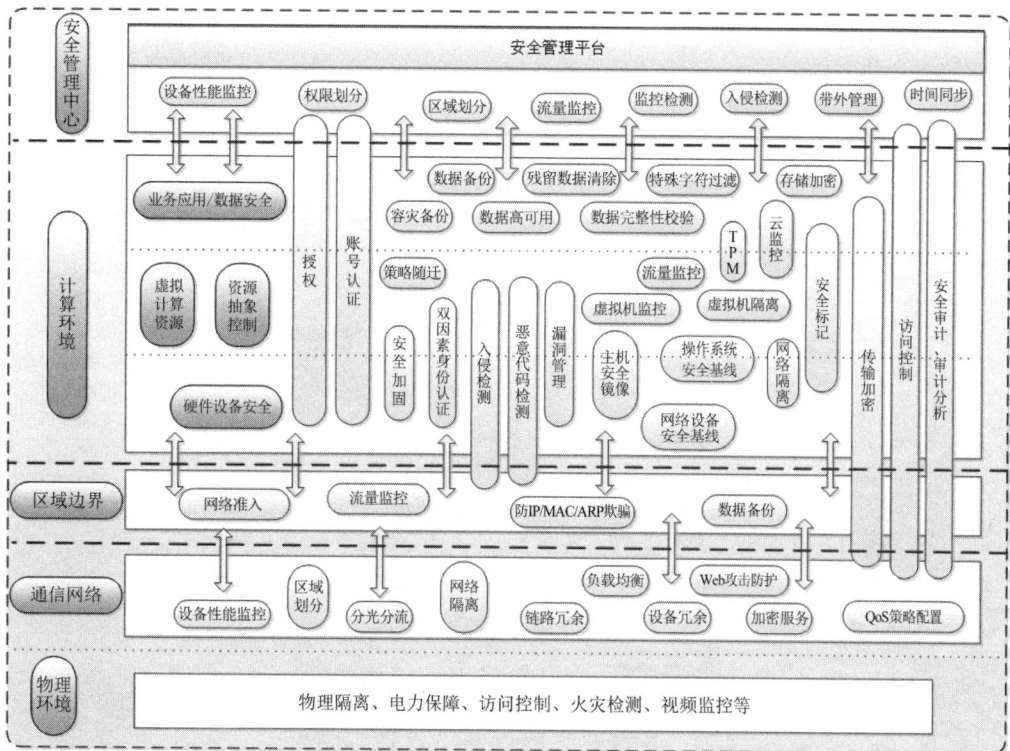

图 2-3　云计算平台系统安全架构图

2.2.2　安全架构设计的主要任务

2.2.2.1　整体框架设计

第三级云公共基础服务平台的网络架构主要涉及三部分，即运营商骨干网、企业骨干网和企业云服务节点基础网络。外网出口部署了流量清洗、云安全防护、负载均衡等相关产品，内部按照业务情况划分了多个安全区域/系统，通过访问控制列表（ACL）进行边界隔离与访问控制。第三级云计算平台网络架构如图 2-4 所示。

运营商骨干网是全国各地的运营商建设的高速、高可靠性通信网络。为面向全国提供云计算服务，实现各运营商网络的互联互通，满足所有云上用户的带宽需求，多个运营商通过 BGP 接入的方式建设了一张全国范围的企业骨干网。运营商骨干网属于运营商，企业骨干网则面向整个企业集团提供服务。云计算平台各地域的节点通过 IDC 出口路由器连接到企业骨干网，通过网络访问控制，以及其他安全防护措施进行边界隔离和安全防护。

IDC 出口路由器、IDC 核心交换机、负载均衡交换机、基础服务交换机等网络设备通过冗余的方式部署在服务节点的 IDC 机房内，各地域设施独立。各节点通过骨干网互联，构成了云计算平台各地域服务节点的基础网络架构。

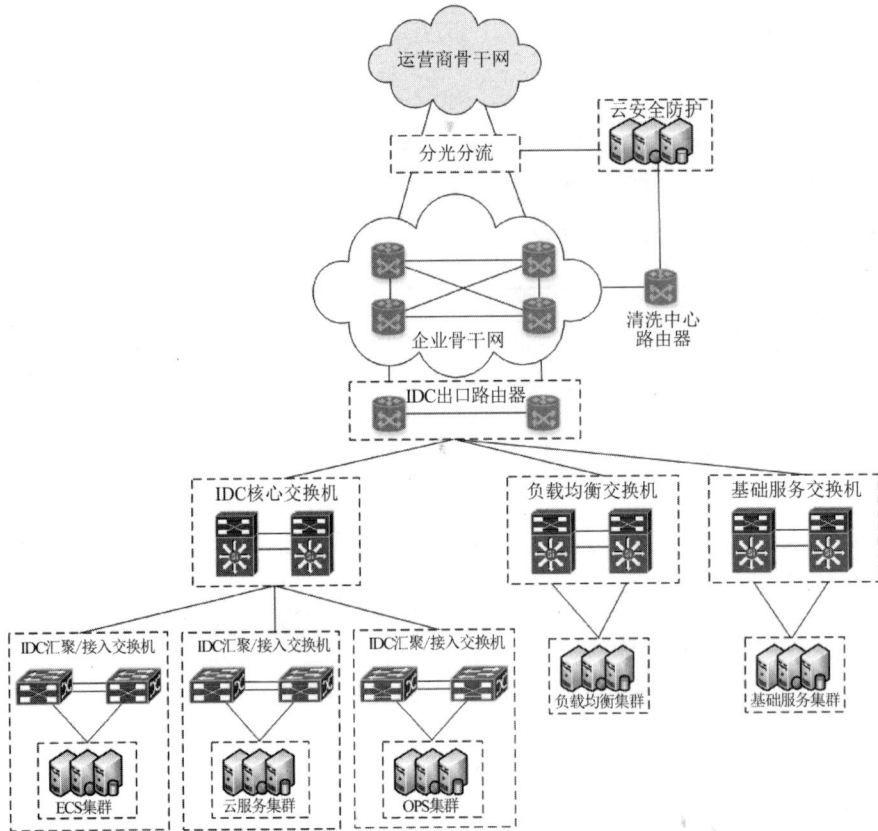

图 2-4　第三级云计算平台网络架构

在底层物理基础网络架构之上，云计算平台通过网络虚拟化，面向云计算用户提供虚拟网络层和云网络服务。云计算用户的网络和云计算平台底层的基础网络隔离，各用户间的虚拟网络通过 VPC 进行隔离。云计算平台负责底层的物理基础网络的运维和安全管理，云用户负责其虚拟网络的运维和安全管理。

第四级云计算平台网络架构在第三级云计算平台网络架构的基础上增加了以下几个区域：云计算平台物理独立可用区、互联网接入区、运维管理接入区及用户物理专线接入区。其中，云计算平台物理独立可用区是第四级云用户数据和业务的汇聚中心，是整个云计算平台的核心区域，用于部署第四级云计算平台相关的硬件设施，包括计算、存储等服务集群，虚拟网络控制器、负载均衡、DNS/NTP 等基础组件及云计算平台的内部安全设备；互联网接入区部署流量清洗、云安全防护等相关产品，确保整个云计算平台的安全防护，并负责第四级云计算平台的互联网访问职能；运维管理接入区部署堡垒机、防火墙等设备，为第四级云计算平台的日常运维、升级等操作提供条件；用户物理专线接入区提供通过物理专线接入第四级云计算平台的环境，通过物理专线接入第四级云计算平台的用户可以通过此区域进入其在第四级云计算平台中的虚拟网络，用户之间仍保持账号及资源隔离。第四级云计算平台网络架构如图 2-5 所示。

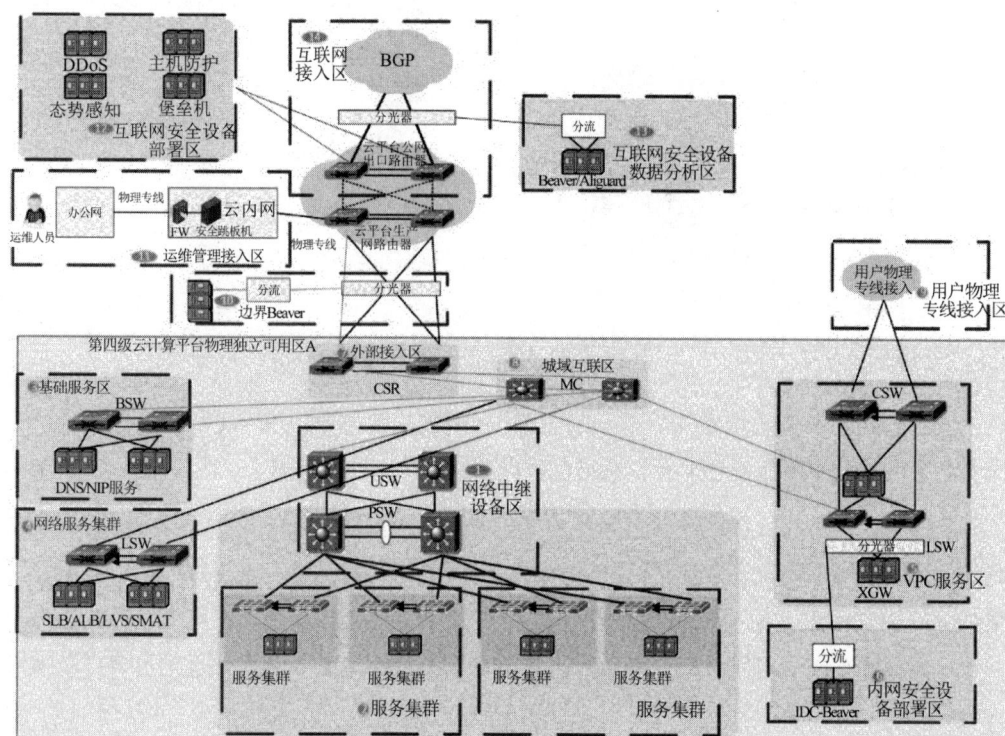

图 2-5　第四级云计算平台网络架构

2.2.2.2　信息系统安全互联设计

云计算环境下的信息系统安全互联设计主要从云计算平台与传统系统间的安全互联防护设计、不同云计算平台系统间的安全互联防护设计、VPC 间的安全互联防护设计及 VPC 内的安全互联防护设计等场景进行安全考虑。

1. 云计算平台与传统系统间的安全互联防护设计

云计算平台与传统系统间的安全互联防护设计参见通用要求。

2. 不同云计算平台系统间的安全互联防护设计

不同云计算平台系统间的安全互联防护设计如图 2-6 所示。

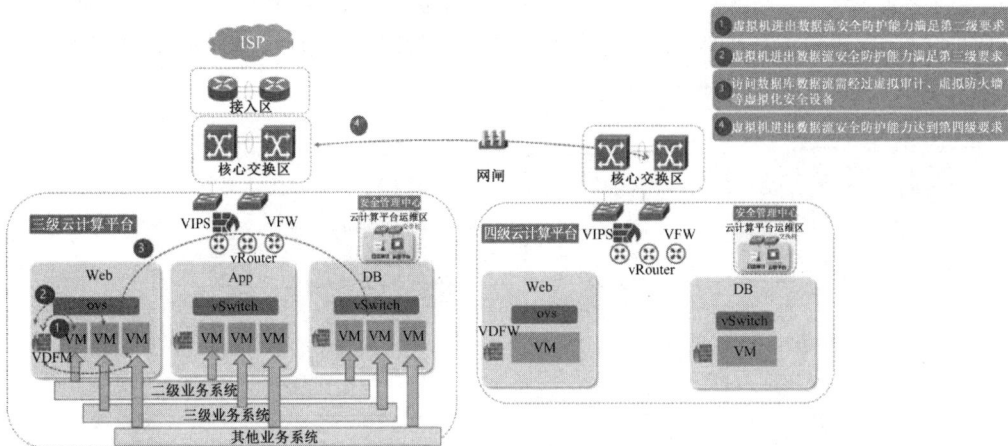

图 2-6　不同云计算平台系统间的安全互联防护设计

云服务商提供满足云租户安全需求的安全产品或安全服务，并确保所提供的安全产品或安全服务的能力不低于云上业务系统的安全保护等级。

当一个云租户在云计算平台内部署了不同安全等级的业务系统时，就需要在内部建立完善的访问控制隔离及安全互联机制。目前，最简单高效的就是安全组件方式，可以利用安全组件和安全策略模拟传统网络体系中的各个层次，建立多层访问控制体系，按需对不同等级业务系统间的双向访问及端口限制进行访问控制，实现不同等级业务系统互联网络的整体安全。

如图 2-6 所示，不同等级业务系统被部署在云计算平台的虚拟网络内，它们可通过部署虚拟分布式防火墙（VDFW）、虚拟入侵防御系统（VIPS）、虚拟数据库（VDB）等安全组件为东西向数据交互提供安全防护，安全组件的安全防护策略应满足进出数据流中最高等级的安全防护要求。例如，当第二级、第三级和第四级业务系统资源池之间进行数据交互时，数据流经过的安全组件或安全设备的安全防护能力应满足等级保护四级的安全防护要求；当第二级、第三级业务系统部署在同一资源池内，系统间进行数据交互时，数据流经过的安全组件应满足第三级等级保护的安全防护要求。

3. VPC 间的安全互联防护设计

VPC 间的安全互联防护设计如图 2-7 所示。

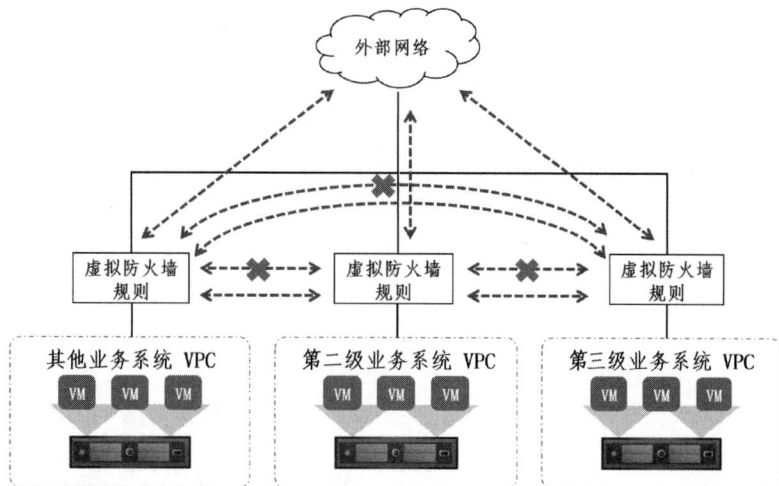

图 2-7　VPC 间的安全互联防护设计

若云租户在不同 VPC 内部署了不同等级的业务系统，并且在不同 VPC 间存在安全互联防护设计需求，当想在不同 VPC 间建立完善的访问控制隔离及安全互联机制时，建议采用虚拟防火墙安全组的方式。该方式可以利用虚拟防火墙和安全策略模拟传统网络体系中的各个层次，建立多层访问控制体系，按需对不同等级业务系统间的双向访问及端口限制进行访问控制，实现 VPC 间不同等级业务系统互联的网络安全。

如图 2-7 所示，不同等级的业务系统部署在云计算平台不同的 VPC 内，可通过部署虚拟防火墙实现 VPC 间安全互联，满足 VPC 间业务单双向访问控制、东西向数据交互安全防护等需求。例如，第二级业务系统 VPC 可单向访问第三级业务系统 VPC；第二级业务系统 VPC 和其他业务系统 VPC 间存在访问控制。

4. VPC 内的安全互联防护设计

VPC 内的安全互联防护设计如图 2-8 所示。

虚拟网络内部通过微隔离等技术实现虚拟机之间、虚拟机与物理机之间安全互联，服务器安装 Agent（代理，指能自主感知环境并采取行动实现目标的智能体）后，可以对服务器分组、分角色进行管理，从而实现微隔离策略的区域化配置。基于 VPC 内的微隔离，可以实现虚拟机环境下不同业务主机之间的防护隔离。对不同业务之间的流量进行精准识别、对非法流量精准阻断，同时，发现内部威胁，并对网络攻击在内部的横向行走进行防御，实现内部流量统一监控、安全策略统一管理。通过统一的业务流量拓扑，实现不同地点、环境的主机的安全管理，满足业务隔离及 VPC 内主机和业务安全联动的需求。

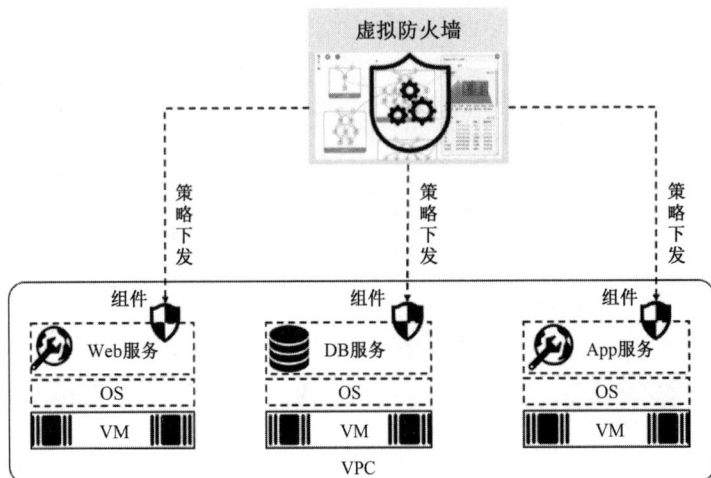

图 2-8　VPC 内的安全互联防护设计

2.2.2.3　信息系统安全架构设计

根据安全设计要求的云扩展要求，云计算等级保护安全技术设计框架如图 2-9 所示。

图 2-9 中的云计算扩展要求的等级保护和通用要求的一样，分为通信网络安全、区域边界安全、计算环境安全和安全管理中心。其中，用户在确保终端安全的前提下，通过安全通信网络到达区域边界，进入云服务商提供的安全计算环境。区域边界安全包括网络的访问控制、安全的 API 和 Web 服务。计算环境安全包括资源层安全和服务层安全两部分。资源层包括物理资源和虚拟资源，物理资源安全参考通用要求的安全物理环境；虚拟资源包括计算资源、网络资源、存储资源、分布式操作系统/虚拟机监视器等资源，其安全能力由云服务商提供。服务层是对云服务商提供服务的实现，由于服务模式不同，云服务商和云租户承担的安全责任也不同。云服务商可以通过安全接口、利用安全服务能力为云租户提供安全技术和安全防护能力。整个云计算环境的系统管理、安全管理和安全审计通过安全管理中心进行。上述整个框架构成了云计算扩展要求的等级保护安全设计。

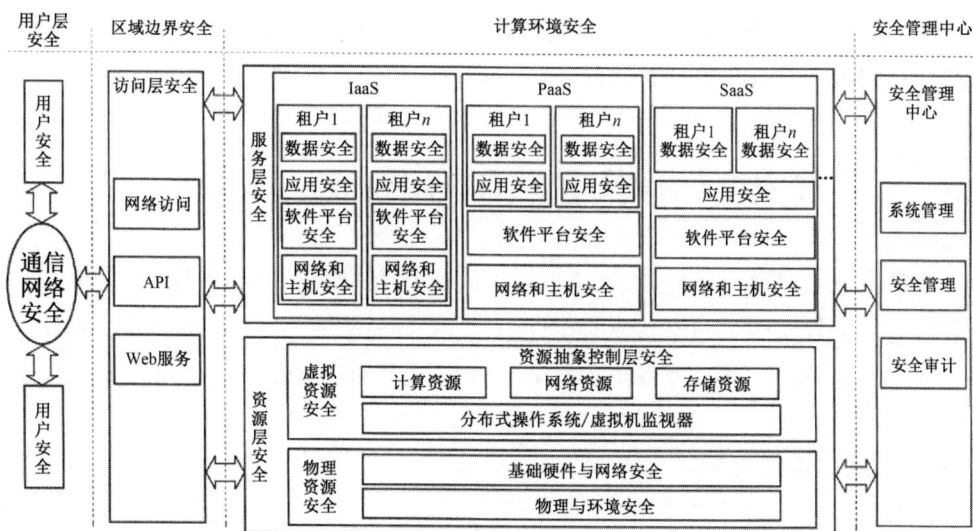

图 2-9　云计算等级保护安全技术设计框架

云计算平台之上信息系统的相关业务应用，包括大数据系统、各种办公应用系统及各种业务系统等。云上信息系统等级保护安全设计流程如下：首先，结合不同的业务场景，梳理信息系统的业务架构、网络架构，完成业务系统之间的数据流、控制流、安全等级等的安全需求分析；其次，根据安全需求分析结果，按照纵深防御的原则，确认等级保护定级对象和级别；最后，根据等级保护的相关要求，确认各业务的 VPC 划分，实现云计算平台安全边界防护、进云的安全通信网络传输、云内安全计算环境的隔离等安全控制项，将等级保护的所有要求落地实施。

在图 2-9 中，"一个中心，三重防护"在整体框架设计中体现在以下几个方面。

（1）无论是第三级云计算平台还是第四级云计算平台，都需要具备安全集中管控的能力，通过安全管理中心对云计算平台侧和租户侧的安全进行集中监控和管理。

（2）区域边界包括进出云计算平台的边界。第三级云计算平台和互联网相连，边界防护包括抗 DDoS 攻击、流量清洗等；第四级云计算平台的边界接入包括在互联网区和用户主线接入区分别部署相关的安全产品，满足设计框架的访问控制等安全要求。

（3）通信网络安全应保证进出云计算平台的流量及云内的流量满足数据的保密性和完整性。

（4）计算环境安全主要体现在云计算平台内部，通过进行云计算平台内部的安全管控，包括云计算平台物理环境安全、虚拟化安全，以及 IaaS、PaaS 和 SaaS 三层的安全，确保整个应用在云计算平台内的数据和应用的安全。

2.3　云计算安全设计技术要求应用解读

本节对《设计要求》云计算等级保护安全设计中第一级至第四级系统的安全要求进行全面解读，同时从应用角度对相应的安全设计要求进行说明，指导用户开展安全设计。本节安全要求中加粗部分是本级安全要求较上一级安全要求的增强。

2.3.1　安全计算环境

2.3.1.1　用户身份鉴别

【安全要求】

第一级：遵循通用要求，无扩展要求。

第二级：**应支持注册到云计算服务的云租户建立主子账号，并采用用户名和用户标识符标识主子账号用户身份。**

第三级：同第二级。

第四级：应支持注册到云计算服务的云租户建立主子账号，并采用用户名和用户标识符标识主子账号用户身份。

当进行远程管理时，管理终端和云计算平台边界设备之间应建立双向身份验证机制。

【标准解读】

云计算平台自身应具备为云租户建立多重账号的能力，当有人到云计算平台注册时，云计算平台除支持其建立主账号外，还支持其建立子账号。此外，云计算平台能够为不同账号提供用户名和用户标识符，以鉴别用户身份。同时，云计算平台可提供租户侧的身份鉴别和相关服务，以满足相关要求。

第二级和第三级系统要求支持为注册到云计算服务的云租户建立主子账号，并采用用户名和用户标识符标识主子账号用户身份；第四级系统要求当管理终端需要对云计算平台边界设备进行远程管理时，应能对管理终端进行身份鉴别，如要求管理终端提供口令认证、数字证书认证等。同时，管理终端能够根据云计算平台边界设备提供的服务端证书对设备进行身份识别。

【设计说明】

为保证云租户业务的独立性，云计算平台应支持为注册到云计算服务的云租户建立租户账号，该账号为云租户全局唯一的组织账号，云租户可使用该账号进行组织内部各种管理账号（如网络管理员、服务器管理员、安全审计员）的创建与权限分配，以确保云租户能够独立管理使用云计算服务所需的网络、计算和安全资源。同时，云计算平台应配置安全策略，使得用户在注册时所设置的口令复杂度、口令周期、失败认证次数等满足安全要求。

在进行远程管理时，云计算平台一方面通过身份鉴别机制验证远程管理终端的合法性，另一方面通过数字证书等机制向远程管理终端用户证明云计算平台边界设备的准确性，以此保证管理终端和云计算平台边界设备的双向身份验证机制。

2.3.1.2 安全审计

【安全要求】

第一级：遵循通用要求，无扩展要求。

第二级：应支持对云服务商和云租户远程管理时执行的特权命令进行审计。

应支持租户收集和查看与本租户资源相关的审计信息，保证云服务商对云租户系统和数据的访问操作可被租户审计。

第三级：同第二级。

第四级：同第二级。

【标准解读】

当云服务商对云计算平台进行远程配置、维护等管理操作时，应能够采用技术手段对其操作过程中执行的特权命令进行审计，包括但不限于某项云服务的开启、关闭等。

云计算平台应为云租户提供收集和查看与本租户资源相关的审计信息的技术手段，当云租户远程访问管理虚拟机、云数据库、云存储、云网络等资源时，应能够采用技术手段对操作过程中的相关执行命令进行审计，包括但不限于云租户对虚拟机进行重启、删除等操作。同时，云服务商应确保当云租户的系统或数据库、云存储、云网络等被云服务商或其他非授权用户访问后，审计信息可被租户收集和查看，且不可被随意删除。

在安全审计方面，第二级、第三级、第四级均要求支持对云服务商和云租户远程管理时执行的特权命令进行审计。第一级对安全审计无扩展要求。

【设计说明】

应通过云计算平台和租户侧相应的审计产品，收集相关资产的日志信息，根据日志信息进行日志分析与审计，包括但不限于虚拟机删除、重启等重要或特权操作。应对运维人员的操作进行审计，如堡垒机可对运维人员的操作进行录屏等。同时，所有的审计记录应做好权限管理，操作日志应满足《中华人民共和国网络安全法》的存储要求，不可被随意删除。上述设计可采用的产品和服务包括但不限于各种云数据库、云存储等类型的审计系统，以及云计算平台审计系统、全栈审计系统、云上运维侧的堡垒机。

2.3.1.3　入侵防范

【安全要求】

第一级：遵循通用要求，无扩展要求。

第二级：应能检测到虚拟机对宿主机物理资源的异常访问。

第三级：应能检测到虚拟机对宿主机物理资源的异常访问。**应支持对云租户进行行为监控，对云租户发起的恶意攻击或恶意对外连接进行检测和告警。**

第四级：应支持对云租户进行行为监控，对云租户发起的恶意攻击或恶意对外连接进行检测和告警。

【标准解读】

云计算平台应该具备相应的技术手段，以监控云租户的重要资产，监控内容包括但不限于对虚拟机、云存储等的访问行为，并且能够判断云租户虚拟机发起的访问是否为恶意攻击或恶意连接，对检测到的恶意行为应能进行告警或阻断。

在入侵防范方面，第一级无扩展要求，第二级要求能检测到虚拟机对宿主机物理资源的异常访问，第三级和第四级在第二级的基础上要求支持对云租户进行行为监控，对云租户发起的恶意攻击或恶意对外连接进行检测和告警。

【设计说明】

应采用相应的技术手段实现对虚拟机访问行为的监控，如在虚拟机中部署 Agent 或其他相应引擎实现对云租户虚拟机访问行为的监控，能够通过分析对恶意行为或异常行为进行检测。同时，在虚拟机所在的物理机/宿主机上部署相应的入侵检测模块，避免虚拟机之间的入侵横向移动。上述设计可采用的产品和服务包括但不限于基于虚拟机和物理机/宿主机的入侵检测与防护系统。

2.3.1.4　数据保密性保护

【安全要求】

第一级：遵循通用要求，无扩展要求。

第二级：同第一级。

第三级：应提供重要业务数据加密服务，加密密钥由租户自行管理；应提供加密服务，保证虚拟机在迁移过程中重要数据的保密性。

第四级：同第三级。

【标准解读】

云计算平台应能根据租户业务需求提供数据加密服务，应具有完整的密钥管理体系，租户的加密密钥应交由租户自行管理；云计算平台应提供数据通信加密服务供租户自主选择，并且能够在虚拟机迁移过程中进行通信加密保护，进而保证虚拟机在迁移过程中重要数据的保密性。

数据保密性在第一级和第二级中无扩展要求；第三级和第四级要求提供重要业务数据加密服务，加密密钥由租户自行管理，提供加密服务，保证虚拟机在迁移过程中重要数据的保密性。

【设计说明】

云计算平台应为租户提供云加密服务与密钥管理服务，保证由租户自己把握数据的加/解密。例如，云计算平台在租户创建虚拟机时，能够为租户提供虚拟机密钥对，保证虚拟机访问过程中的安全性。同时，云计算平台在提供迁移服务过程中通过密码技术保证虚拟机在迁移过程中重要数据的保密性。上述设计可采用的产品和服务包括但不限于云加密服务与密钥管理服务。

2.3.1.5　数据备份与恢复

【安全要求】

第一级：遵循通用要求，无扩展要求。

第二级：**应采取冗余架构或分布式架构设计；应支持数据多副本存储方式；应支持通用接口确保云租户可以将业务系统及数据迁移到其他云计算平台和本地系统，保证可移植性。**

第三级：同第二级。

第四级：**应采取冗余架构或分布式架构设计；应支持数据多副本存储方式；应支持通用接口确保云租户可以将业务系统及数据迁移到其他云计算平台和本地系统，保证可移植性；应建立异地灾难备份中心，提供业务应用的实时切换。**

【标准解读】

云计算平台的架构设计应保证云租户数据备份与恢复过程中所需的网络和服务高可用，数据多副本可恢复，同城异地可迁移，业务应用可实时切换，确保云租户的整个业务不受云计算平台架构设计缺陷的影响。

数据备份与恢复在第一级中无扩展要求；第二级和第三级要求采取冗余架构或分布式架构设计，支持数据多副本存储方式，支持通用接口确保云租户可以将业务系统及数据迁移到其他云计算平台和本地系统，保证可移植性；第四级在第三级的基础上要求建立异地灾难备份中心，并提供业务应用的实时切换。

【设计说明】

云计算平台应采取冗余架构或分布式架构设计，保证云计算平台网络、服务器资源和存储数据的高可用性。数据存储包括结构化和非结构化存储、相关对象存储、文件存储、数据库存储，应支持多副本存储方式；云计算平台应提供通用接口，保证云租户业务系统及数据迁移时其配置文件、业务数据、鉴别信息、存储数据等同步迁移。第四级系统的云计算平台应通过部署异地灾难备份中心，实现云计算环境容灾备份，同时云租户业务应用系统能够支持异地双中心部署，满足实时切换业务的需求。上述设计可采用的产品和服务包括但不限于云计算平台负载均衡、数据存储多副本、迁移的通用接口、实时切换等与云计算平台的高可用性相关的能力及服务。

2.3.1.6　虚拟化安全

【安全要求】

第一级：应禁止虚拟机对宿主机物理资源的直接访问；应支持不同云租户虚拟化网络之间的安全隔离。

第二级：**应实现虚拟机之间的 CPU、内存和存储空间安全隔离**；应禁止虚拟机对宿主机物理资源的直接访问；应支持不同云租户虚拟化网络之间的安全隔离。

第三级：应实现虚拟机之间的 CPU、内存和存储空间安全隔离，**能检测到非授权管理虚拟机等情况，并进行告警**；应禁止虚拟机对宿主机物理资源的直接访问，**应能对异常访问进行告警**；应支持不同云租户虚拟化网络之间的安全隔离；**应监控物理机、宿主机、虚拟机的运行状态**。

第四级：应实现虚拟机之间的 CPU、内存和存储空间安全隔离，能检测到非授权管理虚拟机等情况，并进行告警；应禁止虚拟机对宿主机物理资源的直接访问，应能对异常访问进行告警；应支持不同云租户虚拟化网络之间的安全隔离；应监控物理机、宿主机、虚拟机的运行状态，**并提供接口供安全管理中心集中监控**。

【标准解读】

云计算平台虚拟化安全应具备虚拟机之间的隔离、VPC 之间的隔离的相关能力，能够监测非授权的虚拟机之间的异常访问及 VPC 之间的异常访问等。同时，对虚拟机和物理机之间的隔离，应能够监控虚拟机和物理机之间的非法访问，并提供集中监控技术能力。

第一级要求禁止虚拟机对宿主机物理资源的直接访问，应支持不同云租户虚拟化网络之间的安全隔离；第二级在第一级的基础上，要求实现虚拟机之间的 CPU、内存和存储空间安全隔离；第三级要求在第二级的基础上对异常访问进行告警；第四级在第三级的基础上要求对外提供接口供安全管理中心集中监控。

【设计说明】

虚拟化技术是云计算平台的重要技术支撑，通过计算虚拟化、存储虚拟化、网络虚拟化来实现云计算环境下的多租户资源共享。虚拟化技术应提供包括但不限于租户隔离、补丁热修复、逃逸检测等基础安全能力，确保云计算平台虚拟化层的安全。上述设计可采用的产品和服务包括但不限于云监控系统、云防火墙及安全组。

2.3.1.7　恶意代码防范

【安全要求】

第一级：物理机和宿主机应安装经过安全加固的操作系统或进行主机恶意代码防范。

第二级：物理机和宿主机应安装经过安全加固的操作系统或进行主机恶意代码防范；**虚拟机应安装经过安全加固的操作系统或进行主机恶意代码防范；应支持对 Web 应用恶意代码检测和防护的能力。**

第三级：同第二级。

第四级：同第二级。

【标准解读】

云服务商提供的物理机和宿主机应采用经过安全加固的操作系统，并提供对物理机和宿主机的恶意代码进行防范的能力。同时，云计算平台应针对 Web 应用提供专门的恶意代码检测能力和防护能力。上述服务云租户可根据业务实际需要进行选择。

第一级要求物理机和宿主机安装经过安全加固的操作系统或进行主机恶意代码防范，第二级、第三级和第四级在第一级的基础上要求虚拟机安装经过安全加固的操作系统或进行主机恶意代码防范，并具有对 Web 应用进行恶意代码检测和防护的能力。

【设计说明】

云计算平台上承载业务的物理机应安装安全加固的操作系统，同时给云租户提供安全加固的操作系统，加固内容包括但不限于删减危险的第三方组件，关闭不需要的系统服务、默认共享和高危端口等。同时，建议在租户侧的虚拟机部署相应的恶意代码检测软件，实现对物理机、宿主机、虚拟机的安全加固及恶意代码检测和防范。

云计算平台应提供 Web 应用安全防护服务，能够对针对 Web 服务器的恶意攻击进行检测和防范，包括但不限于 SQL 注入、XSS 攻击、CSRF 攻击等，上述恶意代码检测能力可供云租户根据业务需要进行选择。上述设计可采用的产品和服务包括但不限于物理机和虚拟机的病毒检测系统、Web 应用防火墙。

2.3.1.8　镜像和快照安全

【安全要求】

第一级：遵循通用要求，无扩展要求。

第二级：**应支持镜像和快照提供对虚拟机镜像和快照文件的完整性保护；防止虚拟机镜像、快照中可能存在的敏感资源被非授权访问；针对重要业务系统提供安全加固的操作系统镜像或支持对操作系统镜像进行自加固。**

第三级：同第二级。

第四级：同第二级。

【标准解读】

应确保云计算平台提供的镜像和快照文件的完整性不受到破坏；通过云计算平台的身份认证与访问控制系统，可防范对虚拟机和镜像的非授权访问。同时，针对云计算平台上租户的不同业务需求，根据相应的安全策略提供经过安全加固的操作系统镜像。

镜像和快照安全在第一级中遵循通用要求，无扩展要求。第二级、第三级、第四级要求支持镜像和快照，并提供对虚拟机镜像和快照文件的完整性保护；防止虚拟机镜像、快照中可能存在的敏感资源被非授权访问；针对重要业务系统提供安全加固的操作系统镜像或支持对操作系统镜像进行自加固。

【设计说明】

云计算平台应采用包括但不限于数据校验算法和单向散列算法等确保镜像、快照文件的完整性，防止其被恶意篡改。在发现新的高危安全漏洞后，云租户应迅速更新基础镜像。同时，云租户可自主对 ECS 实例上的操作系统进行升级或漏洞修复。安全加固包括但不限于镜像基础安全配置、镜像漏洞修复、默认镜像主机安全软件。基础镜像默认采用主机最佳安全实践配置，所有基础镜像会默认添加主机安全软件，以保障云租户在实例启动时就得到安全保障。上述设计可采用的产品和服务包括但不限于镜像和快照文件的相关服务。

2.3.2　安全区域边界

2.3.2.1　区域边界结构安全

【安全要求】

第一级：应保证虚拟机只能接收到目的地址包括自己地址的报文或业务需求的广播报文，同时限制广播攻击。

第二级：同第一级。

第三级：应保证虚拟机只能接收到目的地址包括自己地址的报文或业务需求的广播报文，同时限制广播攻击；**应实现不同租户间虚拟网络资源之间的隔离，并避免网络资源过量占用；应保证云计算平台管理流量与云租户业务流量分离。**

应能够识别、监控虚拟机之间、虚拟机与物理机之间的网络流量；提供开放接口或开放性安全服务，允许云租户接入第三方安全产品或在云计算平台内选择第三方安全服务。

第四级：应保证虚拟机只能接收到目的地址包括自己地址的报文或业务需求的广播报文，同时限制广播攻击；应实现不同租户间虚拟网络资源之间的隔离，并避免网络资源过量占用；应保证云计算平台管理流量与云租户业务流量分离；**保证信息系统的外部通信接口经授权后方可传输数据；应确保云计算平台具有独立的资源池。**

应能够识别、监控虚拟机之间、虚拟机与物理机之间的网络流量；提供开放接口或开放性安全服务，允许云租户接入第三方安全产品或在云计算平台内选择第三方安全服务；**应确保云租户的四级业务应用系统具有独立的资源池。**

【标准解读】

云计算区域边界结构安全设计主要包括对进出云计算平台的边界进行相应的逻辑隔离，确保云计算平台和云租户之间、云租户业务应用划分的 VPC 之间、VPC 内虚拟机之间的隔离和访问控制，同时应提供相应的监控能力。第一级和第二级对目的地址和广播报文进行限制，以防范广播攻击。第三级在第二级的基础上增加了流量管控要求，要求将管理流量与云租户业务流量进行分离。该条款主要是针对云服务商的，在云计算环境中存在大量业务流，云服务商为避免攻击者利用业务网络节点向管理节点发起攻击，通过网络平面隔离的方式将管理流量与云租户业务流量分离，保证对管理网络的操作不影响业务运行，避免云租户破坏云计算平台的管理。第四级在第三级的基础上增加了独立的资源池要求，不允许部署有第四级系统的资源池部署第四级以下系统，从而达到对第四级系统进行针对性保护的目的。

【设计说明】

以第三级要求为例，在云计算平台层面，应实现云计算平台管理流量与云租户业务流量分离；在云租户层面，应对不同云租户的虚拟网络资源进行隔离。

云计算平台应提供相应的技术手段来识别、监控虚拟机之间、虚拟机与物理机之间的网络流量，并分析访问行为，包括但不限于在虚拟机中安装 Agent、在云计算平台内部署相关监控引擎或安全组件等，进而实现对云租户虚拟机之间、虚拟机与物理机之间的网络流量进行收集、分析和恶意行为检测。同时，云计算平台应提供开放性的、标准的接口文档说明，使得第三方安全产品或服务可以按照接口标准进行对接，为云租户的第三方安全接入选择提供相应的技术能力。

当第四级云计算平台承载云租户的四级业务时，应确保为云租户提供独立的网络、计算、存储资源，不得与其他云租户共享。上述设计可采用的产品和服务包括但不限于 VPC、安全组及虚拟防火墙。

2.3.2.2　区域边界访问控制

【安全要求】

第一级：应保证当虚拟机迁移时，访问控制策略随其迁移。

第二级：应保证当虚拟机迁移时，访问控制策略随其迁移；**应允许云租户设置不同虚拟机之间的访问控制策略；应建立租户私有网络实现不同租户之间的安全隔离。**

第三级：应保证当虚拟机迁移时，访问控制策略随其迁移；应允许云租户设置不同虚拟机之间的访问控制策略；应建立租户私有网络实现不同租户之间的安全隔离；**应在网络边界处部署监控机制，对进出网络的流量实施有效监控。**

第四级：同第三级。

【标准解读】

云计算区域边界访问控制设计应考虑云计算弹性、可扩展的特点，包括各虚拟机的访问控制、虚拟机迁移的访问控制、不同租户之间的安全隔离，同时对进出的流量实施有效监控。第一级系统要求访问控制策略随虚拟机的迁移而迁移。第二级系统在第一级系统的基础上增加了在不同虚拟机之间设置访问控制策略的要求，实现不同租户之间的安全隔离。该条款侧重于对云服务商的要求，在为租户提供虚拟计算资源时应将虚拟资源的管理权限交给租户。云服务商应允许云租户设置不同虚拟机之间的访问控制策略，云租户可根据业务需求设计虚拟机之间的访问控制规则。第三级系统和第四级系统在第二级系统的基础上增加了流量监控的要求，通过在网络边界处对进出网络的流量实施有效监控，对虚拟机之间的流量进行分析，在发现异常流量或恶意代码攻击时进行报警和处置。

【设计说明】

以第三级要求为例，云计算平台应针对租户业务提供划分不同 VPC 的能力，各 VPC 之间通过安全组或防火墙实现 VPC 之间的范围和策略迁移，迁移的安全策略包括但不限于主机防护策略。云计算平台应向云租户提供虚拟机之间的访问控制能力，使云租户能够自主设置并下发访问控制策略。同时，云计算平台应为云租户提供 VPC 与 VPC 之间、虚拟机与虚拟机之间的安全隔离手段。云计算平台可以在进出口部署相应的云监控系统，并提供相应的技术手段，包括但不限于流量审计、流量监控等，而且可对异常流量及访问进行告警。上述设计可采用的产品和服务包括但不限于 VPC、云安全监控系统、安全组、云防火墙。

2.3.2.3　区域边界入侵防范

【安全要求】

第一级：遵循通用要求，无扩展要求。

第二级：遵循通用要求，无扩展要求。

第三级：**当虚拟机迁移时，入侵防范机制可应用于新的边界处；应将区域边界入侵防范机制纳入安全管理中心统一管理。**

应向云租户提供互联网内容安全监测功能，对有害信息进行实时检测和告警。

第四级：当虚拟机迁移时，入侵防范机制可应用于新的边界处；应将区域边界入侵防范机制纳入安全管理中心统一管理。

应向云租户提供互联网内容安全监测功能，对有害信息进行实时检测和告警。

应在关键区域边界处部署相应形态的文件级代码检测或文件运行行为检测的安全系统，对恶意代码进行检测和清除。

【标准解读】

　　第三级要求提出应考虑虚拟机迁移的场景，当虚拟机发生迁移时，其入侵防范机制应同时应用于新的边界处，另外应将区域边界入侵防范机制纳入安全管理中心。云边界的安全监控可为云租户提供安全监测功能，对有害信息进行实时检测和告警，同时对云租户进行内容检查。第四级要求提出应在关键区域边界处部署相应形态的文件级代码检测或文件运行行为检测的安全系统，避免恶意代码进云。

【设计说明】

　　以第三级要求为例，云计算平台应在网络关键节点处对针对流量包进行的各种攻击和异常行为进行解析和监控，对相关文件进行行为检测，上述监控与检测为云租户提供可视化能力，并针对实时检测出的各种攻击和异常行为，通过统一的集中管控组件的安全管理中心进行告警，供云租户在处理时参考。例如，在网络边界部署云防火墙，对 Web 攻击进行告警，并和其他安全组件（态势感知、SOC 等）联动进行旁路阻断。上述设计可采用的产品和服务包括但不限于云防火墙、Web 应用防火墙、安全管理中心及 SOC。

2.3.2.4　区域边界审计

【安全要求】

　　第一级：遵循通用要求，无扩展要求。

　　第二级：遵循通用要求，无扩展要求。

　　第三级：**根据云服务商和云租户的职责划分，收集各自控制部分的审计数据；根据云服务商和云租户的职责划分，实现各自控制部分的集中审计；当发生虚拟机迁移或虚拟资源变更时，安全审计机制可应用于新的边界处；为安全审计数据的汇集提供接口，并可供第三方审计。**

　　第四级：根据云服务商和云租户的职责划分，收集各自控制部分的审计数据；根据云服务商和云租户的职责划分，实现各自控制部分的集中审计；当发生虚拟机迁移或虚拟资源变更时，安全审计机制可应用于新的边界处；为安全审计数据的汇集提供接口，并可供第三方审计；**对确认的违规行为及时报警并做出相应处置。**

【标准解读】

　　云计算边界的第三级安全审计，由云服务商和云租户根据职责划分，收集各自日志信息，各自审计。当发生虚拟机迁移或虚拟资源变更时，审计策略可同时迁移，同时可提供第三方审计接口。第四级在第三级的基础上，要求对确认的违规行为及时报警并做出相应处置。

【设计说明】

以第三级要求为例，云计算平台和云租户侧的安全审计，包括对网络边界、重要网络节点进行安全审计，审计覆盖每个用户。其中，云计算平台侧的安全审计能够覆盖云产品相关日志信息，云租户侧的安全审计能够覆盖云租户侧的操作行为，运维侧的堡垒机安全审计能够覆盖运维人员的操作行为。所有云租户侧和运维侧的日志都存储在专门的日志服务或存储空间中，供事件溯源和定位回放。日志的内容包括但不限于事件发生的时间、用户、事件类型、事件是否成功及其他与审计相关的信息。上述设计可采用的产品和服务包括但不限于安全审计、日志服务。

2.3.3　安全通信网络

2.3.3.1　通信网络数据传输保密性

【安全要求】

第一级：遵循通用要求，无扩展要求。

第二级：**可支持云租户远程通信数据保密性保护。**

第三级：应支持云租户远程通信数据保密性保护。

应对网络策略控制器和网络设备（或设备代理）之间的网络通信进行加密。

第四级：应支持云租户远程通信数据保密性保护；**应支持使用硬件加密设备对重要通信过程进行密码运算和密钥管理。**

应对网络策略控制器和网络设备（或设备代理）之间的网络通信进行加密。

【标准解读】

安全通信网络应对网络上传输的数据进行完整性保护，包括但不限于命令、状态量、控制量等与安全通信网络相关的数据。第一级遵循通用要求，可采用常规校验机制检验所存储的用户数据的完整性，以判断其完整性是否被破坏。第二级遵循通用要求，且在第一级要求的基础上，对在安全计算环境中存储和处理的用户数据进行保密性保护。同时，实现云租户远程通信数据传输的保密性保护。第三级遵循通用要求，在第二级要求的基础上，检验存储和处理的用户数据，在重要数据受到破坏时进行恢复。同时，对网络策略控制器和网络设备（或设备代理）之间的网络通信进行加密。

第四级遵循通用要求，在第三级要求的基础上，支持使用硬件加密设备对重要通信过程进行密码运算和密钥管理。

【设计说明】

以第四级要求为例，设计云计算平台时可对用户访问使用专线或 SSL VPN 服务，数据链路采用 IPSecVPN，云内通信采用 HTTPS 来保证数据传输的安全，所有云服务都为云租户提供了支持 HTTPS 的 API 访问点，允许云租户使用安全访问调用云服务商的服务 API。云计算平台同时支持标准的 TLS 协议，可提供 256 位密钥的加密强度，以满足敏感数据加密传输需求。采用密码技术对传输数据进行完整性、保密性保护，以满足用户数据完整性传输需求，且当用户存储和处理的数据完整性遭受破坏时能进行恢复。对于高安全等级的云租户，云计算平台可提供适应云环境的硬件加密机及相应的密钥管理服务，确保云租户全链路传输的保密性。上述设计可采用的产品和服务包括但不限于云加密机、密钥管理服务及 VPN。

2.3.3.2　通信网络可信接入保护

【安全要求】

第一级：遵循通用要求，无扩展要求。

第二级：遵循通用要求，无扩展要求。

第三级：**应禁止通过互联网直接访问云计算平台物理网络；应提供开放接口，允许接入可信的第三方安全产品。**

第四级：应禁止通过互联网直接访问云计算平台物理网络；应提供开放接口，允许接入可信的第三方安全产品；**应确保外部通信接口经授权后方可传输数据。**

【标准解读】

第一级、第二级遵循通用要求，并未对可信接入保护提出具体要求。第三级遵循通用要求，同时提出应禁止通过互联网直接访问云计算平台物理网络；应提供开放接口，允许接入可信的第三方安全产品。第四级遵循通用要求，在第三级要求的基础上，提出应确保外部通信接口经授权后方可传输数据。

访问云计算平台应通过安全的开发接口，接口需进行相应的访问控制。第三方安全产品需经过可信验证，在确保其不会对云计算平台的稳定性造成影响后才可接入。

【设计说明】

以第四级要求为例，设计云计算平台时应提供安全有效的人机接口，实现通过通信接口访问云计算平台。接口应进行相应的安全设计，包括但不限于对输入的有效性进行验证、过滤特殊字符等。第三方安全产品在经过联调适配后方可接入。外部通信接口的访问控制应和云计算平台的身份验证与授权系统相结合，避免未经授权的访问。上述设计可采用的产品和服务包括但不限于云计算平台 API 服务、身份验证与访问控制系统。

2.3.3.3　通信网络安全审计

【安全要求】

第一级：遵循通用要求，无扩展要求。

第二级：**应支持租户收集和查看与本租户资源相关的审计信息；应保证云服务商对云租户通信网络的访问操作可被租户审计。**

第三级：同第二级。

第四级：应支持租户收集和查看与本租户资源相关的审计信息；应保证云服务商对云租户通信网络的访问操作可被租户审计。

应通过安全管理中心集中管理，并对确认的违规行为进行报警，且做出相应处置。

【标准解读】

云计算平台应具备对平台侧和租户侧的日志进行收集与审计的能力，审计的内容包括云计算平台的相关组件日志信息及租户侧的安全产品或服务日志信息。日志信息内容包括但不限于平台和租户的访问和操作等相关日志信息。上述审计内容必须通过安全管理中心集中管控实现。安全管理中心不仅要确保对云计算平台和租户侧的安全日志进行集中审计，还要结合审计分析结论和其他安全产品联动，对相关安全事件进行告警或阻断等操作。

第一级要求遵循通用要求，扩展部分无特殊要求。第二级和第三级要求支持租户收集和查看与其资源相关的审计信息，保证云服务商对云租户通信网络的访问操作可被租户审计。第四级在第三级的基础上，要求通过安全管理中心进行集中管理，并对确认的违规行为进行报警，且做出相应处置。

【设计说明】

安全通信网络的安全审计应保证云计算平台具有为租户提供审计信息的能力，满足租户审计的需求，审计内容包括但不限于通信网络的访问操作、访问资源的相关内容等。同时，所有审计应通过安全管理中心集中管控，包括但不限于审计日志的搜索、查询、分析等操作。针对审计发现的异常违规行为，安全管理中心能够进行告警等相关操作，供租户在处置时使用。上述设计可采用的产品和服务包括但不限于安全管理中心、日志服务及安全审计。

2.3.4 安全管理中心

2.3.4.1 系统管理

【安全要求】

第一级：无。

第二级：**在进行云计算平台安全设计时，安全管理应提供查询云租户数据及备份存储位置的方式。**

第三级：在进行云计算平台安全设计时，安全管理应提供查询云租户数据及备份存储位置的方式；**云计算平台的运维应在中国境内，境外对境内云计算平台实施运维操作应遵循国家相关规定。**

第四级：同第三级。

【标准解读】

云计算平台除为云租户提供云服务外，还提供存储数据的查询、备份方式，包括查询存储的位置信息及数据的使用情况。境外运维时应遵循国家相关规定，如《中华人民共和国网络安全法》第三十七条规定，关键信息基础设施的运营者在中华人民共和国境内运营中收集和产生的个人信息和重要数据应当在境内存储。

系统管理在第一级中无要求。第二级要求应提供查询云租户数据及备份存储位置的方式。第三级要求在满足第二级要求的前提下，强调运维过程中可能因数据泄露而导致数据过境，因此增加了云计算平台的运维应在中国境内，境外对境内云计算平台实施运维操作应遵循国家相关规定的要求。

【设计说明】

以第三级要求为例，系统管理需要做好以下四个方面的工作：通过系统管理员对系统的资源和运行进行配置、控制与可信及密码管理；对系统管理员进行身份鉴别，通过特定的命令或操作界面进行系统管理操作；能够提供查询云租户数据及备份存储位置的方式；云计算平台的运维应在中国境内，境外对境内云计算平台实施运维操作应遵循国家相关规定。具体来说，第三级要求的系统管理工作如下。

（1）通过平台侧提供的服务或组件，确保云租户能查询到相关数据资源的使用情况及相关位置信息。

（2）云计算平台的运维应在中国境内，在境内运营中收集和产生的个人信息和重要数据应当在境内存储。

在实际设计中，通过云控制台为云租户提供数据及备份存储位置查询的功能。

2.3.4.2　安全管理

【安全要求】

第一级：无。

第二级：无。

第三级：**在进行云计算平台安全设计时，安全管理应具有对攻击行为回溯分析以及对网络安全事件进行预测和预警的能力；应具有对网络安全态势进行感知、预测和预判的能力。**

第四级：同第三级。

【标准解读】

云计算平台应该具备安全态势感知、攻击行为回溯和检测预警的能力，实现安全事件的事前预警、事中防护和事后追溯，并持续监控云计算平台的安全状态。事前预警包括弱点分析、资产管理、资产状态分析和基线配置检查等；事中防护包括异常行为监测、入侵检测与防护、主机补丁加固、攻击阻断等；事后追溯包括对发生的安全事件进行回溯，保存安全事件发生过程中的所有日志，对日志进行分析处理并加以学习，预测即将发生的攻击事件。

应对云上的所有资产进行安全告警，用机器学习潜在和高隐秘性的攻击行为，并且能回溯攻击行为的历史日志，对发生的行为进一步统计分析，预测即将发生的安全攻击事件，呈现可视化态势感知界面，预警重大安全风险。

安全管理在第一级、第二级中无要求。第三级要求通过云计算平台建立安全态势感知、攻击行为回溯和检测预警的能力，实现安全事件的事前预警、事中防护和事后追溯，持续监控云计算平台的安全状态，并预测和分析新型安全事件。第四级要求和第三级要求一致。

【设计说明】

以第三级要求为例，在建立云计算平台时，应同步考虑建立集中管理平台模块或对应的功能，提供安全态势感知、攻击行为回溯和检测预警的能力；应能检测云计算平台内部、云租户利用云资源对其他网络进行的攻击行为，并定期进行监测防护；对收集的海量数据进行处理和分析，用于对新型攻击方式进行预警和防护。

2.3.4.3 审计管理

【安全要求】

第一级：无。

第二级：**在进行云计算平台安全设计时，云计算平台应对云服务器、云数据库、云存储等云服务的创建、删除等操作行为进行审计。**

第三级：在进行云计算平台安全设计时，云计算平台应对云服务器、云数据库、云存储等云服务的创建、删除等操作行为进行审计；**应通过运维审计系统对管理员的运维行为进行安全审计；应通过租户隔离机制，确保审计数据隔离的有效性。**

第四级：同第三级。

【标准解读】

云计算平台应提供安全审计能力，通过运维审计系统对管理员的运维行为进行安全审计，并提供服务或组件对租户的操作行为进行审计，包括对云服务器、云数据库、云存储等云服务的创建、删除等，并隔离存放租户的审计数据。

审计管理在第一级中无要求。第二级要求云计算平台对云服务器、云数据库、云存储等云服务的创建、删除等操作行为进行审计。第三级在满足第二级要求的基础上，增加了应通过运维审计系统对管理员的运维行为进行审计，且云计算平台与租户侧分开审计的要求。第四级要求和第三级要求一致。

【设计说明】

以第三级要求为例，云计算平台的安全审计管理应提供包括但不限于对云服务器、云数据库、云存储等云服务的创建、删除等操作行为的审计；审计管理员应对审计记录进行分析，并根据分析结果进行处理，包括根据安全审计策略对审计记录进行存储、管理和查询等；租户在数据库中采用逻辑隔离的方式实现不同租户之间审计数据的隔离，且应保证云计算平台对租户系统和数据的操作可被租户审计。

2.4　安全效果评价指南

2.4.1　合规性评价

基于《基本要求》做出合规性评价，主要体现设计思路是否合规。表 2-6 对《基本要求》中的云计算安全扩展要求给出了具体的设计合规性评价参考。

表 2-6　合规性评价

层面	《基本要求》控制点	合规性评价
安全物理环境	基础设施位置	需重点关注云计算基础设施是否全位于中国境内，若不全位于中国境内，则安全设计不合规
安全通信网络	网络架构	审核云计算平台上承载的应用系统的安全保护级别是否高于云计算平台的安全保护级别。 　需重点关注、审核云计算平台是否提供技术手段来实现云服务客户虚拟网络之间的隔离，若云计算平台无虚拟网络间隔离措施或手段失效，则安全设计不合规。 　审核云计算平台是否具备为云服务客户提供通信传输、边界防护、入侵防范等安全防护机制的能力，并核查其安全防护机制是否满足云服务客户的安全需求。 　需重点关注、审核云计算平台是否支持云服务客户自主定义安全策略，包括定义访问路径、选择安全组件、配置安全策略。审核云服务客户是否能够自主设置安全策略，包括定义访问路径、选择安全组件、配置安全策略，若云服务客户不能够自主设置安全策略，则安全设计不合规。 　需重点关注、审核云计算平台是否提供开放接口或开放性安全服务，是否允许云服务客户接入第三方安全产品或在云计算平台内选择第三方安全服务，若云计算平台未提供开放接口或开放的安全服务，第三方安全产品（服务）无法接入（私有云除外），则安全设计不合规

层面	《基本要求》控制点	合规性评价
安全区域边界	访问控制	需重点关注、审核云计算平台是否在虚拟化网络边界部署访问控制机制并设置访问控制规则，云计算平台和云服务客户业务系统虚拟化网络边界的访问控制规则和访问控制策略是否有效，若云计算平台虚拟网络边界处未部署访问控制设备或设置的访问控制策略无效，则安全设计不合规。 审核是否区分不同等级的网络区域、在各区域之间设立访问控制机制并且配置相关规则
	入侵防范	审核云计算平台是否可以对云服务客户发起的网络攻击行为进行检测，检测范围包含南北向及东西向的网络流量，云计算平台能否记录云服务客户的网络攻击行为，包括攻击类型、攻击时间、攻击流量等内容。 审核是否部署网络攻击行为检测设备或相关组件对虚拟化网络节点的网络攻击行为进行防范并记录攻击类型、攻击时间、攻击流量等。 需重点关注、审核云计算平台是否具备虚拟机与宿主机之间、虚拟机与虚拟机之间异常流量的检测功能，若云计算平台无法检测到虚拟机与宿主机、虚拟机与虚拟机的攻击行为，则安全设计不合规。 审核云计算平台是否能在检测到网络攻击行为、异常流量时进行告警
	安全审计	审核云服务商（含第三方运维服务商）和云服务客户在远程管理时执行的特权命令是否可以被审计，特权命令包括但不限于虚拟机删除、虚拟机重启。 审核云计算平台对云服务客户系统和数据的隔离与保护措施，云服务客户系统和数据在什么情况下可以被云服务商操作，云服务商在操作云服务客户系统和数据时是否进行审计，是否能够保证云服务商对云服务客户系统和数据的操作（如增、删、改、查等操作）可被云服务客户审计
安全计算环境	身份鉴别	审核管理终端和云计算平台在远程管理时的安全验证机制是否可以达到双向验证的目的
	访问控制	审核虚拟机迁移（热迁移和冷迁移）策略和规则，并验证虚拟机在迁移时策略是否生效。 需重点关注、审核云计算平台是否允许云服务客户设置不同虚拟机之间的访问控制策略，若同一宿主机、虚拟机间的隔离机制失效或不同宿主机、虚拟机间未设置隔离措施，则安全设计不合规
	入侵防范	需重点关注、审核云计算平台虚拟化的隔离控制机制，审核同一宿主机、虚拟机间的隔离机制或不同宿主机、虚拟机间的隔离措施是否生效，在隔离失效的情况下是否能进行告警，若云计算平台不能对同一宿主机、虚拟机间的隔离机制失效或不同宿主机、虚拟机间隔离措施失效进行检测，则安全设计不合规。 审核云计算平台对非业务流程、非授权新建的虚拟机或者重新启用虚拟机的检测机制及在检测后的处理措施。 需重点关注、审核云计算平台中对南北向及东西向流量的检测机制，是否包含恶意代码检测机制及在检测后的处理措施，若云计算平台中不具备防病毒能力，则安全设计不合规

层面	《基本要求》控制点	合规性评价
安全计算环境	镜像和快照保护	审核云计算平台是否对生成的虚拟机镜像采取必要的加固措施，如关闭不必要的端口、服务等进行安全加固配置。 审核云计算平台是否对快照功能生成的镜像或快照文件进行完整性校验，是否具有严格的校验记录机制，防止虚拟机镜像或快照被恶意篡改。 需重点关注、审核云计算平台是否对虚拟机镜像或快照中的敏感资源采用加密、访问控制等技术手段进行保护，防止镜像或快照中的敏感信息被非授权访问，若云计算平台未采取任何防护措施对虚拟机镜像进行完整性防护，同时未对保密性进行安全防护，则安全设计不合规
	数据完整性和保密性	审核云服务客户数据、用户个人信息所在的服务器及数据库是否位于中国境内，如需出境是否遵循国家相关规定。 审核云服务客户数据管理权限授权流程、授权方式及授权内容。 审核是否采用校验码或密码技术确保虚拟机迁移过程中重要数据的完整性，并在检测到完整性受到破坏时采取必要的恢复措施。 审核云计算环境是否已部署密钥管理解决方案，应核查密钥管理解决方案是否能保证云服务客户自行实现数据的加/解密过程
	数据备份恢复	审核云计算平台在与云服务客户的服务协议中是否有告知云服务客户要对数据进行本地备份。 审核云服务商是否为云服务客户提供数据及备份存储位置查询的接口或其他技术、管理手段。 审核云计算平台为云服务客户提供数据存储的存储方式，存储是否存在若干个可用的副本，且各副本内容保持一致。 审核云计算平台是否为云服务客户提供业务系统和数据迁移协助服务，并确认过程是否有效
	剩余信息保护	需重点关注、审核虚拟机内存和存储空间回收时信息清除的机制，若云服务资源被释放时，云服务客户数据未采取任何数据清除机制对数据进行完全性清除，则安全设计不合规。 需重点关注、审核云服务客户删除业务应用数据时，云存储中所有副本及备份是否被删除，包含数据的备份和镜像，若云服务资源被释放时，云服务客户数据未完全清除，则安全设计不合规
安全管理中心	集中管控	审核云计算平台是否有资源调度平台等，提供资源统一管理调度与分配策略，对物理资源和虚拟资源做统一管理调度与分配。 审核云计算平台网络架构和配置策略能否采用带外管理或策略配置等方式，以实现管理流量和业务流量分离。 审核云计算平台是否根据云服务商和云服务客户的职责划分，实现各自控制部分审计数据的收集，并能够实现各自的集中审计。 审核云计算平台是否根据云服务商和云服务客户的职责划分，实现各自控制部分，包括虚拟化网络、虚拟机、虚拟化安全设备等的运行状况的集中监测

2.4.2　安全性评价

云计算的安全性评价和信息系统的安全性评价一样，都是基于当前的网络安全形势与网络安全工作中面临的挑战，依据网络安全工作的"六防"措施（动态防御、主动防御、纵深防御、精准防护、整体防控、联防联控）做出的评价，主要体现设计思路中防御措施的安全性，表 2-7 所示为具体的安全性设计评价。

表 2-7　安全性设计评价

序号	"六防"措施	安全性设计评价
1	动态防御	审核是否以动态安全思想为核心设计网络拓扑，以动态封装、动态验证、动态混淆、动态令牌等动态安全技术为支撑，构建一个频繁变化、灵活分布的动态网络环境，并基于行业及业务特性，针对数据不同环境、不同对象、不同作用而提供不同的防御管理机制，最终形成动态防御体系
2	主动防御	审核安全防御模式是否为主动防御，是否存在主动行为分析、安全情报及主动预测；审核是否部署主动防御设备或产品，如入侵防御系统、准入系统、堡垒机、数据泄露防护系统、数据库防火墙、态势感知平台、APT等；安全检测技术对安全态势的分析是否准确；在入侵行为对云计算平台或云租户产生影响之前，是否能够及时精准预警，实时构建弹性防御体系，避免、转移、降低云计算平台或云租户所面临的风险；审核安全管理层面是否构建主动安全防护体系，如定期进行漏洞扫描、渗透测试、安全加固等，及时发现潜在的安全隐患并进行修补
3	纵深防御	审核安全设计是否以多点布防、以点带面、多面成体、纵深打击及防御的思想，搭建纵深防御体系框架，实现多重的防护屏障。从展现层、网络层、代理层、接入层、逻辑层和存储层等，多层次、多维度地进行风险分析与考量，形成云防御安全机制，利用安全技术手段或部署各层次的安全设备，达到纵深防御的效果
4	精准防护	审核是否结合云计算平台或云租户自身业务特点定义相应的规则，设置精准访问控制规则，实现对有限资源的优化配置。云计算平台能够发现并阻断网络攻击，阻止攻击在云计算平台内横向渗透；云租户能够实现对Web漏洞的防范
5	整体防控	审核是否从整体角度规划和管理网络安全，涉及前期咨询、评估、方案部署及后期运维服务，并采用技术手段或部署产品/设备建立整体防控的机制，将客户端、网络设备、安全产品、服务器、应用程序等日志或流量集中管控分析，确保云计算平台或云租户系统的持续安全稳定
6	联防联控	审核安全产品和组件是否实现安全联动、集中管控；审核安全管理和运维是否实现各责任主体之间的安全联动，具备安全事件、应急响应的安全联动

2.5　云计算安全设计案例

2.5.1　公有云基础服务平台（IaaS）三级安全设计案例

2.5.1.1　背景说明

为进一步推动网络安全等级保护工作的开展，落实《中华人民共和国网络安全法》等相关法律、法规和标准要求，云服务商需按照《基本要求》中关于云计算的要求，对公有云基础服务平台开展网络安全等级保护测评工作。

公有云基础服务平台是云计算厂商面向云服务客户提供的云计算基础设施服务平台，该厂商通过自主研发的分布式操作系统将全国百万级用户服务器连成一台超级计算机，以在线公共服务的方式，为社会提供云计算基础服务能力。公有云基础服务平台作为该厂商面向公共用户提供互联网云服务基础设施的平台，通过全国各地的服务节点，提供云计算、云存储、云网络、云安全等服务。

2.5.1.2　需求分析

1.　合规需求

公有云基础服务平台的安全保护等级为第三级。开展等级保护测评工作，有助于发现公有云基础服务平台安全保护状况与相应安全保护等级的网络安全等级保护基本要求间的差距和可能存在的安全隐患，为后续公有云基础服务平台安全建设整改和监管机构的监督管理提供参考。

2.　安全需求

云服务商为公有云上的租户提供全球部署、多地域、多可用区的云数据中心，以在线公共服务的方式为社会提供云计算基础服务能力。要想实现上述目标，需确保公有云基础服务平台的安全能力及为租户提供相应的技术能力。

2.5.1.3　安全架构设计

公有云基础服务平台主要面向全国各行业提供基础计算服务、网络服务、存储服务及安全服务。面向用户提供的基础服务由云计算平台侧运维、运营（计算类服务、网络类服务、存储类服务、安全类服务），为用户提供云控制台进行基础资源的申请与管理，基础服务安全防护依赖云计算平台底层安全防护、相关物理服务器安全防护、运维/运营控制台安全防护及安全的产品开发生命周期（SPLC）。公有云为用户提供处理数据的计算、存储、网络和安全防护的基础设施和服务，可根据用户需求提供 7×24 小时不间断服务，以及提供 SLA 保障业务连续性和服务可靠性。

某公有云基础服务平台（IaaS）的整体架构设计如图 2-10 所示。

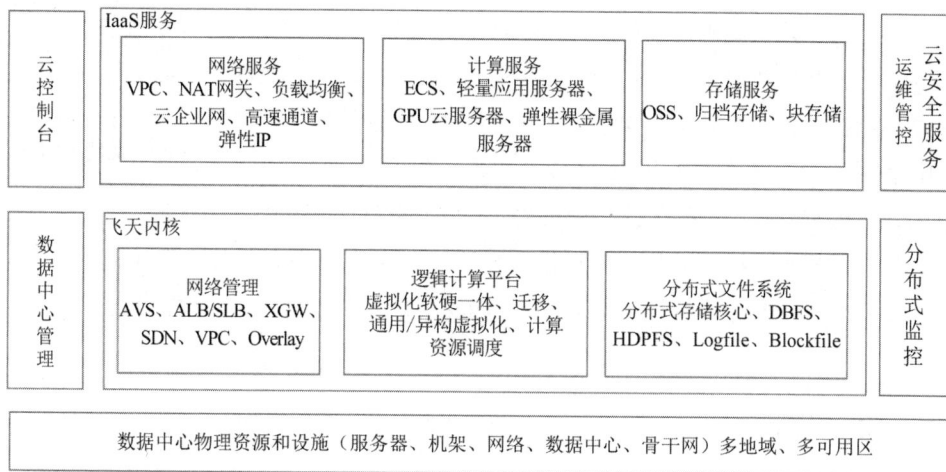

图 2-10　某公有云基础服务平台（IaaS）的整体架构设计

2.5.1.4　详细安全设计

1. 安全物理环境

公有云数据中心所处大楼具有一定的防震、防雨和防风能力，均通过了专业机房的验收。机房采用相应耐火等级的建筑材料，配置了自动消防系统、视频监控系统；采取严格的访问控制措施和安检措施，有专人值守和巡检；采用防静电地板或环氧树脂地坪，配备了静电消除器、防静电手环、专用空调、温湿度探头等，布设了漏水检测装置；通信线缆和电力线缆分桥架铺设，由多个不同的变电站供电，并使用 UPS、柴油发电机进行备用电力供应。

2. 安全通信网络

公有云安全防护等级为第三级，网络侧划分了不同区域，各区域间逻辑隔离，对网络设备性能及带宽进行安全监测；基于三层 ACL 策略隔离，分别在机房出口路由、负载均衡、服务器上进行边界安全防护；外网出口部署了流量清洗、流量安全监控、负载均衡等相关产品，实现重要网络区域与其他网络区域间的隔离；用户通过 VPN 实现远程访问，采用密码技术保证数据的完整性。同时，云服务商提供第三方安全产品接入的开放接口，在联调后允许第三方安全产品接入。

3. 安全区域边界

部署在公有云基础服务平台上的不同业务、不同等级的系统分属不同的 VPC，VPC 间默认隔离。公有云基础服务平台对跨边界的访问和数据流进行控制，且对进出的数据进行严格的访问控制；部署流量安全监控设备，实时检测各种攻击和异常行为，并与安全流量防护设备联动，防护来自互联网的 DDoS 攻击；记录相关攻击日志，同时部署 3A 服务器对所有用户的操作行为进行审计，对网络设备、服务器日志进行实时查询；在公有云计算平台的所有虚拟机、物理机上部署主机入侵防护客户端，对异常流量进行入侵检测，实时收集告警日志，将告警日志和操作日志一并转发至日志服务器，并存储在 OSS 平台，保存期限超过 6 个月。

4. 安全计算环境

安全计算环境基于强口令登录跳板机、服务器及网络安全设备实现，跳板机采用口令和动态验证码相结合的双因素方式进行身份认证；通过应用和服务器运维综合平台基于用户角色分配权限，并实现用户三权分立；将服务器日志发送至审计容器，同时操作系统和堡垒机两侧的日志均会被实时推送至集中日志平台，最终将审计信息统一发送至威胁监控平台并对日志进行统一分析，审计记录保存 6 个月；虚拟机、物理机部署主机入侵防护客户端，对入侵行为进行检测、查杀，每天进行漏洞扫描，并将漏洞推送至漏洞管理系统；数据在传输过程中均使用数字证书进行签名，数字证书由企业员工账号中心存储和管理，且加密存储；服务器集群部署，剩余信息被清除时通过填零处理机制保证残余数据被彻底清除。

5. 安全管理中心

系统、安全、审计管理员通过统一的云管理控制台对系统进行不同类型的操作，对设备进行管理配置，通过堡垒机进行日常设备管理。同时，对设备及业务的运行情况进行集中监测，基于操作系统实现资源的统一调度。

6. 安全管理

云服务商建立了一套比较完善的信息安全管理制度体系，如 ISO/IEC 20000 信息技术服务管理体系认证、ISO/IEC 22301：2012 业务连续性管理体系认证、ISO 9001 质量管理体系认证、CSA STAR 云安全国际认证，并设立了信息安全管理的职能部门，体系的日常落地使用与管控均基于自动化管理平台实现统一流转。

2.5.1.5　安全效果评价

依据《基本要求》中对第三级系统的要求，对公有云基础服务平台的安全保护状况进行综合分析评价，公有云基础服务平台无中、高风险安全问题，故公有云基础服务平台通过等级保护测评，等级保护测评结论为优。

2.5.2　公有云数据及开发服务平台（PaaS）三级安全设计案例

2.5.2.1　背景说明

为进一步推动网络安全等级保护工作的开展，落实《中华人民共和国网络安全法》等相关法律、法规和标准要求，云服务商需按照《基本要求》中的云计算扩展要求，对公有云数据及开发服务平台开展网络安全等级保护测评工作。

2.5.2.2　需求分析

1. 合规需求

公有云数据及开发服务平台的安全保护等级为第三级。开展等级保护测评工作，有助于发现公有云数据及开发服务平台安全保护状况与相应安全保护等级的网络安全等级保护基本要求间的差距和可能存在的安全隐患，为后续公有云基础服务平台安全建设整改和监管机构的监督管理提供参考。

2. 安全需求

云服务商为公有云上的租户提供相应的系统服务 API，为云上租户搭建安全的数据和开发平台。为实现上述目标，需确保公有云数据及开发服务平台的安全能力和为租户提供相应安全技术的能力。

2.5.2.3　安全架构设计

公有云数据及开发服务平台是构建在云服务商面向公共用户提供的互联网云服务基

础设施之上的，利用其提供的系统服务 API、基础设施产品和服务，以及全国各地的服务节点，面向公众提供数据库、大数据计算和开发套件、大数据分析、人工智能、物联网平台、互联网中间件、开发者服务平台、视频与 CDN、容器等数据及开发服务。该平台面向全国各行业提供服务能力，用户通过其提供的 API、SDK 工具、服务的控制台及其他可视化访问接口进行数据交互、系统开发、应用代码部署及业务系统构建。某公有云数据及开发服务平台的整体架构设计如图 2-11 所示。

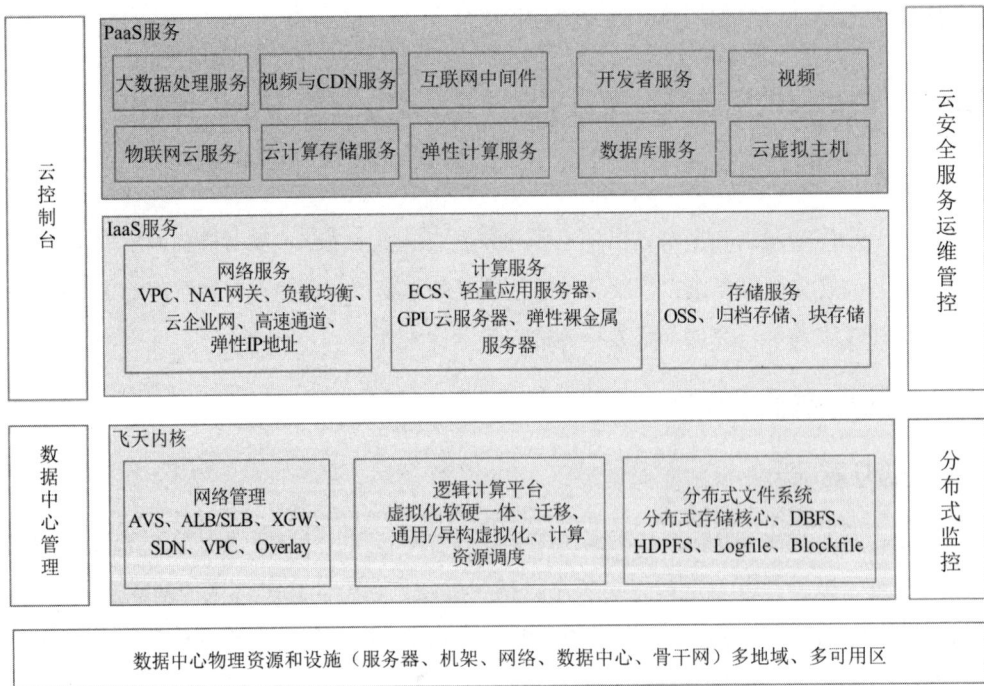

图 2-11　某公有云数据及开发服务平台的整体架构设计

2.5.2.4　详细安全设计

1. 安全物理环境

公有云数据及开发服务平台在各地的数据中心所处大楼具有一定的防震、防雨和防风能力，均通过了专业机房的验收。机房采用相应耐火等级的建筑材料，配置了自动消防系统、视频监控系统；采取严格的访问控制措施和安检措施，有专人值守和巡检；采取防静电措施、漏水检测措施，实现机房内温湿度自动调节；通信线缆和电力线缆分桥架铺设，由多个不同的变电站供电，具有备用电力供应能力。

2. 安全通信网络

网络侧划分了不同区域，各区域间逻辑隔离，对网络设备性能及带宽进行安全监测；在出口路由器 CSR 上配置访问控制策略，实现公有云数据及开发服务平台的网络区域与其他网络区域的隔离；用户通过 VPN 实现远程访问，采用密码技术保证数据的完整性。同时，平台提供第三方安全产品接入的开放接口，通过联调后允许第三方安全产品接入。

3. 安全区域边界

部署在公有云数据及开发服务平台上的不同业务、不同等级系统分属于不同 VPC，VPC 间默认隔离。公有云数据及开发服务平台对跨边界的访问和数据流进行控制，且对进出的数据进行严格的访问控制；部署流量安全监控设备，实时监测各种攻击和异常行为，并与安全流量防护设备联动，防护来自互联网的 DDoS 攻击，记录相关攻击日志，同时部署 3A 服务器对所有用户的操作行为进行审计，对网络设备、服务器日志进行实时查询；公有云数据及开发服务平台的所有虚拟机、物理机均部署主机入侵防护客户端，对异常流量进行入侵检测，实时收集告警日志，将告警日志和操作日志一并转发至日志服务器，并存储在 OSS 平台，保存期限超过 6 个月。

4. 安全计算环境

跳板机侧采用口令和动态验证码相结合的双因素认证方式进行身份认证；通过应用和服务器运维综合平台基于用户角色分配权限，并实现用户三权分立；将服务器日志发送至审计容器，同时操作系统和堡垒机两侧的日志也会实时推送至集中日志平台，最终将审计信息统一发送至威胁监控平台对日志进行统一分析，审计记录保存 6 个月；虚拟机、物理机部署主机入侵防护客户端，对入侵行为进行检测、查杀，每天进行漏洞扫描，并将漏洞信息推送至漏洞管理系统；数据在传输过程中均使用数字证书进行签名，数字证书由企业员工账号中心存储和管理，且加密存储；服务器集群部署，在清除剩余信息时通过填零处理机制保证残余数据被彻底清除。

5. 安全管理中心

系统、安全、审计管理员通过统一的云管理控制台对系统进行不同类型的操作，对设备进行管理配置，通过堡垒机进行日常设备管理。同时，对设备及业务的运行情况进行集中监测，基于操作系统实现资源的统一调度。

6. 安全管理

云服务商针对日常管理活动建立了各类管理制度，基本形成了由安全策略、安全管理制度、操作规程和记录文档构成的全面的安全管理制度体系；设置了信息安全管理工作的职能部门；人员安全管理规范、系统建设过程文档齐备，系统运维过程中审批、变更流程完备等。

2.5.2.5　安全效果评价

依据《基本要求》中对第三级系统的要求，对公有云数据及开发服务平台的安全保护状况进行综合分析评价，公有云数据及开发服务平台无中、高风险安全问题，故公有云数据及开发服务平台通过等级保护测评，等级保护测评结论为优。

2.5.3　公有云应用服务平台（SaaS）三级安全设计案例

2.5.3.1　背景说明

随着计算机的普及、互联网的成熟及云服务的发展，SaaS 云计算平台也慢慢地发展起来。SaaS 云计算平台由云服务商控制。云服务商构建基础架构，整合资源，构建云端虚拟资源池，根据需要分配给多租户使用。公有云具有非常广泛的边界，对用户访问公有云服务的限制很少，通过定制为用户提供满足其需求的业务服务，主要包括以下几点。

1）SaaS 应用开发

SaaS 云计算平台提供丰富的开发资源和模板，包括 SaaS 框架、Web 框架、分布式数据库、运维管理及大数据系统，实现包括用户管理、订单管理、订阅管理、渠道管理、在线客服及数据分析在内的丰富功能。

2）企业应用商店

企业应用商店包括网站框架、数据库、测试工具、项目管理等。用户还可以构建自己的应用，并共享给他人。

3）自动化部署和运维

全自动的业务交付，集成了环境编排、云资源创建、网络规划、操作系统安装、支撑环境配置、业务软件部署及配置脚本等一系列功能。

4）API

SaaS 云计算平台提供了丰富的 API，所有的应用部署都可以通过 API 实现。用户可以将应用的交付集成到其他业务系统中，从而实现更灵活的业务逻辑。

5）组织结构和权限管理

SaaS 云计算平台的用户不仅可以设定组织结构，还可以设定不同成员对每项资源的使用权限，并进行详细的审计。

为支撑其上业务的安全稳定运行，SaaS 云计算平台云安全防护环境需充分考虑云计算平台的特性，按照纵深防御原则，从外到内解决云数据中心的安全问题，覆盖云计算平台外层边界接入安全、云计算平台虚拟化边界安全、云计算平台内部安全等。

为进一步推动网络安全等级保护工作的开展，落实《中华人民共和国网络安全法》等相关法律、法规和标准要求，云服务商需按照《基本要求》中的云计算扩展要求，对公有云计算平台提供 SaaS 层的安全防护设计实施网络安全等级保护测评工作，确保该平台能面向租户提供安全可靠的 SaaS 服务。

2.5.3.2　需求分析

本案例为某单位公有云计算平台提供 SaaS 层的安全防护设计，目的是使该平台能面向租户提供安全可靠的 SaaS 服务，需求分析如下。

1. 合规需求

公有云应用服务平台（SaaS）的安全保护等级为第三级。开展等级保护测评工作，有助于发现公有云应用服务平台安全保护状况与相应安全保护等级的网络安全等级保护基本要求间的差距和可能存在的安全隐患，为后续公有云应用服务平台安全建设整改和监管机构的监督管理提供参考。

2. 风险需求

1）基础设备安全

基础设备因与物理环境直接交互，面临着物理方面带来的安全风险，如火灾、温湿度、电力故障等。此外，各类设备硬件组件因自身故障可能导致部分失败，也会引发故障风险。

2）主机操作系统安全

无论是计算节点还是网络节点、安全设备等都具备自身的操作系统，也因此存在天然的脆弱性，会引发被渗透、被侵染的风险。

3）网络安全

基于 TCP/IP 的以太网络连接着各类节点，网络链路可能因恶意代码（如 DDoS 攻击）或带宽分配不合理等引发拥塞风险。同时，网络内的流量可能承载着恶意入侵行为流量，导致针对应用服务和数据的风险传递。

4）虚拟化风险

依托虚拟化技术的虚拟化主机、虚拟化网络有别于传统 IT 基础设施，存在新环境下特有的安全风险。虚拟化网络存在流量不可视、网络边界漂移模糊、多租户访问控制隔离等风险；虚拟化主机存在恶意抢占资源、伪装正常业务访问进行嗅探等风险。

5）身份鉴别、授权、审计风险

云通常会把应用放置在云端，在实现资源共享的同时，会引发信息泄露的风险。由于网络的虚拟性，首要问题就是要确认使用者的身份、确保其身份的合法性。由于工作需要，不同部门、不同职责的工作人员的应用需求不同，信息使用权限不同，因此要对使用者的身份进行统一认证、统一授权、统一审计。

一旦攻击者获取使用者的身份验证信息，假冒合法用户，用户数据完全暴露在其面前，其他安全措施都将失效，攻击者可能会窃取或修改用户数据。因此，身份假冒是云面对的首要安全威胁。

6）Web 攻击风险

Web 攻击主要是指针对 Web 服务的各类应用进行的恶意代码攻击，如 SQL 注入攻击、XSS 攻击、网页篡改等，通常是由对 HTTP 表单的输入信息未做严格审查，或者 Web 应用在代码设计时存在的脆弱性导致的。

如果不对这类攻击进行专门的防护，就很容易导致安全保障体系被突破，并进一步威胁内部的应用和数据。

7）数据保密性和完整性风险

云因其业务特点，所处理的数据关乎民生、社会安定及国家大局。虽然部分应用会为互联网用户提供服务，但只是提供有限的接口，访问有限的、关乎个人的非敏感数据。然而，大部分敏感的、不宜公开的云数据还会面临来自非法入侵的窃取或篡改，进而带来数据的保密性和完整性风险。

3. 安全需求

1）满足网络安全等级保护通用要求及云计算安全扩展要求

云计算平台内部可能包括传统业务及云业务，传统业务满足等级保护第三级安全通用要求；针对云计算平台内部云计算业务，既要做好针对传统安全风险的网络安全等级保护通用安全防护，也要基于云计算的新技术场景，满足等级保护第三级云计算安全扩展要求。

2）满足云计算平台和云租户的差异化安全需求

引入了云计算平台和云租户责任共担机制，云计算平台和云租户需要对各自责任主体进行负责。云计算平台既要做好平台侧的通用性硬件基础安全防护，也要做好虚拟化的安全防护，还应具备为云租户提供差异化的弹性安全服务的能力。云租户在云中需要有隔离机制，同时需要具备差异化的安全能力，对内部业务做个性化安全配置，以满足云中各方和各地的业务安全需求。

3）流量可视

边界设备无法捕获云环境内部流量，进而无法解析云网内部真正发生的安全事件。可视是防护的前提，因此，要想实现精准防护，就需要感知云网内部真实流量。

4）提供不同级别的安全防护

各业务系统业务等级不同，在云上可能会有不同的防护等级需求，因此要求云服务商能够提供不同级别的安全防护能力。

2.5.3.3　安全架构设计

按照等级保护设计第三级要求相关条款进行方案设计，构建云计算安全设计防护技术框架，如图 2-12 所示。

对于物理网络，可通过安全域方式划分，根据业务类型划分为安全接入区、核心交换区、云业务区、存储区。

总体架构包括安全通信网络、安全区域边界、安全计算环境及安全管理中心。本案例属于多租户场景，遵循租户与云服务商责任划分机制，安全管理中心需要由租户和云服务商共同负责，其对自己责任主体的部分进行集中安全管理及安全运维服务。

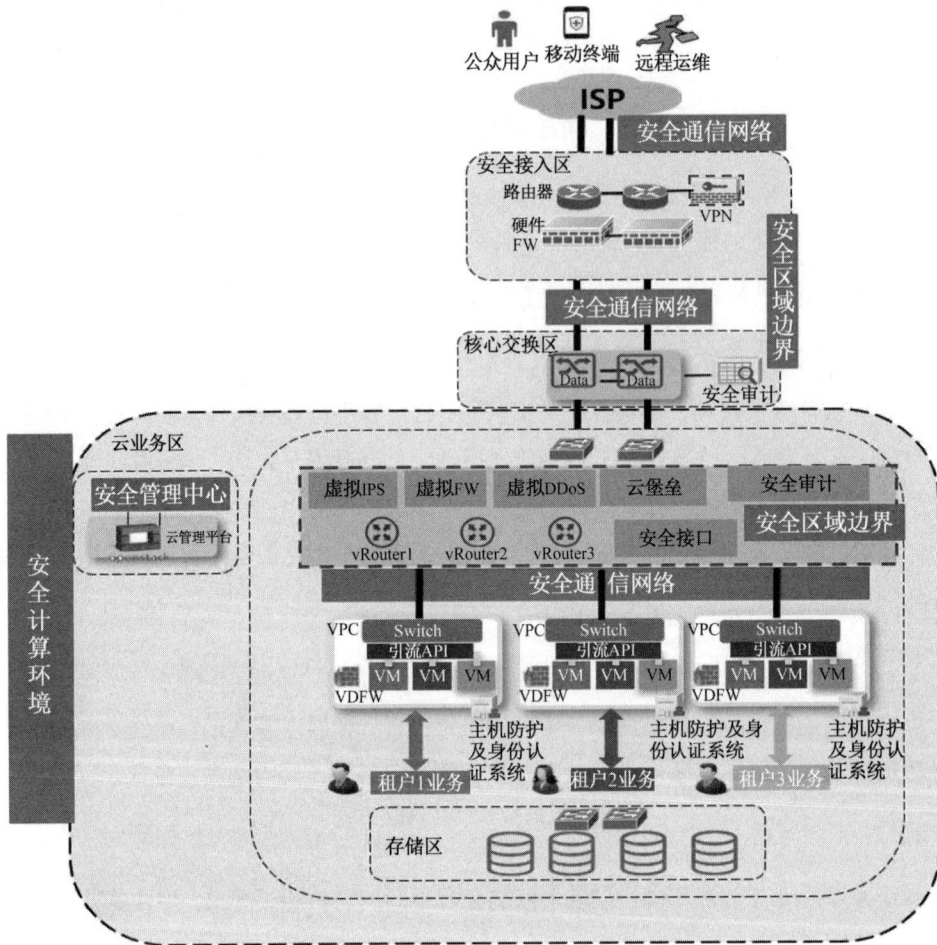

图 2-12　云计算安全设计防护技术框架

相较于传统的数据中心，云引进了虚拟化网络、多租户、虚拟机监视器（Hypervisor）等概念，传统设备在云环境中可能存在防护的局限性。因此，我们需要引进新的防护机制和手段，以应对云环境中新引入的风险。例如，安全能力虚拟化，各种安全设备可以通过NFV技术抽象，并在云内交付。另外，需要将安全产品与云计算平台进行深度对接，将安全能力作为一种服务供上层业务或云租户调用。

对云上的不同业务实现安全监测、动态预警，同时通过人与安全设备有机结合，实现协同联动，动态响应闭环安全防护。

2.5.3.4　详细安全设计

1. 安全通信网络设计

安全通信网络包括通用安全通信网络与云安全通信网络两部分。云业务区需要同时满足通用安全通信网络与云安全通信网络两部分的要求。非云业务系统需要满足通用安全通信网络的要求。

在接入区部署 VPN 设备，隧道功能可实现通信网络数据传输保密性保护，完整性校验机制可实现通信网络数据传输完整性保护，并在发现完整性被破坏时进行恢复。

对于存在租户的云数据中心，可在虚拟化通信网络边界部署 VVPN 网关。VVPN 网关在硬件安全资源池中集中交付，租户可通过安全管理中心按需选择，实现远程通信数据保密性保护。

网络策略控制器与网络设备之间需通过 HTTPS 进行加密传输，保证设备管理流量的保密性、完整性。

内部组件间通过 VXLAN、VPN 进行隔离，租户虚拟化网络与平台侧网络分别属于叠层网络与单层网络，二者隔离，通信流量需要通过边界路由器进行路由转发，到达数据中心边界，进而保证互联网无法直接访问云计算平台物理网络。

在租户虚拟化网络边界部署硬件安全审计系统。安全审计在资源池中集中交付，支持云环境中的弹性灵活交付，帮助租户收集和查看与本租户资源相关的审计信息；保证云服务商对云租户通信网络的访问操作可被租户审计，实现通信网络安全审计。

2. 安全区域边界设计

安全区域边界包括通用安全区域边界与云安全区域网络边界两部分，云业务区需要同时满足通用安全区域边界与云安全区域网络边界两部分的要求，其余非云业务系统需满足通用安全区域边界的要求。

在安全接入区以双机方式部署防火墙，DDoS、防病毒网关对源及目标计算节点的身份、地址、端口和应用协议等进行可信认证，对进出安全区域边界的数据信息进行控制，阻止非授权访问，实现区域边界访问控制。

在核心交换机旁挂接安全审计设备，实现安全区域边界审计机制，各种安全日志可上报至安全管理中心进行集中管理。对确认的违规行为进行报警，满足区域边界安全审计要求。

通过 VXLAN、VPC 实现不同租户间虚拟网络之间的隔离，并避免网络资源被过度占用；通过管理、业务、存储网隔离规划保证云计算平台管理流量与云租户业务流量分离；通过以服务器为单位部署虚拟 DFW 的方式，识别和监控虚拟机之间、虚拟机与物理机之间的网络流量。

虚拟化网络边界的安全审计系统可对租户侧虚拟化安全设备进行集中审计信息收集与分析。虚拟化的审计网元可保证在虚拟机迁移或虚拟机资源变更时，审计机制依然有效。各种审计机制均可外发日志，为安全审计数据的汇集提供接口，并可提供第三方审计，满足虚拟化区域边界审计的要求。

在虚拟化网络边界部署虚拟 FW、虚拟 DDoS、虚拟 IPS 等，对源及目标计算节点的身份、地址、端口和应用协议等进行可信认证，对进出虚拟化安全区域边界的数据信息进行控制，阻止非授权访问，实现区域边界访问控制。

3. 安全计算环境设计

安全计算环境包括通用安全计算环境与云安全计算环境两部分。云业务区需要同时满足通用安全计算环境与云安全计算环境两部分的要求。非云业务系统需要满足通用安全计算环境的要求。

通过身份认证系统，实现用户标识和用户鉴别。每个用户注册时，系统都会采用用户名和用户标识来标识用户身份，并确保在系统整个生存周期内用户标识的唯一性；每次用户登录系统时，采用受安全管理中心控制的口令、令牌，或者基于生物特征、数字证书及其他具有相应安全强度的两种或两种以上的组合机制进行用户身份鉴别，并对鉴别数据进行保密性和完整性保护，进而实现用户身份鉴别。

存储区可采用密码等技术支持的完整性校验机制，检验存储和处理的用户数据的完整性，以发现其完整性是否被破坏。存储及数据库具备加密功能，通过密码等技术支持的保密性保护机制，对在安全计算环境中存储的用户数据进行保密性保护，HTTPS、SSL 可实现安全计算环境中处理传输数据的保密性。

通过部署主机防护系统审计物理机、宿主机、虚拟机的主机恶意代码防范，同时支持 Web 应用恶意代码检测和防护。

系统应具备 CPU、内存、存储隔离机制，云管理平台可检测到非授权管理虚拟机等情况，并进行告警。虚拟 DFW 可禁止虚拟机对宿主机物理资源的直接访问，并对异常访问进行告警；虚拟 FW 应支持不同云租户虚拟化网络之间的安全隔离；云管理平台可监控物理机、宿主机、虚拟机的运行状态，实现虚拟化安全。

系统应具备镜像和快照完整性校验功能，防止虚拟机镜像和快照被篡改，保证后续通过该镜像创建资源的安全性；应具备访问控制机制，防止快照中可能存在的敏感资源被非授权访问。针对重要业务系统，应提供安全加固的操作系统镜像。

4. 安全管理中心安全设计

1）系统管理设计

应设定系统管理的角色，通过身份认证系统对系统管理员进行身份鉴别，只允许其通过特定的命令或操作界面进行系统管理操作，审计功能可实现对这些操作的审计。通过授权功能对系统的资源和运行过程进行配置、控制与可信及密码管理。用户身份、可信证书及密钥、可信基准库、系统资源配置、系统加载和启动、系统运行的异常处理、数据和设备的备份与恢复等操作应由系统管理员负责。

2）安全管理设计

云管理平台可对安全资源池网元进行统一管理，完成各种安全能力的统一配置、策略下发。此外，该平台可对安全资源中的安全能力进行全生命周期管理，包括创建、监控、销毁、故障排除，同时支持安全概况展示、流量可视化和报表管理功能。

3）审计管理设计

安全审计员通过云管理平台对分布在系统各部分的安全审计机制进行集中管理，根据安全审计策略对审计记录进行分类；提供按时间段开启和关闭相应的安全审计机制的能力；对各类审计记录进行存储、管理和查询等。对审计记录应进行分析，并根据分析结果进行处理。

4）涉及的安全产品和服务

安全管理中心安全设计涉及的安全产品和服务如表 2-8 所示。

表 2-8　安全管理中心安全设计涉及的安全产品和服务

序号	产品和服务	安全防护能力
1	硬件防火墙/IPS	在网络边界提供访问控制、入侵防护等安全防护
2	VPN	利用隧道协议实现保密、发送端认证、消息准确性验证等安全防护能力
3	身份认证系统	实现用户标识和用户鉴别
4	虚拟防火墙	虚拟网络边界采用访问控制机制隔离不同云租户，并提供入侵防护等能力
5	安全审计系统	提供审计工具记录云服务商对云服务客户的数据操作
6	云堡垒机	对特权命令进行控制和审计
7	云管理系统/平台	实现虚拟资源监控、资源隔离、虚拟资源管理调度等安全防护能力
8	云安全服务	提供安全加固、日常巡检、安全运维等安全服务
9	主机防护系统	提供主机和终端安全检测与恶意代码防护等安全服务
10	渗透测试服务	从攻击者视角挖掘业务系统中的安全隐患，提供检测报告和漏洞修复方案
11	等级保护咨询及整改服务	提供等级保护咨询方案、配合等级保护测评现场答疑和相关整改服务

2.5.3.5　安全效果评价

本案例结合用户安全需求，按照等级保护建设相关指导、信息系统的重要性和网络使用的逻辑特性划分安全域，着重介绍云环境下特有安全问题的解决方法，在先进的技术背景下，通过云计算平台实现了安全资源和计算资源一样的服务化交付，即提供开放、资源弹性、按需分配、自动化的安全服务，协助完成云计算安全等级保护的建设整改。

2.5.4　某政务云计算平台（IaaS）系统三级安全设计案例

2.5.4.1　背景说明

某政务云计算平台主要实现政府机构日常办公、信息收集与发布、政府办公自动化、政府部门间的信息共建共享、政府实时信息发布、各级政府间的远程视频会议、公民网上查询政务信息、电子化民意调查和社会经济统计等功能。

政务云涵盖的信息系统是政府机构用于执行政府职能的信息系统。政府机构涉及的信息对安全性要求比较高：一方面，政务信息关系到党政部门乃至整个国家的利益，比个人或商务信息更敏感，需要更高的安全性；另一方面，政务云行使政府职能的特点导致其更容易受到来自内外部的攻击，包括犯罪集团和信息战时期的信息对抗等。

某政务云领导小组创新性地提出了"1+N+N+1"的建设模式，即一个云管理平台、多个云服务商平台、多个部门整合平台和一个安全管控平台。该项目采用政务云整体解决方案，在提供全面 IaaS 服务的同时，重点保护政务信息资源价值不受侵犯，保证信息资产的拥有者面临最小的风险并获取最大的安全利益，保证政务信息基础设施、信息应用服务和信息内容具有保密性、完整性、真实性、可用性和可控性。

2.5.4.2　需求分析

1. 合规需求

为进一步推动网络安全等级保护工作的开展，落实《中华人民共和国网络安全法》等相关法律法规和标准要求，云服务商需按照《基本要求》中的云计算扩展要求，对公有云计算平台提供 IaaS 层的安全防护设计，实施网络安全等级保护测评工作，确保该平台能面向租户提供安全可靠的 IaaS 服务。

1）安全保护等级

根据某市电子政务系统的上云需求，该政务云采用 IaaS 模式部署。参照等级保护定级指南及国家电子政务外网相关政策和标准文件，从电子政务外网系统的业务信息和系统服务两个方面综合进行定级对象分析，初步确认该市电子政务系统的安全保护等级为第三级。

2）安全区域边界需求

互联网边界：公网区基于互联网向公众及企业用户提供政府外部门户及网上办公功能，系统边界直接面向社会公众用户，使用环境复杂，系统可能面临的安全风险较大。

政务外网边界：政务外网面向全市政府机构及行政单位提供应用服务，存在不同应用职能、承载不同信息客体的网络区域边界互联需求，需要对公务人员登录应用进行身份认证和权限控制。

政务外网公共区与互联网公网区的边界：政务外网公共区服务器与互联网公网区服务器服务的对象、部署的应用和数据的安全要求都不同，且存在数据交换的应用需求，因此，政务外网公共区与互联网公网区存在安全边界防护需求，必须在系统各网络边界处采取强健、可靠、安全的保护措施。

3）安全通信网络需求

安全通信网络需要考虑网络架构、通信传输、可信验证三个方面。其面向的对象是整个云计算平台，要求网络架构和通信传输网的建设达到满足业务高峰期流量的要求，并实现冗余部署；在通信过程中，需要采用校验技术或密码技术保证数据的完整性或整个报文的保密性。为了提高网络的安全性和可靠性，在规划网络时应采用安全域的概念，一旦某个范围出现问题，就可以采用隔离手段，防止问题扩散，将威胁降到最低。

4）安全计算环境需求

系统的关键资源就是数据，而数据存在于网络设备、核心后台系统、重要的操作系统及数据库系统中。因此，网络设备、操作系统、数据库管理系统的设备及计算本身的安全性是至关重要的。设备及计算安全一般考虑身份鉴别、访问控制、安全审计、入侵防范、恶意代码防范及资源控制。

5）安全管理中心需求

安全管理中心是整个网络平台的核心，具有对全网安全态势及运维态势进行分析展示的功能。在安全管理中心部分，需要关注系统管理、审计管理、安全管理、集中管控四个方面。

在云计算平台安全管理中心的建设过程中，应对系统管理员、审计管理员、安全管理员的身份鉴别进行重点建设，同时对这三类管理员的行为和记录结果进行分析。对全网的网络链路、安全设备、网络设备和服务器进行统一监管审计，对其运行日志、本地日志等进行统一分析展示。

2. 安全需求

除合规需求外，电子政务云特殊的安全需求主要体现在以下方面。

（1）为保障网上公布的政务信息的严肃性及权威性，电子政务云需要关注网站防篡改需求。

（2）由于政务云存在远程办公等多种远程接入方式，因此需要关注接入安全需求。

（3）电子政务外网与电子政务互联网区域存在数据交换需求，因此需要部署安全措施，确保数据在不同安全级别区域间交互的安全可控。

2.5.4.3 安全架构设计

某市电子政务云计算平台整体上可划分为互联网云业务区和电子政务外网云业务区。互联网云业务区和电子政务外网云业务区内部均划分了出口区、核心交换区、互联网应用部署区、云+SDN 管理区、安全资源池和数据存储区。电子政务云计算平台的总体架构如图 2-13 所示。

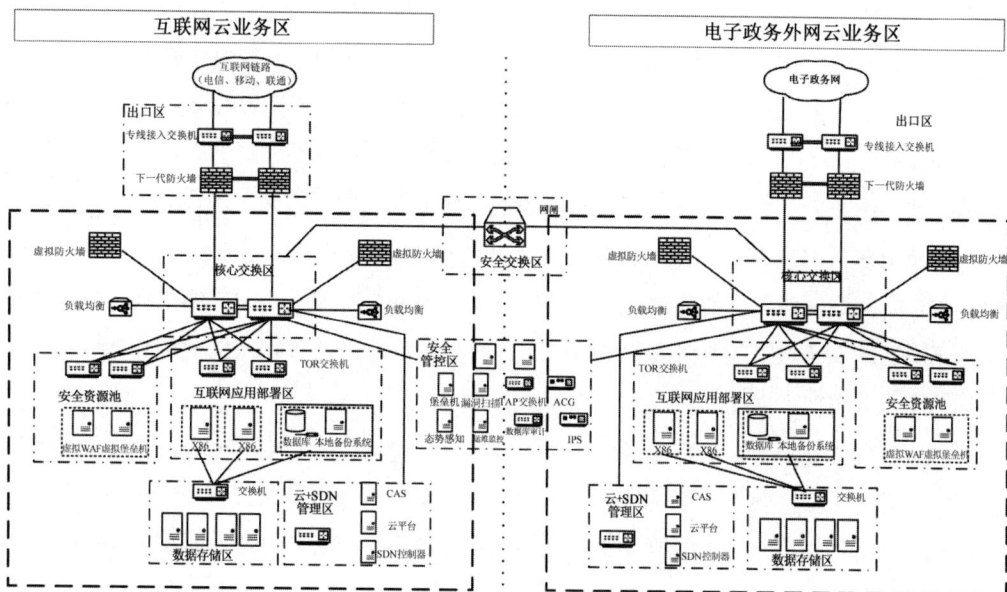

图 2-13 电子政务云计算平台的总体架构

互联网出口区和电子政务外网出口区均通过硬件防火墙接入互联网和电子政务外网。内部边界之间通过安全资源池提供的虚拟防火墙实现内部各区域之间的安全隔离。互联网云业务区和电子政务外网云业务区各自划分云管理区域，实现各自区域内云计算资源的管理。互联网云业务区和电子政务外网云业务区共用安全管控区，在该安全管控区内部署了堡垒机、漏洞扫描、态势感知、运维监控、数据库审计等安全产品，实现了对政务云计算平台整体安全资源的调度和分配。考虑到互联网业务区与电子政务外网业务区的安全级别不同，在两个区域之间设置了安全交换区，部署跨网数据安全交换系统，实现两个区域之间的安全数据交互。

2.5.4.4 详细安全设计

1. 区域边界安全设计

区域边界访问控制：在云计算平台边界进行多层防御，采用防火墙对服务器区和网络接入区进行边界隔离，以防范网络边界面临的外部攻击。在区域边界，只允许被授权的服务和协议传输数据，未经授权的数据包将被自动丢弃，依据最小化访问控制权限原则实现边界隔离和对来自边界以外流量的访问控制；为每个用户提供虚拟防火墙，通过区域边界划分和安全隔离实现内部边界重塑，确保各业务系统重新建立安全边界。

东西向安全防护：在云计算平台内部的计算环境中，增加了虚拟机之间的虚拟交换组件，使得安全计算域的划分、域内的结构安全、访问控制、边界完整性和通信保密性等都变得较为复杂。对于 VLAN 数据隔离、过滤及虚拟机之间的隔离等，采用东西向的虚拟防火墙、云入侵防御、云杀毒等综合方案实现云计算平台东西向的安全防护。

区域边界入侵防范：依托平台内的硬件防火墙资源和虚拟防火墙组件，实现对南北向、东西向网络入侵事件的检测，并通过与访问控制策略和流量控制策略联动，建立起符合国家规定的安全检测机制，实现网络层面针对平台业务区的自动入侵防御和分析，提高系统整体的安全性。

区域边界安全审计：通过区域边界访问控制及包过滤设备，实时监控边界安全，通过特征库比对、未知威胁发现等技术手段，对边界流量进行深入分析，形成安全审计日志；设备本地具备留存审计日志的能力，以及将边界安全审计日志传输给管理中心的机制。

区域边界完整性：根据等级保护技术要求，系统的边界应能有效监测非法外联和非法接入的行为。考虑到区域内的主机设备均为服务器，不会主动对外发起访问，因此实现边界完整性保护的要点就是杜绝非法接入。应在电子政务外网的接入交换机端口上绑定MAC 地址，这样，对于接入的非许可终端，其 MAC 地址不会被交换机识别，也就能有效地防止其接入。

2. 通信网络安全设计

政务云存在远程办公用户通过互联网远程访问政务云的需求，可采用 SSL VPN 的接入方式实现。本方案采用 SSL VPN 网关，配合远程用户的浏览器或 SSL VPN 客户端软件，对远程用户访问政务云进行加密和完整性保护，并实现以下安全策略。

通信保密性策略：VPN 在传输数据包之前将其加密，以保证数据的保密性，防止数据在通过互联网传输的过程中被窃听，造成信息泄露。云计算服务安全审查要求云服务商提供满足国家密码管理法律法规的通信加密手段，本方案提供的 VPN 远程应用安全访问措施采用符合国家规定的加密算法，满足用户对数据传输的保密性需求。

通信完整性策略：VPN 在目的地验证数据包，以保证该数据包在传输过程中没有被修改或替换，防止因数据被篡改造成信息失真，对业务造成破坏。

通信身份认证策略：VPN 端要验证所有受 VPN 保护的数据包，特别是验证远程用户的身份，确保只有合法的用户才能建立远程连接，进行访问。

数据防泄露系统：除采用 VPN 技术保障通信数据的保密性外，本方案还部署了数据防泄露系统，采用业务内容指纹匹配、计算机视觉、语义分析等核心智能算法，同时结合数据包并发处理技术，具备关键字技术、正则表达式技术、内容指纹匹配技术、脚本检测技术、数据标识符检测技术等内容识别技术，对数据进行保护，对泄露事件进行响应及审计。

3. 计算环境安全设计

用户身份鉴别：对于要接入安全网络的用户，准入解决方案首先要对其进行身份认证，对通过身份认证的用户进行终端安全认证。根据网络管理员制定的安全策略，进行病毒库更新情况、系统补丁安装情况、软件的黑白名单、U 盘外设使用情况、软/硬件资产信息等内容的安全检查。根据检查结果，准入解决方案对用户网络的准入进行授权和控制。通过安全认证后，用户可以正常使用网络。同时，可以对用户终端运行情况与网络使用情况进行审计和监控。

入侵防范和恶意代码防范：构建入侵防范安全策略，对访问云计算平台的外部流量进行分析、检测、过滤，防范 SQL 注入、跨站脚本攻击及其他利用 Web 应用程序漏洞的攻击；对攻击行为进行识别和预警，从而发现网络攻击行为、识别网络攻击类型，并过滤网络攻击流量。构建云杀毒策略，防范云计算环境中的病毒风暴、安全域混乱、云主机之间的攻击等问题。云杀毒策略会与云主机自动绑定，不会因为漂移而丢失策略。云杀毒策略可以防止云主机遭受病毒、木马和其他恶意软件的侵害，实时保护文件系统，并在虚拟机内部对感染病毒的文件进行隔离。

系统安全审计：对于电子政务外网和政务云，应开启操作系统、数据库、网络设备、安全设备自身的审计模块，其应用系统也应开启审计功能，审计的内容包括登录、操作、结果、事件、用户名等信息。利用日志审计系统，集中将操作系统、数据库的日志信息传递到该平台，这样，即使本地日志信息被恶意删除，也可以通过统一的远程日志审计系统恢复日志记录。

虚拟化安全：云计算环境的攻击主要是指利用云计算平台通过虚拟化技术定义的网

络、操作系统、应用存在的漏洞和安全缺陷对网络资源的硬件、软件及其系统中的数据进行的攻击。通过边界的硬件防火墙及平台内部的虚拟防火墙组件，可以使云计算平台具备相应的防御能力。

4. 安全管理中心设计

脆弱性管理：本方案通过漏洞扫描系统实现各业务系统或主机脆弱性的统一管理。漏洞扫描主要包括 Web 漏洞扫描、系统漏洞扫描和数据库漏洞扫描。其中，Web 漏洞扫描主要对 Web 服务器漏洞进行扫描，系统漏洞扫描和数据库漏洞扫描主要对内部服务器区的重要应用和数据库进行安全检查与风险评估。

运维安全设计：针对云计算平台内部管理机制存在的风险（如管理员权限没有约束机制，存在内部人员越权看数据、偷数据、毁数据的风险），本方案在核心交换层以硬件设备或平台组件的形式提供运维安全管控系统，通过引入基于 4A 认证机制的运维安全建设体系，从内部控制、规范运维流程的角度划分平台运维人员、第三方厂商运维人员的访问管理权限，提高对运维人员的行为审计力度与精细程度；规定重要数据和服务由双人共管，并通过采用二次授权等访问模式，避免由部分设备认证方式弱、安全审计不足引发的运维安全风险。运维安全管控系统解决方案如图 2-14 所示。

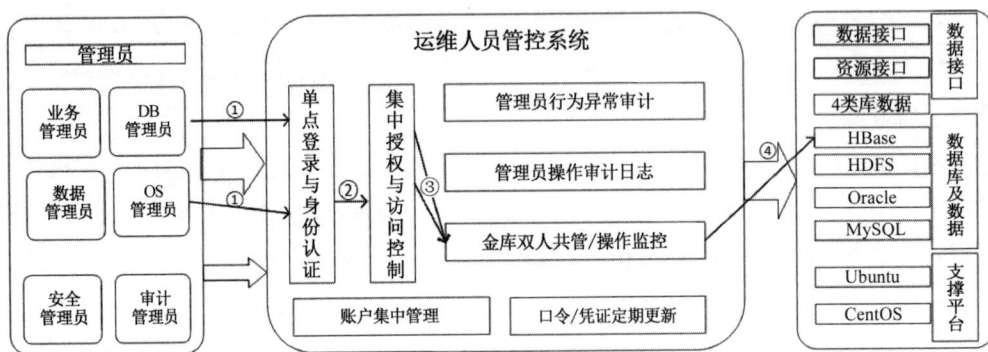

图 2-14　运维安全管控系统解决方案

日志综合管理：对安全设备（如防火墙、Web 应用防火墙、数据库审计、网络行为审计等）产生的安全日志进行收集，再结合操作系统日志、中间件日志等，对日志进行综合关联分析，从多个维度对目标系统的运行状态、主机情况进行分析，得出一段时间内目标系统及相关设备的安全运行状态。

安全集中管控：通过安全管理中心的分析和展示等组件，对全网镜像的流量进行统一汇总和分析，各检测引擎将检测结果发送到态势感知平台，进行各类事件的汇总和分析，保障政务云基础设施运营者达到安全监测的目的，并能统一进行结果展示。统一监测目标包括但不限于安全事件监测、云服务访问监测、数据泄露监测、恶意代码和垃圾邮件安全监测、越权行为监测、异常流量监测。

5. 涉及的安全产品和服务

该政务云计算平台涉及的安全产品和服务如表 2-9 所示。

表 2-9　该政务云计算平台涉及的安全产品和服务

序号	产品和服务	安全防护能力
1	硬件防火墙	实现政务云计算平台与外部网络边界的访问控制等安全防护能力
2	VPN	实现传输加密、远程接入的安全防护能力
3	虚拟防火墙	虚拟网络边界采用访问控制机制隔离不同的云服务客户，并提供入侵检测等能力
4	安全审计	提供审计工具记录云服务商对云服务客户的数据操作
5	云堡垒机	实行账号集中管理，并对特权命令进行控制和审计
6	安全管控平台/安全管理中心	实现虚拟机资源监控、资源隔离、虚拟资源管理和调度等安全防护能力
7	云 WAF	提供政府门户网站安全防护能力
8	云安全服务	提供安全加固、日常巡检、安全运维等安全服务
9	渗透测试服务	从攻击者视角挖掘业务系统中的安全隐患，提供检测报告和漏洞修复方案
10	等级保护咨询及整改服务	提供等级保护咨询方案、配合等级保护测评现场答疑和相关整改服务

2.5.4.5　安全效果评价

根据网络安全等级保护"一个中心，三重防护"的设计原则，本方案从安全区域边界、安全通信网络、安全计算环境和安全管理中心四个方面对某市政务云进行了全面的安全需求分析及安全防护措施的改造加固，使安全防护技术由点到面覆盖整个政务云计算平台，满足网络安全等级保护第三级安全设计要求。

2.5.5　某私有云协同办公（PaaS）系统三级安全设计案例

2.5.5.1　背景说明

各级政府大力推进政务公开、政务服务建设，加快"互联网+"及集约化建设。基于云计算的协同办公、云化的移动端办公已成为电子政务办公改革的重点。某省纪委协同办公系统部署于省政务云中，通过政务云计算平台安全组件为该省纪委协同办公系统提供安全可靠的数据库存储服务。

该省纪委内部工作协同不畅，致使工作效率一直得不到提高；数据保护机制不健全，致使一些数据丢失，无法找回；信息化建设滞后，已不能满足当前的工作需求。纪检行业对协同办公的效率、便捷性要求很高，对数据的安全性要求也很高，云计算技术及相关的安全保护能力能够满足纪检行业对数据的高要求。

基于云计算的协同办公系统的各项指标均能满足当前该省纪委的各项工作需求，尤其在数据安全保护方面。该省纪委响应中央大力推进政务公开、建设智慧型政府的号召，加大省级纪检机关信息化系统建设力度，加快互联网+、集约化、智慧型政府建设，促进在线交流、信息互动、智能举报，建设本省基于云计算的协同办公、云化的移动端办公系统。系统部署于省政务云中，通过政务云计算平台安全组件为该省纪委协同办公系统提供安全可靠的工作协同应用及数据安全存储服务。

本系统建设主要实现政务公开、智慧政务服务、机关协同办公、移动办公等基于云计算的服务功能，推动纪检机关内部办公集约化、业务集中化的进程，加速节约型机关建设，以改革的精神、创新的思维、务实的态度，扎实做好纪检信息化系统建设工作。

2.5.5.2　需求分析

1. 合规需求

依据《基本要求》，结合业务的实际情况，该省纪委业务系统建成后符合等级保护第三级要求。业务系统的安全保护等级由业务信息安全保护等级和系统服务安全保护等级的较高者决定，该省纪委协同办公系统的安全保护等级被定级为第三级。

1）通信网络安全需求

通信网络安全需结合网络架构、通信传输、安全验证进行分析，主要面向纪委协同办公系统部署的政务云及本地备份中心的网络通信。网络架构、通信传输的建设要符合业务数据保密性、业务连续性、业务使用高峰期的相关要求，并实现通信网络传输通道冗余。在通信过程中，应采用通道加密、连接校验、密码技术等保证数据的完整性和整个报文的保密性。为提高网络通信的安全性和可靠性，在规划网络时应采用分区域的方式，必要时可采用隔离手段，防止问题扩散，将威胁降到最低程度。

2）区域边界安全风险

边界防护、访问控制风险：电子政务外网边界、内部各安全区域边界因缺乏访问控制管理机制、控制策略不当、身份鉴别失效、非法连接等因素而被突破，导致网络边界完整性失去保护，进而影响信息系统的保密性和可用性。

入侵防护风险：网络入侵可能来自外部或内部，如果缺乏有效的监测、审计和防护措施，系统将面临巨大风险。

恶意代码风险：恶意代码可能来自内部或外部，如发生恶意代码事件，业务系统、敏感数据均会暴露在危险环境中，会影响系统的保密性和可用性，从而导致数据丢失、业务中断。恶意代码表现形式多样，包括端口扫描、强力攻击、木马后门、拒绝服务、缓冲区溢出、IP 碎片攻击和网络蠕虫等。系统随时会面临各类恶意代码攻击的风险。

3）计算环境安全需求

某省纪委计算环境可分为云端和本地备份中心，计算环境安全风险如下。

云端安全风险：将业务应用系统和数据放置在云端，在实现资源共享的同时，会带来信息泄露的风险。由于云端网络具有不确定性，所以，需要确认使用者的身份，确保身份的合法性；Web 攻击风险、数据安全风险、云计算平台自身的安全漏洞风险、虚拟资源池内的恶意竞争风险、虚拟化网络安全风险同样会威胁业务计算环境的安全。

云端网络结构风险：云端网络特性使传统的分域防护变得难以实现，云端虚拟化的服务提供模式使鉴别、控制与审计使用者的身份、权限和行为变得更加困难。云端网络结构容易造成虚拟化网络不可见风险、网络边界动态化风险、多租户混用安全风险、恶意虚拟机实施攻击风险、虚拟化主机安全风险等，这些也是威胁计算环境安全的重要风险。

备份中心安全风险：备份中心采用传统的分层部署方式保护自身安全，但会面临多种安全风险，如设备硬件自身安全风险、恶意代码风险、操作失误风险、硬件设备失效风险等，这些风险都是威胁备份中心的重要风险。同时，在进行数据备份时远程复制云端数据也存在数据泄密风险。

4）安全管理中心安全需求

安全管理中心对定级业务系统的安全策略及安全机制实施统一管理。该省纪委协同办公系统的安全管理中心与传统安全管理中心相比，存在云环境和本地备份两部分，除需要满足传统安全管理中心的所有需求外，还需要在云端增加对服务层、资源抽象层的安全监控与管理。云端的风险主要为集中管控安全风险，物理资源和虚拟资源按照策略无法做到统一管理调度与分配的风险，以及管理流量与业务流量分离的风险。

2. 安全需求

基于云计算的协同办公系统及配套的移动办公系统已成为该省纪委办公改革的重点，对加快办公自动化建设提出了新的挑战。为顺应电子政务云化建设发展新形势，把握政务公开和政务服务新要求，推动该省纪委政府内部办公集约化、业务集中化的建设进程，加速节约型机关建设，需要以改革的精神、创新的思维、务实的态度，扎实做好基于云计算的协同办公系统建设工作。

基于云计算的协同办公系统对信息安全提出了更高的安全要求，在满足传统安全需求的前提下，主要集中在如下几点。

（1）现有协同办公系统后台管理及运维人员较多，分布在各级部门中，后台管理及运维人员操作的业务数据较多。同时，账号认证方式简单（仅有用户名+密码认证），后台运维数据均为明文传输，未经过加密处理，风险很大。

（2）协同办公系统具备各级部门的特色，层级复杂，工作流程多样。内部人员及运维人员知识不足、操作不规范，易导致流程错误和流程数据丢失，这给业务连续性带来了很大的风险。

（3）目前业务数据均存储在单一的数据库实例内，一旦出现内部人员误操作，就会导致整个系统无法正常使用；由于相关数据层级复杂，若数据丢失，则恢复难度大。同时，业务数据具备高度的敏感性，数据丢失会带来很大的风险。

（4）省、市、县/区三级部门之间存在很大的业务流程及权限差异；同时，由于业务数据的高度敏感性，安全域之间不能存在直接的数据交互，并且由于需要整合数据，以便业务流程顺利执行，因此安全域之间需具备安全可靠的边界保护。目前，各级部门安全域之间存在很大的风险。

（5）内部人员、运维人员的账号和密码过于简单，管理数据时经常以明文形式在外部网络进行传输，通道的安全风险很大，存在泄密风险。

（6）各级部门安全管理各自为政，缺乏统一的管理、监控，遇到安全事件时响应慢，没有全面的、统一的安全监控手段和有效的分析手段，决策者无法全面了解系统整体安全情况，容易导致决策失误，风险很大。

2.5.5.3　安全架构设计

私有云协同办公系统的整体架构如图 2-15 所示。

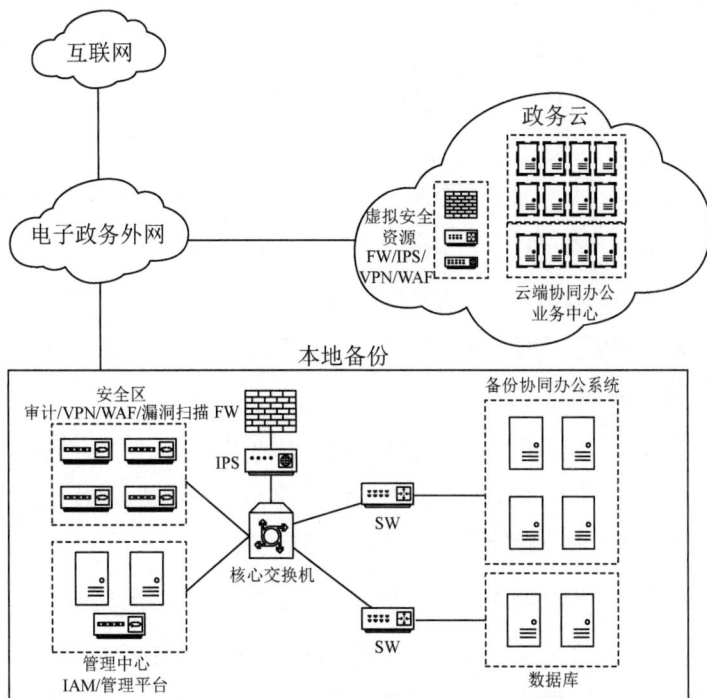

图 2-15　私有云协同办公系统的整体架构

协同办公系统部署于省政务云中，租用 8 台虚拟机作为业务服务器，租用 4 台虚拟机作为数据库服务器，租用虚拟 FW、虚拟 IPS、虚拟 VPN、虚拟 WAF 等虚拟安全资源实现系统安全边界保护。本地原有系统硬件及安全资源作为云端系统本地备份中心，通过电子政务外网与云端系统采用 VPN 通道连接，同时数据保持一致。这样，一旦云端系统发生故障，就可以立即切换至本地备份系统。

2.5.5.4　详细安全设计

省级业务系统应用层采用"一个中心"的集中部署模式，各级部门均挂在省级中心下，共用单独的数据库实例，数据统一存储，虚拟机 8 台，每台存储空间不小于 300GB；整个系统出口带宽不小于 200MB，后台能支持管理的并发用户数不低于 2500 户，前台能支持接入的并发用户数不低于 15000 户。

根据设计架构和安全需求，具体安全设计如下。

1. 安全计算环境

结合应用需求，根据等级保护对象确定用户类别（如自然人、设备、软件应用等）和鉴别机制（如双因素、挑战应答等），选择鉴别方式（如口令、USB-Key、生物特征等）建立鉴别数据（如创建账户、设置初始密钥、建立指纹数据库等），根据选定的安全级别要求设置具有一定复杂度的口令并采取防窃听措施（如 HTTPS、SSH 等），完成鉴别过程。可采用身份认证类系统来满足身份鉴别要求。

应能结合用户账号的整体架构，多维度进行账号的权限划分。可基于多种方式，将账号划分为不同权限，需注意账号权限之间的互斥与继承关系。用户只能访问授权范围内的资源，如业务功能模块、特定数据等。

应通过安全审计产品，收集相关业务操作和数据使用的日志信息，根据日志信息进行日志分析与审计；对运维人员的操作行为进行审计，同时对所有的审计记录做好权限管理，操作日志应满足法律规定的存储要求，不可被随意删除。

业务系统需提供加密服务与密钥管理服务，保证用户实现对数据的加/解密。

业务系统的架构应采用冗余设计，保证系统及基础网络的高可用、业务计算资源的高可用和存储数据的高可用。数据存储包括结构化和非结构化存储、相关对象存储、文件存储、数据库存储，应支持多副本方式。系统应提供标准接口，能够保证在迁移业务和数据时配置文件、业务数据、鉴别信息、存储数据等被同时迁移至其他系统。例如，为满足实时切换的业务需求，政务云端业务与本地备份业务可实时切换，数据互为备份。

协同办公系统数据库存储采取如下方式。

（1）政务云端：采取云端的分布式存储方式实现业务系统的数据存储。数据库保存在云端的存储区域，通过远程复制技术，实现对备份中心数据库数据的复制。

（2）备份中心：采取本地分布式存储技术，通过远程复制技术，与云端数据库保持一致。

政务云为业务系统的主要应用，若在云端发生不可逆故障，则由备份中心全盘接管。

业务系统对数据库安全的保护应通过四个方面实现，即安全性控制、完整性控制、并发性控制、数据库恢复。

（1）数据保密性：杜绝所有可能的数据库非法访问，如绕过数据库管理的授权机制，通过操作系统直接存取、修改或备份有关数据。数据库管理是建立在操作系统之上的，安全的操作系统是数据库安全的前提。操作系统应能保证数据库中的数据由数据库管理系统访问，而不允许用户越过它直接通过操作系统访问。数据应以加密的形式存储到数据库中。协同办公系统数据库的安全措施满足了用户标识和鉴定、用户存取权限控制、定义视图、数据加密和审计等需求。

（2）数据完整性：协同办公系统数据库的完整性能保障业务数据的正确性、有效性和兼容性，防止错误的数据进入数据库造成无效操作。数据库的完整性和安全性是数据库保护的两个重要因素。安全性措施的防范对象是非法用户和非法操作；完整性措施的防范对象是合法用户的不合语义的数据。协同办公系统的数据库采取两个完整性约束条件：一是按约束条件使用的对象划分；二是按约束对象的状态划分，实现数据库的完整控制。

（3）数据库备份与恢复：由于协同办公系统无法完全避免数据库出现问题，所以系统应具有检测故障并把数据从错误状态恢复到某一正确状态的功能。协同办公系统数据库中任何被破坏或不正确的数据都可以利用存储在其他地方的冗余数据来修复。业务系统应提供两种类型的恢复功能：一种是生成冗余数据，即对可能发生的故障做某些准备，常用的技术是登记日志文件和数据转储；另一种是冗余重建，即利用这些冗余数据恢复数据库。

2. 安全区域边界

部署在政务云上的主业务应满足管理流量与业务流量分离的要求，同时在网络边界部署云防火墙和传统防火墙，对攻击进行告警和阻断，并和其他安全组件联动进行旁路阻断。

3. 安全通信网络

协同办公系统对访问使用专线或 VPN 服务，数据链路采用 IPSec VPN，满足敏感数据加密传输要求。

4. 安全管理中心

协同办公系统的安全管理中心部署在机关内部，通过 VPN 专线与政务云连接，通过与政务云提供的第三方开放接口 API 对接，完成对云端部署资源及业务、备份中心资源的统一安全管理，具体如下。

（1）安全管理中心提供 SOAP/REST 开放接口，方便与其他业务系统进行融合和协作；采用分层设计，对基础计算资源、安全资源、存储资源的安全进行统一监管；支持模块化的功能组件，以扩展业务系统需要的采集和分析功能，从多个角度分析、监控、管理云端及备份中心的安全措施。

（2）集中管理资源，分为云端和备份中心两部分。云端可采用集中管理虚拟资源的安全措施，备份中心可采用集中管理基础硬件资源的安全措施。例如，云端实现虚拟机的集中安全策略部署、安全加固，业务虚拟计算资源的安全保护，虚拟安全资源的动态调整及资源分配，安全情况实时监控，趋势分析，以及日志收集等；备份中心实现计算资源的安全策略集中下发、安全加固集中部署和调整、安全情况实时监控、日志收集等。

（3）智能事件分析。应实现集中管理资源所收集的监控管理数据的智能分析、审计和预警。

（4）安全策略智能调整。应根据云端和备份中心的资源变化情况实现安全策略的自动调整，如业务资源虚拟化引入的 VM 调整、迁移等；应在安全管理中心接收到安全设备发送的安全攻击事件时，自动提取攻击事件中的攻击源和攻击目的信息，在网络拓扑中直观显示从攻击源到攻击目的的攻击路径，以方便决策。

（5）业务资源自动预警。应实现云端和备份中心资源的自动预警，设定资源阈值，在资源即将无法满足需求时自动预警，为业务的连续性和安全性提供保障。

（6）多安全业务融合与协同管理。应具备开放的接口对不同的安全需求、安全模块进行融合管理，实现对安全业务的"监""管""查"，提供统一的安全事件分析和策略部署能力。

5. 涉及的安全产品和服务

该协同办公系统涉及的安全产品和服务如表 2-10 所示。

表 2-10　该协同办公系统涉及的安全产品和服务

分类	序号	产品和服务	安全防护能力
政务云业务中心	1	虚拟防火墙/IPS	虚拟网络边界采用访问控制机制隔离,提供入侵检测、防御等能力
	2	VPN 服务	VPN 服务,提供专用通道加密服务
	3	云 WAF	虚拟应用安全防护,过滤针对 Web 的应用层安全威胁
	6	云堡垒机	对特权命令进行控制和审计
	7	云资源管理和审计系统	实现虚拟机资源监控、资源隔离、虚拟资源管理调度等安全防护,同时提供资源操作审计
	8	云安全服务	提供安全加固、日常巡检、安全运维等安全服务
备份中心	1	硬件防火墙	在网络边界提供访问控制等安全防护能力
	2	入侵防御系统	在网络边界提供入侵检测和告警阻断等安全防护能力
	3	VPN	VPN 服务,提供专用通道加密服务
	4	安全审计	提供审计工具,记录备份中心的数据操作
	5	身份认证系统	账号及授权采取 4A 管理并审计,对特权命令进行控制和审计
	6	安全统一管理系统	与云端资源管理系统对接,实现云端、备份中心的统一安全管理、监控、查询、分析;全面监控整体安全情况,提高系统整体的安全性
	7	主机防护系统	提供主机和终端安全检测与恶意代码防护的安全能力
	9	漏洞扫描	提供漏洞扫描工具,自动发现网络与设备、系统漏洞并提供补丁
	10	安全运维服务	提供整体安全系统的运维保障服务
	11	等级保护建设咨询及整改服务	提供等级保护咨询方案、配合等级保护测评现场答疑和相关整改服务

2.5.5.5　安全效果评价

根据网络安全等级保护"自主保护、重点保护、同步建设、动态调整"的设计原则,本方案从安全计算环境、安全区域边界、安全通信网络、安全管理中心四个方面对该省纪委基于政务云的协同办公系统进行了全面的安全风险分析及安全防护措施设计,满足网络安全等级保护第三级安全设计要求。

2.5.6　某企业云计算平台(SaaS)三级安全设计案例

2.5.6.1　背景说明

某企业自建了数据中心和机房,企业所有的业务数据运行在自建机房中,自建数据中心和机房供本企业、下属机构及外部人员访问和使用。该企业还自建了 OA、ERP 等系统。随着《中华人民共和国网络安全法》和网络安全等级保护制度的施行,网络安全已成为企业信息化建设和发展的前提,而随着企业数字化转型的推进,信息化在企业生产和办公中越来越重要。根据业务发展需要，该企业建立了私有云计算平台，所有业务系统均迁移到私有云上，但如何保障云计算平台及业务上云的安全，建立符合《中华人民共和国网络安全法》和网络安全等级保护第三级安全要求并满足企业业务发展需求的企业网络安全体系，已成为企业领导和信息化建设人员需要重点考虑的问题。

2.5.6.2　需求分析

1. 合规需求

通过对该企业进行访谈和实际环境调研，根据等级保护第三级要求，目前该企业关注的安全需求如下。

1）通信网络安全需求

网络可用性风险：主要集中于链路流量负载不当，流量分配不当，以及拒绝服务攻击、蠕虫类病毒等威胁。

通信传输风险：第三方运维人员通过远程终端访问云中的各类应用，如果不对远程通信数据进行加密，信息就有被窃听、篡改、泄露的风险。

2）区域边界安全需求

边界防护及边界访问控制风险：云计算平台网络边界、互联网接入边界、内部各安全域网络边界可能会因缺乏边界访问控制管理、访问控制策略不当、身份鉴别失效、非法内联、非法外联等因素而被突破，导致网络边界的完整性失去保护，进一步影响信息系统的保密性和可用性。

边界入侵防护风险：网络入侵可能来自各边界的外部或内部，如果缺乏行之有效的审计手段和防护手段，那么网络安全无从谈起。

恶意代码风险：网络边界被突破后，平台或业务系统会暴露在危险的环境中，最为突出的风险就是恶意代码（可能会造成系统保密性和可用性的损失）。具体来说，主要风险包括端口扫描、强力攻击、木马后门攻击、拒绝服务攻击、缓冲区溢出攻击、IP 碎片攻击和网络蠕虫攻击等。系统随时会面临各类恶意代码攻击，尤其是 APT 攻击。

3）计算环境安全需求

计算环境安全风险可从环境中的主机、应用、数据、虚拟化平台、虚拟化网络、虚拟化主机等方面进行分析。

传统安全风险：应用放置在云端，在实现资源共享的同时，会带来信息泄露的风险。由于网络的不确定性，首要问题就是确认使用者的身份，即确保其身份的合法性。此外，Web 攻击风险、数据安全风险等也是威胁云安全的主要风险。

虚拟化平台安全风险：虚拟化使许多传统的安全防护手段失效。虚拟化平台面临平台自身的安全漏洞风险、虚拟资源池内的恶意竞争风险、虚拟化网络安全风险。

虚拟化网络结构安全风险：虚拟化网络结构使传统的分域防护难以实现，虚拟化的服务提供模式使得对使用者身份、权限和行为进行鉴别、控制与审计更加困难，进而导致虚拟化网络不可见风险、网络边界动态化风险、多租户混用安全风险、恶意虚拟机实施攻击风险、虚拟化主机安全风险等。

4）安全管理中心安全需求

安全管理中心能对定级系统的安全策略及安全机制实施统一管理。与传统信息系统相比，云环境下的安全管理中心增加了对服务层、资源抽象层的安全监控与管理。云计算的安全管理中心面临的风险主要为集中管控安全风险、物理资源和虚拟资源按照策略无法统一管理调度与分配、云计算平台管理流量与云服务用户业务流量分离等。

2. 安全需求

该企业的主要安全需求如下。

（1）能够阻止虚拟机之间的互相攻击，避免恶意代码在虚拟机之间横向蔓延，阻止利用系统或应用漏洞的入侵攻击，甄别邮件中的恶意代码，并对所发生的安全事件进行威胁溯源。

（2）解决企业内部安全补丁升级不及时、防御策略失效等问题，对保障安全管理和提供安全组件的服务进行集中管理。

（3）对勒索病毒等新型网络攻击行为采取有效的检测和阻拦措施，能够在第一时间定位风险并提供解决措施。

（4）因缺少专业的安全运维人员，需建立一套能够实时洞悉内外网安全威胁，并能有效协助运维人员对各类安全事件进行预警处置的全网安全体系。

2.5.6.3　安全架构设计

该企业云计算平台系统的整体架构如图 2-16 所示。

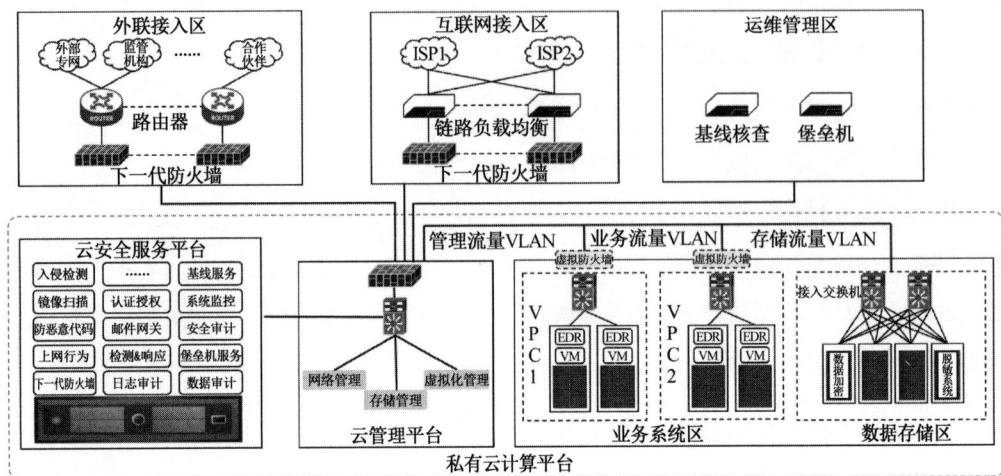

图 2-16　云计算平台系统的整体架构

该企业云计算平台系统主要由互联网接入区、外联接入区、运维管理区、私有云计算平台和云安全服务平台组成。

1. 互联网接入区

互联网接入区在网络出口需提供多链路负载并自动匹配最优线路，在保障网络可用性的同时实现快速接入；需在互联网出口进行隔离和访问控制，保护内部网络，从第 2 ~ 7 层对攻击进行防护，实现对入侵事件的监控、阻断，保护网络各安全域免受外网常见的恶意攻击。

2. 外联接入区

外联接入区与对端专网数据对接，需识别专网之间流量中的威胁，实现对流量中入侵行为的检测与阻断。

3. 运维管理区

运维管理区安全域对业务环境下的网络操作行为进行集中管理与细粒度审计；用于监控内网安全域之间的管理流量，对流量中的异常行为进行实时检测。

4. 私有云计算平台

私有云计算平台是承载业务系统的综合平台，主要包括业务系统区、数据存储区、云管理平台等区域。云计算平台应支持为用户提供身份鉴别、访问控制、安全审计、入侵防范等功能。例如，通过虚拟化防火墙实现边界的访问控制；通过划分 VPC 等方式实现逻辑区域隔离；通过划分业务流量、存储流量、管理流量分别对业务系统区、数据存储区、云管理平台的访问进行流量分离。

5. 云安全服务平台

云安全服务平台为整个云的安全服务统一管理平台和安全威胁展示平台，以及整个云环境的安全服务，如防恶意代码服务、入侵检测服务、系统监控服务、邮件网关服务、认证授权服务、安全审计服务、检测及响应服务等都由此安全服务平台统一调度，同时负责对各服务组件进行安全策略的管理、安全日志的审计和安全报告的输出。

2.5.6.4　详细安全设计

在安全技术体系的具体实现过程中，按照"一个中心，三重防护"的体系框架，构建安全机制和策略，形成不同等级保护对象的安全保护环境，将先进的信息安全技术落实到具体安全产品中，形成合理、有效、可靠的安全防护体系。

1. 安全通信网络

绘制与当前运行情况相符的网络拓扑结构图，通过通信线路、关键网络设备的冗余保证系统的可用性，划分不同的网段或 VLAN，在业务终端与业务服务器之间建立安全路径；通过网络设备流量控制等技术手段保证重要业务不受网络拥堵影响，保证网络设备的业务处理能力及各部分的带宽满足业务高峰期需要；向边界接入提供云 VPN 功能，实现对数据的加密传输。

2. 安全区域边界

在平台边界部署硬件防火墙，并对出口的规则做双向安全检测和控制；部署负载均衡设备，实现多运营商线路同时接入时的链路负载和智能选路；基于云计算平台划分 VPC，实现不同业务系统的安全隔离，在各 VPC 虚拟网络出口部署虚拟防火墙，实现访问控制、入侵检测和 Web 应用安全防护等功能；在核心交换区域部署抗网络入侵保护系统等入侵防范设备或相关组件，检测云服务用户对虚拟网络节点的网络攻击行为，并记录攻击类型、攻击时间、攻击流量等。

在邮件服务器前端部署邮件网关组件，负责阻止各种以邮件为载体的病毒、垃圾邮件、勒索病毒的混合式恶意攻击；部署上网行为管理设备、审计设备、流量存储设备等实现边界处的风险检测和审计。

3. 安全计算环境

由于虚拟机内部的流量不可视，可通过检测探针以镜像等方式获取云环境中的流量，对云环境中核心且关键的流量中的异常流量进行检测，以此形成虚拟流量的逻辑拓扑图。虚拟机防护主要采用虚拟机安全组件，能检测虚拟机之间的流量、逻辑拓扑，并检测虚拟机的性能状态、风险状态，以可视化的方式展示虚拟机的态势感知结果。数据安全是保障数据中心安全的重点，可采用数据隔离、访问控制、数据库审计、云堡垒、数据备份等措施和设备来保护数据安全。

云计算环境通过部署虚拟化的 Web 应用防护设备，保护 Web 应用通信流和所有相关的应用资源免受利用 Web 协议发动的攻击，包括 SQL 注入、跨站脚本、网页篡改等。同时，提供防病毒功能，对各种病毒、蠕虫、木马进行检测和过滤。

云计算环境中提供了组件化的应用负载均衡功能，能够为业务系统和平台的应用发布提供包括多数据中心负载均衡、多链路负载均衡、服务器负载均衡在内的全方位解决方案。同时，配合性能优化、单边加速及多重智能管理等技术，实现对数据流的合理分配，不仅可以加强应用系统的整体处理能力，提高其稳定性，还可以切实改善用户的访问体验。提供组件化的网页防篡改功能，避免因网站内容被篡改给组织单位造成形象破坏、经济损失等问题。

通过在云环境中部署智能镜像扫描服务，在新建或启动虚拟机时对镜像的完整性进行确认。通过在服务和实例虚拟机里部署检测和响应服务，实现对整个运行环境的监控，记录进程事件、文件事件、网络事件，以及客户在远程管理时执行的特权命令，包括虚拟机删除、虚拟机重启等事件，并把事件日志送至云安全服务管理平台以备审计。

通过部署日志审计服务对日志进行分析，管理员通过跟踪 IT 基础设施的活动，评估服务器数据泄露等安全事件是否发生、如何发生、何时发生、在何处发生，让组织时刻了解整个云环境的安全状态。

通过部署漏洞扫描服务对虚拟机进行漏洞扫描，从而及时发现应用或系统存在的安全漏洞，以提示管理员进行升级，并把相关漏洞信息上报云安全平台，形成报告并审计。

部署依据基线的文件、目录、注册表等关键文件监控功能，当这些关键位置被恶意篡改或感染病毒时，可以提供告警和记录功能，并把相关安全日志送至云安全服务平台，从而保障系统的安全性。

4. 安全管理中心

1）系统管理

镜像校验服务：通过镜像校验服务，能够在服务和虚拟机启动之前对镜像的完整性和镜像内容进行检测，为整个云环境提供基本的运行保障。

基线服务：通过基线服务，能够建立云环境基于文件、数据库、注册表等客体的基线，实时记录这些关键位置的更改行为，从而抵御系统运行的异常行为，并提供对检测到的异常进行恢复的能力。

云计算环境中各运维人员远程访问云堡垒机，通过云堡垒机及配套的认证系统进行身份认证，堡垒机对用户的 RDP、SSH 等管理协议进行实时录屏。同时，由边界虚拟防火墙进行基础的访问控制，防止安全管理员跳过堡垒机直接对服务器进行管理。

2）审计管理

通过综合审计服务，从前期防御到事后取证，全面地对整个网络、主机、服务器、数据库、应用系统、云计算平台等进行审计与保护。操作审计服务为每个租户提供独立的审计服务，能够有力地抵御各种破坏行为。同时，可对现网中第三方设备进行集中统一管理，可对审计数据进行综合的统计与分析，从而有效地防御外部的入侵和内部的非法违规操作。

3）安全管理

通过部署云安全服务平台，做到整个云环境安全的统一管理和自动化运维，联动检测与响应服务、恶意代码检测服务、入侵检测及阻止服务、审计服务等，当检测与响应服务检测到恶意行为时，可以把相关样本提交给恶意代码检测服务和入侵检测服务，进行进一步的分析，以对最新威胁进行检测和阻止。

提供安全事件回溯服务，通过部署检测与响应服务，对服务和实例行为进行实时记录、分析和响应，通过对攻击行为进行回溯分析和对网络安全事件进行预测、预警，使整个云环境具有安全感知、预测和预判的能力。

5. 涉及的安全产品和服务

该企业云计算平台涉及的安全产品和服务如表 2-11 所示。

表 2-11　该企业云计算平台涉及的安全产品和服务

序号	产品和服务	安全防护能力
1	硬件防火墙	在网络边界提供访问控制等安全防护能力
2	VPN 服务	VPN 服务，提供专用通道加密服务
3	虚拟防火墙	虚拟网络边界采用访问控制机制隔离不同云租户，并提供入侵检测等能力
4	安全审计	提供审计工具记录云服务商对云服务客户的数据操作
5	云堡垒机	对特权命令进行控制和审计
6	云管理系统/安全管理中心	实现虚拟机资源监控、资源隔离、虚拟资源管理、身份认证调度等安全防护能力
7	云安全服务	提供安全加固、日常巡检、安全运维等安全服务
8	渗透测试服务	从攻击者视角挖掘业务系统中的安全隐患，提供检测报告和漏洞修复方案
9	等级保护咨询及整改服务	提供等级保护咨询方案、配合等级保护测评现场答疑和相关整改服务

2.5.6.5　安全效果评价

本案例结合用户安全需求，按照等级保护建设相关指导及信息系统的重要性和网络使用的逻辑特性划分安全域，着重介绍了云环境下特有安全问题的解决。在先进的技术背景下，通过云安全服务平台交付了一套能够实现安全资源、计算资源的服务化交付，即提供开放、资源弹性、按需分配、自动化的安全服务，协助完成云计算安全等级保护的建设整改。

2.5.7　某混合云业务系统四级安全设计案例

2.5.7.1　背景介绍

某混合云业务系统的客户为政务类客户。该混合云业务系统为客户充分利用互联网载体，学习相关的文件、视频等材料，构建学习平台。学习平台通过 PC 端、手机 App 面向全国发布，满足互联网时代受众多样化、智能化、便捷化的需求，探索实现有组织、有指导、有管理、有服务的学习环境。该混合云业务系统的安全设计采用纵深防御的策略，将安全需求较低的供稿、网站等系统分别定为第二级和第三级，将安全需求较高的发布系统定为第四级。本案例描述的是该项目第四级业务系统的安全设计相关内容。

2.5.7.2　需求分析

1. 合规需求

整个项目中的第四级业务系统为发布系统，其业务信息安全被破坏时侵害的客体为国家安全，对相应客体的侵害程度为严重。客户的系统服务被破坏时侵害的客体为社会秩序、公共利益，相应客体的侵害程度为严重，该项定级为第三级。依据定级相关标准，信息系统的安全保护等级由业务信息安全保护等级和系统服务安全保护等级的较高者决定，所以发布系统的安全保护等级为第四级。

2. 安全需求

整个第四级业务系统的安全需求为防篡改、防攻击、防瘫痪，具体安全需求如表 2-12 所示。

表 2-12　安全需求

风险类型	资产名称	攻击场景描述	风险程度	影响
系统风险	发布系统（第四级）	安全配置：提权风险	中	网站被攻破
		Linux 安全加固：口令、服务权限控制、访问 SSH、源 IP 地址限制	中	网站被攻破、内容错误或信息泄露
业务风险	发布系统（第四级）	业务功能缺陷：稿件下线阈值	高	网站被攻破、内容错误
		稿件转静态页源码审核	高	内容错误
		文件校验：附件攻击载荷传递	高	网站被攻破
		权限安全：文章越权查看	中	数据泄露
		权限安全：搜索内容配置审核、签发编辑缺少审核	高	内容错误
		权限安全：审核业务逻辑绕过（跳过多级审核）	高	内容错误或信息泄露
		信息泄露：OSS 密钥泄露	中	内容错误或信息泄露
应用	发布系统（第四级）	网闸：节点机操作系统漏洞、节点机客户端漏洞、网闸硬件设备漏洞、网闸私有协议漏洞、网闸前置逻辑绕过	高	网站被攻破、内容错误
		应用程序：外链 JS 调用风险及相关漏洞	中	网站被攻破或信息泄露
		授权认证：硬件 Key 绕过、硬件 Key 伪造、Key 会话认证固定、Key 逻辑重放	中	内容错误或信息泄露
		FTP 服务：匿名访问、口令风险、FTP Server 攻击载荷传递风险	中	网站被攻破、内容错误或信息泄露

续表

风险类型	资产名称	攻击场景描述	风险程度	影响
研发环节	终端、发布系统（第四级）	开发留后门、部署后门、内部管控 API、内部管控控制台越权	中	网站被攻破、内容错误
运维环节	终端、发布系统（第四级）	租户运维：运维恶意操作、稿件恶意篡改、数据库篡改/不可用、业务/系统配置错误	中	网站被攻破、内容错误或信息泄露
		平台运维：运维通道风险、运维恶意操作、业务/系统配置错误	中	网站被攻破、内容错误或信息泄露
运营环节	终端、发布系统（第四级）	内部管控控制台越权、内部管控控制台漏洞、运营人员恶意操作	中	网站被攻破、内容错误或信息泄露
业务环节	终端、发布系统（第四级）	Key 丢失、恶意操作	高	内容错误或信息泄露
网络	终端、发布系统（第四级）	硬件故障、配置风险	中	网站被攻破
运行环境风险	终端、发布系统（第四级）	加密机：加密机密钥存储风险、加密机正常调用风险、加密机重放风险、密钥管理风险	高	内容错误
		ACL 控制：网络 CSW 等四级系统网络、系统、产品的安全访问控制	高	网站被攻破、内容错误或信息泄露

2.5.7.3　安全架构设计

整个项目的客户应用系统包括三级系统 A、B、C 和四级系统 D。依据业务系统的不同等级，将业务区域划分为不同的安全域，从网络架构、边界安全、计算环境等方面进行安全设计，整体设计框架如图 2-17 所示。

2.5.7.4　详细安全设计

1.　网络边界

根据系统业务流程和安全需求，将安全域划分为互联网、三级政务云专区、四级专有云区及客户现场工作区。三级业务系统 A、B、C 部署在三级政务云专区，共用基础设施和安全管理中心。四级业务系统部署在四级专有云区，客户现场工作区部署在客户单位内特定区域。三级政务云专区和四级专有云区之间及四级专有云区和客户现场工作区之间通过专线连接。用户可通过互联网访问三级政务云专区的网站系统，进行相关业务的操作。客户审稿人员在客户现场工作区对稿件的终审发布进行相应的操作。

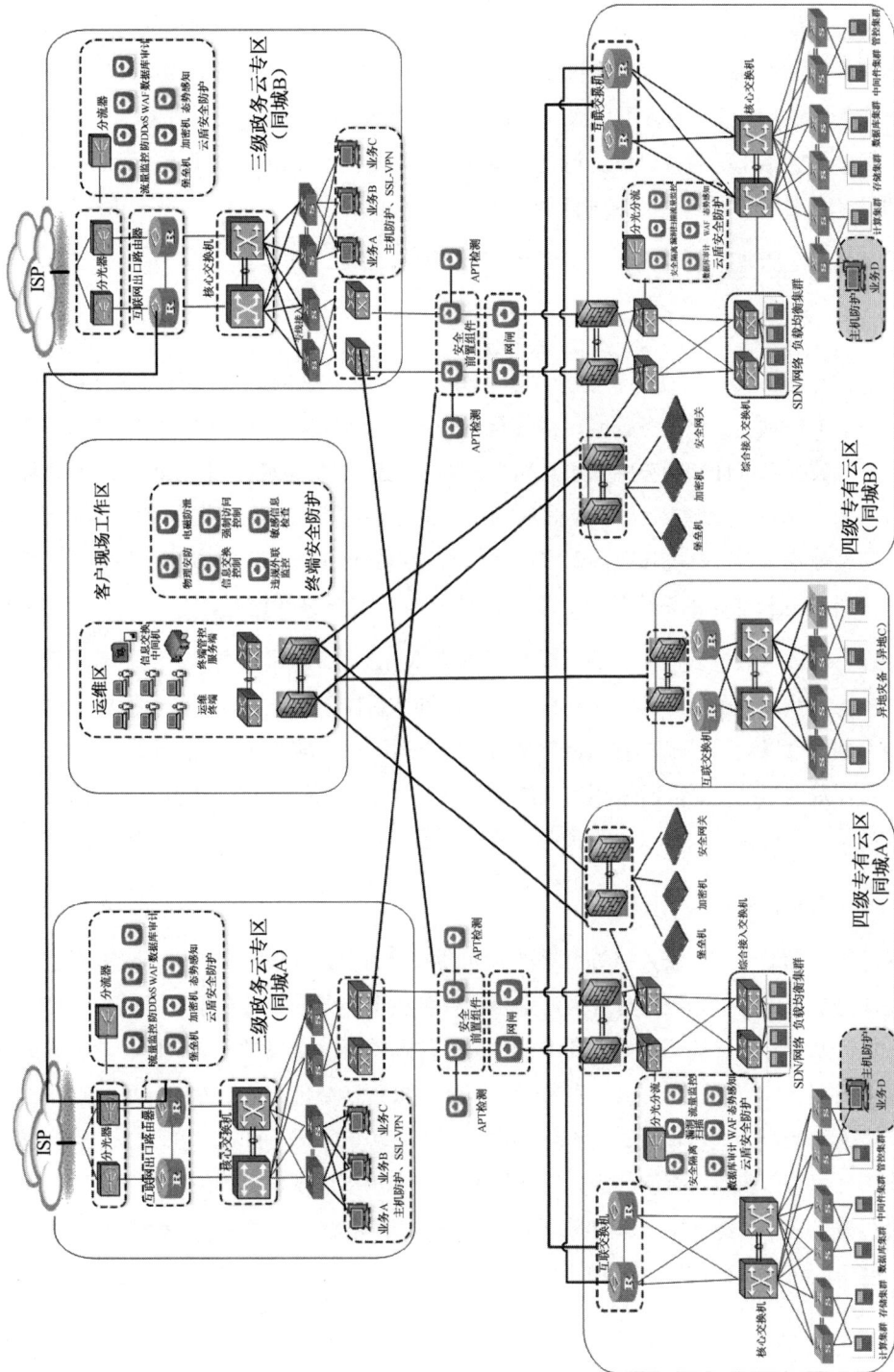

图 2-17　整体设计框架

云服务商电子政务云计算平台系统机房目前为同城 A 机房，本项目新建的四级专有云区机房也将放在同城 A 机房。同时，为加强本项目的网络安全保障，将新建同城 B 机房，将其作为同城 A 机房的备用机房，并新建异地数据中心作为四级专有云区的数据备份中心。客户现场工作区与各机房通过光纤连通，并部署防火墙进行隔离，在三级政务云专区与四级专有云区之间部署网闸进行强隔离。

下面对三级政务云专区和四级专有云区进行介绍。

1）三级政务云专区

通过在政务云入口处部署的分光器和分流器将从互联网进入三级政务云专区的流量镜像至安全组件。三级政务云专区的安全组件包括流量监控、防 DDoS、WAF、加密机、堡垒机、数据库审计和态势感知等。其中，流量监控和防 DDoS 可以及时发现异常流量并进行清洗；WAF 可以防范针对 Web 的网络攻击；加密机实现的数据加密、签名验签可以防止网站被篡改；堡垒机和数据库审计可以对用户的异常行为进行审计；态势感知可以实现对三级政务云专区的资产管理、安全基线检查、安全事件报警。

在三级政务云专区内运行的三级业务系统 A、B、C 的物理主机上安装基于物理主机的主机防护系统，在虚拟机上安装基于虚拟机的主机防护系统。在政务云机房（同城 A 和同城 B 机房）以双活模式部署两台堡垒机，用于运维登录准入。用户认证采用账号/密码和证书进行双因素认证，同时采用安全隧道模式，通过访问控制禁止其访问互联网。运维人员通过认证后可访问政务云管理控制台和堡垒机。

2）四级专有云区

通过在四级专有云区入口处部署的分光器和分流器，将从网闸进入四级专有云区的数据镜像至安全组件。四级专有云区的安全组件包括流量监控、安全组件隔离、WAF、堡垒机、数据库审计和态势感知等。其中，安全组件隔离可以实现对安全组件设置不同的安全策略和权限；WAF 可以防范针对 Web 的网络攻击；堡垒机和数据库审计可以对操作人员及运维人员的行为进行审计；态势感知可以实现四级专有云区的资产管理、安全基线检查、安全事件报警。四级专有云区的运维通过专线与客户单位现场工作区相连，对四级专有云区进行技术运维、安全运维和内容审核。其中，安全网关实现包括基于 USB-Key 的身份认证和基于国密算法的链路加密功能；加密机实现应用数据传输的防篡改功能；堡垒机用于安全运维的登录等操作。

2. 安全风险收敛方案

为进一步加强系统的网络安全保护，本方案在上述安全防护措施的基础上，还从以下层面强化了安全机制。

1）防篡改

采用网站防篡改机制，实现外部网站内容 HTML 全静态化，无动态交互和动态展示内容。采用 CDN 防篡改机制，从客户端发起 HTTPS 请求到 CDN 服务器判断加密机返回结果的全过程确保整个 CDN 不被篡改。采用硬件加密机对各应用系统的通信实现签名和验证，防止内容被篡改。如果发现内容被篡改，该稿件将停止流转，并在数据库中存储，以备审计和追溯。

2）移动 App 防篡改机制

H5 资源全静态化：移动 App 的 H5 资源实现全静态化，无任何动态交互和动态展示内容。

Native（本地的）资源使用数字签名：移动 App Native 资源在服务侧使用数字签名，在 App 侧使用数字证书对签名进行验证，以保证资源的完整性。如果客户端验证资源签名失败，则该资源将被自动丢弃。签名使用 SM2 算法，签名密钥使用硬件加密机的国密算法。

3）存储

所有发布资源使用云 OSS 存储。OSS 读写权限策略包括：涉及用户上传文件的，要单独使用基于权限子账号的临时令牌（Token），并使用独立 OSS 存储空间，不得与其他资源混用；文件名及目录为单独随机生成，临时令牌不暴露给用户；涉及网页资源文件和公开新闻、稿件的 OSS 存储空间使用公共读取权限；涉及非公开资源（内部、涉密、后台）的，要使用独立的 OSS 存储空间，并设置为私密权限；所有 OSS 读写调用的访问密钥（AK）均为指定存储单元权限子账号 AK。

4）源代码检测

根据系统对信息网络安全的高安全等级需求及要求，本项目采用多业务 SPLC 保障系统平台代码安全工作。源代码检测手段包括白盒代码自动化安全检测工具、云服务商安全团队人工代码安全审计，并以人工黑盒渗透测试为辅助、以贴合并满足信息安全等级保护相关要求为原则进行代码安全审计工作。以开放式 Web 应用程序安全项目（OWASP）TOP10 风险为重点风险，审计挖掘目标。

5）防攻击

DDoS 攻击防御方案：将防御 DDoS 攻击的安全产品和服务部署在三级政务云专区入口，对所有入口流量进行清洗。

防 DNS 攻击：本项目网站系统的域名采用云解析 DNS 服务。DNS 存在被攻击、篡改、污染等安全风险，针对这些风险，采用的 DNS 安全防护措施包括域名信息保护和 DNS 防护。

未知威胁检测：以未知威胁的检测范围、检测引擎、检测方案和检测结果四个层次的安全组件，实现对未知威胁的检测。

供应链安全：

（1）软件层面。三级系统都部署在三级政务云专区，政务云使用的是自主可控的云操作系统；四级系统采用的是四级专有云计算平台。系统应用软件为客户定制开发，采用多业务 SPLC 保障系统平台代码安全工作，对发现的问题及时修复。

（2）设备层面。系统所需设备全部采购国产产品，其中：重要安全产品自主研发；外部采购的产品全部通过第三方测试，并具备销售许可证。同时，评估供应商的交付能力，选择产品和服务较好的供应商。

（3）系统层面。系统在实施过程中由专职风险管理人员阶段性地进行脆弱性检测，并对系统进行漏洞扫描检测。上线前邀请第三方对系统进行风险评估、等级保护测评，对网站进行远程渗透攻击检测，及时解决发现的问题和消除隐患。

（4）管理层面。系统人员均为正式员工，均在企业严格的行政管理、项目管理和保密管理可控范围内。在系统方案设计、工程实施过程中，人员固定，分工明确、精细，严格授权。配备专职审计人员，对项目开发、配置策略、人员操作等及时进行审计，避免内部人员权限过大而造成破坏。系统涉及的文档全部有效归档保存，由企业严格的数据披露流程进行管控。

6）防瘫痪

系统的防瘫痪主要通过"两地三中心"的容灾方案实现。

3. 涉及的安全产品和服务

该混合云业务系统涉及的安全产品和服务如表 2-13 所示。

表 2-13　该混合云业务系统涉及的安全产品和服务

序号	产品和服务	安全防护能力
1	安全管理中心	实现安全入侵检测、弱点分析和可视化大屏等安全集中管控能力
2	抗 DDoS	防御各类基于网络层、传输层及应用层的 DDoS 攻击
3	云堡垒机	为云计算平台提供基于角色管理的运维审计功能
4	内容安全	内容安全管控
5	数字证书	网站 HTTPS 证书
6	SSL VPN 防火墙	政务云资源登录准入控制
7	云加密服务	数据加密
8	软 Key	实现手机端软件密码认证功能
9	APT 攻击检测	文件攻击检测、Web 攻击检测和邮件攻击检测
10	内容防篡改系统	内容防篡改
11	应用前置安全网关系统	应用前置安全网关
12	SDL：网站版	网站版，软件安全生命周期评估及加固服务（SDL）
13	SDL：移动版	移动版，软件安全生命周期评估及加固服务（SDL）
14	主机防护	安全配置核查、主机漏洞管理、主机入侵防护
15	Web 应用防火墙	防御 Web 应用攻击、防撞库、防刷等
16	租户侧堡垒机	实现基于角色管理的运维审计功能
17	数据库审计	数据库风险操作等数据库风险行为记录与告警，为数据库提供安全诊断、维护和管理能力
18	硬件防火墙	实现区域间的访问控制
19	网闸	实现三、四级区域边界隔离
20	身份认证网关	实现运维区域与主备机房的身份认证
21	可信组件	实现终端策略可信连接和访问控制
22	网闸专用通信网关	基于安全网闸实现外部应用需要的通信服务
23	云安全服务	提供安全加固、日常巡检、安全运维等安全服务
24	安全渗透服务	从攻击者视角挖掘业务系统中的安全隐患，提供检测报告和漏洞修复方案
25	等级保护咨询及整改服务	提供等级保护咨询方案、配合等级保护测评现场答疑和相关整改服务

2.5.7.5　安全效果评价

本案例结合客户高安全等级业务的防篡改、防攻击和防瘫痪需求，按照等级保护建设相关指导意见，以及信息系统的重要性和网络使用的逻辑特性，划分了不同的安全域，通过云安全服务平台和云上客户应用系统的安全设计为业务系统的安全提供保障，同时配合客户完成了《基本要求》中通用要求和扩展要求的测评和整改工作，帮客户完成整个项目的安全设计、实施、验收等工作，确保业务顺利上线。

第3章 移动互联安全保护环境设计

本章对《设计要求》中移动互联等级保护安全设计要求内容进行全面解读，按照"一个中心，三重防护"的要求，基于标准应用的角度，从安全需求出发对不同安全等级的移动互联系统进行安全设计和指导，并提供相关案例供读者参考。

3.1 安全需求分析指南

在网络安全等级保护建设工作中，安全需求分析是安全防护设计的基本前提。安全需求分析是一个渐进的过程：首先，要了解目标移动互联系统，如其使用范围、重要程度和资产数据等自身属性信息，这是定级的基础；其次，要分析其面临的安全威胁，识别其资产存在的脆弱性；再次，要基于前述资产识别、威胁识别和脆弱性识别等结果，同步进行系统风险分析与合规差距分析；最后，根据风险分析结果与合规差距分析结果，分别导出安全性（风险）差距驱动的安全需求和合规差距驱动的安全需求。在需求确认的过程中，还可参照各行业自身特点和有关监管单位的要求等，使需求能够全面满足行业监管和业务的要求。

3.1.1 安全需求分析的工作流程

安全需求分析的工作流程分为安全需求分析准备、安全风险要素识别、系统风险分析/合规差距分析、安全需求确认四个阶段，如图 3-1 所示。

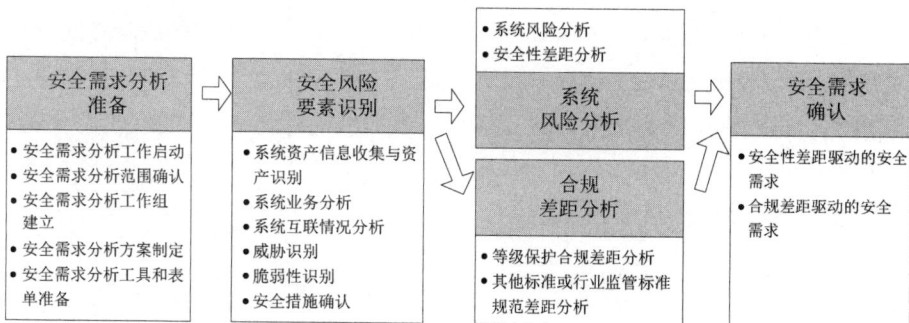

图 3-1 安全需求分析的工作流程

1. 安全需求分析准备阶段

本阶段是开展安全需求分析工作的前提和基础，目标为启动安全需求分析工作、确认安全需求分析范围、建立安全需求分析工作组、制定安全需求分析方案、准备安全需求分析工具和表单等。

2. 安全风险要素识别阶段

本阶段为开展安全需求分析工作提供重要依据，需要充分掌握移动互联系统的资产信息、威胁信息、脆弱性信息、业务应用信息及系统的定级信息。要对资产信息进行收集和重要性评估，掌握需要重点保护的资产，有针对性地分析当前最紧迫的安全需求，并为系统风险分析提供基础的资产信息。对移动互联系统面临的安全威胁和存在的脆弱性进行识别与评估，并了解移动互联系统的业务应用，以及与其他定级系统的互联情况。在某些情况下，出于时间、任务和应急响应等条件考虑，内容可能会被简化，如只进行基本的威胁识别与评估、脆弱性识别与评估，基本掌握移动互联系统存在的不足即可。

3. 系统风险分析/合规差距分析阶段

本阶段同步进行两项任务。一是系统风险分析，基于前述资产识别、威胁识别和脆弱性识别数据，以及安全措施有效性、业务应用和系统间互联等情况，对移动互联系统进行风险识别与分析，找出目标系统存在的各类安全问题，即安全性方面存在的差距，并提出降低安全风险的具体措施。二是合规差距分析，根据等级保护标准，基于前述目标系统安全状况的各类数据，找出移动互联系统与等级保护标准要求的差距，并提出合规整改建议。进一步，根据目标系统所在的行业标准规范或监管要求进行合规差距分析，从而更全面地掌握合规差距所在。

4. 安全需求确认阶段

本阶段基于前述安全性差距与合规差距分析的结果，根据其提出的风险降低措施或合规整改建议，得出并确认目标移动互联系统的安全需求，从而为后续的安全架构设计提供指导和依据，并通过需求的确认和实现，让移动互联系统同时满足安全性要求和合规要求。

3.1.2　安全需求分析的主要任务

3.1.2.1　安全需求分析准备

安全需求分析准备主要包括以下内容。

（1）安全需求分析范围确认：企业或组织的移动互联系统及与该系统互联的其他定级系统或网络情况。

（2）角色和责任：成立评估小组，明确人员责任，并得到管理层的支持。

（3）准备安全检测或风险评估工具，以及适用的表格、模板、问卷等。

3.1.2.2　安全风险要素识别

安全风险要素识别是系统风险分析与合规差距分析的依据，为它们提供全面的安全相关数据，包括资产、威胁、脆弱性、安全措施有效性、业务应用和系统互联情况等基础数据。篇幅所限，与通用部分重叠的内容这里不再赘述。

1. 系统资产信息收集与资产识别

移动互联系统的资产包括相关的所有软/硬件、人员、数据及文档等。

1）网络设备

这里以列表形式给出移动互联系统中的网络设备，如表 3-1 所示。

表 3-1　移动互联系统中的网络设备

序号	设备名称	品牌/型号	用途	数量	重要程度
1	核心业务域交换机	×××	核心业务域的网络交换	×××	非常重要
2	对外服务域交换机	×××	对外服务域的网络交换	×××	非常重要
3	无线路由器	×××	为移动终端提供无线接入服务	×××	非常重要

2）网络安全设备

这里以列表形式给出移动互联系统中的网络安全设备，如表 3-2 所示。

表 3-2　移动互联系统中的网络安全设备

序号	设备名称	品牌/型号	用途	数量	重要程度
1	防火墙	×××	对外服务域的安全防护	×××	非常重要
2	VPN 设备	×××	移动终端与服务端的通信网络安全	×××	非常重要
3	无线控制器（无线 AC）	×××	对无线路由器等无线接入点进行管控	×××	非常重要
4	移动终端安全管理系统	×××	移动终端安全管控	×××	非常重要
5	网络准入控制系统	×××	移动终端、无线接入设备的网络准入控制	×××	非常重要

序号	设备名称	品牌/型号	用途	数量	重要程度
6	移动终端安全防护系统或软件	×××	移动终端的安全防护，如通过安全域对移动终端业务数据进行安全保护	×××	非常重要

3）IT 设备

这里以列表形式给出移动互联系统中的 IT 设备，如表 3-3 所示。

表 3-3　移动互联系统中的 IT 设备

序号	设备名称	操作系统	用途	数量	重要程度
1	移动互联服务器	×××	为移动终端提供移动业务和互联服务的应用和服务软件	×××	非常重要
2	核心业务系统服务器	×××	移动互联系统的核心业务系统	×××	非常重要
3	数据库服务器	×××	用于移动互联系统的用户数据、业务数据等的存储	×××	非常重要
4	管理终端	×××	用于移动互联系统的系统管理配置、安全管理、审计管理和安全运维管理等	×××	非常重要
5	移动终端	×××	移动互联系统的移动终端	×××	重要
6	办公终端	×××	移动互联系统中员工的固定办公终端	×××	重要

4）业务应用软件

这里以列表形式给出移动互联系统中的业务应用软件（包括中间件等应用平台软件），如表 3-4 所示。

表 3-4　移动互联系统中的业务应用软件

序号	软件名称	主要功能	开发厂商	重要程度
1	移动办公业务系统	用于移动互联系统的移动办公业务	某公司	非常重要
2	安全即时通信系统	用于移动安全互联	某公司	非常重要

5）关键数据

这里以列表形式描述具有相近业务属性和安全需求的关键数据，如表 3-5 所示。

表 3-5　关键数据

序号	数据类别	所属业务应用	安全防护需求	重要程度
1	业务数据	移动办公业务系统	保密性、完整性和可用性	非常重要

6）安全相关人员

安全相关人员包括但不限于安全主管、系统建设负责人、系统运维负责人、网络安全管理员、网络系统管理员、网络安全审计人员、机房管理人员、资产管理员、业务操作员等。

7）安全管理文档

移动互联系统安全相关文档包括管理类文档、记录类文档和其他文档等。

8）安全服务

目前已采购的网络安全服务包括但不限于系统集成、安全集成、安全检测、安全运维、网络安全等级保护测评和应急响应等。

2. 系统业务分析

移动互联系统的业务分析从业务对象、系统类型、安全保护等级、部署位置、系统服务对象范围、业务流程等方面进行，如表 3-6 所示。

表 3-6　系统业务分析

序号	业务对象	系统类型	安全保护等级	部署位置	系统服务对象范围	业务流程
1	移动办公业务系统	移动办公	第三级	某 IDC 机房	组织的员工	员工使用移动终端访问移动办公业务服务器

3. 系统互联情况分析

从业务系统外联层面进行安全分析，如该移动互联系统与其他系统有什么样的业务和数据交互关联，它们之间采用了什么安全防护措施。系统外联情况分析如表 3-7 所示。

表 3-7　系统外联情况分析

序号	外联对象	用途	连接关系	与该系统连接的防护情况
1	系统 A	组织的业务应用系统	系统核心业务服务器与系统A的服务器连接，进行数据交互	边界部署防火墙设备进行防护

4. 威胁识别

威胁识别可依据 GB/T 20984—2022 标准中的措施进行。对移动互联系统的威胁识别，主要关注以下几个方面。

（1）对于运行了一段时间的移动互联系统，可根据以往发生的安全事件（源于无线控制器、无线接入监控设备、防病毒软件、移动终端安全管理系统等安全设备）分析系统面临的威胁，如移动终端受到恶意代码攻击的频率、非法无线接入的次数等。

（2）在实际环境中，通过安全检测工具及各种日志，可监测分析系统面临的威胁。

（3）移动互联系统可参考组织内其他信息系统面临的威胁来分析本系统面临的威胁；组织可参考其他组织移动互联系统面临的威胁来分析本系统面临的威胁。

（4）一些第三方组织发布的威胁情报数据。

通过威胁调查，可识别存在的威胁源名称、类型、攻击能力和攻击动机，了解威胁路径、威胁发生的可能性、威胁影响的客体的价值、威胁覆盖的范围、威胁破坏的严重程度和可补救性。在威胁调查的基础上，可进行威胁分析，并对威胁的可能性进行赋值，从而确定移动互联系统面临的威胁源、威胁方式及影响。威胁识别是进行脆弱性识别的重要依据，在进行脆弱性识别时，对那些可能被严重威胁利用的脆弱性要进行重点识别。

5. 脆弱性识别

脆弱性识别以资产为核心，针对每项需要保护的资产，识别其可能被威胁利用的弱点，并对脆弱性的严重程度进行评估，然后与资产、威胁对应起来。脆弱性识别可依据 GB/T 20984—2022 标准中提出的措施进行。表 3-8 给出了一种脆弱性识别内容的参考。

表 3-8　脆弱性识别内容表

识别对象	识别内容
安全设备	无线控制器、无线接入监控设备、移动终端安全管理系统、移动终端安全防护软件等安全防护设备的安全策略配置、升级更新和自身存在的脆弱性
移动终端	设备安全管理方面的安全漏洞；移动操作系统方面的安全漏洞；用户身份鉴别方面的安全漏洞；应用安全保护方面的安全漏洞，特别是移动应用程序的安全漏洞；数据安全保护方面的安全漏洞
网络结构	网络结构设计、边界保护（特别是无线接入边界保护）、外部访问控制策略、内部访问控制策略等方面的脆弱性

6. 安全措施确认

这里不再详细介绍。

3.1.2.3　系统风险分析/合规差距分析

1. 系统风险分析

系统风险分析以围绕目标移动互联系统的核心业务开展为原则，评估业务所面临的安全风险。需要基于风险要素识别的基础数据，对与业务相关的资产、威胁、脆弱性及其各项属性的关联综合进行风险分析。有关风险分析原理请参见通用要求部分的信息系统风险评估内容。

移动互联系统的安全风险分析需要通过具体的计算方法完成风险值计算。风险值计算一般采用定性计算方法，定量计算方法过于复杂，这里不建议采用。定性计算方法是将风险的各要素资产、威胁、脆弱性等的相关属性进行量化（或等级化）赋值，然后选用具体的计算方法（如相乘法、矩阵法）进行风险值计算。在完成风险值计算后，就可以对风险情况进行综合分析与评价了。风险等级一般可划分为五个等级，即很高、高、中、低、很低；也可根据系统实际情况确定风险的等级，如划分为高、中、低三个等级。

在完成风险分析后应形成风险评估报告，风险评估报告是风险分析阶段的输出，是风险评估工作的重要输出内容，是风险处理阶段的关键依据。同时，要针对不同等级的风险，提出风险降低的具体措施，使得风险降低后，残余风险可以达到用户能够接受的程度。这些风险可以理解为系统存在的安全问题或差距，即安全性差距，风险降低措施则将成为需求分析确认的直接依据，可以导出明确的安全需求。

2. 合规差距分析

基于风险要素识别的基础数据，还需要根据等级保护标准要求、国家法律法规要求、相关监管部门要求及相关行业内部规定等进行合规差距分析，特别是在本文网络安全等级保护安全设计的场景下，需要进行等级保护差距分析。在网络安全等级保护中，总体设计的中心思想为通过"安全计算环境""安全区域边界""安全通信网络""安全管理中心"形成"一个中心，三重防护"的多级互联架构。虽然《设计要求》移动互联部分不涉及安全管理中心的内容，但系统中的移动终端安全管理系统产品的管理端、其他网络安全产品的管理端及网络设备的远程管理配置终端仍可部署在专门的安全域内成为安全管理中心，所以本部分参照通用要求部分进行设计，仍然会涉及安全管理中心的内容。

1）安全计算环境

此部分主要分析的对象为移动终端，网络中的其他对象诸如服务器、桌面终端、数据库等，依据通用要求部分进行分析。需重点核查是否在移动终端部署配置相应的用户身份鉴别、设备管控、应用管控、数据安全等安全机制。对于三级移动互联系统的计算环境，常见的高风险问题如下。

身份鉴别模块功能不全面：如未提供双因素鉴别功能、未提供口令复杂度校验机制、存在弱口令、未提供登录失败处理功能等。

访问控制功能不完善：如未提供用户权限分配功能、存在越权的情况、存在默认口令等。

移动终端管控不具备：未安装移动设备管控系统。

移动终端业务应用运行环境不具备：未构建业务应用运行的安全环境。

数据保密性保护不完善：未对移动 App 采取加密、混淆等措施进行保密性保护，使得 App 可被反编译而泄露信息。

2）安全区域边界

此部分主要分析的对象为移动终端、网络中的安全防护与监控设备、网络接入认证类/控制类设备。需重点核查是否在边界处部署访问控制、非法无线接入设备监控、无线接入移动终端的强鉴别等安全机制。对于三级移动互联系统的区域边界，常见的高风险问题如下。

无线接入认证存在缺陷：没有采取基于 SIM 卡、证书等信息的强认证措施。

移动终端管控不力：不能对移动终端的网络访问行为进行管控。

非法无线接入路由器监控能力不足：无法覆盖整个办公区并对非法无线接入路由器进行监控。

3）安全通信网络

此部分主要分析的对象为移动终端、服务器和安全网关等，需重点明确是否能够进行无线网络链路加密，以及对通信双方进行身份鉴别。对于三级移动互联系统的通信网络，常见的高风险问题包括：无线通信链路未加密，导致数据明文传输；未进行身份鉴别，导致与假冒的移动终端通信。

3. 差距分析结果汇总

在完成系统风险分析和合规差距分析之后，填写好结果汇总表，如表 3-9 所示。

表 3-9　安全合规差距分析数据汇总表

序号	差异性名称	来源	差距描述
1	服务器存在×××漏洞	系统风险分析	移动互联服务器存在×××高危安全漏洞，会导致服务器权限丢失，高风险
2	移动终端未安装应用管控工具	等级保护差距分析	对移动终端没有应用管控功能
3	移动终端未安装应用安全运行环境工具	等级保护差距分析	移动终端没有构建业务应用安全运行的安全域

3.1.2.4　安全需求确认

1. 安全性差距驱动的安全需求

通过系统风险分析直接得到的安全需求反映的是资产存在某种脆弱性，或者潜在面临的安全威胁及可能利用资产的脆弱性而产生的安全风险，需要通过修补安全漏洞或利用相应的安全措施来降低风险。安全性差距驱动的安全需求如表 3-10 所示。

表 3-10　安全性差距驱动的安全需求

序号	风险分类	描述	安全需求
1	网络类风险	无线接入路由器经扫描发现高、中风险漏洞	对无线路由器进行固件升级，及时修复发现的高、中风险漏洞。若无法修复，则需要更换无线路由器
2	系统类风险	移动终端操作系统经扫描发现高、中风险漏洞	对移动操作系统进行补丁更新升级，消除安全漏洞
3	应用类风险	移动业务应用系统经渗透测试发现高、中风险漏洞	对移动业务应用系统进行更新升级，以消除安全漏洞。若无法升级，则通过安全防护设备，切断安全威胁利用该漏洞的路径

2. 合规差距驱动的安全需求

基于等级保护标准进行的差距分析，反映的是移动互联系统在安全计算环境、安全区域边界和安全通信网络三个方面与具体技术要求条款的直接差距，安全需求有助于消除这些差距。合规差距驱动的安全需求如表 3-11 所示。

表 3-11　合规差距驱动的安全需求

序号	差距分类	描述	安全需求
1	安全计算环境	缺乏移动设备管控、防护手段	安装部署移动终端安全管理系统，具备对移动终端设备的管控功能；在移动终端具备业务应用运行的安全防护功能
2	安全区域边界	缺乏强鉴别手段	在服务端增加基于 SIM 卡、证书等信息的强认证措施，对无线接入的移动终端和用户进行鉴别

续表

序号	差距分类	描述	安全需求
3	安全通信网络	无线通信数据明文传输	部署基于虚拟专有拨号网络等技术的通信网络可信保护措施，对链路数据进行加密，确保接入通信网络的设备真实可信

3.2　安全架构设计指南

3.2.1　安全架构设计的工作流程

　　移动互联系统安全架构设计的工作流程分为整体框架设计、系统互联安全设计和系统安全架构设计三步，如图 3-2 所示。在整体框架设计阶段，需要综合分析移动互联系统、网络基础设施和其他定级系统的基本情况，充分考虑网络基础设施的基本框架和支撑能力，合理设计并划分安全域，为移动互联系统的安全打下坚实的基础；在系统互联安全设计阶段，主要针对不同移动互联系统之间、移动互联系统与其他定级系统之间的安全互联设计相应的安全机制；在系统安全架构设计阶段，主要针对移动互联系统内部，包括服务端、移动端和通信链路，从安全计算环境、安全区域边界、安全通信网络和安全管理中心四个方面，设计相应的安全机制。

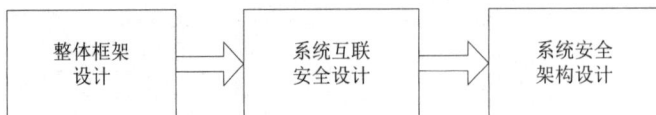

图 3-2　移动互联系统安全架构设计的工作流程

3.2.2　安全架构设计的主要任务

3.2.2.1　整体框架设计

　　如前所述，在整体框架设计阶段，需要综合分析移动互联系统、网络基础设施和其他定级系统的基本情况，充分考虑网络基础设施的基本框架和支撑能力，合理设计并划分安全域，为移动互联系统的安全打下坚实的基础。通常，用户的网络与信息系统会包含多个定级系统，它们的等级有可能相同，也有可能不同，因此应先对网络基础设施进行合理的安全设计，即进行安全域的划分，清晰定义系统区域边界，并将不同的定级系统纳入不同的安全域。这些安全域之间，即不同定级系统之间的区域边界，需要部署区域边界安全机制或措施，有的需要逻辑隔离，有的需要物理隔离，视具体定级系统而定。

对于移动互联系统所在的安全域，首先需要与其他定级系统的安全域有清晰的边界，并设计区域边界安全机制；然后可根据系统自身不同部分的功能作用进一步划分安全域，如核心业务域、对外服务域、远程接入域、安全管理域和移动终端域等，并设计相应的域间安全机制。系统安全域的划分并不是固定不变的，可根据实际网络与应用情况灵活调整。移动互联系统的整体框架设计如图 3-3 所示。

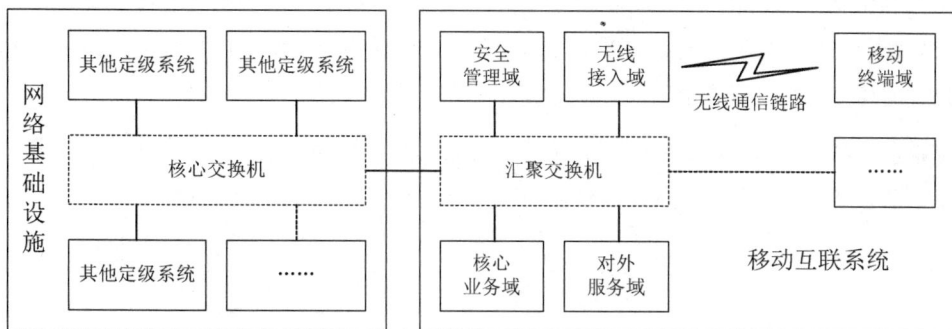

图 3-3　移动互联系统的整体框架设计

3.2.2.2　系统互联安全设计

该部分涉及不同移动互联系统之间的安全互联，以及移动互联系统与其他定级信息系统之间的安全互联。通常，移动互联系统只是一个组织网络与信息系统多个定级系统中的一个，因此大概率存在系统之间的互联情况。对于不同移动互联系统之间的安全互联，以及移动互联系统与其他定级系统之间的安全互联，如果系统之间是通过有线网络连接的，那么参照《设计要求》通用要求部分进行具体的设计即可，这里不再赘述，仅从体系层面说明如何进行安全互联。

对于移动互联系统之间的安全互联，区域边界安全是关键抓手，包括区域边界访问控制、区域边界安全审计和区域边界完整性保护等安全机制。通常，这些区域边界安全机制已在各自系统的区域边界安全中进行了设计，特别是在互联的两个系统等级相对较高的一方中。因此，这里并非单独进行设计，而是要结合系统各自原有的区域边界安全设计，并在其中增加或明确与系统安全互联相关的安全策略和安全机制。

不同移动互联系统之间的互联包含两种情况：一是有线网络连接，通常是不同移动互联系统服务端的相互连接，它们可能在一个网络中分属于不同的安全域；二是无线网络连接，通常是一个系统的移动终端要访问另一个系统的服务端，即用户是两个或多个移动互联系统的用户，这不算是严格意义上的系统互联。对于有线网络连接，区域边界的安全设计可依据《设计要求》通用要求部分及前述相关说明进行，部署域间访问控制和入侵防范等措施；而对于无线网络连接，需要在服务端和移动终端两侧同时做好区域边界安全设计。

在服务端，即提供无线接入服务的这一侧，需要在原有区域边界安全机制的基础上，增加对来自另一个系统的移动终端的接入认证能力和入网管控能力，防止非法接入。移动终端相当于属于两个或多个移动互联系统，不仅需要接受另一个移动互联系统的安全管控，与另一个移动互联系统形成可信网络连接机制，还需要在安全计算环境方面对属于不同系统的移动应用进行安全隔离，防止应用和数据交叉泄露。

移动互联系统与其他非移动互联系统的互联属于有线网络连接，根据《设计要求》通用要求部分及前述相关说明进行设计即可。

3.2.2.3　系统安全架构设计

1. 系统安全架构

移动互联系统的安全设计通常分为服务端和移动终端两大部分。移动互联系统的服务端，出于安全的需要还可进一步划分为不同的安全域，执行不同的安全策略，如划分为对外服务域、安全管理域和核心业务域。其中，对外服务域用于对外（为移动终端）提供无线接入和业务服务；安全管理域用于移动互联系统的集中安全管理，可部署形成安全管理中心；核心业务域则用于处理、存储移动互联系统的核心数据，不与移动终端直接连接，可为对外服务域提供数据或中转接收来自移动终端的数据。服务端安全域的划分可根据用户业务需求和网络现状灵活进行，但需要具备上述提及的关键区域。移动终端属于移动互联系统的客户端，经无线通信链路与对外服务域进行网络连接，通过服务接口访问业务应用。

服务端的安全涉及安全计算环境、安全区域边界、安全通信网络和安全管理中心等内容。其中，安全计算环境主要考虑的是服务器、数据库和桌面终端等的安全，属于《设计要求》通用要求部分的范畴，这里不再说明；安全区域边界需关注无线网络接入的安全，进行区域边界访问控制和区域边界完整性保护设计；安全通信网络需建立服务端与移动终端之间无线通信链路的可信保护机制；安全管理中心则需在专门的安全管理域，部署移动互联系统各类安全措施的集中管理平台或模块。

移动终端的安全涉及安全计算环境、安全区域边界和安全通信网络三部分。其中，安全计算环境主要从用户身份鉴别、标记和强制访问控制、应用管控、安全域隔离、移动设备管控、数据保密性保护和可信验证等方面进行设计，来保障移动终端安全；安全区域边界体现在对移动终端网络访问能力的控制上；安全通信网络则需建立移动终端与服务端之间无线通信链路的可信保护机制。移动互联系统安全架构如图 3-4 所示。

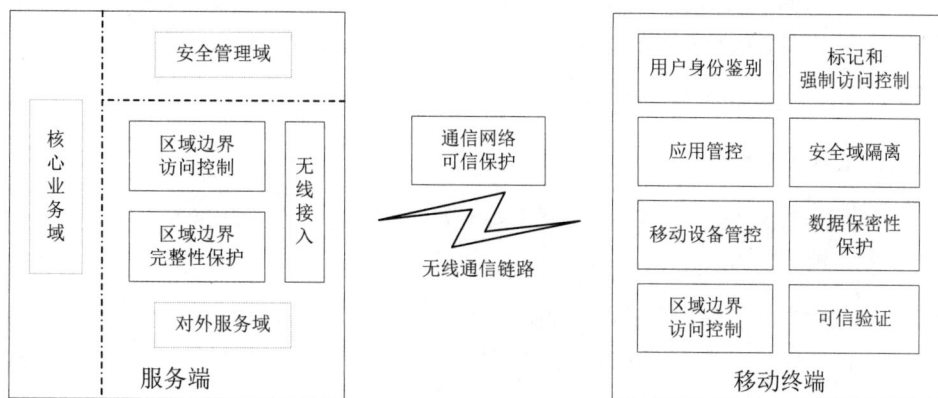

图 3-4　移动互联系统安全架构

2. 安全计算环境

安全计算环境的设计包括在服务端和移动终端上的安全设计。由前文可知，服务端的安全计算环境设计涉及服务器、数据库、业务应用系统和移动用户管理等，主要依据《设计要求》通用要求部分进行。对于封闭的移动互联系统，需要提供专门的应用市场，为移动终端提供安全的移动应用获取渠道。移动终端的安全计算环境设计需从用户身份鉴别、标记和强制访问控制、应用管控、安全域隔离、移动设备管控、数据保密性保护和可信验证等方面进行，以保护移动终端的设备安全、应用安全和数据安全。

移动终端是用户使用的直接终端，具有业务运行多、使用环境复杂的特点。对移动终端安全性的设计，需要在便于安全管理、安全防范周密的同时，确保不影响正常业务应用使用的便捷。现举例对安全机制的设计进行说明，如安全域隔离，可使用虚拟化技术，在移动终端构建安全运行环境，将不同业务应用部署在此安全运行环境中，这样可对安全运行环境进行统一的安全防护，包括用户身份验证、应用安装管理、外设接口管控、业务数据加密、网络连接控制、操作系统启动可信验证等。通过这种方式将业务应用和其他应用使用相隔离，既便于对不同的业务应用和用户数据进行统一安全防护，也方便了用户业务应用的使用。又如应用管控和移动设备管控，通过在移动终端安装 MDM 客户端、MAM 客户端和 MCM 客户端，以及软/硬件形式的数字证书，从而实现移动终端设备管控、双因素身份鉴别、数据加密存储、安全防护、运行环境隔离等安全功能，确保移动终端从合法的渠道获取移动应用，防止非法或恶意应用程序的安装和运行。此外，可以为高等级的移动互联系统设计专门的移动终端，内置加密卡、可信平台模块和终端安全防护软件等安全模块。对于数据保密性保护，基于移动应用程序的特殊性，应对其进行有针对性的保护，采用加密、混淆等措施保护移动应用程序，防止其因被反编译而泄露信息，如关键代码、数据结构、工作流程及相关敏感信息。

3. 安全区域边界

安全区域边界在服务端和移动终端上都需要进行设计。在移动终端上的设计相对简单，仅需要考虑对移动终端网络访问的控制，即需要具备控制移动终端使用无线网络或移动通信网络的能力，能够限制移动设备在不同工作场景下对 Wi-Fi、3G、4G、5G 等网络的访问，这可通过移动终端安全管理系统或类似产品模块实现。需重点设计服务端的区域边界安全机制，包括区域边界访问控制与区域边界完整性保护，能够充分应对无线接入带来的安全风险，具备主动发现和防止非授权无线接入行为的能力。对于区域边界访问控制，需进行无线接入的访问控制，对接入的移动终端进行身份鉴别，只有合法的用户才能接入。对于区域边界完整性保护，需能够对非法的无线接入行为进行监测、预警和阻断，以及对非法部署无线接入设备的行为进行监测、预警和阻断。可通过部署无线 AC，基于安全策略对接入的无线设备进行访问控制；部署网络接入控制系统，对无线接入的移动终端进行接入控制；部署无线路由设备扫描或监控系统，扫描办公区域，发现并阻断非法的无线路由设备。

4. 安全通信网络

安全通信网络主要指服务端与移动终端之间的无线通信链路的安全，对于第三级及以上级别的要求，应实现通信网络的可信保护，通过 VPDN 等技术实现基于密码算法的可信网络连接机制，通过对连接到通信网络的设备进行可信检验，确保接入通信网络的设备真实可信，防止设备的非法接入。可通过构建 VPN 隧道，实现移动终端从公共无线网接入服务端的安全技术要求。在移动终端安装 VPN 客户端或 VPDN 客户端，在服务端安装 VPN 服务器或部署 VPN 网关，从而建立 VPN 加密隧道连接。

5. 安全管理中心

移动互联系统在服务端可设置专门的安全管理域，部署集中管理服务器，以运行各类安全设备的管理端，用于加强对移动互联系统的安全监控。例如，部署移动终端安全管理系统的管理端，对移动终端进行集中统一安全管理与审计；部署无线接入路由器、无线 AC 和无线路由器扫描监控系统的管理端，用于对无线接入行为进行统一安全管理；部署身份认证服务器，用于对移动终端接入进行身份鉴别；部署防病毒软件管理端和升级更新服务器，用于管理防病毒软件。

3.3　移动互联安全设计技术要求应用解读

本节对《设计要求》移动互联等级保护安全设计中第一级至第四级安全要求进行全面解读，同时从应用角度对相应安全设计要求进行说明，指导用户开展安全设计。本节安全要求中加粗部分是本级安全要求较上一级安全要求的增强。

3.3.1　安全计算环境

3.3.1.1　用户身份鉴别

【安全要求】

第一级：应采用口令、解锁图案以及其他具有相应安全强度的机制进行用户身份鉴别。

第二级：同第一级。

第三级：**应对移动终端用户实现基于口令或解锁图案、数字证书或动态口令、生物特征等方式的两种或两种以上的组合机制进行用户身份鉴别。**

第四级：应对移动终端用户实现基于口令或解锁图案、数字证书或动态口令、生物特征等方式的两种或两种以上的组合身份鉴别；**应基于硬件为身份鉴别机制构建隔离的运行环境。**

【标准解读】

该条款针对移动终端的用户身份鉴别。第一级主要针对移动计算节点（移动终端），在使用前应通过口令、解锁图案以及其他具有相应安全强度的机制进行用户身份鉴别，常见的有通过口令、解锁图案来使用手机。第二级的技术要求与第一级相同。

从第三级开始，增加了用户身份鉴别措施，需要实现双因素身份鉴别。在常规的口令或解锁图案、数字证书或动态口令，以及生物特征（指纹、人脸）等方式中要求选择两种或两种以上的组合机制，如口令和数字证书、解锁图案和指纹。

第四级在第三级的基础上，增加了"应基于硬件为身份鉴别机制构建隔离的运行环境"的要求，硬件既可以是移动端上的可信平台模块、安全卡或芯片，也可以是通过移动端外部接口连接的 USB-Key、智能卡或其他标识身份的硬件设备，移动端能够基于这些硬件为身份鉴别机制构建独立的安全运行环境。

【设计说明】

该功能的设计要点体现在移动终端上，第一级、第二级不需要专门设计，只需要在移动终端进行基本的安全设置即可。从第三级开始，强制要求实现双因素用户身份鉴别，并在第四级实现基于硬件为身份鉴别机制构建隔离的运行环境。该控制点涉及的移动终端安全管理系统产品为，当用户进入移动终端时，需要进行口令、手势、指纹、人脸等之一的身份验证，验证通过后进入移动终端，即在使用业务应用前，用户要先登录安全域，此时安全域需对用户的身份进行统一验证，可使用口令、手势、指纹、外置 USB-Key 等进行身份验证。

3.3.1.2　标记和强制访问控制

【安全要求】

第一级：无。

第二级：无。

第三级：**应确保用户或进程对移动终端系统资源的最小使用权限；应根据安全策略，控制移动终端接入访问外设，外设类型至少应包括扩展存储卡、GPS 等定位设备、蓝牙、NFC 等通信外设，并记录日志。**

第四级：同第三级。

【标准解读】

该条款针对移动终端用户和进程的权限控制，第一级和第二级无技术要求。第三级要求支持通过移动终端操作系统本身或外部安全控制措施，为用户或进程分配最小的使用权限；基于安全策略控制移动终端接入访问外设，确保外设接入是安全可控的，能控制的外设类型至少应包括扩展存储卡、GPS 等定位设备，蓝牙、NFC 等通信外设，并记录日志。第四级的技术要求与第三级相同。

【设计说明】

该功能的设计要点是如何对移动终端的用户或进程进行权限控制，以及外设接入的安全控制，属于移动终端安全的范畴，可以通过外部安全控制措施来实现，如通过移动终端安全管理系统来进行细粒度的安全控制。

移动终端安全管理系统下发终端管控安全策略，如当业务应用在移动终端前台运行时，禁止移动终端使用 Wi-Fi 和截屏权限，当业务应用退出运行后再启用终端的 Wi-Fi 和截屏功能，实现对业务应用权限的使用控制。

该控制点涉及移动终端安全管理系统产品。在具体设计时，用户移动终端安装管控应用，管控后台下发终端管控安全策略，如禁止上班时间连接 NFC 外设，并下发给管控应用，管控应用在移动终端后台始终运行。若监测到是在上班时间，则将 NFC 接口禁用，用户就无法使用 NFC 连接外设，等到下班时间管控应用启用 NFC 接口，移动终端可以连接 NFC 外设，同时进行应用记录的管控。

3.3.1.3　应用管控

【安全要求】

第一级：应提供应用程序签名认证机制，拒绝未经过认证签名的应用软件安装和执行。

第二级：同第一级。

第三级：**应具有软件白名单功能，能根据白名单控制应用软件安装、运行；**应提供应用程序签名认证机制，拒绝未经过认证签名的应用软件安装和执行。

第四级：应具有软件白名单功能，能根据白名单控制应用软件安装、运行；应提供应用程序签名认证机制，拒绝未经过认证签名的应用软件安装和执行。**应确保移动终端为专用终端，不得处理与定级系统无关的业务。**

【标准解读】

该条款主要针对移动计算节点（移动终端）在安装应用程序时，应对应用程序进行签名认证，以确保应用程序来自合法的渠道和应用市场，防止非法或恶意应用程序进入移动终端。例如，我们在手机上通过应用市场安装应用程序，手机操作系统会验证应用程序的合法性，也会提醒用户进行确认。该条款在第一级就提出了技术要求，第二级的技术要求与第一级相同。

在第二级的基础上，第三级增加了白名单功能，基于白名单机制来控制应用软件的安装、运行，这可以通过在移动终端增加安全控制措施来实现。第四级的应用管控手段与第三级相同，区别在于强调了移动终端的专用性，不能是通用的移动终端，如不能是用户自己的手机，而应该是仅处理定级系统业务的移动终端。

【设计说明】

该功能的设计要点有两个：其一，在移动终端上增加白名单机制，通过向移动终端下发应用安装白名单，只有白名单中的应用可以进行安装，白名单以外的应用无法安装，从而实现移动终端只能安装指定的业务应用。同时，为了更好地保证应用安装的安全性，通过将应用管控平台设定为唯一应用安装来源，在进行应用安装时对应用进行用户自定义的签名认证，保证所安装应用的安全性；其二，在第四级移动互联系统配备专用的满足前述等级技术要求的移动终端。

该控制点涉及移动终端安全管理系统或移动应用安全管理模块，以及专用的移动终端。在设计时，用户单位要求移动设备上必须安装指定的业务应用，同时限制其他应用的随意安装，通过下发应用安装白名单，限定移动设备上只可安装白名单中的应用。同时，通过将应用管控平台设定为唯一应用安装来源，在进行应用安装时对应用进行签名认证，保证所安装应用的安全性。

3.3.1.4　安全域隔离

【安全要求】

第一级：无。

第二级：**应能够为重要应用提供应用级隔离的运行环境，保证应用的输入、输出、存储信息不被非法获取。**

第三级：应能够为重要应用提供**基于容器、虚拟化等系统级**隔离的运行环境，保证应用的输入、输出、存储信息不被非法获取。

第四级：同第三级。

【标准解读】

该条款针对移动终端上的应用安全保护，第一级无技术要求。第二级要求在移动终端中能够为重要应用提供应用级隔离的运行环境，比如沙箱，业务应用通过集成、调用沙箱SDK，实现业务应用数据的安全存储和传输，保证业务应用的输入、输出、存储信息不被非法获取，这属于应用程序级别的隔离。第三级要求更进一步，需要在移动终端中为各种业务应用提供基于容器、虚拟化等系统级隔离的运行环境，保证应用的输入、输出、存储信息处于专门的逻辑区域内。第四级的技术要求与第三级相同。

【设计说明】

该功能的设计要点体现在移动终端上，第二级移动互联系统要支持通过沙箱等应用级隔离手段为重要应用提供独立的运行环境。第三级及以上移动互联系统通过在移动设备上创建安全域，将业务应用安装在安全域内，用户在需要使用业务应用进行工作时，首先登录安全域，进行用户身份验证，验证通过后安全域开始进行安全自检，检查移动设备是否已被非法 Root，移动设备后台是否有非法的录音、录像、录屏及非法获取数据的软件在运行，如果有非法应用在后台运行则禁用该非法应用。在安全自检的同时，安全域可进行自动网络切换，连接专网。连接专网后用户登录业务应用进行业务操作，安全域对过程中产生的落地数据自动进行加密，防止其被非法获取。退出安全域时，安全域恢复域外网络设置，同时清空安全域内所有缓存数据，防止数据泄露。该控制点涉及支持沙箱、容器、虚拟化的移动终端。

3.3.1.5　移动设备管控

【安全要求】

第一级：无。

第二级：无。

第三级：**应基于移动设备管理软件，实行对移动设备全生命周期管控，保证移动设备丢失或被盗后，通过网络定位搜寻设备的位置、远程锁定设备、远程擦除设备上的数据、使设备发出警报音，确保在能够定位和检索的同时最大限度地保护数据。**

第四级：同第三级。

【标准解读】

该条款针对移动设备自身的安全管控，第一级和第二级无技术要求，从第三级开始提出技术要求。基于移动设备相对容易丢失的特点，提出了移动设备管控的具体要求，即应对移动设备进行全生命周期管控，保证即便移动设备丢失或被盗后，仍然能够保护数据安全，具体的管控手段包括通过网络定位搜寻设备的位置、远程锁定设备、远程擦除设备上的数据、使设备发出警报音等。第四级的技术要求与第三级相同。

【设计说明】

该功能的设计要点是为移动设备增加外部安全控制措施，来实现对移动设备的全生命周期管控。该控制点涉及移动终端安全管理系统。在具体设计时，移动终端安装设备管控应用，服务端部署设备管控后台，后台管理员管理所有移动设备。后台管理员根据移动终端使用的工作场景不同制定不同的管控安全策略，并下发到移动终端，移动终端管控应用接收到安全策略后按照策略执行。在日常工作中，后台管理员也可以随时下发文件材料和消息通知到管控终端；按照管理规定，定期进行安全审计，将各种日志信息分类导出审计。

3.3.1.6　数据保密性保护

【安全要求】

第一级：无。

第二级：**应采取加密、混淆等措施，对移动应用程序进行保密性保护，防止被反编译。**

第三级：应采取加密、混淆等措施，对移动应用程序进行保密性保护，防止被反编译；**应实现对扩展存储设备的加密功能，确保数据存储的安全。**

第四级：同第三级。

【标准解读】

该条款主要针对移动应用程序的保密性保护。第一级无技术要求；从第二级的移动互联系统开始，要求在其移动应用程序开发中，对关键代码、变量、数据结构和流程采取加密、混淆等措施，防止其因被反编译而泄露信息；第三级在第二级的基础上，要求能够对扩展存储设备进行加密，确保数据存储的安全，如对扩展存储卡进行基于分区或文件的加密；第四级的技术要求与第三级相同。

【设计说明】

该功能的设计要点有两个：一是在移动应用程序开发时，采取加密、混淆等措施，对关键代码、变量、数据结构和流程等进行保护，防止其因被反编译而泄露信息；二是通过外部安全控制措施，对移动终端产生的存储在扩展存储设备上的数据进行加密，防止业务应用数据泄露。该控制点涉及"具有对扩展存储设备加密功能"的移动终端安全加密产品。业务应用根据用户具体的业务流程逻辑进行业务功能设计，调试完成后先进行业务程序混淆，防止业务应用上线后被逆向分析攻击。

3.3.1.7　可信验证

【安全要求】

第一级：无。

第二级：**应能对移动终端的操作系统、应用等程序的可信性进行验证，阻止非可信程序的执行。**

第三级：**应能对移动终端的引导程序、操作系统内核、应用程序等进行可信验证，确保每个部件在加载前的真实性和完整性。**

第四级：同第三级。

【标准解读】

该条款针对移动终端引导程序、操作系统和应用程序的安全保护。第一级无技术要求；第二级要求能对操作系统、应用等程序的可信性进行验证，从而阻止非可信程序的执行，这里要求移动终端从可靠可信的渠道获取和安装操作系统、应用等程序，并通过程序签名机制验证程序的合法性；第三级要求移动终端能对自身的引导程序、操作系统内核、应用程序等进行可信验证，确保每个部件在加载前的真实性和完整性，防止操作系统和应用程序被非法篡改；第四级的技术要求与第三级相同。

【设计说明】

第二级系统不需要特别的安全控制措施，因为现在市场上常见的移动终端均具备相应的安全功能，只需要对移动终端进行安全设置即可。现有从市场上获取的移动终端的操作系统通常是预装的，如 Android、iOS 或 Windows 等，厂商会确保操作系统的可信性。通过官方应用市场渠道获取应用程序，操作系统也会验证应用程序的签名，从而保证其可信，进而阻止非可信程序的执行。第三级系统的设计要点是引入移动终端可信平台模块或安全模块，通过内置可信平台模块或安全模块的硬件级解决方案，支持对移动终端的引导程序、操作系统内核、应用程序等进行可信验证，确保每个部件在加载前的真实性和完整性。第四级的技术要求和第三级相同。

3.3.2　安全区域边界

3.3.2.1　区域边界访问控制

【安全要求】

第一级：无。

第二级：应能限制移动设备在不同工作场景下对 **Wi-Fi**、**3G**、**4G** 等网络的访问能力。

第三级：应对接入系统的移动终端，采取基于 **SIM** 卡、证书等信息的强认证措施；应能限制移动设备在不同工作场景下对 Wi-Fi、3G、4G 等网络的访问能力。

第四级：同第三级。

【标准解读】

该条款针对服务端与移动终端之间的区域边界安全。区域边界访问控制强调移动互联系统在网络区域边界的访问控制能力，包括在移动终端侧控制移动终端利用无线局域网或移动通信网络进行网络连接的能力，以及在服务端侧控制移动终端接入移动互联系统的能力。第一级无技术要求；第二级要求能限制移动设备利用 Wi-Fi、3G、4G 等网络进行网络连接；第三级要求能对接入系统的移动终端，在服务端侧实现基于 SIM 卡、证书等信息的强身份鉴别，即要求移动终端上有 SIM 卡、证书等；第四级的技术要求与第三级相同。

【设计说明】

该功能的设计要点主要体现在移动终端上，使移动终端具备访问控制能力，能对移动设备对 Wi-Fi、3G、4G 等网络的访问进行控制，以及对移动终端进行基于 SIM 卡、证书等信息强认证的接入控制。该控制点涉及移动终端安全管理系统，在移动终端上部署移动终端安全管理系统，对移动终端的无线局域网和移动通信网络访问进行控制；为移动终端和用户配发数字证书，在移动终端接入移动互联系统时，实现基于 SIM 卡、证书等信息的强身份鉴别。

3.3.2.2　区域边界完整性保护

【安全要求】

第一级：无。

第二级：**应具备无线接入设备检测功能，对于非法无线接入设备进行报警。**

第三级：**移动终端区域边界检测设备监控范围应完整覆盖移动终端办公区，并具备无线路由器设备位置检测功能，对于非法无线路由器设备接入进行报警和阻断。**

第四级：同第三级。

【标准解读】

该条款针对服务端与移动终端之间的区域边界安全。区域边界完整性保护能力体现在两个方面：一是对非法无线接入设备进行检测、报警和阻断，比如检测并阻断非法无线路由器；二是对非法接入的移动终端进行检测、报警和阻断，该内容在通用要求部分已涉及，这里不进行重复介绍。第一级无技术要求；第二级只要求能够发现非法无线接入设备并进行报警，对阻断不做要求；第三级要求能够对非法的无线接入行为进行报警和阻断，并要求监控范围扩大至完整的移动终端办公区，能够对无线路由器设备位置进行检测，防止私自部署无线路由器；第四级的技术要求与第三级相同。

【设计说明】

该功能的设计要点是在移动互联系统或各安全域的边界部署无线接入监控设备或模块，如无线 AC、网络准入控制系统、无线路由设备扫描系统，用于监控非法无线接入设备，并进行报警和阻断。在具体设计时，可部署无线 AC，基于安全策略对无线 AP 和接入的移动终端进行访问控制；部署网络接入控制系统，对无线接入的移动终端和用户进行网络接入控制；部署无线路由器设备扫描或监控系统，扫描办公区域，发现并阻断非法的无线路由器设备。

3.3.3　安全通信网络——通信网络可信保护

【安全要求】

第一级：无。

第二级：无。

第三级：**应通过 VPDN 等技术实现基于密码算法的可信网络连接机制，通过对连接到通信网络的设备进行可信检验，确保接入通信网络的设备真实可信，防止设备的非法接入。**

第四级：同第三级。

【标准解读】

该条款针对服务端与移动终端的通信安全。第一级和第二级无技术要求，从第三级开始，强调接入设备可信和网络连接安全，通过 VPDN 等技术实现基于密码算法的可信网络连接机制并进行可信检验，基于链路加密和身份鉴别保证接入设备真实可信，防止设备的非法接入，并与接入设备建立安全的数据传输通道。本质上，需要通信网络加密和通信双方的相互身份鉴别。第四级的技术要求与第三级相同。

【设计说明】

该部分的设计要点有两个：一是能验证接入设备，即移动终端的身份，确保接入设备可信；二是网络连接加密，确保传输的数据是加密的。这两点都要基于密码算法实现，涉及 VPN、VPDN 设备或软件。在具体设计时，可在服务端侧部署 VPN 网关或 VPDN 服务端，在移动终端安装 VPN 或 VPDN 软件，实现基于密码算法的可信网络连接机制，确保两端的可信性和传输数据的保密性。

3.4　安全效果评价指南

3.4.1　合规性评价

这里以三级移动互联系统的安全设计为例，基于设计方案与《基本要求》标准移动互联扩展要求进行合规性评价，对比方案中相关的技术措施、产品及安全服务是否满足《基本要求》标准中对应部分的安全要求，主要体现以下四个方面：第一，明确设计主体，确保设计要求与基本要求责任主体一致；第二，审核设计总体框架是否满足"一个中心，三重防护"的基本要求；第三，审核《基本要求》标准相应级别的技术要求是否已在设计方案中通过具体措施和机制予以明确；第四，确认设计方案相关的安全功能和策略是否支撑满足《基本要求》标准中相应的安全强度等，确保所设计的安全功能满足设计主体的安全级别要求。

1. 安全计算环境

安全计算环境设计有用户身份鉴别、标记和强制访问控制、移动终端管控、移动应用管控、安全域隔离、数据保密性保护和可信验证等安全控制点。《基本要求》标准在通用部分覆盖了用户身份鉴别、标记和强制访问控制、安全域隔离、数据保密性保护和可信验证等安全控制点的技术要求，在移动互联部分仅在移动终端管控和移动应用管控两个控制点上提出了扩展要求。

对于移动终端管控，《基本要求》标准提出应保证移动终端安装、注册并运行终端管理客户端软件；移动终端应接受移动终端管理服务端的设备生命周期管理、设备远程控制，如远程锁定、远程擦除等。对于移动应用管控，《基本要求》标准提出应具有选择应用软件安装、运行的功能；应只允许指定证书签名的应用软件安装和运行；应具有软件白名单功能，能根据白名单控制应用软件安装、运行。

本方案设计的应用管控和移动设备管控，通过在移动终端安装 MDM 客户端、MAM 客户端和 MCM 客户端，以及软/硬件形式的数字证书，可实现移动终端设备管控、双因素用户身份鉴别、数据加密存储、安全防护、运行环境隔离等安全功能，确保移动终端从合法的渠道获取移动应用，防止非法或恶意应用程序的安装和运行，能够完全满足《基本要求》标准的技术要求。

对于用户身份鉴别、标记和强制访问控制、安全域隔离、数据保密性保护和可信验证等安全控制点，方案依据《设计要求》标准的移动互联扩展部分技术要求进行设计，从移动终端身份鉴别、App 保密性保护、系统资源最小使用权限控制、终端外设接入控制和终端程序可信验证等方面予以安全防护，能够满足《基本要求》扩展部分对身份鉴别、访问控制、可信验证、数据保密性和数据完整性的技术要求。

2. 安全区域边界

安全区域边界设计有区域边界访问控制和区域边界完整性保护两个安全控制点；而《基本要求》标准移动互联部分有访问控制、边界防护和入侵防范三个安全控制点。

对于访问控制，《基本要求》标准提出无线接入设备应开启接入认证功能，并支持采用认证服务器或国家密码管理机构批准的密码模块进行认证。本方案对服务端进行设计，充分应对无线网络接入引入的安全风险，要求具备主动发现和防止非授权无线接入行为的能力。能够进行无线接入的访问控制，对接入的移动终端进行身份鉴别，只有合法的用户才能接入。可见，本方案能够满足《基本要求》标准的技术要求。

对于边界防护，《基本要求》标准提出应保证有线网络与无线网络边界之间的访问和数据流通过无线接入安全网关。本方案对服务端进行设计，通过部署无线 AC，实现基于安全策略对接入的无线设备进行访问控制；部署网络接入控制系统，对无线接入的移动终端进行接入控制。可见，本方案能够满足《基本要求》标准的技术要求。

对于入侵防范，《基本要求》标准提出应能够检测到非授权无线接入设备和非授权移动终端的接入行为；应能够检测到针对无线接入设备的网络扫描、DDoS 攻击、密钥破解、中间人攻击和欺骗攻击等行为；应能够检测到无线接入设备的 SSID 广播、WPS 等高风险功能的开启状态；应禁用无线接入设备和无线接入网关存在风险的功能，如 SSID 广播、WEP 认证等；应禁止多个 AP 使用同一个认证密钥；应能够阻断非授权无线接入设备或非授权移动终端。该标准的技术要求非常具体且全面。

安全设计方案虽然在移动互联的安全设计中未全面提及具体的入侵防范内容，即如何针对一些具体的无线网络攻击进行防护，显得针对性不足，但在区域边界访问控制和区域边界完整性保护两个安全控制点中提及入侵防范的部分内容。本方案根据《设计要求》标准在服务端和移动终端上同时进行设计。在移动终端上的设计考虑了对移动终端网络访问的控制，能够限制移动设备在不同工作场景下对 Wi-Fi、3G、4G 等网络的访问，这可通过移动终端安全管理系统或类似产品模块来实现。在服务端的设计体现在主动发现和防止非法无线接入行为的能力上，能够对非法的无线接入行为进行检测、预警和阻断，以及对非法部署无线接入设备的行为进行检测和阻断。

具体地，通过部署无线 AC 来检测非授权移动终端的接入行为，并通过安全配置消除无线 AC 的 SSID 广播、WPS 等高风险功能开启的风险；禁用无线接入网关存在风险的功能，如 SSID 广播、WEP 认证等，并具备一定的网络攻击检测和防御能力；通过对无线路由器的安全配置，禁止多个 AP 使用同一个认证密钥；禁用无线接入设备存在风险的功能，如 SSID 广播、WEP 认证等；通过部署网络接入控制系统，对无线接入的移动终端进行接入控制，防止非法和假冒终端入网；部署无线路由器设备扫描或监控系统，扫描办公区域，发现并阻断非法的无线路由设备。可见，本方案能够满足《基本要求》标准的技术要求。

3. 安全通信网络

《基本要求》标准的通用部分，要求采用校验技术或密码技术保证通信过程中数据的完整性，采用密码技术保证通信过程中数据的保密性，其移动互联扩展部分没有额外的要求。《设计要求》标准中移动互联部分要求应实现通信网络的可信保护，通过 VPDN 等技术实现基于密码算法的可信网络连接机制，通过对连接到通信网络的设备进行可信检验，确保接入通信网络的设备真实可信，防止设备的非法接入。本方案根据《设计要求》，通过构建 VPN 隧道来满足移动终端从公共无线网接入服务端的安全技术要求，在移动终端安装 VPN 或 VPDN 客户端，在服务端安装 VPN 服务器或部署 VPN 网关，从而建立 VPN 加密隧道连接，保证通信过程中数据的完整性和保密性。可见，本方案能够满足《基本要求》标准的技术要求。

3.4.2　安全性评价

这里以三级移动互联系统的安全设计为例，基于设计方案与《基本要求》标准移动互联扩展要求进行安全性评价。在通用安全性基础上，结合移动互联系统安全性的自身特点，主要从主动防御、动态防御、纵深防御、整体防控、精准防护和联防联控六个方面进行安全性评价。

1. 主动防御

本方案通过在移动终端部署终端安全、终端管控、应用管控系统和构建业务应用安全隔离运行环境等，对终端行为进行主动规范和安全保护。在业务应用运行时，对运行环境进行主动安全检测，能够及时发现和处置可疑的、潜在的或即将发生的威胁行为，而不是等到威胁行为发生时才进行处置，实现了由被动防御转为主动防御。同时，基于可信验证和软件白名单技术，拒绝未签名程序的安装和运行，有效地抵御潜在恶意程序。此外，将单纯的业务应用防护转变为终端运行环境与终端整体的安全防护，实现了主动防御和全面防护的目标。

2. 动态防御

由于用户使用的终端和应用处于随时更新和随时增加的状态，因此本方案在安全性设计上体现了整个移动互联安全防护的动态可调整性，即实现对终端运行情况可感知、随不同使用场景防护策略可调整。通过部署终端安全域和终端管控策略，可以时刻感知用户在业务安全运行环境中应用部署和使用的变化情况，针对应用部署和使用情况及时调整安全策略与管控策略，形成可探知、可分析、可调整的动态防御架构，及时对潜在风险和即将发生的网络攻击进行动态的安全防御调整，将潜在的隐患和危险消灭在萌芽状态。

3. 纵深防御

本方案设计的纵深防御包括两个面：一个是纵向面，移动终端本身需要深层级的安全防护；另一个是横向面，从移动终端、网络到服务端，数据全流向的纵深防护。在移动终端侧，从应用层管控接口的管控上升到系统级的业务应用环境的安全构建，从单纯的管理终端接口、应用安装限制和终端注册、使用、数据防丢上升到深度感知运行环境的安全性，从而对移动终端进行更深层次的安全防御。另外，在整个系统防护中，本方案加强移动终端网络防护，加强终端网络接入安全性的保障，对网络安全接入、终端接入网络感知及移动终端网络安全策略的分析调整，都做了纵深安全防御设计，保障了移动互联系统纵深防御的安全效果。

4. 整体防控

本方案通过安全域隔离、可信计算、数据保护、终端管控系统、网络安全接入、网络准入控制、网络设备接入检查、后端安全管理中心安全策略制定、动态网络安全防护感知、网络安全运维等措施，在技术层面对整个移动互联系统进行立体安全防护，实现主动发现潜在风险、及时预警、及时制定并采取有针对性的防护策略，以期最大限度地避免、降低系统所面临的风险。在网络安全管理层面，全面遵守通用部分的要求，从网络安全技术和网络安全管理两个方面实现整体防控。

5. 精准防护

基于系统具有接入终端多、网络应用多、使用场景多变、网络环境复杂等特点，本方案的安全防护设计非常突出精准防护原则，能够针对不同应用、不同终端、不同使用环境、不同网络条件进行有针对性的防护。通过在终端安全域构建的防护实时感知、移动终端管控安全策略的实时调整、终端网络接入验证、设备接入网络的扫描感知，可随时对网络环境中的终端进行精准策略部署，实现差异化安全策略布控，以及终端和网络的精准防护。

6. 联防联控

本方案设计的安全管理中心，能够向跨定级系统安全管理中心报送安全相关数据，支持实现全网大数据网络安全管理和安全态势感知。同时，接收上级的安全策略和威胁情报等信息，实现安全设备联动，可融入整个网络的安全防护体系，实现整个网络与信息系统的联防联控。

3.5　移动互联系统安全设计案例

3.5.1　民营企业移动办公系统等级保护二级安全设计案例

3.5.1.1　背景

随着移动网络的高速发展，移动智能终端性能的迅速提升，民众个人素质的普遍提高，移动办公发展需要的民众基础及相应的网络条件逐渐成熟，移动办公的发展是当下和未来发展的必然趋势。各企事业单位也都大力推行移动办公，在提高工作人员工作效率的同时减轻工作负担。某民营企业根据移动办公需要，在移动终端中使用 OA 协同办公应用进行日常办公、工作通信和考勤管理。

3.5.1.2　需求分析

该民营企业移动办公系统不涉及国家机密，但存在一些企业的内部信息、敏感信息等商业机密。基于该移动互联系统的属性，依据国家等级保护相关标准，确定其保护等级为第二级，按照第二级要求进行系统建设，基础网络环境中可承载等级保护为第二级及以下的业务应用系统。

根据《设计要求》标准，第二级移动互联系统的安全设计主要体现在安全计算环境和安全区域边界上。其中，安全计算环境主要针对移动端，在用户身份鉴别、应用管控、安全域隔离、数据保密性保护和可信验证等方面提出了具体的技术要求，如应采用口令、解锁图案及其他具有相应安全强度的机制进行用户身份鉴别；应提供应用程序签名认证机制，拒绝未经过认证签名的应用软件安装和执行；应能够为重要应用提供应用级隔离的运行环境，保证应用的输入、输出、存储信息不被非法获取；应采取加密、混淆等措施，对移动应用程序进行保密性保护，防止其被反编译；应能对移动终端的操作系统、应用等程序的可信性进行验证，阻止非可信程序的执行。安全区域边界既针对移动端，要求进行区域边界访问控制，应能限制移动设备在不同工作场景下对 Wi-Fi、3G、4G 等网络的访问能力；也针对服务端的无线网络接入侧，要求进行区域边界完整性保护，应具备无线接入设备的检测功能，能对非法无线接入设备进行检测、报警。

综上所述，该移动互联系统的安全需求主要包括两部分：一是实现对移动终端的保护，保护其应用，进而达到保护业务应用中数据的目的；二是在服务端的安全防护，防止来自无线网络接入设备的安全风险。

对移动终端的保护，需要对用户进行基本的身份鉴别，需要保证业务应用的数据安全，同时充分考虑个人使用和业务应用使用的良好兼容性，因此移动终端保护的主要需求是实现业务应用与其他应用的隔离；业务应用落地数据的加密；移动终端具有应用安装的签名验证机制，保证操作系统和应用程序的可信；进入业务应用运行环境时进行必要的终端安全自检，包括手机状态检测、后台应用运行检测、防止截屏等，同时对业务应用自身进行混淆处理。对于服务端的保护，可按照通用要求实现后台服务器的安全防护，保障业务服务运行安全。

3.5.1.3　安全架构设计

1. 整体框架设计

基于上述安全需求分析，第二级移动互联系统的整体框架设计如图 3-5 所示。该系统分为业务区（服务端）、传输网络（无线通信链路）和用户侧（移动终端）三大安全域。其中，业务区用于部署系统的业务服务、通信服务和安全管理功能；传输网络指的是移动用户与业务区连接的无线链路；用户侧指的是移动终端所处的逻辑区域。系统的业务区与企业其他的定级系统互联以获取企业相关数据，上报系统的移动业务数据和安全相关数据。

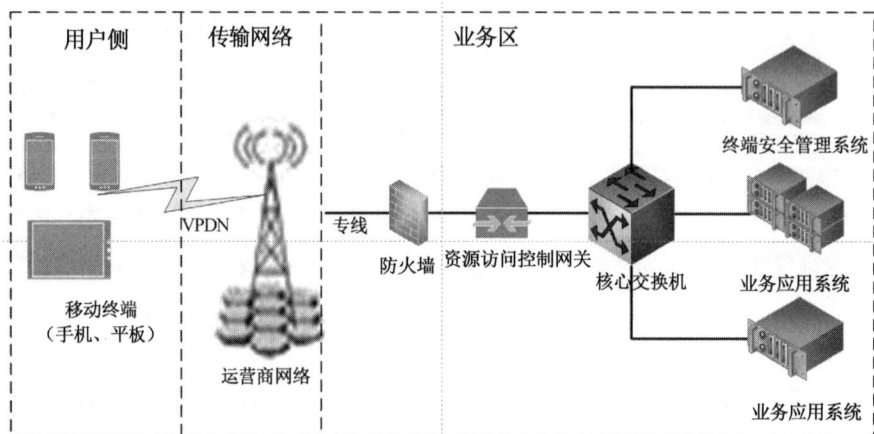

图 3-5　第二级移动互联系统的整体框架设计

每个安全域的具体安全设计分别是：办公人员可使用自己的移动终端（手机、平板）办公，通过在移动终端上安装安全管理系统来进行安全防护，重点保护业务应用的数据安全；通过使用 VPN 设备来保护无线通信链路安全，在服务端部署 VPN 网关或 VPN 网关模块，在移动终端上安装 VPN 代理；在服务端，通过部署防火墙来保护服务器的安全，部署业务系统来提供移动互联服务及业务应用，部署移动终端管理系统来对各移动终端进行安全管理。

2. 系统互联安全设计

该系统的业务区与企业的其他定级系统连接，共享一些企业数据。业务区连接到企业网络的核心交换机，企业的其他定级系统也连接到核心交换机。它们属于不同的安全域，通过在核心交换机上设置访问控制列表来进行区域边界访问控制。

3.5.1.4　详细安全设计

1. 安全计算环境

移动终端是安全计算环境的核心，移动终端上的数据安全是重中之重，需通过多种安全防护措施保证移动终端的安全。服务端的安全主要根据通用部分进行设计。

1）安全域隔离

为移动终端中的业务应用构建隔离的安全运行环境（安全域），或者通过集成安全 SDK 使业务应用具有隔离的运行环境；对业务应用中产生的数据进行加密存储保护，实现"一机一密"，保证存储数据的安全；在业务应用运行时进行终端 Root 检测、禁止截屏保护、后台运行应用异常检测、外设接口限制保护，实现对业务应用的输入、输出、存储数据的保护。

2）用户身份鉴别

移动终端使用时必须配置必要的口令、手势等验证机制，同时在进入运行业务应用的安全域时再次进行身份验证。

3）应用管控

具有移动终端整机管控能力，并非只管控移动终端中的安全域。移动终端配置安装应用白名单，对安装使用的应用进行签名验证；私有化部署业务应用分发商店，保证上传和分发业务应用渠道的唯一性。

4）数据保护

在进入安全域时，移动终端安全运行环境进行安全自检，网络自动切换进入专网，进而检测网络是否已在专网；检测有无无关应用在后台启动运行，防止数据泄露；检测移动终端有无被 Root，一旦异常则启动自毁程序，防止数据泄露。在退出安全域之后，移动终端将业务应用使用的内存空间进行释放，防止他人通过内存访问泄露数据。在移动终端被淘汰时，可以直接卸载安全域，同时将安全域内所有应用数据擦除，防止淘汰移动终端时产生数据泄露隐患。

5）App 安全设计

需要对移动业务 App 进行保密性保护，业务应用自身在上线部署前都需要进行必要的加密、混淆处理，防止应用被反编译而泄露敏感信息。

2. 安全区域边界

安全区域边界设计需要从移动终端和服务端两端进行设计。在移动终端，可通过设置移动终端的访问网络白名单、Wi-Fi 白名单等，对移动终端对无线局域网和移动通信网的访问行为进行控制。在服务端，需建立安全接入认证机制，确保只有合法用户才能接入网络；设计无线接入设备的检测和访问控制模块，通过无线 AC 对接入的移动终端进行访问控制，通过无线路由器扫描设备对非法的无线路由器等接入设备进行检测、报警和阻断。

3. 安全通信网络

移动终端大都是使用无线网络进行接入的，因此安全通信网络需要充分考虑移动终端接入网络的无线特性和安全需要，采用专网 APN 和 VPN 接入方式，具体如下。

（1）移动终端使用运营商专网 APN，实现移动漫游情况下的专网接入。

（2）移动终端使用独立的 VPN 接入客户端，实现在专网线路上的数据加密保护，保证专网上数据传输的安全。

4. 安全管理中心

安全管理中心是移动互联系统的核心管理单元，部署在专门的安全管理域，负责对所管辖的移动终端进行远程管理，并且对管理员的操作和移动终端安全域内使用情况进行审计。安全管理中心采用三权分立机制，对不同角色的管理员进行身份鉴别，实现管理员的权限分立和控制，杜绝因权限漏洞造成的安全隐患，同时对管理员进行登录身份验证和管理操作记录，以便追溯。安全管理中心的具体功能如下。

（1）可对移动终端进行注册、注销、找回、查找、远程销毁等操作。

（2）具有专属的应用商店功能，对移动终端使用的应用进行上传、分发、使用等管理。

（3）对移动终端外设接口进行管理，对不同场景下、不同外设设备接入进行规范。

（4）针对不同部门、不同使用场景可制定不同的安全策略，根据实际情况灵活部署安全策略。

（5）具有安全审计机制，可对安全管理中心的管理员操作及移动终端的使用情况进行记录，对日志数据进行可视化分类展示。

3.5.1.5　安全效果评价

该移动办公安全解决方案遵循"一个中心，三重防护"的设计理念，通过一系列软/硬件产品的有机组合，打造移动办公"身份认证、加密传输、应用隔离"三道防线，在保证信息安全的前提下，能够满足企业移动办公的业务和安全需求。同时，该方案与上层业务应用是松耦合关系，在兼顾业务灵活性的同时，解决企业在移动办公过程中的信息安全问题，为各个部门的业务系统使用提供了统一的移动安全办公支撑平台。该方案符合等级保护第二级的相关规范，是一套完整的、系统性的移动办公安全解决方案。

3.5.2　政府移动政务系统等级保护三级安全设计案例

3.5.2.1　背景

某政府单位根据移动政务工作需要，配发移动终端，在移动终端中使用工作业务应用，工作业务应用和对应后台服务在内网中部署运行，用户在使用工作业务应用时需要接入内网，在日常使用中，移动终端需要能接入公网，以保证正常的日常通信。

3.5.2.2　需求分析

某政府单位基于移动政务工作的需要建设移动互联系统，其中涉及单位重要的内部信息。该系统服务器与办公内网相连，以对移动互联系统进行运行维护和数据同步。基于该移动互联系统的属性，依据国家等级保护相关标准，确定其保护等级为第三级，按照第三级要求进行建设，基础网络环境中可承载等级保护为第三级及以下的业务应用系统。

相比于第二级移动互联系统，第三级移动互联系统在安全计算环境方面进行了多处安全增强。

（1）用户身份鉴别，要求进行双因素身份鉴别。

（2）标记和强制访问控制，要确保用户或进程对移动终端系统资源的最小使用权限，能控制移动终端接入访问外设。

（3）应用管控，要求具有软件白名单功能。

（4）安全域隔离，要能够为重要应用提供以容器虚拟化技术为基础的隔离运行环境。

（5）移动设备管控，实现对移动设备全生命周期管控。

（6）数据保密性保护，应实现对扩展存储设备的加密功能。

（7）可信验证，要能对移动终端的关键程序和操作系统内核进行可信验证。

在安全区域边界方面，强调了强认证措施和对非法无线路由器设备接入的阻断。在安全通信网络方面，应具有通信网络可信保护能力。

综上所述，第三级移动互联系统的安全需求主要包括三部分：一是进一步实现对移动端的安全保护，保护设备、应用，进而达到保护业务应用中数据的目的；二是加强在服务端的安全防护，进一步提升对终端接入的安全风险防范能力；三是明确提出了对无线通信链路的安全需求。

移动端安全防护的需求：一是对移动终端的管控，以防移动终端丢失或被盗后造成数据泄露，如远程数据擦除功能需求；二是移动应用的安全防护，要升级为系统级隔离，为移动政务办公应用等重要应用提供更为安全的运行环境，对安装使用的应用进行白名单管理，防止无关应用随意安装；三是移动数据的安全保护，除了本地存储加密，还要实现对扩展存储设备的加密功能，确保数据存储的安全；四是用户身份鉴别，需要对用户进行增强型的双因素身份鉴别；五是可信验证，强调移动终端引导程序、操作系统内核程序和应用程序的真实性和完整性。这些安全需求的提出，实际上是对移动终端自身、移动操作系统和移动终端安全管理产品提出了要求，需要从这三个层面来解决问题，以满足安全需求。

服务端安全防护的需求，除按照通用技术要求实现后台服务器的安全防护，保护业务服务运行安全之外，还强化了移动终端的安全接入控制能力。这体现在需要对接入的移动终端使用数字证书进行认证。

无线通信链路安全防护的需求，就是网络传输数据保护和通信双方的相互身份鉴别，确保双方安全可信和数据传输安全。

3.5.2.3　安全架构设计

1. 整体框架设计

基于上述安全需求分析，三级移动互联系统的整体框架设计如图 3-6 所示。系统分为业务区（核心业务域）、安全接入区（无线接入域）、传输网络（无线通信链路）和用户侧（移动终端）四大安全域。其中，业务区用于部署系统的核心业务服务器，存储、处理系统的重要内部数据或敏感数据；安全接入区用于部署系统的无线接入域、对外服务域和安全管理域；传输网络即移动用户与安全接入区连接的无线通信链路；用户侧是指用户移动终端所处的逻辑区域。

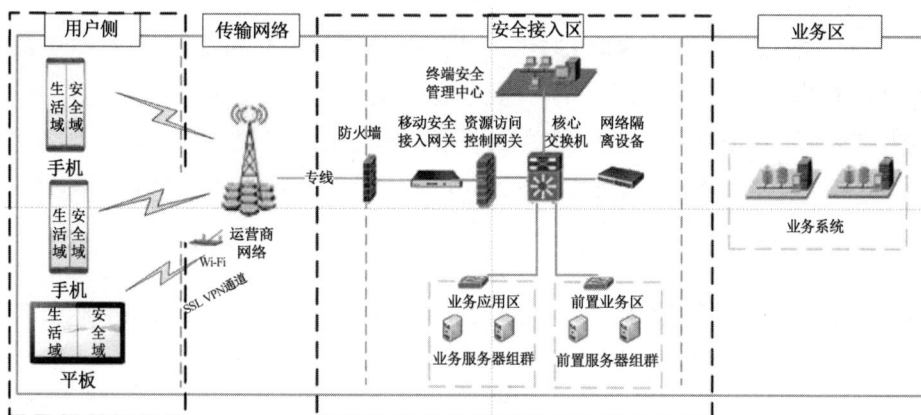

图 3-6　三级移动互联系统的整体框架设计

每个安全域的具体安全设计分别是：政府办公人员可使用配发的移动终端（如手机、平板）办公，通过在移动终端上安装安全管理系统来进行安全防护，重点保护移动政务业务应用及其数据安全；业务区与安全接入区通过网络隔离和信息交换设备进行逻辑隔离；在安全接入区，部署防火墙来保护移动服务器的安全，部署业务系统来提供移动互联服务及业务应用，部署移动终端管理系统来对各移动终端进行安全管理，部署安全接入平台，以检测防止非法的设备接入；传输网络主要通过 VPDN 进行保护。

2. 系统安全互联设计

该系统的业务区与企业的其他定级系统连接，共享一些企业数据。业务区连接到企业网络的核心交换机，企业的其他定级系统也连接到核心交换机。它们属于不同的安全域，通过在核心交换机上设置访问控制列表来进行区域边界访问控制。

3.5.2.4　详细安全设计

1. 安全计算环境

移动终端是安全计算环境的核心，移动终端上的数据安全更是重中之重，需通过多种安全防护措施保证移动终端的安全。移动终端设计使用虚拟化技术，在移动终端中构建一个安全运行环境（安全域），将不同业务应用都部署在此安全运行环境中，同时对安全运行环境进行安全防护，构建完整移动终端安全防护系统。安全计算环境设计具体包括以下几个方面。

1）安全域隔离

在移动终端中部署容器、虚拟化技术，在重构框架层和新建隔离文件系统的基础上，构建隔离的安全运行环境（安全域），多个业务应用均在该安全运行环境中运行，实现专网业务应用与公网应用使用环境进程和数据的隔离，保证业务数据不被非法获取。将安全域作为移动终端上安全移动办公业务应用的统一入口，为用户政务办公提供安全域体验。

2）用户身份鉴别

移动终端使用时必须配置必要的口令、手势等验证机制，同时在进入运行业务应用的安全域时再次进行身份验证。

3）访问控制

对移动终端中的应用使用权限进行管控，包括对调用外设接口权限进行管理和记录，防止无权应用非法调用移动终端接口。

4）应用管控

移动终端配置安装应用白名单，对安装使用的应用进行签名验证；私有化部署业务应用分发商店，保证上传和分发业务应用渠道的唯一性；通过安全域的创建将业务应用预置在安全域中，无须用户后续自行下载安装业务应用。

5）移动终端管控

具有移动终端整机管控能力，并非只管控移动终端中的安全域，还需实现覆盖移动终端的注册、部署、使用、回收等环节的全生命周期管理，保证终端丢失或被盗后的终端查找和数据防护，如可实现远程擦除数据、远程锁定终端等，最大限度地保护数据安全。移动终端管控包括设备管理、安全策略管理、文档下发管理、应用安装管理等。

6）数据保护

在进入安全域时，移动终端安全运行环境进行安全自检，网络自动切换进入专网，进而检测网络是否已在专网；检测有无无关应用在后台启动运行，防止数据泄露；检测终端有无被 Root，一旦异常则启动自毁程序，防止数据泄露。在退出安全域之后，移动终端将业务应用使用的内存空间进行释放，防止他人通过内存访问泄露数据。对于安全域内产生的业务数据进行用户无感的自动加密处理，实现数据自动加密存储，自动解密阅读，保护数据安全。在移动终端被淘汰时，可以直接卸载安全域，同时将安全域内所有应用数据擦除，防止淘汰移动终端时产生数据泄露隐患。

7）App 安全设计

需要对移动业务 App 进行保密性保护，业务应用自身在上线部署前都需要进行必要的加密、混淆处理，防止应用被反编译而泄露敏感信息。

2. 安全区域边界

安全区域边界设计的重点体现在三个方面。一是强化接入认证，为了保证终端接入网络的安全，建立安全接入认证机制，在移动终端安装数字证书，在后端安全接入认证服务器，保证接入专网中的设备身份的合法性，防止非法接入。二是对接移动终端，通过设置移动终端的访问网络白名单、Wi-Fi 白名单等，对移动终端访问无线局域网和移动通信网的能力进行控制。三是设计无线接入设备的检测和访问控制模块，通过无线 AC、无线路由器对接入的移动终端进行访问控制，通过无线 AC、无线路由器扫描监控设备或网络准入控制系统，对非法的无线路由器等接入设备进行检测、报警和阻断。

3. 安全通信网络

移动终端大多是使用无线网络进行接入的，因此安全通信网络设计充分考虑了移动终端接入网络的无线特性和安全需要，采用专网 APN 和 VPN 接入方式，具体如下。

（1）移动终端使用运营商专网 APN，实现移动漫游情况下的专网接入。

（2）移动终端使用独立的 VPN 接入客户端，实现对专网线路上的数据加密保护，保证专网上数据传输的安全。

在移动终端接入专网后，通过在移动终端安装 VPN 客户端，在专网服务端部署 VPN 服务器，在用户进行业务数据传输时使用 VPN 加密传输数据，提供在 4G、Wi-Fi 等各种无线接入情况下从移动终端到安全接入区的加密隧道通信服务，保证移动办公数据传输安全。

4. 安全管理中心

安全管理中心是移动互联系统的核心管理单元，部署在安全接入区内，负责对所管辖的移动终端进行全生命周期的管控，具有对移动终端进行远程设备管理、接口管理、安全策略配置、应用管理、文档管理和安全审计等的功能，并且对管理员的操作和移动终端安全域内的使用情况进行审计。安全管理中心采用三权分立机制，对不同角色的管理员进行身份鉴别，实现管理员的权限分立和控制，杜绝因权限漏洞造成的安全隐患，同时对管理员进行登录身份验证和管理操作记录，以便追溯。安全管理中心的具体功能如下。

（1）可对移动终端进行注册、注销、找回、查找、远程销毁等操作。

（2）具有专属的应用商店功能，对移动终端使用的应用进行上传、分发、使用等管理。

（3）对移动终端外设接口进行管理，对不同场景下、不同外设设备接入进行规范。

（4）针对不同部门、不同使用场景可制定不同的安全策略，根据实际情况灵活部署安全策略。

（5）具有安全审计机制，可对安全管理中心的管理员操作及移动终端的使用情况进行记录，对日志数据进行可视化分类展示。

3.5.2.5　安全效果评价

该移动政务解决方案，以主动防御、动态防御、纵深防御、整体防控、精准防护、联防联控为安全设计原则和思想，构建了"一个中心，三重防护"的架构，建立了以计算环境安全为基础，以区域边界安全、通信网络安全为保障，以安全管理中心为核心的信息安全整体保障体系。同时，全面考虑了移动政务安全防护的应用需要，以及各级机关或职能部门在移动办公过程中后台业务数据的完整流转需要，涵盖终端安全、传输安全、接入安全、管理安全、安全审计等环节，对每个环节均进行了相应的安全加固，解决了移动办公可能带来的安全问题，使用户突破了时间和地域的限制，能够随时随地通过移动终端保持与政务信息系统无缝连接，处理公文流转、信息查询等事务，提供了良好的用户体验，实现了"安全""效率""体验"的完美融合，提高了政府部门的办公效率和管理水平。

整个系统设计可以实现以下典型的安全防护效果。

（1）移动终端中了木马、病毒后，办公数据也不会被泄露。

（2）杜绝违规接入内网的情况，保证各级政府机关政务业务网络的信息安全。

（3）移动终端应用运行环境隔离，防止政务业务网络敏感信息流出。

（4）提供完整的日志记录，对用户行为方便追溯。

（5）便捷地进行大批量移动终端管理。

（6）紧急情况下可远程销毁办公数据，即使移动终端丢失，也可销毁数据。

从安全合规的角度，该系统严格根据《设计要求》标准的移动互联部分第三级要求进行设计，完全满足等级保护标准的技术要求。

3.5.3　政府移动办公系统等级保护三级安全设计案例

3.5.3.1　背景

移动化时代的工作已不仅仅是上班时间的事情，随时随地都可以方便地接入办公系统已经成为工作需求。随着数字政府建设的飞速发展，为工作人员的移动办公提供方便、安全的环境，无疑将赢得工作人员的信任和支持。某省移动协同办公系统融合了移动通信、智能终端、信息技术，与传统电子办公系统相比有很大的区别，如使用公共无线信道传输信息，对移动终端有更大的控制权；移动终端在有访问需求时，会接入用户业务内网等。移动办公的安全问题不仅包含传统电子办公系统的安全问题，还包含移动化引入的许多新的安全问题。

3.5.3.2　需求分析

1. 合规需求

某事业单位内部的协同办公系统，因未配发移动终端，工作人员将使用自带移动终端进行办公，由此造成的安全问题包括数据泄露、权限模糊、恶意程序转移等。这会对社会秩序和公共利益造成严重损害，甚至可能对国家安全造成威胁。依据国家等级保护相关标准，该系统按照等级保护第三级要求进行建设，基础网络环境中承载等级保护为第三级及以下的业务应用系统。

通过前期的访谈和对实际环境的调研，按照等级保护第三级要求，目前该事业单位关注的主要安全需求有以下几种。

1）通信网络安全需求

通信网络安全需求即通信网络可信保护，对数据的加密强度是否能避免被窃听、篡改、泄露的风险，以及可对特定用户设置细粒度的访问权限，从网关层隔绝不可信的访问。

2）区域边界安全需求

区域边界安全需求包括边界访问控制需求，政务系统设置多重网络，其中每层网络边界均需要进行访问限制与控制，否则可能为内部系统带来被入侵的风险。其中，需要进行认证的主体包括用户账号、移动终端、移动应用等。此外，区域边界安全需求还包括边界可信性检测需求，通过对边界的数据包及终端接入的边界设备等进行可信性检测，以防止侵入式命令等安全风险。

3）计算环境安全需求

计算环境安全需求包括：用户身份可信性验证，需对登录系统的用户账户进行身份鉴别，对未能完成身份鉴别的账户进行限制（包括账号、权限、设备等）；用户权限控制，需对系统功能使用权限进行细粒度划分，并且严格对应到用户账户，防止出现不具备权限的用户误操作、越权行为，甚至恶意破坏事件；终端及应用数据安全保证，需提供某种方式对移动终端或移动应用产生的办公信息与用户的个人信息进行隔离，保证在办公信息泄露时也能保护用户隐私；移动终端和移动应用管控，可对移动终端和移动应用部署管控策略，以从操作层面阻断部分风险，如禁止截屏或远程擦除办公数据，防止办公信息泄露等；应用安全保护，需对在系统中上架的应用进行安全鉴别与保护，如通过加固等方式防止反编译或重打包等，使其不被轻易地挖掘应用漏洞或窃取应用关键数据。

4）安全管理中心安全需求

安全管理中心安全需求包括：风险监控与处理，通过安全管理中心，可对系统记录的风险进行统一整理与呈现，并且进行详细的分类与筛选，以及具备消除风险引导或快捷处理的功能；用户与设备管理，安全管理中心支持对用户账户和用户已登记的安全设备的统一管理，如增、删、改、查等功能，并提供快捷且详细的操作方法；审计管理，安全管理中心需具备对审计记录的管理功能，以便在事件发生后能进行追溯与查究。

2. 安全需求

对于移动端，需要对移动终端中业务应用的运行环境与运行所产生的数据进行安全保障，具体包括：对使用该设备的用户身份进行鉴别，通过权限设置限制其访问接口与功能；设备内包含专网业务应用和公网应用，可通过切换网络环境，防止专网和公网同时使用出现网络混乱；对非专用设备需区分业务专用空间与个人使用空间，对业务专用空间数据进行加密，并对两边应用产生的数据进行隔离；进入业务应用运行环境时进行终端安全自检，保证接入设备安全；对业务应用进行安全检查及白名单管理，防止使用具有风险的应用；支持设备管控功能，对设备可能产生的安全风险进行主动规避及审计记录。

对于无线网络连接，采用专网 APN 和 VPN 加密的方式，保证终端业务数据在专网中传输。采用接入安全认证体系，对用户身份与专用终端进行安全鉴别。

对于服务端，部署终端安全接入认证服务器，保证专网运行，并对终端接入进行安全检查。同时，部署移动终端安全管理中心，以支持对用户和移动设备的管理、对移动设备的管控策略配置与下发、对移动应用的配置与下发、对用户终端与平台的操作进行审计记录等。

3.5.3.3　安全架构设计

1. 整体框架设计

基于上述安全需求分析，该三级移动协同办公系统的整体框架设计如图 3-7 所示。该系统分为数据核心域（核心业务域）、核心域（核心业务域）、DMZ 域（对外服务域）和移动终端（移动终端域）四大安全域。其中，数据核心域用于数据存储和提供数据服务；核心域用于部署系统的核心服务器，包括应用服务、认证授权服务、数据推送服务和安全管理服务等；DMZ 域用于部署系统的公共数据服务器、应用服务器和无线接入设备；移动终端则是用户移动终端所处的逻辑区域。每个安全域的具体设计分别如下。

（1）移动终端位于系统的用户侧，通常在组织办公场所外部使用，也支持在组织办公场所内部使用。

（2）DMZ 域位于移动终端与核心域之间，通过合理规划，将对外部用户的服务部署到 DMZ 中，可以使其在免受外网入侵和破坏的同时，也不会对内网中的机密信息造成影响；通过物理隔离网闸，将需要对外提供的服务、资源同步到 DMZ 对应的服务上，从而对外提供相应的服务，同时通过网闸将用户行为、访问数据同步到核心域；移动端通过公网或 VPN 的方式连接 DMZ 域获取相应的服务。

（3）核心域是系统的核心服务区域，包括办公系统及对移动应用、移动内容、移动安全等进行管理的移动应用系统，通过网闸将相应对外服务、数据推送到 DMZ 域中对应的服务器上。

（4）数据核心域是系统的核心数据区域，包括企业内部核心信息、外部用户信息、企业数据管理仓库、数据管理分析平台等。

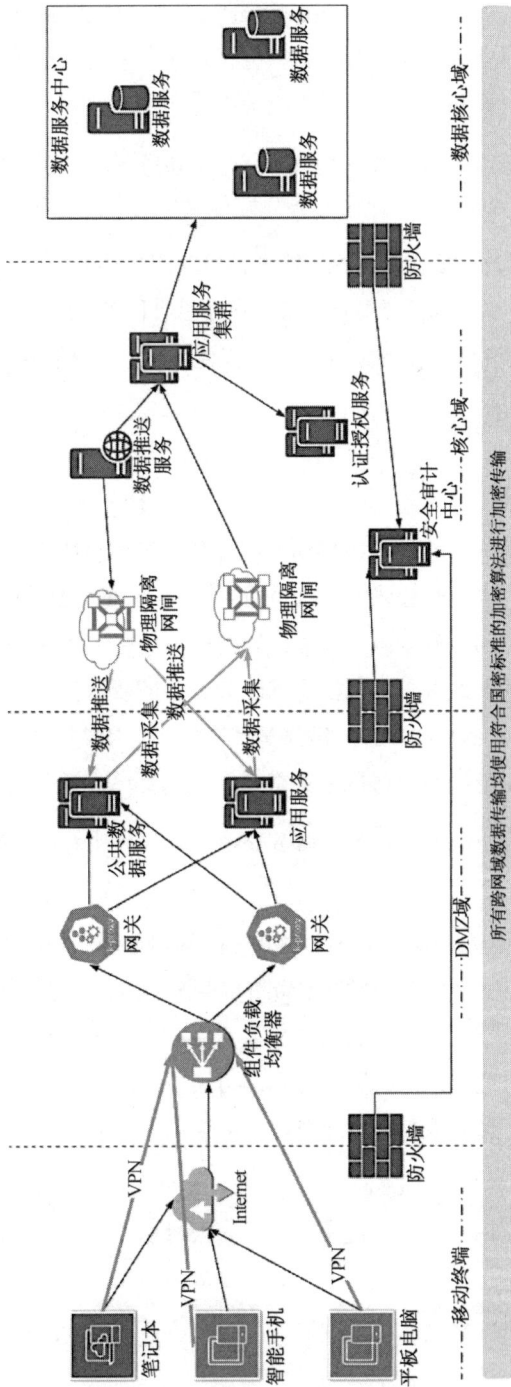

图 3-7 三级移动协同办公系统的整体框架设计

2. 系统互联安全设计

移动互联系统也有与外部系统互联的业务需求，如协同办公系统内的业务系统。对于此种互联情况，应在安全设计架构上进行合理的安全域划分，设计域间的安全机制，保证系统本身具备主动纵深防御能力，如主动探测外部业务系统的存活情况，在外部业务系统发生异常时能及时响应并切断联系，以保证移动互联系统不受外部系统侵扰。

3.5.3.4　详细安全设计

1. 安全计算环境

安全计算环境的设计主要针对移动终端，对安全计算环境中其他组件的安全设计可参照通用部分进行。移动终端的安全设计具体如下。

用户身份鉴别：用户使用移动终端登录系统时，其支持的用户验证功能如下。

- 支持设置开机口令及生物特征（如指纹）识别，在开启移动终端时进行身份认证。
- 支持屏幕锁定口令，在移动终端空闲时间达到设定阈值时自动锁定屏幕。
- 访问政务应用和本地政务数据之前采用数字证书进行身份验证。

访问控制：系统遵循基于角色的访问控制（RBAC）原则进行权限控制模块的设计，允许对管理端用户进行细粒度的权限划分，其实现功能包括但不限于以下几项。

- 为不同用户设置不同的管理员角色。
- 为不同管理员角色设置不同的权限标签。
- 对能访问的客体，包括文件、数据库表等，设置不同的权限标签，以划分其具体的访问与操作权限。

安全域隔离：采用自研的虚拟安全域技术，为系统建立专属的安全隔离区域，将个人数据与单位应用及数据隔离，管理员可对安全工作空间进行强管控并部署各种安全策略，保障业务运行及数据的安全性和独立性，在自带设备办公（BYOD）场景下，在充分落实了信息安全保护策略的同时，更好地保护了用户的隐私，提升了工作人员对移动办公安全方案的接受度。

移动设备管控：通过设计移动设备管控规则与策略配置，实现对移动设备的安全管控。所需功能包括但不限于以下几项。

- 开机自动运行，保持对移动设备的实时监测。

- 支持移动设备的注册和登录管理。

- 支持移动设备运行状态收集上报，如设备标识、位置信息、固件版本、系统版本、网络类型、用户信息等。

- 支持服务端管理策略执行，包括终端设备锁定、整机远程擦除、出厂设置恢复、数据擦除、Root 检测、策略更新、SD 存储卡检测等。

- 具备防卸载机制，当客户端被卸载时，政务应用客户端及本地办公数据被自动擦除。

应用管控：采用自研的虚拟安全域能力，通过沙箱技术在移动设备上建立一个虚拟的操作环境，实现对安全域内的应用非侵入式管控，运行在安全域内的应用无须做二次封装即可被管控。同时，遵循移动设备应用安全准则和数据防泄露安全标准，提供了支持对接第三方国密算法的数据加密方案，应用粒度的防泄露（界面水印、截录屏控制等 6 项）及应用权限隔离管控（获取地理位置、读取通讯录等 13 项）等策略配置，提升应用主动防御能力及受控性。

应用加固及安全管理：对于在平台上架提供给用户使用的移动应用，采用增强型安全加固技术，进行针对应用的安全保护处理，包括加壳、代码混淆、嵌入安全组件 SDK 等。在应用上架前确保完成此类操作，并禁止一切非从正规渠道或未经保护处理的应用进入系统。

2. 安全区域边界

在安全区域边界方面，主要设计了如下功能。

用户登录校验：用户使用移动设备登录系统时，需先进行用户登录校验，其内容如下。

- 账号校验，即将阻止非系统用户登录。

- 身份校验，即鉴别是否是用户本人，若不是，则阻止其登录。

- 历史信用评估，即对曾在系统内引发风险或存在违规行为的用户，阻止或限制其访问权限。

设备准入检测：移动设备在接入系统时，需先进行准入检测，其内容如下。

- 设备是否符合平台指定品牌或型号，且是否进行过物理改装。

● 设备系统是否符合平台指定系统或版本号，且是否进行过系统破解。

● 设备标识是否存在于平台指定标识列表，包括 IMEI、TF 卡序列号、存储器内证书等。

区域边界包过滤：系统在架构设计及部署时，采用防火墙结合安全审计服务、物理隔离网闸方式，根据不同的区域安全等级的要求，设置不同的防火墙控制策略及安全审计策略，对通过的数据包的源地址、目的地址、传输层协议、请求的服务等进行自动审计，从而确定是否允许该数据包的流通。对于更高级别的区域安全要求，结合物理隔离网闸，实现不同区域之间数据包的单向流通。

区域边界完整性保护：提供专用风险扫描探测软件，以供管理员通过移动终端对系统所在环境区域边界进行网络风险鉴别。具体来说，可以通过采集无线路由器的网络级联信息、附近基站信息、路由器品牌厂商信息、返回的鉴权、管理页面内容，以及检测非法桥接路由器、异常品牌型号路由器、位置偏差路由器、可疑钓鱼、病毒页面内容，对非法无线路由器进行报警和阻断。

3. 安全通信网络

通信网络可信保护可通过接入认证网关来实现，其功能如下。

（1）支持国家密码管理局规定的密码算法。

（2）密钥协商数据的加密保护应采用非对称密码算法（如 SM2），报文数据的加密保护应采用对称密码算法（如 SM1、SM4）。

（3）支持 SSL/TLS 或 IPSec 等网络安全协议。

（4）支持基于用户账户和权限分配的细粒度访问控制，支持仅授权用户能访问特定资源。

（5）支持网关运行情况的集中监控。

4. 安全管理中心

通过在专门的安全管理域部署各种安全设备的管理端形成安全管理中心，实现集中统一安全管理，主要具有如下功能。

违规行为自动处理：根据违规策略，可自动处理威胁并第一时间排除隐患，可通过设备越狱/Root、中毒检测、更换 SIM 卡、长期失联等规则判断，并进行违规后多级处理，如强制停用安全工作空间、清除安全工作空间数据，同时自动通知用户及管理员。

风险行为监控：安全工作空间支持域内应用及用户行为的全管控，通过安全管理中心，可对安全工作空间配置风险行为监控策略，对域内所有风险行为进行采集并上报至安全管理中心，进行威胁分析及展示。

系统管理：安全管理中心可供管理员进行用户账号和管理员账号的管理，包括账号的导入/导出、安全性设置、权限管理等。此外，安全管理中心可对用户所绑定的移动设备进行管理，包括设备的绑定、解绑、远程操控等。安全管理中心还提供系统设置功能，可进行证书管理、资源管理和运维管理等。这些通过安全管理中心进行的操作均会形成审计日志。

审计管理：安全管理中心将所有不同组件与模块所产生的审计日志统一发送至日志中心，主要具有如下功能。

- 将日志按操作日志和运行日志进行分类，其中操作日志分为终端操作日志与控制台操作日志。

- 将日志在安全管理中心进行统一展示，并可以以时间段、关键词等作为筛选条件。

- 对包括激活用户数、激活设备数、设备风险、网络风险、系统风险等可用于分析的日志进行分析后在数据看板上展示，并提供快捷处理入口。

3.5.3.5　安全效果评价

1. 合规性评价

根据网络安全等级保护"一个中心，三重防护"的设计原则，本方案从安全通信网络、安全区域边界、安全计算环境和安全管理中心四个方面对某省移动协同办公系统进行了全面的安全风险分析及安全防护措施实施设计，使该移动协同办公系统获得了对安全风险的主动防御能力，优化了对信息泄露的监控效果，并对移动终端资产进行了有效的保护，使该系统满足了网络安全等级保护三级安全设计的要求，并协助完成了移动互联安全等级保护的建设整改。

2. 安全性评价

本方案增强了移动协同办公系统主动防御、动态防御、纵深防御与安全可信等安全能力，具体如下。

（1）接入风险检测与扫描功能的终端，具备对终端风险（包括病毒、恶意程序等风险）的检测和隔离功能，体现了主动防御能力。

（2）安全管理平台可实现应用策略配置与设备管控，并可基于实际设备风险情况进行调整，体现了动态防御能力。

（3）本方案通过采用区域边界保护与终端安全域隔离等方式，保证整体系统网络安全，并具备区域隔离与切割功能，体现了纵深防御能力。

（4）本方案通过对用户进行严格的身份鉴别、准入校验、权限控制等，层层保障只有可信用户方可登录系统并进行操作，体现了安全可信能力。

3.5.4　能源企业移动办公系统等级保护四级安全设计案例

3.5.4.1　背景

在许多国家和地区，移动技术应用给人们带来众多便利。目前，各国特别是发达国家的移动政务发展较好，这是因为它们有良好的信息文化底蕴、完善的产业生态、较好的大众用户基础和信息文化素养，并制定了明确、清晰的战略规划。但是，由于移动办公作业要经过开放的无线公网接入政府/企业的内部网，以及信息在空中是无线传播的，因此移动办公作业使用和推广的首要问题是安全问题。在网络安全威胁日益严重的今天，移动办公作业系统的安全更是一个不容忽视的问题。此外，如何保证政府网络和信息的安全，也是用户十分关心的一个问题。

3.5.4.2　需求分析

某能源单位根据移动作业和移动办公需要，配发移动终端，在移动终端中使用移动业务应用、协同办公和安全通信应用等多种应用，对应的后台服务在内网中部署。在日常使用过程中，专业的移动终端开展业务时始终保持在专网环境中。该系统中运行的业务数据包含部门的生产、调度等涉及国计民生的信息，因此依据国家等级保护相关标准，结合移动业务应用发展需求，总体防护需综合考虑移动终端、接入链路和移动业务应用的安全，提高信息系统的整体安全防护能力。移动互联安全整体架构按照等级保护四级要求进行建设，基础网络环境中承载等级保护四级及以下的业务应用系统。

对于移动终端安全，主要是对移动终端中业务应用的运行环境进行安全保障，包括终端的用户身份鉴别、终端的访问控制、终端的应用管控。由于终端出厂自带许多第三方应用及非必要的应用，因此需要在系统层级处理不必要的应用，保持系统环境纯净。另外，需拒绝未经过认证签名的应用软件安装和执行，对业务应用和日常使用的应用进行隔离，实现网络环境的自动切换，防止因公网、专网的同时使用而出现网络混乱，在进入业务应用运行环境时进行终端安全自检，保证手机网络接入专网、手机没有被 Root、无未知应用在后台运行等。

网络连接安全需求主要采用专网 APN 和 VPN 加密的方式，保证终端业务数据在专网中传输；具有安全接入认证体系，通过基于硬件 TF 卡的安全接入认证机制，对接入专网的终端进行安全鉴别。

服务器端安全需求是实现后台服务器的安全防护，部署终端安全接入认证服务器，保证终端在专网运行并进行安全区域边界接入检查，同时在后台部署移动终端安全管理中心，对移动终端的应用分发使用、业务作业操作进行必要的审计管理。

3.5.4.3　安全架构设计

1. 整体框架设计

基于上述安全需求分析，该四级移动作业系统的整体框架设计如图 3-8 所示。该系统分为安全业务访问层（核心业务域）、安全接入平台层（对外服务域）、安全通道层（无线通信链路）和安全接入终端层（移动终端域）四大安全域。其中，安全业务访问层运行信息内网业务系统，实现数据存储和数据服务，并与其他定级系统互联；安全接入平台层用于部署系统的安全接入核心服务器，包括认证授权服务、安全网关和安全管理服务等；安全通道层即无线通信链路；安全接入终端层则是用户移动作业终端所处的逻辑区域。

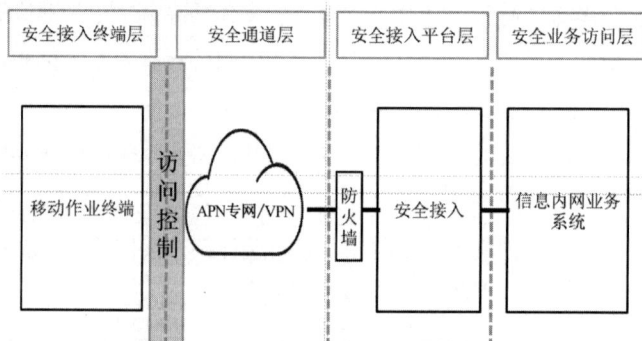

图 3-8　四级移动作业系统的整体框架设计

每个安全域具体的设计分别是：安全接入终端层，包括用户的手机、平板等移动终端，处于系统的用户侧，只在组织办公场所内部的内网使用，同时移动终端必须为配发的专用设备，不可安装除指定业务应用外的任何应用，并且不可接入除工作内网之外的任何网络；安全通道层，位于安全接入终端层与安全接入平台层之间，通过合理规划，通过专用的 APN 和 VPN 方式，对内网中的机密信息传输进行保护。通过物理隔离网闸，将不同内网间的数据和资源同步到业务访问层对应的服务上；安全接入平台层，系统的认证接入区域，对接入内网的设备和访问请求进行身份验证，同时对访问请求过程进行调度和监测；安全业务访问层，包括办公系统，对移动工作应用、移动工作内容、移动安全等进行管理的业务系统，企业内部核心信息，企业数据管理仓库，数据管理分析平台等。

2. 系统互联安全设计

该系统通过安全业务访问层与企业的其他定级系统进行互联，属于有线网络连接，可根据《设计要求》标准通用部分进行安全设计，通过部署防火墙或网络隔离设备进行区域边界防护。同时，根据不同区域安全等级的要求，设置不同的控制策略及安全审计策略。由于自身的安全等级为第四级，处于较高安全等级，因此对于不同业务需要互联的不同定级系统，有的需采用网络隔离与信息交换系统产品（网闸）进行协议阻断；有的需采用单向隔离设备，在不同区域之间做数据包的单向流通方式，保证数据的单向流通。

3.5.4.4　详细安全设计

1. 安全计算环境

移动终端是安全计算环境的核心，移动终端上的数据安全是重中之重，通过多种安全防护措施保证移动终端的安全。需要设计专用的移动终端，并增强操作系统安全防护，在移动作业终端中进行系统安全定制，具体的安全功能如下。

1）操作系统安全防护

在移动作业终端中进行系统安全定制，包括定制终端专属的开机动画、壁纸等，裁剪不必要的第三方应用及组件，开启操作系统的安全标记，系统业务应用预置，业务应用保活，防刷机、防 Root，操作系统安全审计，定制系统统一更新等。将移动作业终端作为移动作业业务应用的统一入口，实现移动作业数据的全面安全防护。

2）用户身份鉴别

移动终端使用时必须配置必要的口令、手势等验证机制，同时在运行业务应用时再次进行身份验证；通过承载 CA 证书的 TF 加密卡进行身份验证。

3）访问控制

对移动终端中的应用使用权限进行管控，包括对调用外设接口权限进行管理和记录，防止无权应用非法调用移动终端接口；对与终端操作系统安全相关的重要事件生成审计日志。

4）应用管控

移动终端通过系统层应用白名单机制及唯一安装来源管控机制，即将企业移动应用商店作为唯一专属授权的应用商店，对安装应用进行管控。同时，对通过应用商店安装使用的应用进行签名验证及管理，保证移动端应用安装使用的合法性。保证用户专机专用，不允许处理与业务无关的应用数据。

5）安全域隔离

在移动终端中基于容器或虚拟化技术，在重构框架层和文件系统的基础上，构建隔离的安全运行环境（安全域），使多个业务应用均在该安全运行环境中运行，实现业务应用和日常应用的使用环境进程和数据的隔离，保证业务数据不被非法获取；将安全域作为移动终端上安全移动作业业务应用的入口。

6）移动终端管控

具有移动终端整机管控能力，并非只管控移动终端中的安全域，还需实现覆盖移动终端的注册、部署、使用、回收等环节的全生命周期管理，保证终端丢失或被盗后的终端查找和数据防护，如可实现远程擦除数据、远程锁定终端等，最大限度地保护数据安全。移动终端管控包含设备管理、安全策略管理、文档下发管理、应用安装管理等。

7）数据保护

移动终端对运行环境进行安全自检，包括检测网络是否已在专网、有无无关应用在后台启动运行，同时检测终端有无被 Root，一旦异常就启动自毁程序，防止数据泄露。

8）App 安全

需要对移动业务 App 进行保密性保护，业务应用程序自身在上线部署前均进行必要的加密、混淆处理，防止应用被反编译而泄露敏感信息。

2. 安全区域边界

区域边界安全设计的重点体现在三个方面。一是强化接入认证，为了保证终端接入网络的安全，建立安全接入认证机制，在移动终端使用装载有 CA 证书的 TF 加密卡，在后端部署安全接入认证服务器。移动终端通过专网 APN 接入专网之后，移动终端 VPN 客户端开始与内网中的认证服务器进行接入认证，并提供 CA 证书进行双向身份认证，保证接入专网中的设备身份的合法性，防止非法接入。二是对于接入的移动终端，通过设置移动终端的访问网络白名单、禁用 Wi-Fi 等，对移动终端接入网络的情况进行有效管理。三是设计无线接入设备的检测和访问控制模块，通过无线控制器（无线 AC）对接入的移动终端进行访问控制，通过无线路由器扫描监控设备或网络准入控制系统，对非法的无线路由器等接入设备进行检测、报警和阻断。

3. 安全通信网络

移动终端大都是使用无线网络进行接入的，因此安全通信网络设计需充分考虑移动终端接入网络的无线特性和安全需要，采用专网 APN 和 VPN 接入方式，具体如下。

（1）移动终端使用运营商专网 APN，实现移动漫游情况下的专网接入。

（2）移动终端使用独立的 VPN 接入客户端，实现在专网线路上的数据加密保护，保证专网上数据传输的安全。

（3）对设备接入的网络环境进行限制，限制只可通过专网 APN 接入，禁止使用 Wi-Fi 连接。

4. 安全管理中心

安全管理中心是移动互联系统的核心管理单元，负责对所管辖的移动终端进行管理，具有对移动终端进行远程设备管理、接口管理、安全策略配置、应用管理、文档管理和安全审计等的功能，对管理员的操作、专用移动作业终端内使用情况进行审计，并对日志数据进行可视化分类展示。安全管理中心采用三权分立机制，对不同角色的管理员进行身份鉴别，实现管理员的权限分立和控制，杜绝因权限漏洞造成的安全隐患，同时对管理员进行登录身份验证和管理操作记录，以便追溯。其具体的功能如下。

（1）可对移动终端进行注册、注销、找回、查找、远程销毁等操作。

（2）具有专属的应用商店功能，对移动终端使用的业务应用进行统一的上传、分发、使用等管理。

（3）对移动终端外设接口进行管理，实现在不同场景下、不同外设设备的接入规范。

（4）针对不同部门、不同使用场景可制定不同的安全策略，包括APN接入管理等，根据实际情况灵活部署安全策略。

（5）具有安全审计机制，将与终端操作系统安全相关的重要事件（至少包括登录成功、登录失败、修改系统时间、系统重启、系统升级、应用安装、应用卸载）生成审计日志。

3.5.4.5　安全效果评价

移动作业解决方案以主动防御、动态防御、纵深防御、整体防控、精准防护、联防联控为设计原则，全面考虑了能源行业安全防护的实际需要及移动作业过程中业务数据的完整流转过程的安全需要，依据"一个中心，三重防护"的架构进行整体安全防护设计，涵盖终端安全、传输安全、接入安全、管理安全、安全审计等环节，对每个环节均进行了相应的安全加固，解决了移动办公作业可能带来的安全问题。在完全满足安全防护要求的同时，兼顾移动作业的可用性，实现了"安全""功能""体验"的统一，提高了使用部门的办公效率、作业效率和管理水平。

3.5.5　军工企业移动协同办公平台等级保护四级安全设计案例

3.5.5.1　背景说明

某大型军工企业拥有自己的私有云，在其上构建企业移动协同办公平台。这是一个基于安全即时通信的移动聚合平台，在安全即时通信之上，聚合企业的各种移动办公应用，形成企业移动协同办公生态系统。该系统会有企业自己敏感的业务应用，存储、传输、处理企业的涉密数据和敏感数据，用户之间也会处理、讨论涉密或敏感的话题或内容，因此使用大众消费级即时通信工具或常规移动办公工具显然不符合安全保密要求。系统还会涉及上班签到、审批、音视频会议、云盘、邮件和企业特定应用业务等内容。基于系统的自身属性、面临的安全风险及可能造成的危害，该系统被定为四级系统，按照等级保护四级要求进行建设，基础网络环境中承载等级保护四级及以下的业务应用系统。

3.5.5.2 需求分析

移动互联会面临比固定网络更多的安全风险。一是来自恶意程序的威胁，根据工业和信息化部的统计数据，移动应用程序在架数量近 500 万个，大量恶意程序混迹其中；二是设备公私混用的风险，个人应用和工作应用相互影响，工作信息存在泄露风险；三是移动端信息安全的保障，移动设备特性和系统区别于计算机，以往的信息安全防护措施难以确保移动端的信息安全；四是应用移动化如何支撑，移动业务应用的碎片化、多样化及快速迭代特性给管理带来复杂度和成本的激增；五是移动设备资产管理风险，移动设备的接入，在带来巨大经济效益的同时，也为管理带来不小的挑战；六是云化和移动连接风险，随着 3G、4G、5G、Wi-Fi 等接入方式愈加丰富，云计算使得传统的网络边界安全定义被打破，接入安全风险剧增。

从合规的角度，相比于第三级系统，第四级系统仅在两处进行了安全增强：用户身份鉴别，进一步强化了对接入移动终端的身份鉴别，要求基于硬件为身份鉴别机制构建隔离的运行环境，以防止假冒非法终端接入系统；应用管控，应确保移动终端为专用终端，不得处理与定级系统无关的业务。可见，第三级系统与第四级系统的区别很小，第三级系统如果具备了上述两个条件，就能够升级为第四级系统。

综上所述，该系统的安全需求仍然可以从移动终端安全、服务端安全和通信链路安全三个方面进行解决，内容完全覆盖《设计要求》移动互联部分对安全计算环境、安全区域边界、安全通信网络及通用部分对安全管理中心的技术要求。

具体来说，移动端安全防护的需求如下：一是移动终端的专用性，为该系统配发专用的移动终端；二是移动设备的管控，以防移动设备丢失或被盗后造成数据泄露，比如具备远程数据擦除功能；三是移动应用的安全防护，提供系统级隔离的应用安全运行环境，保护移动办公应用的安全，对安装使用的应用进行白名单管理，从指定的应用商店获取应用，防止无关应用随意安装；四是移动数据的安全保护，除本地存储加密之外，还要实现对扩展存储设备的加密功能，确保数据存储的安全；五是用户身份鉴别，需要对用户进行增强型的双因素身份鉴别，为身份鉴别提供基于硬件支撑的安全通道；六是可信验证，强调移动终端引导程序、操作系统内核程序和应用程序的真实性和完整性。这些安全需求的提出，实际上是对移动终端自身、移动操作系统和移动终端安全管理产品提出了要求，需要从这三个层次来解决问题，以满足安全需求。

服务端安全防护的需求，除按照通用技术要求实现后台服务器的安全防护，保护业务服务运行安全之外，强化提升了无线网络接入控制能力。这体现在：一是需要对接入的移动终端进行强认证，基于数字证书或移动端的 SIM 卡，并通过基于硬件建立的安全身份鉴别通道进行身份鉴别；二是具备监测发现、定位和阻断无线接入设备的能力，从源头上杜绝非法的无线接入移动终端。

无线通信链路安全防护的需求必不可少，就是通过网络传输数据保护和通信双方的相互身份鉴别，确保通信双方安全可信和数据传输安全。

3.5.5.3　安全架构设计

1. 整体框架设计

基于上述安全需求分析，该四级军工企业移动办公系统设计采用"云、管、端"的安全体系架构，其整体框架设计如图 3-9 所示。系统分为"云"（对外服务域、核心业务域和安全管理域）、"管"（无线通信链路）和"端"（移动终端）三大安全域。其中，"云"端为企业私有云，部署了系统的核心业务服务器，用于存储、处理系统的涉密数据和敏感数据，以及部署了系统的移动服务器、无线网络接入设备和安全管理域；"管"即移动端访问云的无线网络链路，可以经由无线局域网和移动通信网络接入；"端"是指用户移动终端所处的逻辑区域。在"云"端，该系统与企业的其他定级系统进行互联，共享业务数据和网络安全相关数据。

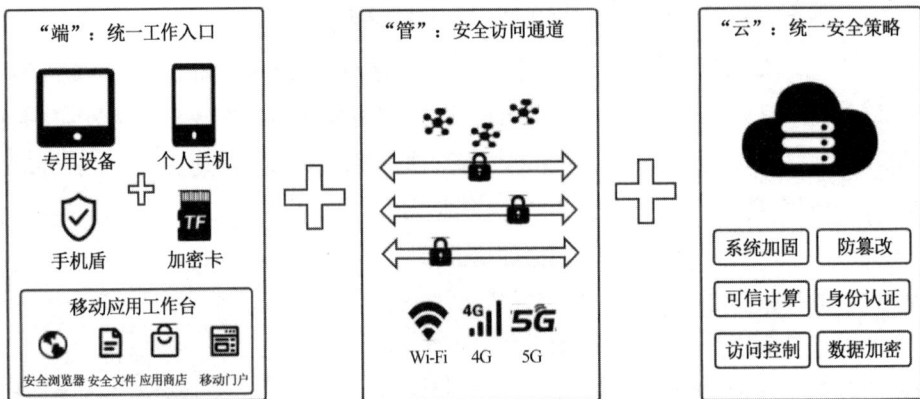

图 3-9　四级军工企业移动办公系统的整体框架设计

每个安全域的具体设计如下。

（1）"云"端部署在私有云中，自身安全方面会对服务器操作系统进行安全加固，提供集约化的管理方式，所有的数据以"一人一密"方式进行加密存储。无线安全接入方面会对无线局域网、移动通信网络的接入进行控制，并对无线接入设备进行安全监控。集中部署各类安全设备的管理端，形成安全管理中心，对系统进行集中安全管理。

（2）"管"提供安全的数据传输网络通道，集成传输隧道加密，避免数据被中途窃取，通信实体双方相互进行身份鉴别，实现可信安全连接。

（3）"端"即为用户使用的移动终端提供统一工作入口和基础的移动应用工作台，是专门配发的专用安全移动终端。

2. 系统互联安全设计

在"云"端，该系统会与企业的其他定级系统进行互联，共享业务数据和网络安全相关数据。该企业设计有一个总的安全管理中心（跨定级系统安全管理中心），因此该系统安全管理中心的安全相关数据会上报至跨定级系统的安全管理中心，并接收来自上级的安全策略。移动互联系统也会与企业其他定级系统进行数据共享，很多企业的业务数据会跨系统传输。这里设计了系统区域边界的安全机制，主要是网络访问控制和入侵防范，通过部署防火墙和网络入侵防御系统（IPS）来实现。

3.5.5.4　详细安全设计

1. 安全计算环境

移动终端是安全计算环境的核心，也是移动办公应用的统一入口，应高度重视其数据安全，可以通过设计多种安全防护措施来保障移动终端的安全，具体如下。

（1）移动终端配备高安全级别的双模双系统专用手机。在工作模式网络下，仅可使用工作软件；在个人模式网络下，才能使用个人应用软件；工作模式和个人模式能实现相互隔离，一键切换，包括应用隔离、数据隔离、网络隔离、加密通信、网络管控、应用去除等。

（2）采用"安全沙箱+加密卡"的方式。作为一个独立的逻辑存储空间，将设备上的工作应用和存储区域与个人的应用分开，并限制两方数据的互相通信，实现安全域隔离，从而加固了工作应用的数据安全性；支持本地文件的国密 SM4 加密，即便设备丢失、操作系统安全防线被破解，加密过的文件内容也无法被解读，避免信息泄露。

（3）采用强身份鉴别机制。为保证移动终端安全和可信接入，在 PKI 体系的数字证书身份认证的基础上，支持加密卡，同时采用用户名口令等多重认证措施，实现"端"和"云"

之间的强身份认证，同时基于硬件为身份鉴别机制构建隔离的运行环境。

（4）移动应用管控。在移动终端上安装移动终端安全管理系统，移动终端配置应用白名单机制，对安装使用的应用进行签名验证，并从该系统专门的应用商店获取业务应用。

（5）移动设备管控。对专用移动终端进行安全管控，实现覆盖移动终端的注册、部署、使用、回收等环节的全生命周期管理，可远程定位，保证终端丢失或被盗后的查找和数据防护，可实现远程擦除数据、远程锁定终端等，最大限度地保护数据安全。移动终端管控包括设备管理、安全策略管理、文档下发管理、应用安装管理等功能。

（6）网络访问控制。能够控制移动终端利用无线局域网和移动通信网络的网络访问，根据安全策略和工作模式，对移动终端的入网进行控制。

（7）App 安全。对移动业务 App 进行保密性保护，业务应用程序自身在上线部署前都进行了必要的加密、混淆处理，防止应用被反编译而泄露敏感信息。

2．安全区域边界

在安全区域边界方面，设计了四重安全防护措施：一是在"云"端部署无线接入设备扫描监测系统、网络拓扑扫描系统和网络准入控制系统，来实现检测、发现、预警、阻断非法无线接入设备（如无线路由器）的能力，满足合规安全要求；二是在"云"端强化接入认证，为了保证移动终端接入安全，建立安全接入认证机制，在移动终端安装有数字证书和加密卡，在"云"端部署安全接入认证服务器，以保证接入的移动终端及用户身份的合法性，防止非法接入；三是在"云"端部署无线 AC，对无线接入的移动终端进行访问控制；四是在移动终端部署安全管理系统，来控制移动终端对无线局域网和移动通信网的访问能力。

3．安全通信网络

安全通信网络即"管"的安全，可使用 SSL VPN 建立安全的无线网络传输通道，实现数据传输过程安全保护、通信双方身份鉴别和非法终端接入控制。支持国产密码算法 SM1、SM4，可选择软件或硬件加密方式。移动终端内置加密卡，实现高强度 SM1 硬件级别通道加密，也可采用移动终端自带的 SSL 安全传输协议通信。

4．安全管理中心

安全管理中心用于对移动互联系统的安全进行集中统一管理。其中，应先保证各管理端的服务器自身的安全，虽然它属于《设计要求》标准通用部分的范畴，但在这里有其独特的安全特点。例如，基于可信计算技术的服务器安全加固；采用双因素身份鉴别，为操作系统中的每个用户建立唯一身份标识；支持文件自主访问控制，敏感数据设置访问权限，禁止非授权访问行为；支持文件强制访问控制，实现基于操作系统访问控制权限以外的高强度的强制访问控制机制；可执行程序控制，结合可信计算技术，采用白名单机制，提供执行程序可信度量；可信代码防篡改，提供可信代码实时保护，禁止任何破坏和非法修改行为；数据加密存储，业务数据加密存储，消息、图片、文件数据可实现"一人一密"加密存储。

对于系统的集中安全管理，安全管理中心的安全设计重点体现在三个方面：一是私有云部署业务应用分发商店，保证业务应用及其来源的安全可信；二是集中部署各安全设备的管理端，便于系统的数据采集、安全监控、策略分发、安全审计和统一管理；三是部署移动终端安全管理系统，对移动终端进行安全管理，保障移动终端的设备安全、应用安全和数据安全。

移动终端安全管理系统用于对移动终端进行全生命周期的管控，具有对移动终端进行远程设备管理、接口管理、安全策略配置、应用管控和安全审计等功能。移动终端安全管理系统支持三权分立，分为系统管理员、审计管理员和安全管理员，实现管理员的权限分立、相互独立和相互制约，杜绝因权限漏洞造成的安全隐患，对各种管理员的操作均进行安全审计。其主要功能如下。

（1）移动设备管控，对专用移动终端进行注册、查找定位、远程控制、数据销毁和注销等操作。

（2）应用管控，对专用移动终端使用的应用进行安装、运行、卸载等管控，并要求必须从专门的应用商店获取业务应用。

（3）安全管控，对专用移动终端进行统一安全管理，制定、分发安全策略，管控移动终端的本地操作和网络行为，获取来自移动终端的安全事件等数据。

3.5.5.5　安全效果评价

该系统从安全通信网络、安全区域边界和安全计算环境三个方面对某大型军工企业移动协同办公系统进行了全面的需求分析和安全设计。利用 SSL VPN 来实现通信网络可信保护，防止数据泄露和非法终端接入。从三个方面构建安全区域边界，在服务端部署无线接入监控模块，检测、发现、定位、预警和阻断来自移动终端和无线接入设备的非法接入行为；对接入的移动终端采取强认证措施，提高接入认证能力；在移动终端安装安全管理系统，对移动终端访问网络进行管控。在安全计算环境方面，统一部署专用的安全定制的移动终端，支持基于数字证书和加密卡的认证，为业务应用打造隔离的安全运行环境，支持基于国产密码算法的数据存储加密，保证了移动端的数据安全；通过移动终端安全管理系统，对移动终端进行全生命周期的安全管理，实现移动终端的设备管控、应用管控和数据安全保护。对照《设计要求》标准移动互联系统第四级防护的安全设计要求，该军工企业移动协同办公系统的设计满足了合规要求。

在安全性方面，该系统实现了移动终端、无线通信链路和服务端的数据加密，并对移动终端接入采用了基于数字证书和加密卡的身份鉴别，采用移动终端安全管理系统对移动终端进行设备安全管理、应用安全管理和数据安全管理，采用无线 AC、网络准入控制系统和无线接入设备监控产品来检测、控制、预警和阻断非法网络接入行为，可以说杜绝了移动互联系统面临的高、中安全风险，因此该系统是非常安全的。

由于第四级系统和第三级系统的技术要求区别甚小，如果某个用户单位的移动互联系统定级为第三级，同样可使用本方案进行建设，只需将本方案的带硬件加密卡的专用移动终端改为通用的满足第三级要求的移动终端即可。因此，该企业移动协同办公系统实际上是移动互联第三级、第四级系统的一个样板工程，基于该系统的相同技术还构建了其他移动安全互联系统，如国家级、省部级的应急协调指挥系统等。

第 4 章　物联网安全保护环境设计

本章对《设计要求》中物联网等级保护安全设计要求内容进行全面解读，按照"一个中心，三重防护"的要求，基于标准应用的角度，从安全需求出发对不同安全等级的物联网系统进行安全设计和指导，并提供相关案例供读者参考。

4.1　安全需求分析指南

4.1.1　安全需求分析的工作流程

物联网安全需求分析的工作流程与通用需求分析的类似，包括安全需求分析准备、物联网资产识别评估、物联网系统安全分析、安全合规差异分析、安全需求确认五个阶段，如图 4-1 所示。

图 4-1　物联网安全需求分析的工作流程

1. 安全需求分析准备

本阶段是开展物联网需求分析的前提和基础，是整个过程有效性的保证，直接关系到后续工作能否顺利开展。本阶段的主要任务是掌握物联网系统的详细情况，为后续分析做好文档及工具等方面的准备。

2. 物联网资产识别评估

本阶段是物联网系统安全分析工作的依据，需要掌握物联网系统的相关信息，包括业务范围、体系结构、主要功能、涉及的资产情况等，对关键资产进行全面梳理，识别资产重要性、脆弱性、安全威胁等。本阶段的主要任务是通过对物联网系统信息进行收集和全面梳理，为物联网系统安全分析与安全合规差异分析提供基础数据。

3. 物联网系统安全分析

本阶段是基于前期的安全资产识别工作的数据，对物联网系统进行安全评估，评估当前物联网系统的真实保护情况，发现系统存在的安全问题。

4. 安全合规差异分析

本阶段是在物联网系统安全分析的基础上，补充当前系统与标准要求的差距，让设计后的物联网系统满足法律法规、相关标准的要求。

5. 安全需求确认

本阶段是基于安全性分析与差异化分析的结果，得到当前物联网系统的安全需求，为后续的安全架构设计与实施提供依据，让物联网系统在满足安全性的同时满足合规性要求。

4.1.2　安全需求分析的主要任务

4.1.2.1　物联网资产分析

物联网架构可分为三个逻辑层，即感知层、网络传输层和处理应用层。感知层是物联网发展和应用的基础，负责信息的感知和采集。网络传输层是由多网络构成的开放性网络，负责将感知层采集到的信息实时、准确地传递出去。处理应用层可进一步划分为平台层和应用层。应用层是用户的接口，负责向用户提供个性化业务、身份认证、隐私保护等服务；平台层由多个具有不同功能的处理平台组成，根据应用的需求，负责从感知数据中挖掘、分析数据。

物联网架构如图 4-2 所示。

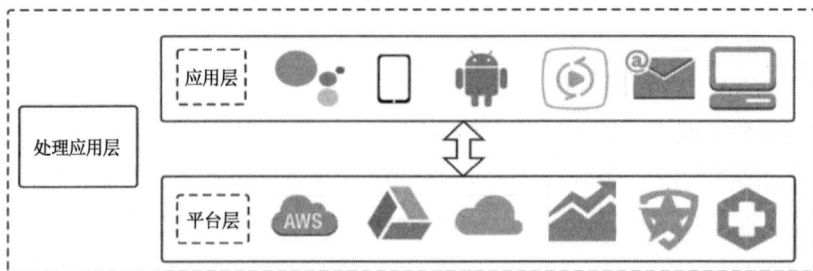

图 4-2　物联网架构

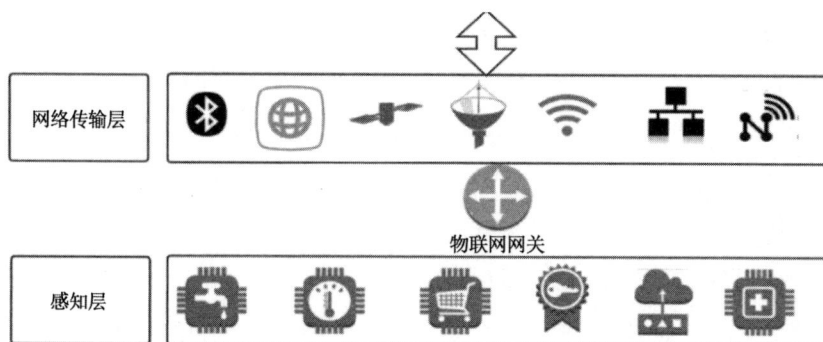

图 4-2　物联网架构（续）

物联网安全风险分析的第一步是对资产价值的分析和判定。基于物联网的逻辑层，物联网中的主要资产如表 4-1 所示。

表 4-1　物联网中的主要资产

逻辑层	主要资产
感知层	传感器、执行器、智能装置、RFID 读写器、红外线感应器、全球定位系统、激光扫描器、智能节点等，也包括多个感知节点之间形成的无线传感器网络
网络传输层	互联网、移动网、卫星网，窄带物联网络、无线局域网、蜂窝移动通信网、无线自组网、低功耗广域网等多种异构网络及其融合后的网络
处理应用层	云计算平台、大数据、人工智能平台、物联网中间件等后端业务组件

目前，全球物联网设备的数量和种类都在快速增长。同时，设备种类和设备数量的极大丰富使防范物联网网络安全风险更具挑战性。

4.1.2.2　物联网业务分析

物联网是一个庞大的信息计算系统，其主要业务为对感知数据进行存储与智能处理，为各种业务提供应用服务。物联网的应用覆盖智能交通、智能家居、智能物流、环境保护、农业生产、工控监控、医疗保健、政府工作、公共安全等众多行业和领域。

感知层的感知节点主要利用射频识别、传感器、二维码等随时随地获取物体的信息。感知节点的特点是数量庞大、种类众多、功能简单、能耗低。与传统网络相比，物联网的感知节点往往处于无人值守的环境中，缺少人为监控，因此感知节点的物理安全更为脆弱，信息安全面临潜在的巨大威胁。

网络传输层将感知层采集到的信息实时准确地传递出去。感知节点的复杂性决定了网络传输层是一个多网络并行叠加的异构网络。信息在传递的过程中，会经过各种不同的网络，因此物联网网络传输层会面临比传统网络更复杂的威胁，例如网络层协议（网络存储，异构网络技术等）存在安全缺陷，特别在异构网络信息交换方面，易受到异步、合谋等攻击。

处理应用层可进一步划分为平台层和应用层。平台层主要提供计算和存储服务，以支撑应用层需求。感知层采集到的信息经过网络传输层汇聚到平台层，平台层对收集的数据信息进行综合、整理、筛选、分析、反馈等操作，根据应用层需求从感知数据中挖掘用于控制和决策的数据，并转化成不同的格式，便于多个应用系统共享。平台层承上启下，是物联网产业链的枢纽。物联网的大规模、分布式、多业务类型使得其平台层信息安全面临新的挑战，例如物联网的各种应用数据存储在云计算平台、大数据挖掘与分析平台中，由于其用户信息资源高度集中，容易成为不法分子攻击的目标，导致数据泄露、恶意代码攻击等安全问题。

应用层是对外的接口，在应用层中会收集用户大量的隐私数据，如其通讯录、健康状况、出行记录、消费习惯等，既是敏感地区也是风险较严重的地带，对物联网应用层的保护也比对传统应用的保护更复杂。

由于网络传输层和处理应用层通常是由计算机设备构成的，因此这两部分的防护按照安全通用要求提出的要求进行防护。物联网安全的扩展要求对感知层提出特殊安全要求，所以对物联网的安全设计主要针对感知层的感知节点。

4.1.2.3 物联网外联情况分析

物联网中包含大量设备，感知节点会采集海量数据，这意味着网络要支撑多样的业务和庞大的流量，需要用到多种类型的通信技术，目前物联网中的网络传输层采用了多种网络接入技术，使得物联网在通信网络环节所面临的安全问题异常复杂，需要通过多重方案对整个网络传输层进行安全防护。

网络传输层主要对感知层采集到的信息进行传输。首先，随着网络融合的加速及网络结构的日益复杂，网络传输层中的网络通信协议不断增多，物联网外联会面临比传统网络更复杂的安全问题。其次，当数据从一个网络传递到另一个网络时，会涉及身份认证、密钥协商、数据保密性与完整性保护等诸多问题，因此物联网设备外联时面临的安全威胁也会更加突出。

网络传输层可以进一步划分为三个逻辑层：接入层、汇聚层、核心交换层。接入层相当于计算机网络的物理层和数据链路层，RFID 标签、传感器与接入层设备构成了物联网感知网络的基本单元；汇聚层位于接入层和核心交换层之间，进行数据分组汇聚、转发和交换，以及本地路由过滤、流量均衡等；核心交换层为物联网提供高速、安全和具有服务质量保障能力的数据传输。

网络传输层的逻辑架构如图 4-3 所示。

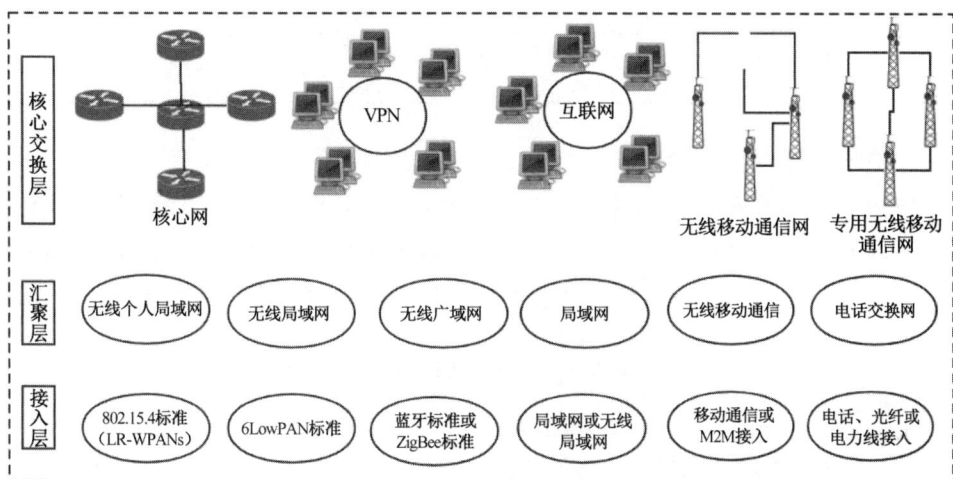

图 4-3 网络传输层的逻辑架构

4.1.2.4 物联网风险分析

1. 感知层风险分析

物联网感知层相对互联网而言是新事物，感知节点种类众多，呈现多源异构性，感知节点通常情况下功能简单、携带能量少，相对传统移动网络而言，感知节点更具有脆弱性，面临更多的安全威胁。感知层风险分析如表 4-2 所示。

表 4-2 感知层风险分析

感知层威胁的种类	风险场景描述	影响	可能性	风险等级
物理攻击	攻击者对传感器等实施物理破坏，使感知节点无法正常工作，攻击者也可能盗窃感知节点终端设备并获取用户敏感信息，更换传感器设备导致数据感知异常，业务无法正常开展	大	中	高

续表

感知层威胁的种类	风险场景描述	影响	可能性	风险等级
伪造、假冒与权限获取攻击	攻击者利用感知节点的安全漏洞，非法获得感知节点的身份和密码信息，从而与其他感知节点进行通信、监听、散播虚假信息、发起拒绝服务攻击等	大	中	高
信号泄露与干扰攻击	攻击者对网络传输中的数据和信令进行拦截、篡改、伪造、重放，从而获取用户敏感信息或者导致信息传输错误，业务无法开展	大	高	高
资源耗尽攻击	攻击者向感知节点不断发送垃圾信息，耗尽感知节点计算能力或电量，使其无法工作	大	高	高
隐私泄露威胁	RFID 标签、二维码等使物联网接入用户不受控制地被扫描、定位和追踪，极易造成用户个人隐私泄露	大	高	高

2. 网络传输层风险分析

虽然传统网络传输层安全机制大部分依然适用于物联网，但还应基于物联网的网络传输特征，采取特殊的防护机制。物联网网络传输除可能遭受同现有互联网网络相同的安全威胁之外，还可能遭受一些特殊的威胁。网络传输层风险分析如表 4-3 所示。

表 4-3　网络传输层风险分析

网络传输层威胁的种类	风险场景描述	影响	可能性	风险等级
网络层协议漏洞	网络传输层在实现过程中需要支持各种各样的网络技术与协议，本身增加了存在协议漏洞的可能，在异构网络信息交换方面，易受到异步、合谋等攻击	大	高	高
海量感知节点设备威胁	随着物联网感知节点的日益智能化，物联网应用将更加丰富，这些应用容易成为病毒、木马、恶意代码的入侵渠道，而这些感知节点设备一般数据量较小，不会采用复杂的加密算法，从而在传输过程中易遭到窃取和破坏。由于一些物联网设备很可能处在物理不安全的位置，这就给了攻击者可乘之机	大	高	高
异构网络融合挑战	随着网络融合的加速及网络结构的日益复杂，网络协议不断增多。数据在传输过程中需要跨越多个网络，会涉及身份认证、密钥协商、数据保密性和完整性等问题	大	高	高
无线传输挑战	物联网大量使用无线传输技术，任何有机密信息交换的通信都可能被窃听、篡改或拦截等	大	中	高
分布式拒绝服务攻击挑战	物联网设备数量多，如果通过现有的认证方法对设备进行认证，那么信令流量对网络层来说是不可忽略的。大量设备在很短时间内接入网络很可能造成网络拥塞，而网络拥塞会给攻击者可乘之机，从而对服务器进行拒绝服务攻击	大	高	高

3. 处理应用层风险分析

处理应用层的平台层由多个具有不同功能的处理平台组成，根据应用需求，负责从感知数据中挖掘用于控制和决策的数据，并转化成不同的格式，便于数据在多个应用系统之间共享。目前，越来越多的公有云服务商提供了面向物联网应用的物联网平台服务。有关平台层的风险分析可以参考云计算安全需求分析。应用层是物联网和用户的接口，负责向用户提供个性化业务、身份认证、隐私保护等。有关应用层的风险分析可以参考通用安全需求分析。

4.1.2.5　物联网合规差异分析

物联网作为近年来快速发展的新技术之一，已经在车联网、智慧城市、安防监控、共享单车、能源电力、远程抄表等领域开始应用。新的应用场景也带来新的安全挑战。物联网的其中一个重要应用场景是将许多原本与外部网络隔离的设备连接到了互联网中，非常容易遭受到以前不曾遭受的网络攻击。同时，由于"万物互联"导致物物之间可能存在网络联系，物联网安全保护的难点不仅在于"大"，还在于"多"和"杂"。数量众多的物联网设备每天生成海量数据，这对大规模数据处理提出了巨大挑战；不同的物联网设备的处理性能、网络协议、电池续航和生产厂商有很大的区别，很难制定统一的安全防护措施。

网络安全等级保护中物联网扩展要求的大部分条款是针对感知节点的。但是，等级保护标准也强调了物联网系统定级的整体性，即"物联网应作为一个整体对象定级"。因此，物联网安全合规需要体系化建设，需要涵盖物联网的感知层、网络传输层、处理应用层。物联网安全防护体系，既包括网络安全等级保护中所要求的基础安全要求，也要求能涵盖扩展后对感知设备层面的安全要求。

从安全物理环境的角度，物联网感知节点设备在物理防护上，要求环境不对设备造成破坏，环境对采集结果不造成影响，设备有持续的电力供应。这里主要是对物联网终端厂商、设备的部署安装提出的要求，需要在物理防护上满足等级保护要求。

从安全区域边界的角度，物联网感知节点设备在接入网络时需要具备唯一标识，且感知节点接入行为应具有身份鉴别机制，采用访问控制机制，确保授权后才允许接入。对感知节点和网关节点的入侵防范也可以进一步通过限制通信对端的目的地址：定义地址白名单限制感知节点和网关节点的网络访问范围来实现。

从安全计算环境的角度，物联网感知节点通常处于网络边缘，弱计算能力终端负责数据采集，强计算能力终端会涉及一些边缘计算，安全计算环境要先保证设备自身的安全。身份标识和鉴别是基本要求，需要确保资产不会被替换和伪造。物联网网关节点主要用于和弱计算能力终端的连接，需要对与其连接的设备的合法性进行判断。设备的密钥和配置参数的更新，相当于有安全基线的要求，同时需要支持授权用户的在线更新。物联网的数据新鲜性是指对所接收的历史数据或超出时限的数据能够进行识别。物联网数据使用有可用性、完整性、保密性的要求，需要避免数据重放攻击。

从安全运维管理的角度，物联网感知层设备的部署位置广泛、环境恶劣，随着时间拉长与外部环境进一步恶化，会导致设备不可用。对运维管理提出定期巡视设备并进行记录和维护的要求，并对设备从入库、部署到报废进行全生命周期管理。此外，运维的保密性管理也需要合规。

物联网安全事件频发。例如，大量摄像头、路由器等物联网设备被直接暴露在互联网上。这些设备可能存在弱口令、漏洞等安全风险，因此可能被恶意代码感染，成为僵尸主机。这些被攻陷的设备一方面会继续感染其他设备，构成僵尸网络，另一方面会接受远程控制端的指令，在某刻发动大规模分布式拒绝服务攻击，造成很严重的破坏。

4.1.2.6　安全需求确认

物联网任何一处风险都有可能将威胁扩散到整个网络及其业务核心系统。物联网形成之后，其所对应的感知层的数量及其全部感知节点的规模远超过去单个感知层网络的规模，物联网所连接的感知设备或器件的处理能力也有很大的差异，物联网所处理的数据量也将比互联网和移动互联网所处理的数据量大得多。现有的安全解决方案在物联网环境中已经不再全面适用，例如隐私保护不再是单一层次的安全需求，而是物联网应用系统不可或缺的安全需求。

1. 感知层安全需求确认

感知层安全的设计需要考虑物联网设备之间差异化的计算能力、通信能力、存储能力，因此往往不能直接在物理设备上应用复杂的安全技术。感知层安全需求确认如表 4-4 所示。

表 4-4　感知层安全需求确认

需求确认项	需求详细说明	确认内容
物理安全	采取防水、防尘、防震、防电磁干扰、防盗、防破坏等措施	确保感知节点的物理安全

续表

需求确认项	需求详细说明	确认内容
接入安全	感知节点异常分析和加密通信，强制认证机制	确保感知节点可以进行异常分析，加密通信，对感知节点增加轻量化的认证机制
硬件安全	感知节点芯片的计算环境安全，感知节点加入安全认证识别模块，提高感知节点的内生安全性	确保芯片内系统程序、终端参数、安全数据和用户数据不被篡改或非法获取。将身份识别、认证过程"固化"到硬件中，以硬件来生成、存储和管理密钥，并把加密算法、密钥及其他敏感数据存放于安全存储器中
操作系统安全	操作系统对系统资源调用的监控、保护、提醒；操作系统自身升级可控	确保不会出现用户在不知情的情况下采取某种行为，或者用户采取不可控的行为
应用安全	应用软件来源识别；应用软件敏感行为控制	保证感知节点对要安装的应用软件进行来源识别，对已经安装的应用软件进行敏感行为控制，没有未经授权的修改、删除、窃取用户数据等行为
数据安全	感知节点数据保护，授权方案，数据加密存储	提供包括移动智能终端的密码保护、文件类用户数据的授权访问、用户数据的加密存储、用户数据的彻底删除、用户数据的远程保护等

物联网感知节点的安全需要从硬件到软件综合考虑，以提高内生安全性为主，包括硬件芯片级的安全、操作系统的安全和操作系统层以上的感知节点安全加固。在具体防护时，要依据数据的敏感程度、感知节点的智能程度和不同的网络架构特点，平衡引入安全机制所带来的资源消耗和成本，甄选各种感知节点安全技术，以适配复杂的海量物联网感知节点。

2. 网络传输层安全需求确认

传统网络传输层安全机制大部分依然适用于物联网，此外还要基于物联网的网络传输层特征，采取特殊的防护机制。网络传输层安全需求确认如表 4-5 所示。

表 4-5　网络传输层安全需求确认

确认项	详细内容
通用网络防护	网络结构安全，合理划分网络安全域
	加强安全边界隔离，避免安全问题的扩散。在网络边界部署防火墙，制定访问规则、访问控制策略，实现对系统内外网边界的访问控制
网络入侵防护	部署入侵检测设备，对网络攻击进行监控和报警
	具备端口扫描的监控和监测能力
	对暴力破解的监控和监测能力
	对缓冲区溢出攻击的监控和监测能力

续表

确认项	详细内容
网络入侵防护	对 IP 碎片攻击的监控和监测能力
	对网络蠕虫的监控和监测能力
	对网络病毒的监控和监测能力
	对木马的监控和监测能力
	对 IP 重用防护的监控和监测能力
	对分布式拒绝服务攻击的监控和监测能力
网络安全审计	对网络设备运行状况进行审计
	对网络流量进行审计
	对用户行为进行审计
接入防护	防火墙/网关要求能处理足够并发连接，支持海量接入的加密能力；白名单过滤技术，包括自定义协议能力
	对感知节点资源消耗攻击和基于多行业应用流量攻击的自动防护
	网络安全产品需要提供基于物联网特征的针对病毒和高级威胁的防护功能
加密传输	有线网络和无线网络加密传输
	感知节点和网络之间建立安全通道，对感知节点数据提供加密和完整性保护，防止信息泄露、通信内容被篡改和窃听
安全路由协议	多网融合的路由挑战和传感网的路由挑战
	传感网抗攻击的安全路由算法
跨网攻击	建立完善异构网络统一、兼容、一致的跨网认证机制
	加强数据传输过程的保密性、完整性、可用性保护
识别并过滤物联网专有协议和应用	物联网防火墙和安全网关等设备支持对工控协议和行业应用的深度识别和自动过滤，对感知节点资源消耗攻击和基于多行业应用流量攻击的自动防护

3. 处理应用层安全需求确认

处理应用层通过云计算平台、通用网络对感知层数据进行处理，其安全机制取决于云计算安全与通用网络安全，可参考云计算安全需求确认和通用安全需求确认。

4.2　安全架构设计指南

4.2.1　安全架构设计的工作流程

物联网安全架构是基于前期的安全需求分析，对物联网资产、物联网业务、物联网外联情况等多方面进行分析，将威胁脆弱点转换为确认需求，围绕物联网安全计算环境、安全区域边界、安全通信网络、安全管理中心设计思想，构建安全架构设计方案。物联网安全架构设计的工作流程如图 4-4 所示。

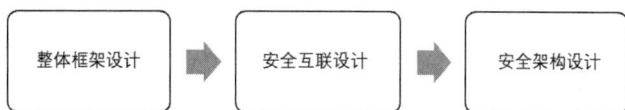

图 4-4 物联网安全架构设计的工作流程

4.2.2 安全架构设计的主要任务

4.2.2.1 物联网系统整体框架设计

物联网系统主要由五部分组成，包括感知层设备、接入网关、传输网络、物联网平台和应用终端。物联网系统整体框架设计参考图如图 4-5 所示。

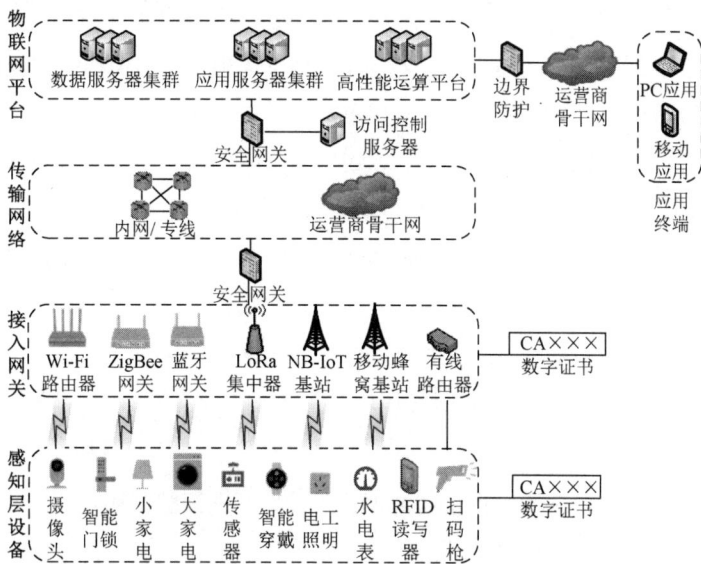

图 4-5 物联网系统整体框架设计参考图

感知层设备指具有一定感知、计算、执行和通信能力的终端设备，如智能硬件、感知设备、计算设备和数据采集设备等。感知层设备种类繁多，在软/硬件架构方面差异较大，常见的硬件架构包括单片机、ARM、MIPS 等，常见的操作系统包括 Linux、Android、RTOS 等。根据等级保护的要求，感知层设备应具备身份鉴别和访问控制功能。例如，等级保护第三级系统可配置数字证书实现设备的身份鉴别；通过配置策略实现访问控制。

接入网关对各类感知层设备数据进行汇聚、收集、处理，根据使用的通信技术不同，接入网关可能为各种类型的网关、路由器或移动通信基站。目前，物联网的通信技术可以分为四大类：局域无线接入技术、广域低功耗接入技术、广域接入技术和有线接入技术。局域无线接入技术主要包括蓝牙、无线、射频识别等，用以实现在较小覆盖范围内的设备无线接入，网络接入层设备通常为网关。广域低功耗接入技术的代表为窄带物联网和远距离无线电，二者均能实现低功耗的广域覆盖范围内终端设备接入。窄带物联网为运营商网络，网络接入设备为运营商的基站；远距离无线电工作于非授权频段，网络接入层设备为集中器。广域接入技术主要指广域宽带的蜂窝移动通信技术。有线网络作为传统通信网络，具有高可靠、低时延等技术优势，对于固定位置、带宽和时延要求较高的设备依然适用，如扫码枪、摄像头等。接入网关在这里是一个泛指的概念，包括采用上述通信时的网关、路由器、基站等设备。接入网关本身作为重要的物联网设备，也应具备身份鉴别和访问控制等安全功能。例如等级保护第三级系统的接入网关应配置数字证书和访问控制策略。

感知层设备与网关之间的通信应按照《设计要求》中安全通信网络的设计要求进行安全保护，如等级保护第三级物联网系统应在感知层设备和网关的通信中采用加密技术进行保密性、完整性和可认证性保护，通信数据包中包含时间戳等。在接入网关与传输网络之间应部署安全网关，实现对感知层设备和网关的边界防护。

传输网络用于实现接入网关到物联网平台之间的广域数据传输，通常采用企业内部网络、专线或运营商网络。接入层选择的接入技术会对传输层的选择产生一定的影响。传输网络通常存在窃听、信息篡改、重放等安全风险，为保障传输网络的安全，需要在接入侧的安全网关和平台侧的安全网关之间使用传输层的安全通信协议，保证数据传输的保密性、完整性和新鲜性等。

物联网平台用于接收感知层设备的数据，并对数据进行挖掘和处理，生成服务用户的各种应用，并向感知层设备提供管理、更新、配置、控制的数据和指令。物联网平台既可以基于云计算平台构建，也可以基于传统服务器架构构建。物联网平台的安全防护与云计算平台/传统服务器的安全防护需求相似，可参考云计算的安全防护设计。另外，针对海量物联网设备接入可能带来的高流量峰值、分布式拒绝服务攻击和设备伪造等安全风险，需要在物联网平台的互联网数据中心入口部署安全网关和访问控制服务器，实现对接入设备的身份鉴别、访问控制和协议过滤。

物联网的用户、管理人员和运维人员将通过 PC 终端或移动终端访问物联网平台，进而使用物联网应用、管理物联网设备或维护物联网平台。应在物联网平台边界进行边界防护，如提供身份鉴别、访问控制和应用协议过滤等安全手段。

4.2.2.2　物联网系统安全互联设计

1. 物联网系统与其他系统的安全互联设计

物联网是传统网络的扩展和延伸，因此物联网与传统计算机网络和移动网络的交互是必不可少的，物联网系统与其他系统的互联需求主要表现在两个方面：一是用户使用客户端接入物联网的各种应用，包括移动终端和 PC 终端；二是其他应用系统与物联网系统的数据交互。物联网系统与其他系统的安全互联如图 4-6 所示。针对以上两种互联场景，需要分别考虑互联过程中的安全设计。

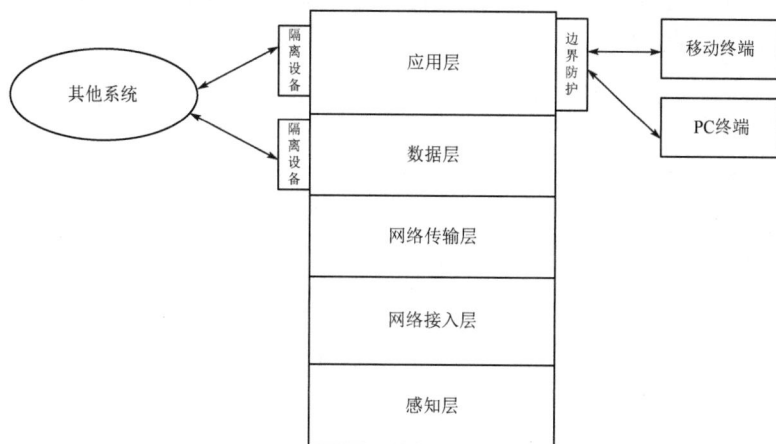

图 4-6　物联网系统与其他系统的安全互联

1）用户使用客户端接入物联网的各种应用

物联网用户可能使用各种类型的客户端，如移动终端、PC 终端等，通过运营商网络接入物联网的应用系统。为防止暴露在公网上的客户端和应用服务接口给物联网系统带来安全隐患，应在物联网平台的边缘处部署边界防护设备，提供对应用终端的身份鉴别，提供对应用的访问控制策略，并通过流量审计、协议数据包过滤来防止恶意攻击。

例如，可在物联网平台的应用入口处部署应用防火墙、入侵检测、流量审计等边界防护设备，基于应用终端的唯一标识对其进行身份鉴别，并配置基于用户身份的访问控制策略；防火墙对协议数据包进行过滤，通过入侵检测和流量审计设备检查恶意代码和网络攻击行为。

2）其他应用系统与物联网系统的数据交互

其他应用系统与物联网系统的安全互联需求主要为系统间的数据共享，其他应用系统从物联网系统获取数据或物联网系统从其他系统获取数据。其他应用系统的安全等级低于、高于或等于物联网系统的安全等级。为规避不同应用系统互联引入的安全隐患，应使用安全互联组件进行连接，如网闸、单向传输设备等。安全组件应满足高等级系统的安全防护需求。

2. 不同等级物联网系统的安全互联设计

一个大型物联网系统通常包含多个不同安全等级的物联网子系统，为实现系统的统一应用，不同安全等级的物联网子系统之间存在着安全互联的需求。不同等级物联网系统的安全互联如图 4-7 所示。

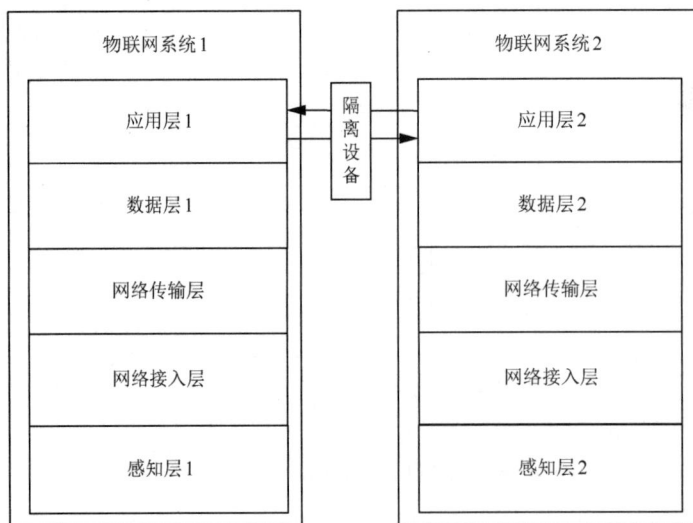

图 4-7　不同等级物联网系统的安全互联

不同等级的物联网系统在进行数据共享时，为规避系统互联引入的安全风险，应通过安全组件进行互联，如网闸、单向传输设备等，实现系统间的有效隔离和数据安全交换。安全组件的安全防护策略应满足进出数据流中最高等级的安全防护要求。比如，第二级、第三级和第四级业务系统资源池之间在进行数据交互时，数据流经过的安全组件或安全设备的安全防护能力应满足等级保护第四级的安全防护要求。

4.2.2.3 物联网系统安全架构设计

根据安全设计要求的物联网等级保护要求，物联网系统安全架构设计如图 4-8 所示。

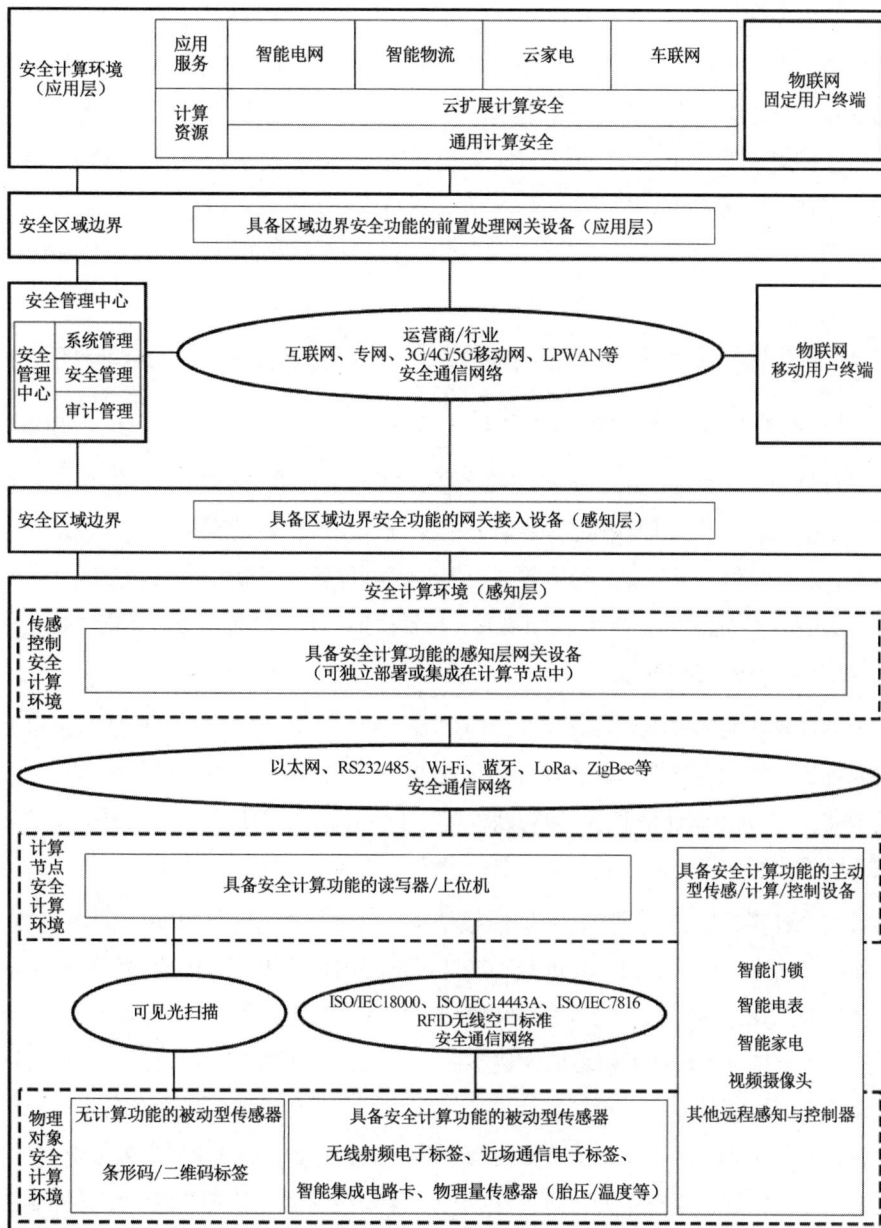

图 4-8 物联网系统安全架构设计

图 4-8 中的物联网扩展要求，可分为计算环境安全、通信网络安全、区域边界安全和安全管理中心。

1. 计算环境安全

物联网计算环境包括安全计算环境（应用层）、安全计算环境（感知层）和用户终端安全。其中，安全计算环境（应用层）安全防护应根据物联网应用系统定级，按照对应的通用安全计算环境要求设计，如采用云计算架构，则应同时参考云计算安全保护环境扩展要求设计。当安全计算环境（应用层）包含多个不同等级、不同租户的物联网应用时，不同等级、不同租户的计算环境和接入线路应采用防火墙、隔离网闸等技术进行相应的逻辑隔离。

安全计算环境（感知层）主要由物理对象、计算节点和传感控制安全计算环境构成。

1）物理对象安全计算环境

物理对象安全计算环境主要包括三种类型的被动/主动感知对象：无计算功能的被动型传感器，包括条形码、二维码标签等；具备安全计算功能的被动型传感器，包括无线射频电子标签、近场通信电子标签、智能集成电路卡、物理量传感器（胎压/温度等）等；具备安全计算功能的主动型传感/计算/控制设备，包括智能门锁、智能电表、智能家电、视频摄像头及其他远程感知与控制器。

对于无计算功能的被动型传感器，应对以条形码、二维码等形式存储的数据进行扫描信息的来源合法性和完整性的保护设计，可在条形码、二维码信息中增加验证信息，计算节点读卡器/上位机将验证信息提交到物联网应用服务端，对条形码、二维码信息的来源合法性和完整性进行验证，防止信息被伪造、篡改。

具备安全计算功能的被动型传感器应根据系统定级，进行 IP57/IP67 等安全防护等级设计，如具备防尘、防水能力，并进行物理防拆卸、固件防擦写等传感器物理安全防护设计。传感器应采用达到 EAL3 级或 EAL4 级以上的安全片上操作系统，内置硬件国产密码模块、操作系统与应用软件可信验证模块，并采用只读/可读写多个授权访问存储分区进行设计，保护传感器硬件安全、操作系统安全和应用安全。传感器应设计具备内置或外置的感知层设备身份鉴别、感知层设备访问控制、用户数据完整性保护、用户数据保密性保护、时间同步、可信固件代码空中升级等安全功能，保护传感器与计算节点、传感控制节点之间信息交互的来源合法性、数据完整性、保密性与可用性。

具备安全计算功能的主动型传感/计算/控制设备一般将物理对象与计算节点高度集成在一台物理设备中，实现物理对象的传感/计算/控制一体化，因此该类型设备除需要满足物理对象安全功能要求之外，还需要满足对应的计算节点、传感控制节点的安全功能要求。

2）计算节点安全计算环境

计算节点安全计算环境主要由传感器的读卡器/上位机或者集成计算节点的主动型传感/计算/控制设备构成，应根据物联网应用系统定级，按照 IP57/IP67 等安全防护等级设计防尘、防水能力，并进行物理防拆卸、固件防擦写等传感器物理安全防护设计，满足感知层设备身份鉴别、感知层设备访问控制、操作系统与应用软件可信验证、用户数据完整性保护、用户数据保密性保护、时间同步、安全审计、恶意代码防范、入侵防范、数据备份与恢复等相关安全功能要求。

3）传感控制安全计算环境

传感控制安全计算环境主要由具备安全计算功能的各类感知层网关设备，即物联网网关构成，感知层网关应根据物联网应用系统定级，在满足计算节点安全计算环境要求的基础上，增加网络隔离、物联网协议转换、协议内容过滤、流量控制等相关安全功能要求。

物联网用户终端包括固定用户终端和移动用户终端，需要经过用户身份鉴别与授权后，通过内部网络或移动通信网络以加密方式连接安全计算环境（应用层），使用各类物联网应用服务（智能电网、智能物流、云家电、车联网等）。原则上，不建议物联网用户终端直接连接安全计算环境（感知层）。

2. 通信网络安全

物联网通信网络主要由骨干通信网络和感知层通信网络两层网络架构构成，骨干通信网络是安全计算环境（感知层）与安全计算环境（应用层）之间的通信网络，主要用于感知层与应用层之间的信息网络传输，可采用运营商互联网、蜂窝移动网络、低功耗广域网络等公共网络组网方式，或者采用自建/租用运营商虚拟专网、裸光纤等专用网络组网方式。当采用公共网络组网方式时，应采用双层加密通信设计，包括运营商提供的接入点认证、虚拟专网/虚拟专有拨号加密通信服务，以及租户通过在区域边界部署虚拟专网网关设备提供的加密通信服务。当采用自建/租用运营商虚拟专网、裸光纤等专用网络组网方式时，租户应在区域边界部署虚拟专网网关设备，提供加密通信服务。

感知层通信网络包含两层网络，即汇聚层网络和传感网络。汇聚层网络是指传感控制层感知层网关与计算节点电子标签读卡器/上位机、传感/计算/控制一体化设备之间的通信网络，组网方式多样，可选择以太网、RS232/485、Wi-Fi、蓝牙、ZigBee 等。传感网络是指读卡器/上位机与各类电子标签、智能集成电路卡之间的无线通信网络，目前主流的传感网络包括可见光传感网络、符合 ISO/IEC18000 标准的无线射频网络、符合 ISO/IEC14443 标准的智能集成电路卡无线网络及符合 ISO/IEC7816 标准的进程通信无线网络。汇聚层网络和传感网络应设计采用点对点网络或虚拟局域网组网方式，实现不同物联网传感器、计算节点之间的网络逻辑隔离，同时应设计采用数据加密、数据签名技术的应用程序对传输的敏感业务数据进行加密或签名，保证传感数据传输的保密性和完整性。

3. 区域边界安全

物联网信息系统包括感知层安全区域边界和应用层安全区域边界。感知层安全区域边界应采用具备网络路由、准入控制、物联网应用协议过滤、异常流量阻断、入侵防护等物联网扩展安全功能的网关接入设备。应用层安全区域边界应采用具备网络隔离与数据摆渡交换、应用层防护、网络路由、准入控制、物联网应用协议处理、物联网应用协议数据签名/验签、入侵防护等物联网扩展安全功能的前置处理网关设备。

感知层网关设备和前置处理网关设备应根据接入的物联网应用系统定级，满足对应等级通用计算安全要求。

4. 安全管理中心

物联网信息系统安全管理中心部署在物联网公网/专网区域，对感知层和应用层入网设备进行统一集中管理，包括系统管理、安全管理和审计管理。

系统管理：主要包括对感知层和应用层各类传感器、感知层网关、区域边界网关接入设备、前置处理网关设备、物联网应用服务器等设备进行新入网设备自动发现、注册与审批；对以上设备的工作状态信息进行实时采集、存储和分析，并形成报表；对以上设备的系统参数和安全策略进行统一审批管理；对以上设备进行配件更换、软件升级、设备保修等运维服务管理。

安全管理：主要包括对以上设备所做的病毒查杀、网络攻击阻断、DDoS 攻击阻断等进行集中采集、告警和处置；对以上设备出现操作系统启动、运行异常与应用软件启动等安全事件进行集中采集、告警和处置；对以上设备出现数据完整性校验错误、数据格式内容错误等数据异常安全事件进行集中采集、告警和处置；对以上设备出现身份鉴别失败、组认证失败、非法控制指令传输等行为异常安全事件进行集中采集、告警和处置。

审计管理：主要包括对以上设备的管理日志、传输日志、安全日志进行统一采集、存储和分析；按类型、时间、范围提供日志分析报表；提供日志查询功能和日志查询接口。

4.3　物联网安全设计技术要求应用解读

本节对《设计要求》物联网等级保护安全设计中第一级至第四级安全要求进行全面解读，同时从应用角度对相应安全设计要求进行说明，指导用户开展安全设计。本节安全要求中加粗部分是本级安全要求较上一级安全要求的增强。

4.3.1　安全计算环境

在安全计算环境下，物联网安全设计要求是针对物联网的个性化保护需求而提出的，涉及用户身份鉴别、自主访问控制、用户数据完整性保护、恶意代码防范、可信验证等共性需求，共性需求保护设计可遵循通用要求。

4.3.1.1　感知层设备身份鉴别

【安全要求】

第一级：应采用常规鉴别机制对感知设备身份进行鉴别，确保数据来源于正确的感知设备。

第二级：应采用常规鉴别机制对感知设备身份进行鉴别，确保数据来源于正确的感知设备；**应对感知设备和感知层网关进行统一入网标识管理和维护，并确保在整个生存周期设备标识的唯一性。**

第三级：**应采用密码技术支持的鉴别机制实现感知层网关与感知设备之间的双向身份鉴别，确保数据来源于正确的设备**；应对感知设备和感知层网关进行统一入网标识管理和维护，并确保在整个生存周期设备标识的唯一性；**应采取措施对感知设备组成的组进行组认证以减少网络拥塞。**

第四级：同第三级。

【标准解读】

感知层设备身份鉴别的主要安全目标是实现感知设备电子标签/智能 IC 卡/传感器与读写器/上位机之间的身份鉴别，以及感知设备与感知层网关之间的身份鉴别，阻止未经注册的非法标签、感知设备伪造成合法的标签、设备接入传感网络，发送非法数据或者篡改、窃取合法数据。同时，在传感设备接入传感网络的全过程周期性地进行身份鉴别，确保传感网络中所有数据均来源于正确、合法的设备。

第一级采用常规鉴别机制完成感知层设备之间的身份鉴别，可采用常规的口令认证机制、标签唯一编号等身份鉴别机制实现身份鉴别；采用用户名/口令、IP 地址、以太网地址、设备标识等身份鉴别机制实现感知设备与感知层网关之间的身份鉴别，防止伪造设备接入传感网络。

第二级在第一级的基础上，增加了对感知设备的统一标识编码、入网管理与维护。标识编码具有全局唯一性，并由设备标识管理中心统一审批、生成，一经生成不可更改。设备标识编码通过完整性保护机制保存在设备安全存储区域内，登记到安全管理中心进行统一管理，用于感知设备各主要部件之间、感知设备与感知层网关之间的身份鉴别、访问控制、日志审计等。

第三级在第一级、第二级的基础上，采用密码技术身份鉴别机制，如共享密钥+时间戳/随机数、Hash 值+时间戳/随机数、数字签名+时间戳/随机数等响应密码机制，实现感知层设备之间的身份鉴别。第三级还增加了组认证机制，采用 Hash 密码算法，对一组电子标签发送的鉴别信息进行身份鉴别，剔除无效和假冒标签，与合法标签进行正常数据读写，组认证机制可一次性地对大量标签进行鉴别，减少网络拥塞，提高数据读写效率。

第四级与第三级采用相同的身份鉴别技术要求。

【设计说明】

根据电子标签的不同类型和厂商型号，选择适用的对称加密算法、非对称加密算法或哈希函数密码算法，选择 L2TP/PPTP、SSL/TLS 或 IPSec 等安全通信协议，实现基于密码技术的感知层设备认证鉴别与加密传输。

可选择具备轻量级组认证功能的射频识别电子标签实现组认证。

以智能物流仓库为例，物流货物采用轻量级群组电子标签，通过组认证服务器实现与手持式读卡器之间的双向组认证，如图 4-9 所示。

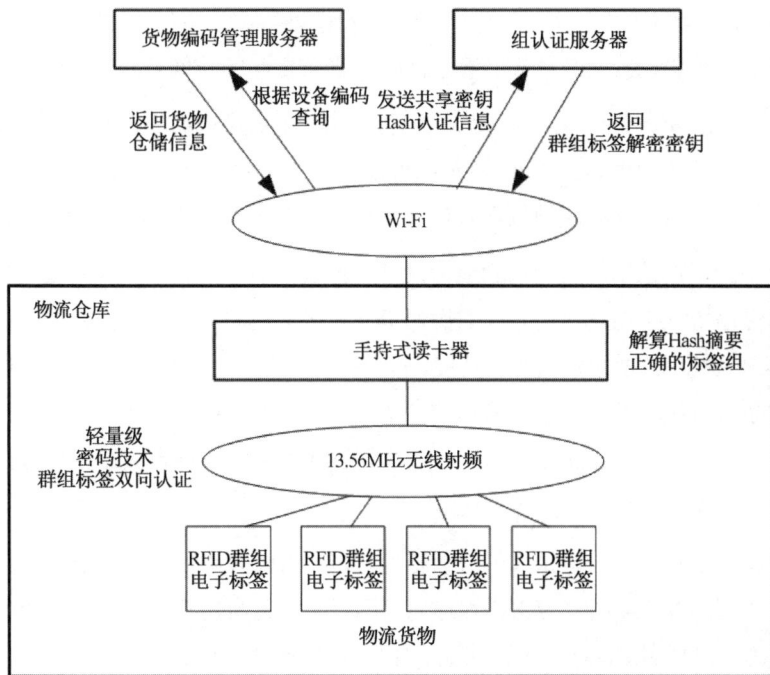

图 4-9　智能物流仓库组认证

4.3.1.2　感知层设备访问控制

【安全要求】

第一级：应通过制定安全策略如访问控制列表，实现对感知设备的访问控制。

第二级：应通过制定安全策略如访问控制列表，实现对感知设备的访问控制；**感知设备和其他设备（感知层网关、其他感知设备）通信时，应根据安全策略对其他设备进行权限检查。**

第三级：应通过制定安全策略如访问控制列表，实现对感知设备的访问控制；感知设备和其他设备（感知层网关、其他感知设备）通信时，根据安全策略对其他设备进行权限检查；**感知设备进行更新配置时，根据安全策略对用户进行权限检查。**

第四级：同第三级。

【标准解读】

感知层设备访问控制的主要目标是通过访问控制列表配置安全策略，实现对感知设备的访问控制、感知设备软件升级的访问控制、感知设备与读卡器/上位机或感知层网关等设备之间网络通信的访问控制，并控制物联网不同设备之间的访问权限。

第一级实现感知设备自身基本的访问控制功能，要求采用访问控制列表方式，基于用户的操作权限进行访问控制。例如，对不同类型的登录用户进行设备配置管理、用户管理、日志管理、密钥更新、存储区域权限管理、系统升级等不同操作类型的权限控制。

第二级增加了细粒度的访问控制能力，访问控制列表可以进一步对接受访问的对象、接受访问的通信协议类型、接受访问的操作指令、接受访问的时间、接受访问的动作（允许/拒绝）等进行控制。增加阈值控制功能，可设置通信流量、通信速率、交互频率等阈值，在达到触发条件时执行预先设定的通信控制动作，如断开网络连接等。增加过滤控制功能，可设置病毒查杀、关键字过滤、报文格式过滤等过滤参数，在满足过滤条件时执行预先设定的通信控制动作，如断开网络连接等。

第三级增加了对设备关键操作的身份鉴别功能，如设备初始化、系统升级、用户管理、密钥管理等关键配置更新时，应对操作对象（用户）进行身份鉴别，可采用用户名口令认证、硬件令牌（如密钥）认证、生物认证（如指纹认证、声纹认证、虹膜认证等）、一次性动态口令（如向注册手机发送认证短信、一次性动态口令计算器等）的两种或两种以上组合身份鉴别方式，对操作对象（用户）进行鉴别。

第四级与第三级具有相同的访问控制技术要求。

【设计说明】

根据系统定级，选择的感知设备应具备相应等级的访问控制功能。

以等级保护第三级的视频监控系统为例，智能视频摄像头应具备较为完善的设备管理界面，管理界面提供用户管理模块，可设置系统管理员、日志审计员、配置管理员等多种用户角色，并默认区分了不同用户角色的权限。管理界面提供访问控制列表，可配置源 IP 地址、目的 IP 地址、访问协议、访问时间、访问动作（允许/拒绝）的访问控制列表，可针对不同感知层网关设备（如视频流转发服务器）IP 配置输出码流的阈值（高清码流、标清码流等），可设置入侵检测、拒绝服务攻击等过滤参数。管理界面应提供二次认证功能，对远程升级、设备初始化、用户/密钥等关键参数配置进行更新，在对操作对象进行二次身份鉴别后执行操作,采用包括用户名/口令、硬件令牌认证、生物认证、一次性口令中的两种或两种以上认证方式。

4.3.2　安全区域边界

安全区域边界的物联网安全设计要求是针对物联网个性化保护需求而提出的,涉及区域边界包过滤、区域边界恶意代码防范、可信验证等共性需求,共性需求保护设计可遵循通用要求。

4.3.2.1　区域边界访问控制

【安全要求】

第一级:无。

第二级:无。

第三级:**应能根据数据的时间戳为数据流提供明确的允许/拒绝访问的能力;应提供网络最大流量及网络连接数限制机制;应能够根据通信协议特性,控制不规范数据包的出入。**

第四级:应能根据数据的时间戳为数据流提供明确的允许/拒绝访问的能力,**控制粒度为节点级**;应提供网络最大流量及网络连接数限制机制;应能够根据通信协议特性,控制不规范数据包的出入;**应对进出网络的信息内容进行过滤,实现对通信协议的命令级的控制。**

【标准解读】

各种物联网应用既面临着传统的仿冒、拒绝服务攻击和重放攻击等网络安全威胁,也面临着如何更好地方便用户实现隐私保护,进行身份认证和访问授权等安全问题的挑战。对于保证众多异构物联网设备间的相互通信、信任管理、相互认证和授权,物联网这类开放网络环境下的访问控制模型和访问控制策略显得至关重要。

针对物联网的规模和特点,第三级及以上系统在区域边界处需要设置访问控制机制,控制用户和节点设备对物联网内部资源的访问,能够根据数据的时间戳决定是否允许该数据流通过区域边界接口;需要采取网络最大流量限制和网络连接数限制措施,防范物联网终端节点请求量大引起拒绝服务攻击;物联网终端节点通过物联网接入协议向物联网后端发起请求,第三级及以上系统需要能根据无线网络、蓝牙网络、窄带物联网等各种通信协议的特性，控制不规范数据包的出入，既可以减轻物联网后台处理数据的负担、提高性能，也可以限制网络流量。

第四级及以上系统访问控制机制在满足第三级系统要求的基础上提出了更高的要求，控制粒度应为节点级，可对物联网某个终端设备的访问进行限制；在访问控制机制上基于协议的过滤，识别进出网络数据包的信息内容，实现对协议命令级的控制。

【设计说明】

访问控制是对用户合法使用资源的认证和控制，目前信息系统的访问控制是基于角色的访问控制机制及其扩展模型进行的。对物联网而言，末端是感知网络，可能是一个感知节点或一个物体，采用用户角色的形式进行资源的控制显得不够灵活。在某种程度上，物联网可看作移动互联网、传感器网和互联网等网络的融合，末端节点不是用户，而是各类传感器或其他设备，且种类繁多，需要采用更为灵活、更适用的访问控制机制。通常，在进行物联网安全网关设计时，采用多种访问控制技术，如基于属性的访问控制机制、基于权能的访问控制机制等，供用户结合实际场景进行选择。

物联网安全网关能对网络区域进行边界隔离，对不同区域之间的流量进行控制，为用户提供增强型安全过滤。可检测空数据包、错误数据包等不符合 RFC 标准或厂家约定标准的数据包并进行丢弃，防止过多无用的数据包造成网络拥塞，引起拒绝服务攻击；可对应用进行深入内容检测，并对应用采取阻断、限流的控制措施，实现对协议命令级的控制。物联网安全网关具有通信距离远、抗干扰能力强、组网灵活、低功耗、无线传输等特点，适合物联网大面积、大规模快速组网应用。针对物联网分布式部署的业务特点及网络碎片化问题，借助物联网安全网关提供对物联网接入设备的安全访问控制功能，使物联网具有强大的行业应用扩展能力，从而全面构建物联网网络的端到端安全体系。

4.3.2.2　区域边界准入控制

【安全要求】

第一级：无。

第二级：应在安全区域边界设置准入控制机制，能够对设备进行认证。

第三级：应在安全区域边界设置准入控制机制，能够对设备进行认证，保证合法设备接入，拒绝恶意设备接入；应根据感知设备特点收集感知设备的健康性相关信息如固件版本、标识、配置信息校验值等，并能够对接入的感知设备进行健康性检查。

第四级：同第三级。

【标准解读】

第二级及以上系统需在安全区域边界设置准入控制机制，能够对设备进行认证，拒绝恶意设备接入。

第三级及以上系统需对接入的感知设备的健康性相关信息进行收集，并形成该设备的唯一指纹信息；需定期对接入的感知设备进行健康性检查，若该指纹信息发生改变，则认为该感知设备已被非法替换，将进行报警和网络阻断，拒绝非法设备的恶意接入。

【设计说明】

物联网终端设备边界接入形式复杂多样，接入设备种类繁多，并且可随意扩展，从而无限扩展了网络边界，让区域边界不再可控可管，无法保障接入设备的安全性和合规性，非常容易引入安全威胁。在进行物联网区域边界设计时，可采用准入技术，帮助用户快速实现对内网边界的规划，以及有效的网络接入准入控制。

企业可通过准入控制产品实现终端设备的准入。大多准入控制系统均支持 802.1X（访问控制和认证协议）、策略路由、端口镜像、DHCP、透明网桥等多种准入技术。将准入控制系统旁路部署在网络核心交换机处，在不更换任一设备、不改变网络结构的情况下，开启准入功能，对各种接入感知终端进行分类、识别、定位、标识。

准入控制系统通过先进的设备指纹特征匹配技术对感知终端进行防控，通过扫描获取到的指纹信息进行该设备的标记，当设备被更换后，能够立即响应，迅速确定该设备是否为标记的设备，对非法的接入设备进行网络阻断，防止其接入网络造成安全风险。应用设备特征指纹采集技术，在不安装客户端的情况下进行外部扫描、被动监听，获取接入设备的特征信息，通过算法和指纹特征库匹配，快速、准确地进行接入设备的发现和自动分类管理。

4.3.2.3　区域边界协议过滤与控制

【安全要求】

第一级：无。

第二级：**应在安全区域边界设置协议检查，对通信报文进行合规检查。**

第三级：**应在安全区域边界设置协议过滤，能够对物联网通信内容进行过滤**，对通信报文进行合规检查；**根据协议特性，设置相对应控制机制。**

第四级：应在安全区域边界设置协议过滤，能够对物联网通信内容进行**深度检测**和过滤，对通信报文进行合规检查；根据协议特性，设置相对应**基于白名单控制的机制。**

【标准解读】

第二级及以上系统需在安全区域边界进行协议检查，检查通信报文是否合规，如是否符合 RFC 等标准。

第三级及以上系统需在安全区域边界设置协议过滤，对物联网通信内容进行深度检测和过滤，可基于 URL、文件类型、HTTP 和电子邮件关键字等进行访问控制；根据各协议特性，既可设置默认拒绝（没有明确地被允许就应被拒绝）方式，也可设置默认允许（没有明确地被拒绝就应被允许）方式。

第四级及以上系统必须采用默认拒绝策略，基于白名单对数据包内的各种关键信息进行过滤。

【设计说明】

传统的检测方法仅能检测源 IP 地址、目的 IP 地址、源端口、目的端口，深度包检测技术除对上述内容进行检测识别之外，还支持对应用层内容的分析和识别。深度包检测技术实现了对数据包更深层次的检测，不仅能够检测单个数据包的内容，还能够把分散的数据包重新组合成相关联的数据流，在保持数据流状态的同时进行攻击的检测。目前，大多数攻击都是针对应用层的攻击，深度包检测技术可检测隐藏在应用层内容中的恶意代码或指令，实现对数据包的深度检测，有效地抵御网络攻击。

物联网安全网关通过深度包检测技术实现网络访问控制，深度防护规则包含源 IP 地址、目的 IP 地址、源端口、源 MAC、流入网口、流出网口、访问控制、时间调度、服务、是否为长连接等多个控制项，对不合规的数据包和访问，系统会进行拦截并告警。物联网安全网关的访问控制机制既支持默认拒绝方式，也支持默认允许方式，可根据物联网系统安全要求进行配置。依据深度包检测技术更深层次的数据检测特点，设置基于白名单的控制机制，仅允许白名单中的应用被放行。需要注意的是，一旦启用白名单，只有白名单中的业务可以正常访问，但存在业务隐患，若未及时补充白名单或有缺漏，则业务将无法正常提供服务。因此，在启用白名单前，建议企业进行自查，尽可能完善白名单。

4.3.3 安全通信网络

安全通信网络物联网安全设计要求是针对物联网个性化保护需求而提出的，涉及通信网络数据传输完整性保护、可信连接验证等共性需求，共性需求保护设计可遵循通用要求。

4.3.3.1 感知层网络数据新鲜性保护

【安全要求】

第一级：无。

第二级：无。

第三级：应在感知层网络传输的数据中加入数据发布的序列信息如时间戳、计数器等，以实现感知层网络数据传输新鲜性保护。

第四级：同第三级。

【标准解读】

第三级及以上系统需在传输的数据包中加入数据发布的序列信息，如时间戳、计数器等，避免历史数据的重放攻击或利用被非法修改的历史数据进行重放攻击。

【设计说明】

重放攻击又称新鲜因子攻击，俗称复制攻击，是指攻击者发送一个目的主机已接收过的包，来达到欺骗的目的，主要用于身份认证过程，破坏认证的正确性。重放攻击是对协议新鲜性的攻击，协议缺乏新鲜性检查机制是导致被重放攻击的主要原因，其防御手段是在协议中注入新鲜因子，保持消息块、协议间的新鲜性。

时间戳是最常见的新鲜性检查机制之一。时间戳能够保证消息在一段时间内的新鲜性，接收方只认可时间戳与当前系统时间的差值在设定范围之内的消息，使得该消息具有难以伪造的特性。时间戳机制应结合我国密码机构认可的密码算法（如 SM3）进行加密，主要用于计算消息的摘要，校验消息的完整性。

随机数是设计中常用的新鲜因子，可以设置一种基于随机数池的新鲜性检查机制。在服务器端和客户端设计一定容量的随机数池，客户端每次请求时都携带一个不重复的随机数。在接到请求时，先验证序列号是否合法，若不合法就直接拒绝，若合法就接着查看缓存中是否已经存在该随机数，若已经存在，则表明该请求已经被处理，若不存在，则认为此协议具有新鲜性，在处理完毕后，将该随机数缓存。这样可以保证一个随机数对应的请求只会被处理一次，相对比较安全地杜绝了重放攻击。

计数器机制是基于序列号的新鲜性检查机制。服务器端和客户端的通信报文中附带一个序列号，序列号是与通信对象绑定的具有延续性的数值。例如，当 A 与 B 首次交互时，报文中关键消息附带的序列号为 N；当第二次交互时，附带的序列号为 $N+1$；当第三次交互时，附带的序列号为 $N+2$。接收方只认可序列号在预先设定的拉偏范围之内的消息，只要接收到一个不是预期的序列号数值，就判断有重放攻击。

企业可要求开发服务提供商在开发过程中采取时间戳、随机数、计数器等方式，在一定程度上防止重放攻击，将安全设计、安全编码及安全测试等传统技术和活动融入产品需求分析、安全设计、安全开发、测试验证及上线发布等系统开发全生命周期中，系统地识别和消除各阶段可能出现的信息安全风险。

4.3.3.2 异构网安全接入保护

【安全要求】

第一级：无。

第二级：应采用接入认证等技术建立异构网络的接入认证系统，保障控制信息的安全传输。

第三级：应采用接入认证等技术建立异构网络的接入认证系统，保障控制信息的安全传输；应根据各接入网的工作职能、重要性和所涉及信息的重要程度等因素，划分不同的子网或网段，并采取相应的防护措施。

第四级：应采用接入认证等技术建立异构网络的接入认证系统，保障控制信息的安全传输；应根据各接入网的工作职能、重要性和所涉及信息的重要程度等因素，划分不同的子网或网段，并采取相应的防护措施。应对重要通信提供专用通信协议或安全通信协议服务，避免来自基于通用通信协议的攻击破坏数据完整性。

【标准解读】

第二级及以上系统需建立异构网络的接入认证系统，拒绝恶意节点接入，保障控制信息的安全传输。

第三级及以上系统需根据各接入网的工作职能、所运行的业务性质和重要程度等因素划分不同的子网或网段，对各网段间的访问进行隔离与控制，并根据各区域业务性质采取相应的防护措施。

第四级及以上系统需对通信过程进行加密，阻止窃听、攻击者伪造等，保护通信过程中的数据完整性。

【设计说明】

物联网是一个能兼容各种异构系统和分布式资源的开放式网络。接入认证作为终端设备安全接入网络的第一步，对保证物联网安全起着至关重要的作用。建立异构网络的接入认证，能够拒绝恶意节点的接入，保证合法终端正常接入并协同工作。

对复杂的异构网络安全而言，接入认证只是第一道防线。需根据各异构网络的业务性质、重要性、受攻击后影响程度、原有安全机制等多个方面，划分不同的子网和网段，采取隔离、访问控制及其他相应措施，检测已经混入网络中恶意节点的访问并进行阻断。

为保证各终端节点在传输过程中通信内容的完整性与保密性，数据不被攻击者篡改，需使用专用通信协议或安全通信协议服务，即使通信报文被攻击者截获，由于通信协议安全，攻击者也无法窃听、修改报文或进行重放等攻击。

4.3.4　安全管理中心

4.3.4.1　系统管理

【安全要求】

第一级：无。

第二级：可通过系统管理员对系统的资源和运行进行配置、控制和可信管理，包括用户身份、可信证书、可信基准库、系统资源配置、系统加载和启动、系统运行的异常处理、数据和设备的备份与恢复以及恶意代码防范等。

应对系统管理员进行身份鉴别，只允许其通过特定的命令或操作界面进行系统管理操作，并对这些操作进行审计。

在进行物联网系统安全设计时，应通过系统管理员对感知设备、感知层网关等进行统一身份标识管理。

第三级：可通过系统管理员对系统的资源和运行进行配置、控制和可信及**密码**管理，包括用户身份、可信证书**及密钥**、可信基准库、系统资源配置、系统加载和启动、系统运行的异常处理、数据和设备的备份与恢复等。

应对系统管理员进行身份鉴别，只允许其通过特定的命令或操作界面进行系统管理操作，并对这些操作进行审计。

在进行物联网系统安全设计时，应通过系统管理员对感知设备、感知层网关等进行统一身份标识管理；**应通过系统管理员对感知设备状态（电力供应情况、是否在线、位置等）进行统一监测和处理。**

第四级：可通过系统管理员对系统的资源和运行进行配置、控制和可信管理，包括用户身份、可信证书、可信基准库、系统资源配置、系统加载和启动、系统运行的异常处理、数据和设备的备份与恢复等。

应对系统管理员进行身份鉴别，只允许其通过特定的命令或操作界面进行系统管理操作，并对这些操作进行审计。

在进行物联网系统安全设计时，应通过系统管理员对感知设备、感知层网关等进行统一身份标识管理；应通过系统管理员对感知设备状态（电力供应情况、是否在线、位置等）进行统一监测和处理。**应通过系统管理员对下载到感知设备上的应用软件进行授权。**

【标准解读】

第一级没有特殊要求，第二级、第三级和第四级要求物联网系统各个安全分区能实现安全管理中心的统一管理，当前关于物联网的等级保护技术要求，依据物联网架构的三个逻辑层，即感知层、网络传输层和处理应用层，提出了具体的技术要求。由于网络传输层和处理应用层通常是由计算机设备构成的，因此这两部分按照安全通用要求提出的要求进行保护，物联网安全扩展要求针对感知层提出特殊安全要求，能够实现对物联网感知设备、感知层网关的统一身份标识管理，能够对感知设备状态（电力供应情况、是否在线、位置等）进行统一监测和处理。在可信计算方面，除采用部署基于可信计算技术的操作系统免疫保护平台进行配置、控制和可信管理，实现系统管理员对系统的资源和运行的配置、可信软件管控及密码管理，包括用户身份、可信证书及密钥、系统资源配置等内容之外，还应实现系统管理员对系统的可信基准库的管理。

【设计说明】

感知层的主要设备是各种无线传感器，它的功能是感知搜集特定目标的信息。但大部分传感器设备部署在公共区域，无法人为地实时监控，所以就很容易被攻击者控制利用（如发生信息盗用情况，导致用户的特定身份认证信息被恶意获取），因此需要实现物联网系统的集中管理。

系统管理通过系统管理员实施完成，在进行系统管理时，既可以对每个设备单独管理，也可以通过统一管理平台进行集中管理，管理区域的设备也和被管理的网络设备、安全设备、服务器及应用系统一样，能够对自身运行进行监控和告警，以及记录系统日志。对于物联网中的感知层设备，应实现对具有身份标识功能的设备的统一管理，如采用物联网安全管理系统中的设备管控中心等子系统对终端设备、运行环境等进行实时监控，并对异常行为进行提前预警等，实现对当前物联网感知终端的电力供应情况、是否在线、位置等的实时监测，并能在事故发生时进行实时报警并处理。

系统管理员通过使用基于可信计算的操作平台，实现计算设备的内核级系统监控、文件可信校验、动态度量、可信网络连接及可信审计等功能，进而实现对系统的资源和运行进行配置、可信软件管控及密码管理，包括用户身份、可信证书及密钥、可信基准库、系统资源配置、系统加载和启动、系统运行的异常处理、数据和设备的备份与恢复等。

4.3.4.2　安全管理

【安全要求】

第一级：无。

第二级：无。

第三级：应通过安全管理员对系统中的主体、客体进行统一标记，对主体进行授权，配置可信验证策略，维护策略库和度量值库。

应对安全管理员进行身份鉴别，只允许其通过特定的命令或操作界面进行安全管理操作，并进行审计。

在进行物联网系统安全设计时，应通过安全管理员对系统中所使用的密钥进行统一管理，包括密钥的生成、分发、更新、存储、备份、销毁等。

第四级：应通过安全管理员对系统中的主体、客体进行统一标记，对主体进行授权，配置可信验证策略，并确保标记、授权和安全策略的数据完整性。

应对安全管理员进行身份鉴别，只允许其通过特定的命令或操作界面进行安全管理操作，并进行审计。

在进行物联网系统安全设计时，应通过安全管理员对系统中所使用的密钥进行统一管理，包括密钥的生成、分发、更新、存储、备份、销毁等，**并采取必要措施保证密钥安全。**

【标准解读】

第一级和第二级没有特殊要求，第三级和第四级要求物联网系统各个安全分区能实现安全管理中心中安全策略的统一管理，安全管理员主要负责安全策略的配置、参数设置、安全标记（非强制要求）、授权及安全配置检查和保存等。物联网的等级保护技术要求，依据物联网架构的三个逻辑层，即感知层、网络传输层和处理应用层，提出了具体的技术要求。由于网络传输层和处理应用层通常是由计算机设备构成的，因此这两部分依旧按照安全通用要求提出的要求进行保护，物联网安全扩展要求针对感知层提出特殊安全要求，在进行物联网系统安全设计时，应通过安全管理员对系统中所使用的密钥进行统一管理，包括密钥的生成、分发、更新、存储、备份、销毁等。

【设计说明】

安全管理通过安全管理员实施完成，安全策略可以通过统一管理平台进行集中管理，实现对密钥的集中管控。其中，物联网网关节点主要用于和弱终端的连接，需要对与其连接的设备的合法性进行判断。设备的密钥和配置参数的更新有安全基线的要求，需要支持授权用户的在线更新。对于物联网中的感知层设备，应实现对具有配置管理功能的设备的统一管理。

安全管理员要求只允许通过特定的命令或操作界面来管理，对安全策略、设备参数进行配置，并具有审计记录。

4.3.4.3　审计管理

【安全要求】

第一级：无。

第二级：可通过安全审计员对分布在系统各个组成部分的安全审计机制进行集中管理，包括根据安全审计策略对审计记录进行分类；提供按时间段开启和关闭相应类型的安全审计机制；对各类审计记录进行存储、管理和查询等。

应对安全审计员进行身份鉴别，只允许其通过特定的命令或操作界面进行安全审计操作。

第三级：可通过安全审计员对分布在系统各个组成部分的安全审计机制进行集中管理，包括根据安全审计策略对审计记录进行分类；提供按时间段开启和关闭相应类型的安全审计机制；对各类审计记录进行存储、管理和查询等。**对审计记录应进行分析，并根据分析结果进行处理。**

应对安全审计员进行身份鉴别，只允许其通过特定的命令或操作界面进行安全审计操作。

第四级：可通过安全审计员对分布在系统各个组成部分的安全审计机制进行集中管理，包括根据安全审计策略对审计记录进行分类；提供按时间段开启和关闭相应类型的安全审计机制；对各类审计记录进行存储、管理和查询等。对审计记录应进行分析，并根据分析结果进行**及时处理**。

应对安全审计员进行身份鉴别，只允许其通过特定的命令或操作界面进行安全审计操作。

【标准解读】

物联网安全管理中心对审计管理的要求与通用要求一致。审计管理主要负责对物联网中所有重要设备的审计数据进行查询、统计、分析，实现对系统用户行为的监测和报警，能够对发现的安全事件或违反安全策略的行为及时告警，并采取必要的应对措施。

安全管理中心增加审计管理要求，审计管理的范围除通用系统设备，如网络设备、安全设备、主机、操作系统、数据库等网络和系统资源之外，还应对包括物联网中的物联网管理平台、重要物联网感知节点等进行综合审计管理，并要求对审计机制进行集中管理。通过安全审计员对分布在系统各个组成部分的安全审计机制进行集中管理，安全审计员主要负责对审计日志进行分类、查询和分析，并根据审计结果对安全事件进行处理，在事件处理完成后提供安全事件审计报告。安全审计员负责对系统管理员、安全管理员、审计管理员的操作行为进行审计和跟踪。安全审计员通过使用密码、证书等身份鉴别技术得到合法授权后，再通过特定的命令或操作界面进行安全审计操作，审计操作过程也要被记录下来。

第三级系统设计技术要求相对第二级系统设计技术要求而言，增加了对审计记录的分析、处理措施。

第四级系统设计技术要求在第三级系统设计技术要求的基础上增加了对审计记录分

析结果进行及时处理的要求，强调了对审计记录分析结果的实时性处理。

【设计说明】

通过在核心交换机旁部署网络安全审计系统，在安全管理区中部署日志审计和数据库审计等相关审计设备，开展安全事件分析和安全审计工作，并在审计设备上设置独立的安全审计员角色，由信息部门相关技术人员担任，根据审计工作内容为安全审计员分配审计权限。信息部门应在安全策略里明确安全审计策略，明确安全审计的目的、审计周期、审计账号、审计范围、审计记录的查询、审计结果的报告等相关内容，并按照安全审计策略对审计记录进行存储、管理和查询。

审计管理应包含网络安全审计，对网络中的设备和系统运行过程中产生的信息进行实时采集和分析，同时对物联网中重要软/硬件系统的运行状态进行监测。当发生异常情况时，网络安全审计系统可以立即发出警告信息，并向网络管理员提供详细的审计报告和异常分析报告，让网络管理员可以及时发现系统的安全隐患，以采取有效的措施来保护网络系统安全。另外，还应包含日志审计系统，采集物联网中设备的安全信息，并集中分析产生的安全告警。审计管理还应通过数据库审计系统对数据库进行静态、动态审计，通过对业务人员访问系统的行为进行解析、分析、记录、汇报，帮助用户事前规划预防，事中实时监视、违规行为响应，事后合规报告、事故追踪溯源，促进核心资产的正常运营。

4.4　安全效果评价指南

4.4.1　合规性评价

根据物联网多层次的系统特点，物联网的合规性评价包括通用系统合规性评价和物联网扩展部分要求的合规性评价，其中通用系统部分的评价可参照通用网络部分，这里不做过多描述。物联网扩展部分要求的合规性评价是指物联网系统设计方案中相关的技术措施、产品及安全服务是否满足《基本要求》中对应部分的安全要求，主要体现在以下几个方面：第一，明确设计主体，确保《设计要求》与《基本要求》责任主体一致；第二，审核设计总体框架是否满足"一个中心，三重防护"的基本要求；第三，审核《基本要求》相应级别的技术要求是否已在设计方案中通过具体措施和机制予以明确；第四，确认设计方案相关的安全功能和策略是否满足《基本要求》的相应安全强度，确保所设计的安全功能满足设计主体的安全级别要求。

表 4-6 所示为第三级物联网系统要求的合规性评价。

表 4-6　第三级物联网系统要求的合规性评价

基本要求	控制层面	《基本要求》控制点	合规性分析
安全通用要求	安全计算环境	身份鉴别	采用设备指纹 ID 保证设备的唯一性，网关和设备的证书公钥加入可信区域中，通过安全软件开发工具包实现密钥交换及数据加密传输，保证双方通信安全
		访问控制	采用物联网安全管理系统快速对网关设备进行安全管控，并通过设置访问控制策略控制外部访问感知层设备； 采用设备指纹 ID 和设备身份认证系统保证设备的唯一性和真实性，并通过对感知设备或网关设置访问控制策略实现访问权限管理
	安全区域边界	边界防护	物联网区域边界设计时采用准入技术，帮助用户快速实现对内网边界的规划，实现有效的网络接入准入控制
			采用物联网安全管理系统快速实现对网关设备进行安全管控，并通过策略控制允许接入的应用层或感知层设备
	安全通信网络	通信传输	采用第三方设备身份认证系统，对每个设备生成唯一的设备 ID 和公私密钥对，当终端与服务端进行数据通信时，先采用非对称算法对随机数进行加/解密认证，认证通过后再利用临时产生的通信密钥对数据进行加密传输，保障通信数据的完整性和真实性
	安全管理中心	系统管理	采用物联网安全管理系统中的设备身份认证系统，密钥管理中心、设备管控中心等子系统对终端设备、运行环境等进行实时监控，并对异常行为进行提前预警； 物联网安全管理系统定期对设备固件版本进行完整性校对，出现篡改等行为提前预警，并可更新恢复版本
物联网安全扩展要求	安全计算环境	感知节点设备安全	采用物联网安全管理系统快速实现对网关设备进行安全管控，并通过策略控制网关控制接入的应用层或感知层设备，未授权设备无法经过网关接入网络
	安全区域边界	接入控制	未授权设备无法经过网关接入网络；采用设备身份认证系统对感知层设备进行唯一标识，数据通信前必须进行合法身份校验
	安全通信网络	抗数据重放	避免历史数据的重放攻击或利用被非法修改的历史数据进行重放攻击。当前系统制定数据报文头时，可添加时间戳、计数器字段，并计算关键字段的 Hash 值存储在报文体中，报文体应当采用通信协议保护软件开发工具进行安全加密处理，防止数据包被篡改或伪造，从而保障数据的新鲜性

4.4.2　安全性评价

物联网的安全性评价需要从以下四个角度来考虑。

首先，考量资产鉴别统计。要对物联网的资产范围进行确认，包括感知层、网络传输层、处理应用层的资产范围，这是安全性评价的前提，具体包括审核厘清物联网环境的资产数量、种类及资产的网络层次。

其次，考量以业务资产为中心的纵深防御安全产品与安全组件。在具体防护时还要对物联网业务和外联情况进行安全需求确认，要依据数据的敏感程度、终端的智能程度和不同的网络架构特点，平衡引入安全机制所带来的资源消耗和成本。采取可行的终端安全技术来适配种类复杂的海量物联网终端，同时对关键业务资产引入纵深防御的安全产品。

再次，考量全业务系统的防御思维。《基本要求》着重对感知层提出扩展的安全保护要求，对物理和环境安全、网络和通信安全、设备和计算安全，以及应用和数据安全做了扩展要求。由于网络传输层和处理应用层通常是由计算机设备构成的，因此这两部分按照安全通用要求进行保护。

最后，考量系统联动安全响应方案。系统内的安全产品与安全组件要在系统遭受攻击之前发现潜在的安全问题。系统要持续甄别筛选安全问题，形成有效的安全事件。系统需要高效地响应安全事件，及时形成系统防御方案。因此，系统需要高效可靠的系统联动方案来保障物联网业务功能的正常平稳运行。

通过对物联网业务安全需求的分析，对比物联网扩展要求中不同等级要求差异，结合具体防护级别做出安全性评价，如表4-7所示。

表 4-7　物联网安全性评价表

类别	子类	具体要求	第一级	第二级	第三级	第四级
安全物理环境	感知节点设备物理防护	感知节点设备所处的物理环境应不对感知节点设备造成物理破坏，如挤压、强振动等	√	√	√	√
		感知节点设备在工作状态所处物理环境应能正确反映环境状态（如温湿度传感器不能安装在阳光直射区域）	√	√	√	√
		感知节点设备在工作状态所处物理环境应不对感知节点设备的正常工作造成影响，如强干扰、阻挡屏蔽等；关键感知节点设备应具有可供长时间工作的电力供应（关键网关节点设备应具有持久稳定的电力供应能力）	×	×	√	√
		关键感知节点设备应具有可供长时间工作的电力供应（关键网关节点设备应具有持久稳定的电力供应能力）	×	×	×	√

续表

类别	子类	具体要求	第一级	第二级	第三级	第四级
安全区域边界	接入控制	应保证只有授权的感知节点可以接入	×	√	√	√
	入侵防范	应能够限制与感知节点通信的目标地址，以避免对陌生地址的攻击行为	×	√	√	√
		应能够限制与网关节点通信的目标地址，以避免对陌生地址的攻击行为	×	√	√	√
安全计算环境	感知节点设备安全	应保证只有授权的用户可以对感知节点设备上的软件应用进行配置或变更	×	×	√	√
		应具有对其连接的网关节点设备（包括读卡器）进行身份标识和鉴别的能力	×	×	√	√
		应具有对其连接的其他感知节点设备（包括路由节点）进行身份标识和鉴别的能力	×	×	×	√
	网关节点设备安全	应具有对合法连接设备（包括感知节点、路由节点、数据处理中心）进行标识和鉴别的能力	×	×	√	√
		应具有过滤非法节点和伪造节点所发送的数据的能力	×	×	√	√
		授权用户应能够在设备使用过程中对关键密钥进行在线更新	×	×	√	√
		授权用户应能够在设备使用过程中对关键配置参数进行在线更新	×	×	√	√
	抗数据重放	应能够鉴别数据的新鲜性，避免历史数据的重放攻击	×	×	√	√
		应能够鉴别历史数据的非法修改，避免数据的修改重放攻击	×	×	√	√
	数据融合处理	应对来自传感网络的数据进行融合处理，使不同种类的数据可以在同一个平台被使用	×	×	√	√
		应对不同数据之间的依赖关系和制约关系等进行智能处理，如一类数据达到某个门限时可以影响对另一类数据采集终端的管理指令	×	×	×	√
安全运维	感知节点管理	应指定人员定期巡视感知节点设备、网关节点设备的部署环境，对可能影响感知节点设备、网关节点设备正常工作的环境异常进行记录和维护	√	√	√	√
		应对感知节点设备、网关节点设备入库、存储、部署、携带、维修、丢失和报废等过程做出明确的规定，并进行全程管理	×	√	√	√
		应加强对感知节点设备、网关节点设备部署环境的保密性管理，包括负责检查和维护的人员调离工作岗位后应立即交还相关检查工具和检查维护记录等	×	×	√	√

第一级和第二级物联网安全扩展要求相对比较简单。在第三级和第四级物联网安全扩展要求中，针对安全物理环境中的"感知节点设备物理防护"，强调"感知节点设备所处的物理环境应不对感知节点设备造成物理破坏""感知节点设备在工作状态所处物理环境应能正确反映环境状态""感知节点设备在工作状态所处物理环境应不对感知节点设备的正常工作造成影响""关键感知节点设备应具有可供长时间工作的电力供应"。

在第三级和第四级物联网安全扩展要求中，安全区域边界对入侵防范着重提到了感知节点通信和网关节点通信，这可以被视为对传感器等设备的安全要求。

从内容上看，安全计算环境是重点。这个部分分别从感知节点设备安全、网关节点设备安全、抗数据重放及数据融合处理四个方面进行了详细规定。感知节点方面强调授权用户操作，具有对连接的网关节点设备进行身份标识和鉴别的能力，以及对其他感知节点设备进行身份标识和鉴别的能力。

4.5　物联网安全设计案例

4.5.1　视频监控系统等级保护三级安全设计案例

4.5.1.1　背景

以视频监控系统为例，现今在物联网技术和大数据融合应用的推动下，IP 摄像头大规模部署，视频监控专网建设日趋增多，作为一个集安防监控和安全预警于一体的大型数字化网络，视频监控网络的安全现状并不乐观，视频监控设备和相关管理系统均存在大量安全威胁，由自身安全威胁引发的安全事件屡见不鲜。视频监控系统安全威胁可分为物理威胁、网络威胁、主机威胁、应用威胁和数据威胁。视频监控系统作为国家关键信息基础设施，一旦遭到破坏、丧失功能或者数据泄露，将严重影响国家安全、国计民生和公共利益，解决视频监控系统的安全威胁隐患刻不容缓。

4.5.1.2　需求分析

视频监控领域近年来发展迅速，视频监控厂商为应对各种需求，开发了大量的不同型号的产品，在产品开发迭代加速的背景下，可能存在忽略安全问题的情况。目前，已经暴露的漏洞大多为安全研究团体、安全厂商或安全爱好者所公布。限于研究条件或其他因素，暴露的问题大多集中在认证授权、RTSP、Web 程序等普通安全研究人员较容易接触的层面。整个视频监控系统涉及的层面远远不止于此，从厂商产品资料、解决方案、用户部署案例等相关信息来源来看，如 RTP、NTP、ONVIF、PSIA 协议，GB/T28181 标准等，厂商在具体实现上均可能存在安全漏洞。而除摄像头、DVR、NVR 等设备之外，视频监控系统还存在应用服务器等 IT 基础设施的若干问题，厂商 / 集成商开发的具体应用也可能存在安全问题，未来在此方面的漏洞报告将会陆续出现。

利用默认口令/弱口令攻击：在视频网络中，通过 DVR、IP 摄像头、业务系统的默认用户名和密码，可以在网络可达的情况下，使用用户默认口令，攻击目标视频网络，获取视频网络中的敏感信息，进而控制整个视频监控系统，甚至影响与视频网络连接的其他网络的业务系统。

利用设备漏洞攻击：视频网络中设备自身的漏洞将遭受来自外部网络的攻击，视频监控设备自身的漏洞可能会导致拒绝服务、设备失效、敏感信息泄露，进而控制整个视频监控系统，影响视频监控网络的整体安全性。

利用服务器漏洞攻击：视频专网中相关业务系统的漏洞也会遭受来自外部网络的攻击，视频监控设备以外的相关服务器（如主机、操作系统、中间件、数据库、网络设备、安全设备等）的漏洞也会导致设备出现拒绝服务，业务系统服务器被非法控制、获得权限影响业务传输，视频资源、业务数据等敏感信息被泄露等后果。

内部恶意攻击服务器：除视频专网外部的相关业务系统的漏洞之外，视频专网还会遭受来自内部网络的攻击，视频监控设备以外的相关服务器（如主机、操作系统、中间件、数据库、网络设备、安全设备等）的漏洞及 DVR、IP 摄像头等路由可达视频监控设备的漏洞也会导致设备出现遭受病毒攻击、业务中断、影响业务传输、敏感信息泄露和内部违法等后果。

内部未授权访问攻击：在内部视频网络中，相关业务系统视频资源访问控制不严格和相关业务系统/视频资源认证可绕过等风险将导致内部的相关业务系统出现敏感信息被泄露的后果，还会造成内部违法和违纪，损害公民、法人的利益。

通过以上威胁分析，我们可以大致了解视频监控系统可能面临的安全威胁及后果，确认安全需求，有助于选择控制措施来进行保护。具体措施如下。

1）前端设备安全

视频数据的来源是前端监控设备。前端监控设备是构成视频监控网络数量最多的 IP 主机，需采取有针对性的防护措施，如对利用已知和未知视频监控设备漏洞的异常网络攻击进行防御、检测利用默认口令/弱口令登录事件、主动发现内部具有默认口令/弱口令和已知安全漏洞的前端设备或系统、对视频设备的可用性进行监控、实现资产发现及准入控制等。

2）网络传输安全

网络承载了视频数据的传输任务，设置安全访问控制策略及攻击防御措施，并对传输链路的质量进行监控，可以有效地维持网络的可用性，在阻止非法接入及网络攻击的同时，确保不至于因为某一子网的问题对其他子网造成影响。需要通过网络协议分析与异常攻击检测，发现来自外部网络的非法登录事件，检测木马后门连接等异常流量，通过用户行为安全审计检测异常登录及越权操作行为。

3）边界接入安全

视频监控专网是一个与其他网络物理隔离的网络，当视频监控专网有与其他网络进行数据交换传输的需求时，就需要考虑区域边界访问控制、逻辑隔离、防病毒、防入侵等问题。

4）应用数据安全

视频数据安全需要部署统一管理的视频监控管理平台，有统一的数据存储、统一的身份认证体系和权限管理，并管理子网的安全防护问题。除此之外，还需要对视频数据的访问进行合规审计。

5）跨网数据交换

视频专网是物理隔离的。出于安全考虑，如果用户需要查看视频专网图像资源，那么必须在视频专网监控中心调看，流程十分复杂。将视频监控图像安全传入企业内网，用户就能实现在内网随时随地调看，不仅能够大大提高工作效率，还能够更好地发挥监控作用，需使用跨网视频安全交换系统来解决数据传输及安全问题。

6）网络防病毒

视频专网内部、跨网数据交换及外网终端接入过程中具有网络防病毒需求。

7）安全管理

安全管理体系建设是安全系统建设的重要部分，安全管理的根本目的是规范和约束相关的业务运行，维护安全操作，辅助各项安全技术手段发挥正常功效，贯彻执行安全策略的各项要求，安全管理的具体表现形式为安全管理规范的出台和实施，包括现有的安全管理策略文档、制度文档、流程文档、方案文档、规范文档、应急计划、业务连续性计划等。

4.5.1.3 安全架构设计

以打造"管理先进、技术领先、工作高效"的安全体系为目的，立足基础安全运营，开展安全管理，降低安全风险，提升管理水平。构建全方位安全体系，深化安全管理体系，强化安全技术体系。

安全管理体系：以信息安全根本"人"为抓手，建立安全人员组织，提升安全人员管理能力，加强安全人员安全培训。落实信息安全责任集中制，以安全管理方针政策为指导，建立视频网络安全管理标准规范，参考安全指南细则，有效地保障安全管理可落地、可实施、可执行。

安全技术体系：从监测与识别、安全防护、安全审计三个角度，关注视频网络基础安全，覆盖视频网络关键基础，为视频网络中终端、数据、应用、系统、网络层面提供安全保障。

视频专网总体安全架构设计如图 4-10 所示。

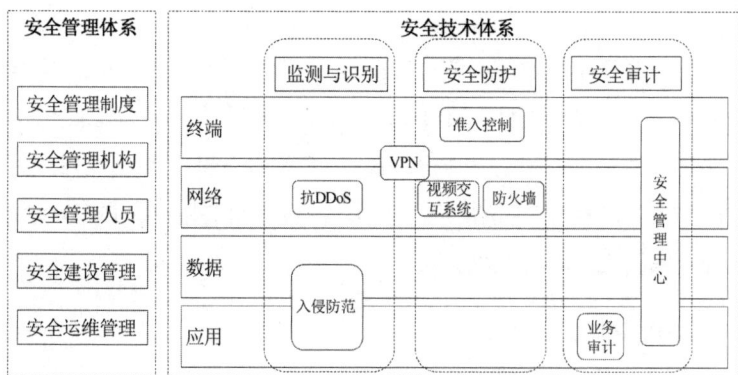

图 4-10 视频专网总体安全架构设计

4.5.1.4 详细安全设计

1. 边界访问控制

视频专网边界防护作为从单位内网或互联网接入视频专网的第一道安全屏障，必须具备完善的访问控制、入侵防护能力。防火墙技术是目前网络边界保护最有效也是最常见的技术，其首要功能就是根据数据包的源地址、目标地址、协议类型、源端口、目标端口及网络协议等对数据包进行访问控制。通过在视频专网边界部署防火墙，可以对所有流经防火墙的数据包按照严格的安全规则进行过滤，将所有不安全的或不符合安全规则的数据包屏蔽，防范各类网络层攻击行为，杜绝越权访问，防止非法攻击，通过合理布局形成多级的纵深防御体系。

2. 视频安全交换

通过视频安全交换系统可以将视频专网的视频监控资源安全地接入其他区域，处于其他区域的用户通过视频安全交换系统主动访问或获取视频专网资源，包括视频数据的显示、存储、回放等。视频安全交换系统包括视频接入认证模块、视频安全隔离模块、视频用户认证模块三部分。经过设备身份认证后的视频接入设备，需要通过专线方式接入到视频接入链路。视频接入认证模块对接入对象进行设备认证，并对视频信令格式进行检查及内容过滤，只允许合法的协议和数据通过。视频安全隔离模块对视频控制信令和数据分别进行处理和传输。视频用户认证模块对内网上使用视频资源的用户进行统一注册、身份认证及权限管理，仅允许认证通过的用户访问已授权的视频资源。

3. 远程安全接入

为满足移动视频终端用户通过运营商网络远程访问视频专网业务应用的需求，需要确保网络传输数据的保密性和完整性。通过 Internet 数据传输平台，实施加密的 VPN 实现安全接入的方法主要有两种：一种是 IPSec VPN，另一种是 SSL VPN。两种技术在不同领域各有其优势，在实施固定的站点到站点 VPN 时，一般采用 IPSec 技术；在实施普通应用的移动用户接入 VPN 时，通常采用 SSL 技术。

4. 攻击检测和防御

在关键节点处旁路部署视频监控防护系统，针对攻击和异常流量，能够做到实时阻断；具备完善的攻击特征库，能够发现针对视频监控网络的攻击，包括针对 IP 摄像头的攻击；支持默认口令检测和安全漏洞发现能力，扩展灵活，可支持不同厂家的设备；具备强大的入侵特征自定义功能，支持超过 25 种协议及数百个协议变量，可灵活扩展视频监控安全防御能力；监控异常流量，检测非法连接和非法访问；支持对 Web 扫描的识别和防御，能够支持爬虫扫描、CGI 扫描和漏洞扫描的检测和拦截。

5. 业务审计分析

通过审计设备进行视频流监控，通过对网络中数据流的分析，梳理各安全域之间的访问关系，让管理员掌握网络中真实的访问情况，对是否有违规业务发生、是否有网络安全事件发生做到及时监控和分析。在网络资产管理方面，具备网络资产管理和未知 IP 发现功能，使得用户能够全面掌握网络资产的真实存在状况，实现资产的精细化管理。

6. 终端准入控制

由于视频终端设备多、分布广，为了确认用户终端的合法性，需要对所有的用户终端进行设备注册。只有在平台进行了注册，并审批通过的合法终端才能与平台实现互连。终端设备注册的目的是确认用户终端设备的合法性，注册的信息包含终端设备的硬件特征信息及软件信息，以确定终端设备的唯一性。视频终端的身份识别必须采用指定的数字证书，只有通过身份认证的用户才能与平台连接，保证接入用户身份的合法性。

7. 安全管理中心

在安全管理体系中，最重要的一点就是技术保障。安全管理中心是安全管理体系的技术支撑平台，实现安全监控、集中管理与审计，主要包括运行监控、告警管理、安全审计等功能。

安全管理中心具备面向业务的运行监控能力，管理人员能够对业务进行多视角 IT 资源监控，洞悉业务当前的运行状况和安全状态；采用多种网络协议的数据采集方式，支持对大部分主流 IT 软/硬件资产进行全方位细粒度的监控，能够自动发现并描绘出网络拓扑图，展示 IT 资产之间的逻辑拓扑连接关系，并能够自动进行多种拓扑布局；支持多种管理对象和日志类型，支持多种采集协议，具备详尽的日志范式化与事件分类，能够进行基于策略的安全事件分析和智能化的安全事件分析，并提供了丰富的可视化安全事件分析视图；具有综合仪表板、网络拓扑图、资产拓扑、业务拓扑、事件拓扑图、业务健康指数曲线、事件多维分析图等，极大地提升了网络管理人员的工作效率。

4.5.1.5　安全效果评价

通过本方案的部署实施，使视频监控系统自身的安全性提高，并能够满足相关法律法规的安全要求，减少或规避了主要存在的风险项。

4.5.2　智慧城市系统等级保护三级安全设计案例

4.5.2.1　背景

以智慧城市系统化建设为例，近年来，国内外网络安全形势更加恶劣，境内、境外攻击者及攻击组织对我国重要信息系统的攻击更加频繁，智慧城市体系作为城市运转的核心，其重要基础网络、信息系统面临的安全攻击也更加频繁，形势也更加严峻。

4.5.2.2　需求分析

通过研究智慧城市建设体系架构，梳理分析智慧城市面临的主要安全风险，并依据现有信息安全政策标准、法律法规，统筹规划智慧城市信息安全建设顶层设计，为智慧城市持续健康发展、安全稳定运营构建完善的网络与信息安全保障机制和运行监测体系。

智慧城市架构如图 4-11 所示。

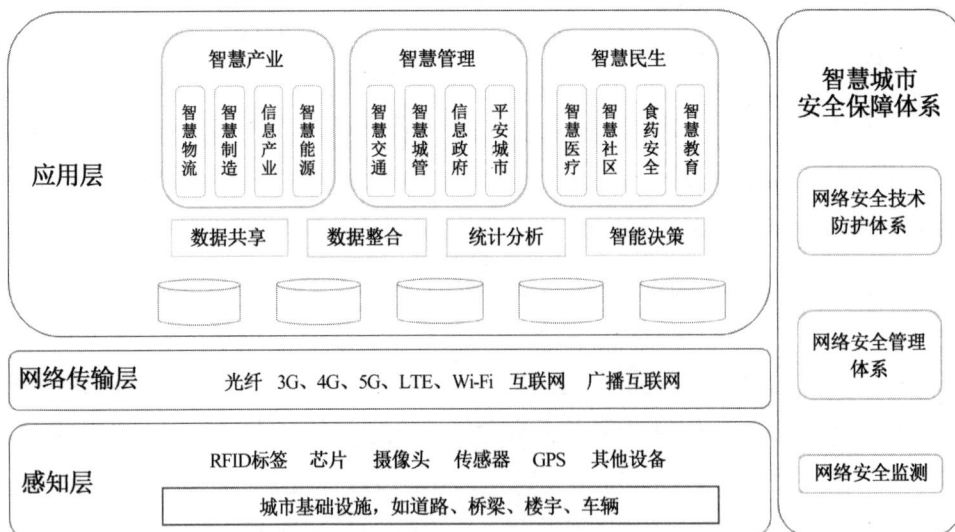

图 4-11　智慧城市架构

1. 网络安全技术防护体系需求

从感知层方面分析，感知层是智慧城市发展和应用的基础，该层包括采集数据的传感器末端设备，以及数据接入互联网网关之前的传感网络。通常情况下，感知层遭受的攻击是感知层的节点遭受挟持，包括普通节点和网关节点。就普通节点而言，一旦被攻击者控制，所面临的安全隐患不仅仅是信息被窃取，攻击者还可以对物品上的电子标签进行控制，造成物理标签暂时性或永久性失效。这种类型的攻击就可以使合法的普通节点无法被识别，导致得不到相应的服务。攻击者甚至还可以将节点上被操控的标签和物品分离，并关联到其他物体上；而网关节点同样存在被恶意操控的隐患，攻击者一旦达到这个目的，就可以释放大量干扰信号，以使网络造成持续性的拥塞。此外，物联网要实现的是在任意时间和任意地点的物物连接，感知网最终还是要接入互联网的，这样一来就会不可避免地遭受到来自互联网的攻击，比较常见的就是非法访问和拒绝服务攻击。由于传感网的节点一般结构单一、资源较少且能耗低，容易遭受攻击，导致节点崩溃甚至传感网络瘫痪。具体安全需求总结如下：感知层设备物理防护差、易被盗取，导致其可用性遭到破坏；感知层设备存储的密钥、采集的数据等易被攻击者获取；感知层面临多种攻击，如资源耗尽、拒绝转发、虫洞攻击、恶意干扰、数据注入、数据篡改、拒绝服务、重放攻击等。

从网络传输层方面分析，智慧城市需要依托完善的通信网络实现随时随地的信息传输和处理。网络传输层建立在现有通信网和互联网的基础上，综合使用现有通信技术，实现感知网与通信网的结合。该层的主要工作是先可靠地接收来自感知层的数据，再根据不同的应用需求进行处理。该层安全需求可参考通用网络安全需求，如网络入侵攻击防范、僵木蠕防范、网络安全审计等。

从应用层方面分析，智慧城市的应用层与具体行业相结合，实现广泛智能化。该层通过中间件系统进行相应的信息处理和管理等操作。在智能的自动处理数据过程中，存在被攻击者绕过或篡改的隐患，一旦自动处理过程正在被攻击或者已经被攻击而导致灾难，就应该有相应的可控机制，以保障能够及时、有效地中断并进行自我保护，使系统能够从灾难中恢复，还需要对隐私信息建立起相应的安全保护机制。具体安全需求总结如下：应用之间共享较多，关联性增强，如果有某些应用编码安全性不足，则会影响其他应用的安全；移动应用较多，目前针对移动应用安全的检测手段还不完善。

2. 网络安全管理体系需求

针对智慧城市建设，需要建立符合要求的安全管理体系，强化安全管理制度、系统建设过程及后期维护过程的管理力度，强化对人员安全意识的培训，降低系统因人为因素造成安全事故的概率。

智慧城市安全保障体系要真正发挥作用，还需要制定安全制度并严格实施。安全制度包括安全管理制度、安全管理机构、安全管理人员、安全建设管理、安全运维管理等内容，智慧城市的各级机构都建立了相应的安全管理机构，但安全管理机构的职能和职责需要做出相应的调整和完善；智慧城市需要提高对关键岗位人员的录用、离岗和考核要求，对人员的培训教育要求更具针对性，对外部人员访问的要求也更加具体；智慧城市建设管理需要对建设过程中的各项活动进行制度化规范，按照制度要求开展活动，对建设前的安全方案设计提出体系化要求，并加强论证；智慧城市的安全运维管理在控制点上需要增加监控管理、应急管理、安全管理中心，对介质、设备、密码、变更、备份与恢复等都进行制度化管理，并注意过程管理的控制，其中对介质的管理重点关注介质的保密性和可用性；安全事件根据等级分级响应，同时需要加强对应急预案的演练和审查等；智慧城市建设中人员安全意识及其掌握的安全知识是整个安全体系高效、有效运行和正常维护的重要因素，因此在智慧城市的设计、研发、实施、运维、服务的过程中，需要建立完善的安全教育和培训体系，定期或不定期对涉及的各类人员进行安全教育和培训。

3. 网络安全监测需求

《中华人民共和国网络安全法》对通过建立健全网络安全态势感知系统平台，构建网络安全监测预警和通告制度流程提出了明确规定。《中华人民共和国网络安全法》第五十二条规定："负责关键信息基础设施安全保护工作的部门，应当建立健全本行业、本领域的网络安全监测预警和信息通报制度，并按照规定报送网络安全监测预警信息。"

由此建立起覆盖整个智慧城市的信息安全监管系统和应急响应体系，这是智慧城市安全运营保障体系中很重要的一点，以便实时监控网络及信息系统运营状况，遇到信息安全事件时，能及时有效地协调各职能部门、各信息系统用户单位、专业信息安全服务机构及公共应急响应机构，提高对信息安全事件的整体应对能力，降低信息安全突发事件的不良影响。

通过建设信息安全监管系统，可以实时监测各级关键单位的网站、网络流量、网络设备、安全设备、重要服务器及业务系统的运营状况；对来自边界、内部、网络和安全设备（如防火墙、路由器、操作系统、服务器、入侵探测系统和防病毒系统）的日志数据进行关联分析，并自动对安全事件进行优先排序，最终实现态势感知、持续响应、主动防御的目标。

4.5.2.3　安全架构设计

结合智慧城市的信息工程建设情况，建立信息安全保障体系，具体包括网络安全技术防护体系、网络安全管理体系和网络安全监测预警通报体系三方面。智慧城市安全保障体系框架如图4-12所示。

智慧城市安全保障体系框架

业务应用 协同办公 行政事务 外宣保障

预测 防御 检测 响应

| 网络安全监测预警通报体系 | 可感知 可分析 可管理 可展示 可智慧 |

持续改进技术体系

网络安全技术防护体系

应用层安全：终端接入安全　数据防泄露　应用管控及扫描加固　防病毒　4A平台　Web安全

网络传输层安全：流量清洗与抗DDoS攻击　入侵检测与防御　数据加密传输与交换　认证接入　访问控制　无线安全

感知层安全：感知设备物理安全　入侵检测　节点认证与访问控制　安全路由　接入传输加密　安全审计

安全管理中心　安全通信网络　安全区域边界　安全计算环境

网络安全管理体系

安全管理制度：管理制度　评审和修订　制定和发布

安全管理机构：授权审批　沟通合作　审核检查　岗位设置　人员配备

安全管理人员：人员录用　人员离岗　人员考核　安全意识教育和培训　人员访问

安全建设管理：系统定级　方案设计　工程实施　测试验收　交付备案　等级测评

安全运维管理：设备管理　网络管理　系统管理　变更管理　时间管理　预案管理

图 4-12 智慧城市安全保障体系框架

4.5.2.4 详细安全设计

1. 网络安全技术防护体系

1）感知层

安全路由：安全可靠的路由协议采用消息加密、身份认证、路由信息广播认证、入侵检测、信任管理等机制来保证信息传输的完整性和保密性，或者利用传感器节点的冗余性，提供多条路径，即使在一些链路被敌人攻破而不能进行数据传输的情况下，依然可以使用备用路径。多路径路由能够保证通信的可靠性、可用性及具有容忍入侵的能力。

入侵检测：入侵检测是发现、分析和上报未授权或者毁坏网络活动的过程。传感器网络节点非常容易受到敌人捕获和侵害，传感器网络入侵检测自动对入网的每个节点进行入侵检测，存在入侵行为时将入侵跟踪定位，然后实施入侵响应防御攻击者。

节点认证、访问控制与接入传输加密：一般情况下，感知层网络通过密码技术或产品的方法对感知层节点实现鉴权，通过共享密钥来建立感知层节点之间的相互鉴权。由于用户这个实体是用来管理或者访问感知层节点和节点采集的数据信息的，因此当用户访问物联网感知层时，需要先得到物联网感知网络认证中心的认证授权，才能获取访问节点密钥，进而访问相应的节点。访问控制机制对于物联网感知层节点安全性的保护主要体现在用户对节点自身信息的访问控制和对节点所采集数据信息的访问控制，以防止未授权的用户对感知层进行访问。通过部署物联网可信网关，在感知设备上预置集成客户端，客户端集成VPN，客户端与可信网关之间的数据传输支持对称和非对称算法，最终实现对感知设备的强认证（口令、证书、短信、令牌等，同时支持设备审批）、访问控制和传输加密。

2）网络传输层

认证接入：VPN是以隧道技术、密码技术、3A技术作为三大核心技术，以代理技术、访问控制技术作为两大支撑技术的网络安全产品。VPN对于智慧城市项目的价值并非在于直接提供服务，而在于在不失便利性的前提下确保安全。在智慧城市系统所有网络节点设立安全VPN网关，用于对本网络节点及其他网络节点用户访问前进行接入审核，在智慧城市系统的核心层设立认证服务器，认证服务器为智慧城市系统内的所有网络节点提供服务，仅通过合法的网络节点，再通过与智慧城市系统的核心层的认证服务器系统进行交互认证，实现网络层面的用户的合法性认证及接入控制。

访问控制：防火墙是解决网络边界安全的重要设备，它的主要工作是在网络传输层之下，通过对协议、地址和服务端口的识别和控制达到防范入侵的目的，可以有效地防范基于业务端口的攻击。在智慧城市系统所有网络节点部署防火墙进行网络传输层的访问控制，通过深度防护策略实现网络访问控制。深度防护策略包含源地址、目的地址、源端口、源MAC、流入网口、流出网口、访问控制、时间调度、服务、是否为长连接、深度防护策略等多个控制子选项，对不符合规则的访问，系统可以拦截并发出日志告警。

流量清洗与抗DDoS攻击：针对异常流量和DDoS攻击，最常采用的方法是在网络边界部署异常流量管理系统，借助该设备实现全网的流量分析、异常流量的牵引、DDoS攻击流量清洗、清洗后的流量回注、日志报表存贮等功能，帮助用户实时了解网络运行状况，及时发现网络中的DDoS攻击和网络滥用行为，并做出响应，从而快速消除异常流量对网络和业务造成的危害，达到全部业务流量的智能化管控。

入侵检测与防御：在接入层边界及核心汇聚层旁路部署入侵检测系统，对全网流量进行检测，包含网络已知威胁检测和未知威胁检测两大技术领域，具备对病毒、蠕虫、木马、DDoS、扫描、跨站脚本攻击、缓冲区溢出、欺骗劫持等攻击行为，以及网络资源滥用行为、网络流量异常等威胁进行高精度检测的能力，实现动态和静态检测相结合的未知威胁全面检测。

无线安全：无线城市是智慧城市第一阶段的建设目标，提供先进的无线网络基础架构，通过在所有无线节点部署无线安全控制系统，提供以下安全防护能力：提供无线安全准入策略，根据无线热点或终端的安全属性，制定无线网络准入规则，阻止非法用户接入，提供安全可信的无线网络；提供对包括无线扫描、欺骗、DDoS、破解等系列无线攻击手段的检测、告警功能，同时探查多种类型非法 WLAN 热点、终端，可实时告警，杜绝内网机密通过无线网络向外泄露；依据需求制定的无线安全准入策略与无线入侵检测结果相互结合，能提供 7×24 小时不间断非法无线设备阻断能力，防止未授权或恶意用户接入无线网络；提供无线网络实时大数据统计，向管理者呈现全面的无线安全状态信息。

数据加密传输与交换：智慧城市是涉及多个网络的复杂计算环境，要想真正实现信息共享，需要实现跨网络、跨安全域的数据交换。但由于不法分子攻击的存在、数据泄密的事件不时发生，因此数据交换过程中的安全非常重要，网络越复杂、交换数据越敏感，其对安全的要求也就越高。通过部署数据安全交换平台，可以实现多个网络跨网的数据安全传输及数据共享。

3）应用层

终端安全、数据防泄露、防病毒：在用户端部署终端安全管理系统，实现资产管理、补丁管理、主机防火墙、主机防病毒、主机监控审计、非法外联控制、移动存储管理、数据防泄露、准入控制、安全基线管理等功能。

Web 安全：在 Web 服务器前端部署 Web 应用防护安全系统，主要针对业务应用系统进行安全检测，防御以应用程序漏洞为目标的攻击，可针对服务器进行 HTTP、HTTPS 流量分析，同时对应用访问进行优化，以提高 Web 或网络协议应用的可用性、性能和安全性，确保业务应用安全、可靠地交付。通过对网站进行不间断的监测服务，结合安全专家的专业分析，及时发现网站存在的安全隐患和问题，第一时间通知客户进行处理，并提供安全建议，以降低风险、减少损失。同时，网站安全监测报告使客户了解网站近期的安全状况和安全趋势，必要时可采取措施以控制风险。

应用管控及扫描加固：通过在现有 App 客户端安全体系基础上增加应用程序加固等安全措施，以期满足客户端对程序性能、安全强度的要求。针对客户端中的 DEX 文件进行抽取并且整体加/解密及动态还原、So 加壳、加入防止动态调试，以及加入签名校验等功能，以期达到在满足客户端稳定性及兼容性的前提条件下，使加固后的客户端静态防逆向分析、防二次打包，动态防调试、防注入等安全要求。筛选部分 App 进行移动应用安全检测，包括动态运行分析及服务端渗透测试，实现对 App 的客户端安全性、敏感信息保护机制和其他方面的安全进行全方位的安全测试的目的。

4A 平台：通过将智慧城市业务应用与 4A 平台进行有效的集成，即可实现统一账号管理、统一认证、集中授权和综合审计，从而有效地解决智慧城市信息化系统中存在的账号、认证、授权、审计等方面的问题，保障用户合法、安全、方便地使用整个系统的特定资源，既能有效地保障合法用户的权益，又能有效地保障业务系统安全可靠地运行。

2. 网络安全管理体系

1）安全管理制度

安全管理制度是根据要求制定的各类管理规定、管理办法和暂行规定，从安全策略主文档中规定的安全各个方面所应遵守的原则方法与指导性策略引出的具体管理规定、管理办法和实施办法，是具有可操作性，且必须得到有效推行和实施的制度。需制定严格的制度制定与发布流程、方式、范围等，需要统一制度格式并进行有效的版本控制；发布方式需要正式、有效并注明发布范围，对收发文进行登记。定期组织相关部门和相关人员对安全管理制度体系的合理性和适用性进行审定，定期或不定期地对安全管理制度进行评审和修订，修订不足并进行改进。

2）安全管理机构

根据要求确定安全管理机构的组织形式和运作方式，明确岗位职责；设置安全管理岗位，设立系统管理员、网络管理员、安全管理员等岗位，根据要求进行人员配备，配备专职安全员；成立指导和管理信息安全工作的委员会或领导小组，其最高领导由单位主管领导委任或授权；制定文件明确安全管理机构各个部门和岗位的职责、分工和技能要求。

3）安全管理人员

根据要求制定人员录用、离岗、考核、培训等方面的要求，并严格执行；规定外部人员访问流程，并严格执行。

4）安全建设管理

根据要求制定信息系统建设管理制度，包括系统定级、交付备案、方案设计、产品采购和使用、自行软件开发、外包软件开发、工程实施、测试验收、系统交付、等级测评、服务供应商选择等方面。从工程实施的前、中、后三个方面，从初始定级设计到验收评测完整的工程周期角度进行系统建设管理。

5）安全运维管理

根据要求进行信息系统日常运行维护管理，利用管理制度及安全管理中心进行环境管理、资产管理、介质管理、设备管理、漏洞和风险管理、网络管理、系统管理、恶意代码防范管理、配置管理、密码管理、变更管理、备份与恢复管理、安全事件处置、预案管理、外包运维管理、时间管理等，使系统始终处于相应等级安全状态中。

3. 网络安全监测预警通报体系

网络安全监管平台采集各类威胁数据（如信息收集行为、权限获取、远程控制、数据盗取、系统破坏、木马/病毒/僵尸网络；入侵攻击与病毒泛滥造成的网络流量异常；不法分子攻击行为、针对特定目标的入侵行为等），内置威胁情报分析能力，提供多安全分析场景，以各类视图、态势报告、告警、预警等方式综合展示。

1）数据处理

网络安全监管平台支持对采集数据的预处理和存储，将需要的数据转换为结构化数据，对非结构化数据进行索引和存储，将数据送至分布式文件系统中进行存储；支持多种数据源，能够接入更多类型的数据进行关联分析、碰撞比对等运算，而不要求用户必须进行数据的大规模整合，既能降低用户的使用成本，又能发挥多数据关联分析的价值；杂事件关联分析采用分布式的流式处理框架，将事件关联规则采用并行计算方法分布到多个处理节点上，能够实现在高吞吐量的情况下，低延时、高可靠地处理海量数据，及时发现网络攻击和安全问题；通过将统计报表任务分配到各个计算节点主机上进行计算，完成后将结果汇总至平台，从而实现并行快速地统计报表，减少单台节点的计算资源消耗，使原来需要几个小时才能完成的统计报表工作在几秒内即可完成，满足了平台和安全分析的需求，提高了安全人员的分析速度。

2）数据分析

网络安全监管平台引入当前国际最新的风险计算模型，从风险的可能性和风险的影响性两个角度来估算资产的风险值。同时，通过威胁情报的获取，首先评估风险三要素中威胁指标的重要性与可信程度，动态计算其参与运算的权重，最终根据业务模型输出整体网络或者业务系统的安全态势。将数据从存储系统中存入内存供分析层使用，实现对预处理后的海量数据的实时分析和历史分析，采用多种分析方法，包括关联分析、机器学习、运维分析、统计分析、数据挖掘和恶意代码分析等对数据进行综合关联，实现数据分析和挖掘的功能。同时，将看似没有关联的网络系统风险情报信息按照有机的逻辑串联、分类，并进行展示，使用多种直观可接受的图形（如饼状图、柱形图、折线图）将隐含在数据中的问题直观、有效地展示出来。

3）脆弱性管理

建设脆弱性管理子系统，实现智慧城市日常安全运维工作中系统弱口令、配置基线、漏洞的自动管理，增强日志安全漏洞的自动核查能力、漏洞生命周期的管理能力，实现日常安全漏洞管理工作的可视、可管、可控，推动智慧城市日常安全运维工作技术和管理有效地结合和落地。

4）资产感知

资产感知系统能够通过但不限于漏洞扫描及相关设备快速发现智慧城市基础设施关键资产，准确识别资产属性、资产信息。同时，资产库可结合相关安全事件、安全漏洞等安全信息综合呈现网络资产安全态势。

5）威胁情报管理

系统将综合发现的威胁信息、外部安全社区发布的威胁信息、人工分析的威胁信息，以及智慧城市身份认证信息同操作行为规则等形成的预警进行匹配、关联，实现智能威胁信息的充分利用。这些信息可以为应对威胁的不同设备和系统提供安全知识，如针对威胁的 IDS/IPS 特征码、SIEM 的关联分析规则、防火墙/UTM 的访问控制策略、流量牵引策略、应急响应处置规则和组织的安全管理条例等。威胁情报信息包括黑白名单库、攻击特征库、安全基线库、病毒特征库、关联规则库、安全漏洞库、恶意 URL/IP 地址库、恶意 DNS 库和用户身份信息等。

4.5.2.5　安全效果评价

通过本方案的部署实施，智慧城市的安全防护水平将整体提高，并能够满足相关法律法规的安全要求，减少或规避主要存在的风险项。

4.5.3 智慧医疗系统等级保护三级安全设计案例

4.5.3.1 背景

以医院信息化建设为例,随着医院业务的不断发展,医院信息化已成为医疗服务的重要支撑,医院信息系统的建设已经成为建设的热点。信息系统是支撑医疗系统运作及各部门共同合作与营运的关键应用,承载着医院主要的业务数据。医院信息系统的安全性直接关系到医院医疗工作的正常运行,一旦信息系统出现问题或遭受安全攻击,就会给医院和病人带来巨大的灾难和难以弥补的损失。同时,医院信息系统涉及大量医院经营数据及患者的医疗数据等私密信息,信息的泄露会给患者、医院和社会带来不良影响。

鉴于此,国家及相关部门在医疗领域展开了安全工作建设,先后发布了一系列指导性和建设性意见。通过信息系统等级保护定级和安全测评工作,提前发现信息系统中存在的安全风险和漏洞,据此提出信息系统安全等级保护整改和解决方案,避免安全事件给业务工作带来损失;完善信息系统安全管理制度,提升信息系统安全管理水平。

另外,随着医疗器械智能管理的应用,医疗业务系统安全性面临新的挑战。面对新的应用,医疗行业迫切需要新的安全手段保障医院的正常运行,本方案针对医院业务特点,为医院提供全面的信息化安全建设方案,保证医院业务系统的安全性,同时支持医院未来3~5年的业务发展需求。

4.5.3.2 需求分析

本部分将给出医院网络的需求,并对网络的安全风险进行分析。医院办公网络系统是涉及多个行政部门及各类繁杂信息系统的系统,具有以下特点:覆盖整个医院,涉及的部门多、范围广;信息系统种类繁多、应用众多、服务类型多且结构复杂;网络建设涉及互联网访问的诸多需求。医院网络架构如图 4-13 所示。

医院网络系统覆盖范围较大,涉及用户面广,业务应用众多、结构复杂,并需要与相关网络互联。因此,其面临很多的安全威胁,经总结分析,主要包括以下几类。

(1)非法访问。未经授权使用网络资源,包括非法用户进入医院网络系统进行违法操作及合法用户以未经授权的方式进行操作,非法复制信息等。

(2)假冒。一个实体伪装成另一个不同的实体,从而访问医院网络系统。

(3)恶意代码。通过恶意程序、计算机病毒等获取信息或破坏医院网络系统的正常运行。

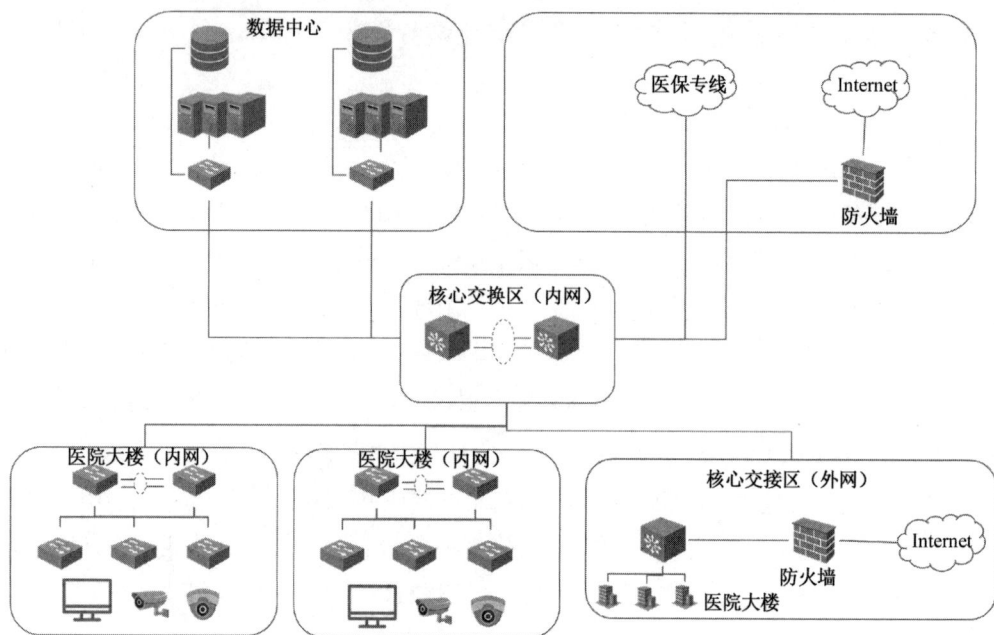

图 4-13　医院网络架构

（4）破坏信息的完整性。改变医院网络系统信息的内容或形式。

（5）抵赖。信息发送方或接收方否认自己发送过或接收到特定的信息，从而对医院网络系统的正常运行造成潜在的安全威胁。

（6）破坏网络的可用性。通过执行命令、发送数据或执行其他操作使系统资源对用户失效，使合法用户不能正常访问医院网络资源或使有严格时间要求的服务不能及时得到响应，也可能以物理方式盗窃或破坏医院网络的设备、设施。

（7）操作失误。人为操作失误可能会对医院网络系统造成破坏。

医院办公网络所面临的最大风险，就是一旦攻击者获得对办公网络系统资源的控制权，就可以随意开展破坏活动，包括以下几点。

信息泄露： 将医院信息系统中的信息散播到不该获得该信息的人手中，造成信息泄露。

盗取信息： 获取了不该获取的信息，破坏了信息的机密性。

修改信息： 对存储（或传输）中数据、文件的非授权修改，破坏了信息的完整性。

盗用服务： 盗用系统的服务，盗用服务会影响医院网络系统为其他合法用户提供正常服务。

拒绝服务：攻击的直接后果就是使系统的服务性能降低或丧失，无法为合法用户提供正常的服务，破坏了系统的可用性。

4.5.3.3　安全架构设计

结合安全需求分析，医院信息系统安全架构设计如图 4-14 所示。

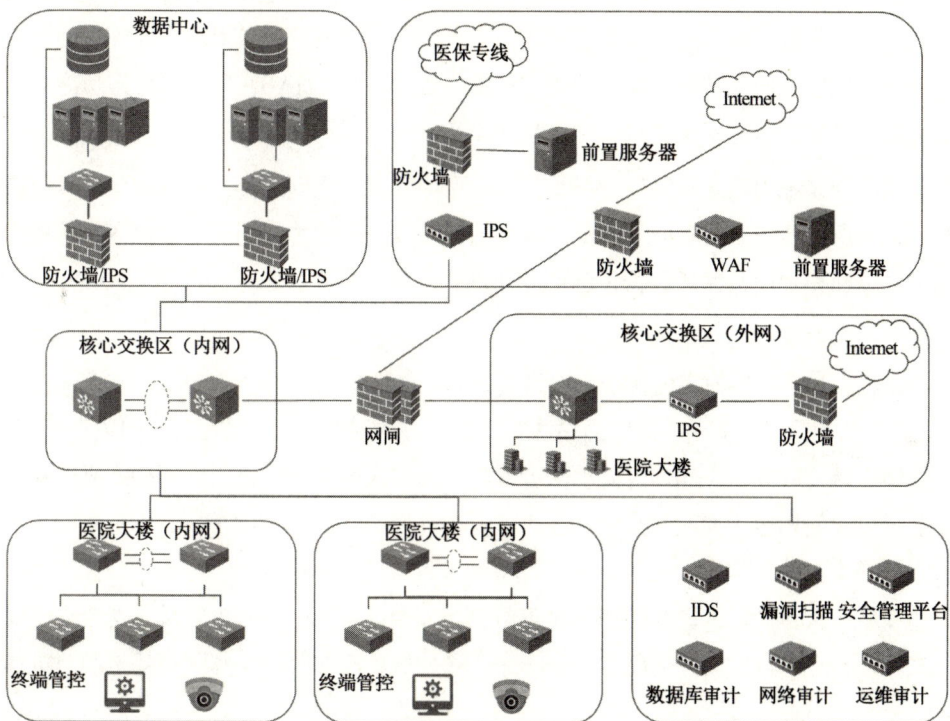

图 4-14　医院信息系统安全架构设计

4.5.3.4　详细安全设计

1. 安全计算环境

部署非法外联监控系统，防范内部用户未经授权接入外网形成安全后门威胁；防范未经许可的主机及网络设备接入内网，形成入侵隐患。一旦检测到用户的非法外联行为，系统可进行实时阻断，具体功能包括：根据监控策略对主机的非法外联行为实时进行阻断；多网卡监控，阻断用户主机启用多个网卡；IP/MAC 绑定，严格限制 IP 修改、MAC 修改、增加 IP 等操作；入网资格审查，对非法接入局域网的主机及网络设备，自动或手动进行阻断；资产管理，对管辖范围内的所有计算机设备进行自动注册登记，提供对计算机设备的查询统计。

2. 安全区域边界

部署防火墙实现边界隔离，一来控制医院网络系统各级网络用户之间的相互访问，规划网络的信息流向；二来起到一定的隔离作用，一旦某子网发生安全事故，避免波及其他子网。防火墙集防火墙、内容过滤、防病毒、入侵防护、VPN、虚拟防火墙等多种安全技术于一身，同时全面支持各种路由协议、QoS、高可用性（HA）、日志审计等功能，为网络边界提供全面实时的安全防护，帮助用户抵御日益复杂的安全威胁。

根据医疗系统内网与外网的业务特点，部署网闸实现物理隔离。网闸利用隔离交换矩阵技术，实现内网与外网两个不同安全级别的网络或安全域之间的安全强隔离，并提供了有效的数据交换手段，保证数据传输期间两网处于物理断开状态。

虽然已在数据中心网络边界处配置了防火墙，但是防火墙本身在安全防护方面具有一定的局限性，只能提供静态的保护。网络安全必须能够根据网络结构的变化实现动态的安全，尤其是针对外部用户群、医院网站的防护实现应用层控制。由于在内部网进行通信时，需要在防火墙上开放一定端口，而攻击者就可以利用这些端口进入内部网络，所以即使配置了防火墙以利用包过滤或状态检测技术实现内外网的隔离及访问控制，还是会面对来自各方面的安全威胁。部署入侵防御系统可检测与阻断针对 Web 的攻击。在攻击检测阶段，可以重新组合攻击会话，识别那些具有攻击企图的会话；在攻击分析阶段，支持多协议识别；在攻击判定阶段，支持会话之间的时序关联分析、多参数组合判断、基于漏洞机理的判断等。

3. 安全通信网络

由于医院网络的开放性和自由性，各种各样的访客均可接入系统，其中不乏攻击者。利用防火墙技术，能够为不同安全域提供网络保护，降低安全风险。但仅使用防火墙还远远不够，网络入侵检测系统是先从多种网络节点采集数据，再分析这些数据的入侵特征的网络安全系统。网络入侵检测系统支持与防火墙等安全产品紧密结合，最大限度地为网络系统提供安全保障。

网络入侵检测系统通过监视网络数据报文，并对这些报文进行协议分析和模式匹配，发现是否存在违反安全策略的行为和被攻击的迹象,一旦发现被攻击,能够发出报警并采取相应的措施,如阻断、跟踪和反击等。网络入侵检测系统不仅可以对网络入侵行为进行检测和控制,还支持对恶意代码等未知威胁的细粒度检测,包括对未知恶意代码检查、嵌套式攻击检测、木马蠕虫病毒识别、隐秘通道检测等多类型未知漏洞(0day 漏洞)利用行为的检测。

建立漏洞扫描管理体系。在系统中部署漏洞扫描软件,结合安全服务,制定相应的管理制度。漏洞扫描软件定期对网络进行扫描,提前发现漏洞并修补,帮助用户控制可能发生的安全事件,最大限度地消除安全隐患。该系统具有强大的漏洞检测能力和检测效率、贴合用户需求的功能定义、灵活多样的检测方式、详尽的漏洞修补方案和友好的报表系统,并支持在线升级。同时,漏洞扫描的部署可以与入侵检测系统配合,构成网络安全评估系统,实时将系统安全漏洞信息与入侵事件结合起来进行分析。

运维审计系统是对业务环境下的用户运维操作进行控制和审计的管控系统,通过对自然人身份及资源、资源账号的集中管理建立"自然人—资源—资源账号"对应关系,实现自然人对资源的统一授权。同时,对授权人员的运维操作进行记录、分析、展现,以帮助内控工作事前规划预防,事中实时监控、违规行为响应,事后合规报告、事故追踪回放,加强内部业务操作行为监管,避免核心资产损失,保障业务系统的正常运营。

网络审计系统对网络数据流进行采集、分析和识别,并对应用层协议进行完整还原,记录用户行为,根据制定的安全审计策略进行审计响应。当发现不符合规定的越权操作时,及时告警并阻断。通过系统提供的审计记录,能迅速地查找出违规者的真实身份。网络审计系统支持网络管理行为审计,如针对 FTP、Telnet 协议的审计;支持数据库行为审计,如针对查询、插入、删除、创建等 SQL 命令及存储过程的执行命令的审计和分析;支持其他一些网络行为的审计,如针对 HTTP、NETBIOS、SMTP、POP3 等的审计。

4. 安全管理中心

安全运营平台是将不同位置、不同安全系统中分散且海量的单一安全事件进行汇总、过滤、收集和关联分析,得出全局角度的安全风险事件,并形成统一的安全决策对安全事件进行响应和处理。安全运营平台的主要功能如下。

(1)监控各个网络设备、操作系统的日志信息,以及安全产品的安全事件报警信息等,以便及时发现正在和已经发生的安全事件,如网络蠕虫攻击事件、非授权漏洞扫描事件、远程口令暴力破解事件等,及时协调和组织各级安全管理机构进行处理,采取积极主动的措施，保证网络和业务系统的安全、可靠运行。

（2）掌握全网各个系统中存在的安全漏洞情况，结合当前的安全动态和预警信息，帮助各级安全管理机构及时调整安全策略，开展有针对性的安全工作。

（3）实时监控各种安全设备、主机和网络设备的运行状态与网络运行拓扑状态，为网络安全管理人员提供统一的运行状态信息，并根据确定的门限值规则，提供预警和告警，保证网络和业务系统的安全、可靠运行。

（4）通过所掌握的全网安全运行动态，有针对性地指导各级安全管理机构做好安全防范工作，特别是针对当前发生频率较高的攻击的预警和防范工作。

（5）对根据安全事件生成的事件通知单的处理过程进行管理，将所有事件响应过程信息存入后台数据库，并可生成事件处理和分析报告。

4.5.3.5　安全效果评价

通过本方案的部署实施，能够满足等级保护在安全计算环境、安全区域边界和安全管理中心方面的要求，通过访问控制、入侵防范、恶意代码防范等防护措施减少或规避了主要存在的风险项，保证医疗器械智能管理系统安全稳定运行。

第 5 章　工业控制系统安全保护环境设计

本章对《设计要求》中工业控制系统（以下简称"工控系统"）安全保护环境设计要求进行全面解读，按照"一个中心，三重防护"的要求，立足标准应用的角度，从安全需求出发对不同安全等级、不同层级的工控系统进行安全设计和指导，并提供相关案例供读者参考。

5.1　安全需求分析指南

5.1.1　安全需求分析的工作流程

工控系统安全需求分析包括工控系统风险及需求分析、等级保护合规需求分析两部分，主要从技术要求层面进行安全需求分析。工控系统安全需求分析的工作流程如图 5-1 所示。

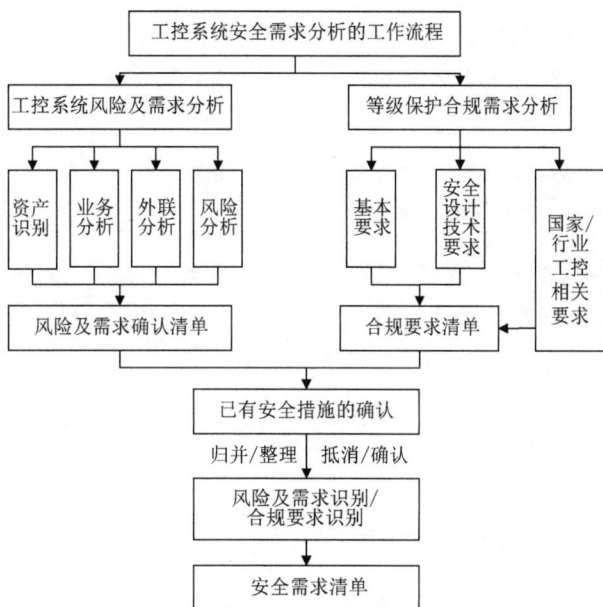

图 5-1　工控系统安全需求分析的工作流程

5.1.2 安全需求分析的主要任务

5.1.2.1 工控系统资产分析

工控系统等级保护的范围包括第 0~3 层，分别为现场设备层、现场控制层、过程监控层、生产管理层，工控系统重点保护资产分布在第 0~2 层。

第 0 层为现场设备层，定义了工控系统的实际物理过程，资产主要为生产装置、传感器和执行器。在工控系统的整个生产过程中，现场设备层的生产装置是资产分布最密集的区域。

第 1 层为现场控制层，定义了感知、操控、控制物理流程的过程，实现了对系统的安全和保护，资产主要为控制器或 PLC 等。

第 2 层为过程监控层，定义了监督控制的过程，资产主要为操作员站、工程师站、服务器等（都以 PC、服务器为硬件平台设备）。

第 3 层为生产管理层，定义了运营管理过程。生产管理层的特点是更具有 IT 特性，资产分析可参考通用要求。

5.1.2.2 工控系统业务分析

工控系统根据生产工艺可分为过程自动化和离散自动化。过程自动化主要包括 DCS，离散自动化主要包括 PLC 系统。不同行业工控系统业务的关联性对现场受控设备的影响程度各不相同，应根据业务系统或其功能模块的实时性、各业务系统间的相互关系，有针对性地进行系统业务分析，如分析信息安全及可靠性要求对工控系统业务的影响。在进行工控系统业务分析时，需注意以下事项。

（1）分析工控系统的业务特点，了解工控系统的特点与规律，分析业务或工艺处理流程、控制运行原理、各处理环节的相互关系、系统设备和受控过程的组成与功能机制、操作维护人员的职能与规程、系统运行的环境等。

（2）结合业务流程识别评估工控系统业务遭受攻击的后果。

（3）结合业务功能特点梳理确立工控系统的保护目标及对象。

5.1.2.3 工控系统外联情况分析

由于工业部门与关键基础设施所属行业的特殊性，以及工业控制生产的过程、工艺、流程的局域性，大多数工控系统是封闭的，与企业其他系统往往处于两个区域。随着两化融合（信息化与工业化融合发展）的推进与工控技术的发展，工控系统开始与生产管理、企业资源计划（ERP）、电子商务等系统相连，许多工控系统也逐渐向集成互联化发展。目前，工控系统多通过企业管理信息网络（又称办公网络）、专用有线网络、无线网络、移动存储介质等进行外联：一般工业系统在外联的过程中通过网闸、防火墙、路由器、交换机和无线接入网关设备等，与提供访问控制功能的设备或相关组件进行策略配置，从而达到访问控制与管理的目的；部分行业或第三级及以上系统规定必须使用单向隔离装置进行访问控制，如电力行业并网发电，各类电厂的主控制系统通常通过正向安全隔离装置或单向安全隔离装置，向厂级管理系统传输生产过程中的发电功率、主蒸汽压力、主蒸汽温度、汽轮机转速、发电频率等参数。目前，对工控系统外联缺乏风险评估和充分的信息安全保障措施，应重点评估无线信道保护不足、无线通信控制系统边界隔离强度低、移动存储介质管理不善等可能导致的信息安全风险，避免工控系统在外联过程中存在重大安全隐患并遭受攻击。

在进行工控系统外联分析时，需注意以下事项。

（1）工控系统需要与哪些系统进行互联，包括横向连接和纵向连接。

（2）工控系统与其所外联的系统的连接方式及外联给工控系统带来的风险。

（3）工控系统与其所外联的系统需要交换的数据内容，包括传入和传出的内容，以及外联系统对数据安全造成的影响。

5.1.2.4　工控系统风险分析

1. 安全威胁分析

随着工控系统网络化、系统化、自动化、集成化程度不断提高，其面临的安全威胁日益增多。从发生的典型事件看，工控系统的安全威胁来自多个层面，具体如表 5-1 所示。

表 5-1　工控系统的安全威胁

层面	安全威胁分析
物理环境威胁	物理环境威胁包括工控系统中现场控制层设备等所处的物理环境，如电磁兼容、振动、温湿度、粉尘等，以及工程师站、数据库、服务器等软/硬件设备，现场总线和 I/O 模块、网络设备等存放的物理区域的威胁
内部无意威胁	内部无意威胁包括人为错误或疏忽大意带来的威胁，如错误配置工控设备、PLC 编程错误、访问行为不合规等，以及设备故障，如工控系统控制终端、服务器、网络设备等故障导致组件或系统失效

续表

层面	安全威胁分析
内部有意威胁	内部有意威胁包括蓄意破坏、非授权篡改、非授权使用、窃取窃听内部重要信息等
恶意软件威胁	恶意软件威胁包括工程师站、操作员站、现场控制单元等缺少或很少安装全天候病毒防护软件，恶意或非恶意的个体引入病毒，从而引起不必要的系统死机和数据侵蚀
敌对威胁	敌对威胁包括僵尸网络的操控者、犯罪组织、国外情报机构、恶意软件的制作者、恐怖分子、工业间谍等带来的威胁

表 5-1 中的安全威胁对工控系统的攻击以干扰、破坏系统的正常运行为目的，引发系统故障，导致控制机制被破坏、系统异常停机、关键服务停止、设备损坏、有害物质泄漏、爆炸、机械事故、人员伤害、环境破坏等严重后果。所以，需要在威胁分析的基础上识别这些故障对系统的危害程度及可能性，从工控系统业务的数据采集、计算、输出操作所构成的控制回路的循环过程中找出导致故障的因素，如迟延、丢失信号、延误处理、注入假信号、修改参数、改变逻辑引发误动、阻止报警信息、诱导误操作等。这些攻击既可发生在控制器、PLC、RTU 等现场控制设备中，也可发生在遍布工业现场的传感器、执行器上，过程监控层的 PC 也可能被侵入，进而成为上述攻击的跳板，至于哪些部位受到什么形式的攻击会产生什么影响，需要结合业务功能特点进行分析。

2. 脆弱性分析

工控系统的脆弱性是与生俱来的。工控系统为了保证工业过程的可靠、稳定，对可用性提出了极高的要求。在工控系统中，系统的可用性直接影响企业的生产，生产线的停机、简单的误操作都有可能导致不可估量的经济利益损失，在特定的环境下，甚至可能造成环境污染，危害人员生命。工控系统的脆弱性分析如表 5-2 所示。

表 5-2　工控系统的脆弱性分析

层面	脆弱性分析
安全策略和规程脆弱性	安全策略和规程脆弱性主要包括缺失和不完备的整体工控系统安全策略、安全培训与意识培养、安全架构和体系、安全制度和流程，以及相关业务的连续性和灾难恢复计划等
网络脆弱性	网络脆弱性主要包括网络配置脆弱性、边界或安全域管理脆弱性、网络监控与日志脆弱性、通信脆弱性（特别是未加密通信）、现场总线及设备的脆弱性等
平台脆弱性	平台脆弱性包括配置的脆弱性、平台系统硬件自身防护或管理的脆弱性、平台软件自身的脆弱性、现场控制设备的脆弱性、网络设备的脆弱性等。其中，平台软件自身的脆弱性主要涉及缓冲区溢出、认证授权、日志管理等

续表

层面	脆弱性分析
应用系统脆弱性	应用系统脆弱性包括由于审计机制与存储、数据完整性、鉴别机制、密码保护等方面的不完善，可能造成控制程序被篡改、指令被伪造、控制过程和数据的完整性被破坏而导致的脆弱性

3. 安全风险分析

针对前文所述几类安全威胁与脆弱性，分析其攻击方式，总结可能发生的业务场景，并对威胁进行影响和可能性分析。

篡改控制程序，如表 5-3 所示。

表 5-3　篡改控制程序

攻击点	风险场景描述	损失大小	可能性	风险等级
在工程师站篡改下装	把恶意代码下装到控制器、PLC 等智能设备中，导致系统故障、停机，甚至引导到危险状态	大	中	高
在上位机或其他设备上生成下装		大	中	高
在下装的路径中间（如网络设备中）截取篡改		大	小	中
利用控制器、PLC、RTU 等智能设备输入接口直接篡改程序		大	中	高
入侵上位机、网络设备等，作为篡改控制程序攻击的跳板		大	中	高
在控制器、PLC、RTU 等智能设备的内存中篡改	导致系统故障、停机，甚至引导到危险状态	大	小	中
在控制器、PLC、RTU 等智能设备的外存中篡改		大	小	中

伪造控制命令，如表 5-4 所示。

表 5-4　伪造控制命令

攻击点	风险场景描述	损失大小	可能性	风险等级
在操作员站伪造指令、修改参数	把恶意代码下装到控制器、PLC 等智能设备中，导致系统故障、停机，甚至引导到危险状态	大	小	中
在上位机或其他相关设备上伪造指令、修改参数		大	中	高
在网络设备上伪造指令、修改参数		大	小	中
通过控制器、PLC、RTU 等智能设备直接操作执行器		大	小	中
在无线通信中假冒控制器、PLC、RTU 等设备操作执行器		大	中	高
侵入现场总线或网络，直接对执行器进行操作		大	小	中
入侵上位机、网络设备等，作为伪造控制命令攻击的跳板		大	中	高

实时欺骗，如表 5-5 所示。

表 5-5　实时欺骗

攻击点	风险场景描述	损失大小	可能性	风险等级
使传感器发送错误信息，假冒传感器发送错误信息	导致系统故障、停机，甚至引导到危险状态	大	中	高
利用传感器、现场仪表的数据接口修改数据		大	中	高
利用无线通信，传送传感器的错误信息		大	中	高
在控制器、PLC、RTU 等设备上修改传感器数据		大	小	中等
在控制器、PLC、RTU 等设备上修改传感器数据后上传	欺骗、诱导操作员，使其做出错误的判断和操作	中	小	低
在上位机或其他设备上制造传感器的假数据		中	小	低
入侵上位机、网络设备等，作为实时欺骗攻击的跳板		中	小	低

破坏控制过程和数据的完整性，如表 5-6 所示。

表 5-6　破坏控制过程和数据的完整性

攻击点	风险场景描述	损失大小	可能性	风险等级
对控制设备的拒绝服务攻击	破坏控制周期稳定，甚至导致停机、死机	中	大	高
对控制设备进行过多的广播、数据请求或发送（如 OPC、网络数据传送等）操作	不易发现，触发控制器、PLC、RTU 等智能设备中断，破坏控制周期稳定，甚至导致停机、死机	中	大	高
对控制设备的短包干扰		中	大	高
对控制设备的 TCP 半连接攻击	耗尽控制器、PLC、RTU 等智能设备的 TCP 缓冲区等网络资源，破坏与上位机或其他设备的 TCP 通信	小	大	中
扫描控制设备网络端口，既是侦测，也是攻击	破坏控制周期稳定，甚至导致停机、死机	中	大	高
修改交换机的 ACL、VLAN 等参数（当前交换机的安全防护能力差）		小	大	中
修改交换机的 ACL、VLAN 等参数（当前交换机的安全防护能力差）	破坏控制设备之间及其与上位机的通信	中	大	高
利用网络时间协议（NTP）干扰同步	破坏控制设备之间的时钟同步	小	大	中
其他对控制设备的网络攻击	破坏控制设备与上位机的通信	小	大	中

窃取生产、制造、行动任务的敏感信息，如表 5-7 所示。

表 5-7　窃取生产、制造、行动任务的敏感信息

攻击点	风险场景描述	损失大小	可能性	风险等级
通过网络（含现场总线）窃听	收集、综合数据	大	小	中
通过接收无线通信数据窃听	收集、综合数据	大	大	高
内藏无线发送设备	发送敏感信息	大	中	高
通过上位机、控制设备窃取信息	收集、综合数据	大	小	中

分发攻击，如表 5-8 所示。

表 5-8　分发攻击

攻击点	风险场景描述	损失大小	可能性等级	风险等级
在智能产品的生产过程中植入恶意代码	使用产品的用户被泄密、定位、跟踪、操控等	大	大	高
在工控设备中的芯片、器件、固件、软件中植入后门、恶意代码等	使工控系统始终处于安全威胁中，一旦时机成熟，就会引发灾难性的后果	大	大	高

5.1.2.5　工控系统合规差异分析

工控系统在完成风险分析的基础上，需要针对法律法规、相关监管部门的要求、相关行业内部规定等进一步进行安全合规差异分析。下面从技术要求的角度，基于《基本要求》对工控系统的合规差异进行分析。合规差异分析表如表 5-9 所示。

表 5-9　合规差异分析表

现状	现状描述	《基本要求》（第三级）	差异分析
难以提供统一的安全防护模型	不同行业的生产设备千差万别，相同行业的不同厂商生产的设备也不完全一样，工控系统难和安全产品进行长时期的适配，如通过 168 小时满负荷运行	工控扩展要求：8.5.4.1 控制设备安全	网络安全等级保护基本要求提出，工控设备应实现身份鉴别、访问控制、安全审计等通用要求
设备陈旧、未配备信息安全措施且难以整改	工控设备长时间不升级，工控系统中存在大量过时的技术和产品	工控扩展要求：8.5.4.1 控制设备安全	网络安全等级保护基本要求提出，应对工控设备进行补丁升级、固件更新等工作，且应使用专业软件对工控设备进行更新。除此之外，要求拆除控制设备的软盘驱动器、光盘驱动器、USB 接口等，加强控制设备安全，同时对设备及更新设备上线提出了要求

现状	现状描述	《基本要求》（第三级）	差异分析
安全补丁和杀毒软件配置不完善	补丁可能导致正常业务不能进行，所以很难为工控系统打安全补丁。而常用杀毒软件很容易将正常业务识别为病毒程序，造成误杀，从而影响系统运行	工控扩展要求： 8.5.4.1 控制设备安全	网络安全等级保护基本要求提出，应在充分测评后，且不影响系统安全稳定运行的情况下，对工控系统打安全补丁及升级，在设备上线前进行安全性检测
设备生产商可能留有的访问后门	某些工控系统中存在后门，这些后门是为了便于系统维护和调试而设置的，通常拥有很大的访问权限。这些后门一旦被恶意利用，将对工控系统造成较大破坏，未掌握后门情况会带来极大的风险	工控扩展要求 8.5.5.1 产品采购和使用	网络安全等级保护基本要求提出，工控设备应通过专业机构检测后再对其购买使用，包括检测发现其后门情况
缺乏有效的互联网和无线网隔离措施	工控系统越来越多地与互联网和无线网连接，在这个过程中，隔离手段容易被绕过，效果有限。外部网络的病毒和攻击一旦进入工控系统将很难被阻断，甚至造成较大的破坏	工控扩展要求： 8.5.2.1 网络架构 8.5.3.3 无线使用控制	网络安全等级保护基本要求提出，工控系统与企业其他系统、工控系统内部区域的划分应采用技术隔离手段。对于与外部公共信息网实时传输数据的工控系统，应使用独立的网络设备组网。对无线通信用户提供标识、鉴别、权限限制等防护措施。对于采用无线通信技术进行控制的工控系统，应能识别未经授权的无线设备
安全审计、入侵防范措施和恶意代码防范措施不完备	大部分工控系统或设备自身无报表审计功能或者无法启用审计功能，少部分工控系统无法旁路连接审计系统，系统设备的运行情况、操作员的操作行为只靠设备或系统自身的日志审计功能进行记录，无法对记录数据进行分析。无日志服务器，一旦出现安全事件，很难根据记录进行追溯	工控扩展要求： 8.5.3.1 访问控制 8.5.3.2 拨号使用控制 8.5.4.1 控制设备安全 通用要求： 8.1.3.3 入侵防范 8.1.3.4 恶意代码和垃圾邮件防范 8.1.3.5 安全审计 8.1.4.3 安全审计 8.1.4.4 入侵防范 8.1.4.5 恶意代码防范	网络安全等级保护基本要求对区域边界提出访问控制、拨号使用控制、数字证书认证、传输加密等要求，对控制设备提出实现身份鉴别、访问控制和安全审计等安全要求
电磁屏蔽和间谍程序识别技术缺乏	我国正在使用的工控系统，大部分核心设备采用外国品牌。这些外国品牌的设备是否存在间谍程序和后门，用户基本不了解。部分工控系统缺乏电磁屏蔽，既不能阻断间谍程序发送数据，也不能抗电磁干扰和阻断攻击触发信号	工控扩展要求： 8.5.1.1 室外控制设备物理防护 通用要求： 8.1.1.10 电磁防护	网络安全等级保护基本要求提出，控制设备所处物理环境应对关键设备实施电磁屏蔽

5.1.2.6　工控系统安全需求确认

1．资产确认

工控系统要识别等级保护范畴内第 0～3 层的所有资产，统计所有资产，根据工控系统安全目标确定资产识别的颗粒度。资产确认内容如表 5-10 所示。

表 5-10　资产确认内容

资产功能层次	资产描述
第 0 层资产	包括生产装置、传感器、执行器，其中生产装置是资产分布最密集的区域
第 1 层资产	包括控制器或 PLC 等控制设备、协议转换设备、现场总线，以及在控制设备中运行的程序、采集或输出等相应的数据集合
第 2 层资产	包括操作员站、工程师站、服务器等硬件平台资产，工程师、操作员等人员资产，交换机、路由器、网关、单向网闸等网络（安全）设备，以及监督控制程序、相应的数据集合等
第 3 层资产	参考通用要求

2．安全需求确认

从网络安全等级保护的角度出发，一些工控系统安全需求不可或缺，包括系统风险分析导出的安全需求、分析等级保护基本要求后确认的合规差异安全需求。工控系统安全需求确认表如表 5-11 所示。

表 5-11　工控系统安全需求确认表

需求确认项	详细说明	是否需要确认
物理和环境安全	确保工控系统的软/硬件和设备免遭地震、水灾、火灾、雷击等自然灾害，以及各种针对物理设备及环境的人为破坏行为造成的危害	是
	确保重要工程师站、数据库、服务器等核心工业控制软/硬件所在区域的物理安全	是
	确保拆除或封闭工业主机上不必要的 USB、光驱、无线等接口。若确需使用，则需通过主机外设安全管理技术手段实施严格的访问控制	是
策略和规程安全	确保建立工控系统安全管理机制，成立信息安全协调小组，明确工控系统安全管理责任人，落实工控系统安全责任制，部署工控系统安全防护措施	是
	制定工控系统安全事件应急响应预案。当遭受安全威胁导致工控系统出现异常或故障时，须立即采取紧急防护措施	是
网络边界安全	确保工业企业采用物理隔离、网络逻辑隔离等方式分离工控系统的开发、测试和生产环境	是
	确保工业企业根据实际情况，在不同网络边界之间部署边界安全防护设备，实现安全访问控制，阻断非法网络访问，禁止没有防护的工业控制网络与互联网连接	是

续表

需求确认项	详细说明	是否需要确认
网络边界安全	确保工业企业通过工控防火墙、网闸等防护设备在工业控制网络安全区域之间进行逻辑隔离及安全防护	是
接入安全	确保工业主机（如 MES 服务器、OPC 服务器、数据库服务器、工程师站、操作员站等）应用的安全软件事先在离线环境中进行测试与验证	是
	确保建立防病毒和恶意软件入侵管理机制，对工控系统及临时接入的设备采取病毒查杀等安全预防措施	是
	确保用户在工业主机登录、应用服务资源访问、工业云计算平台访问等过程中使用身份认证机制，必要时可同时采用多种认证手段	是
	确保工业企业以满足工作要求的最小特权原则进行系统账户权限分配	是
	确保工业企业为工控设备、SCADA 系统软件、工业通信设备等设定不同的登录账户及密码，并进行定期更新，避免使用默认口令或弱口令	是
	确保工业企业在原则上禁止工控系统开通高风险通用网络服务	是
	确保确需进行远程访问的工业企业在网络边界处使用单向隔离装置、VPN 等方式实现数据单向访问，并控制访问时限	是
	确保确需远程维护的工业企业采用 VPN 等远程接入方式进行远程维护	是
配置管理安全	确保工业企业做好虚拟局域网隔离、端口禁用等工业控制网络安全配置，远程控制管理、默认账户管理等工业主机安全配置，口令策略合规等工控设备安全配置，定期进行配置核查审计	是
	确保在重大漏洞及其补丁发布时，工业企业根据自身情况及时采取补丁升级措施。在补丁安装前，需对补丁进行严格的安全评估和测试验证	是
安全监测防护	确保工业企业在工业控制网络中部署可对网络攻击和异常行为进行识别、报警、记录的网络安全监测设备，及时发现、报告并处理包括病毒木马、端口扫描、暴力破解、异常流量、异常指令、工控协议包伪造等网络攻击或异常行为	是
	确保工业企业在生产核心控制单元前端部署可对 Modbus、S7、Ethernet/IP、OPC 等主流工控协议进行深度分析和过滤的防护设备，阻断不符合协议标准结构的数据包、不符合业务要求的数据内容	是
	确保工业企业保留工控设备、应用等访问日志，并定期进行备份，可通过审计人员账户、访问时间、操作内容等日志信息，追踪定位非授权访问行为	是
数据安全	确保工业企业对静态存储和动态传输过程中的重要工业数据进行保护，根据风险评估结果对数据信息进行分级分类管理	是
	确保工业企业对关键业务数据（如工艺参数、配置文件、设备运行数据、生产数据、控制指令等）进行定期备份	是
	确保工业企业对测试数据（包括安全评估数据、现场组态开发数据、系统联调数据、现场变更测试数据、应急演练数据等）进行保护	是
控制过程安全	确保工控系统正常运行、控制过程与运行周期不被干扰、控制过程的数据不被窃取和篡改、控制过程不被植入恶意代码，防止攻击被转移到使用产品的用户中	是

需求确认项	详细说明	是否需要确认
供应链管理安全	确保工业企业在选择工控系统规划、设计、建设、运维或评估服务商时，优先考虑具有工控系统安全防护经验的服务商，并核查其提供的工控系统安全合同、案例、验收报告等证明材料	是
	确保工业企业与服务商签订保密协议，协议中应约定保密内容、保密时限、违约责任等内容，防范工艺参数、配置文件、设备运行数据、生产数据、控制指令等敏感信息外泄	是

5.2　安全架构设计指南

5.2.1　安全架构设计的工作流程

工控系统安全架构并不是一成不变的，无论是安全系统还是安全技术，都会随着安全需求的变化和技术的进步而得到动态调整，但对其仍然要从外部互联和内部网络安全的不同层面统一布局。工控系统安全架构设计的工作流程如图 5-2 所示。

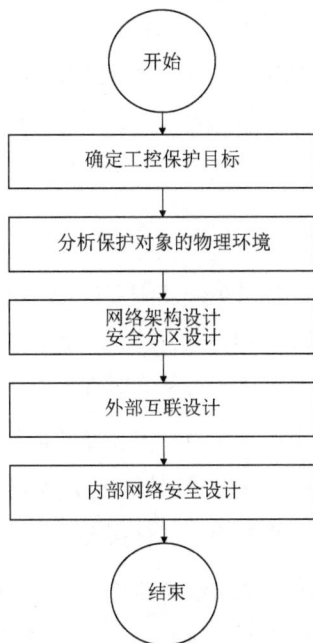

```
            ┌──────┐
            │  开始  │
            └──────┘
               │
        ┌─────────────┐
        │  确定工控保护目标  │
        └─────────────┘
               │
        ┌─────────────┐
        │ 分析保护对象的物理环境 │
        └─────────────┘
               │
        ┌─────────────┐
        │   网络架构设计    │
        │   安全分区设计    │
        └─────────────┘
               │
        ┌─────────────┐
        │   外部互联设计    │
        └─────────────┘
               │
        ┌─────────────┐
        │  内部网络安全设计  │
        └─────────────┘
               │
            ┌──────┐
            │  结束  │
            └──────┘
```

图 5-2　工控系统安全架构设计的工作流程

5.2.2　安全架构设计的主要任务

5.2.2.1　系统整体框架设计

1. 工控保护对象的物理环境

工控保护对象分布在工业现场，包括现场控制设备（如控制器、PLC、RTU 等）、现场总线、现场设备（如传感器、执行器等），以及连接现场控制设备的上位机等，它们的安全都与所处的物理环境安全密切相关，在进行安全设计时，应确定物理安全和信息安全技术覆盖的范围。

第 1 层和第 0 层的工控设备要有较高的实时性，对于现场总线及节点设备，当有物理保护时，可将物理保护作为应对威胁的对抗或补偿措施。物理保护的要求如下：涉及的网络线路及设备都处在一个封闭的保护环境中，无关人员无法接近和进入，有关人员只有经过门禁等出/入控制措施才能进入；有关人员是经过审查和培训的，他们在物理保护环境中的所有操作是被审计和监控的；网络线路及设备是被监控的，当封闭的保护环境被破坏时能被检测到；物理保护与信息安全技术保护的接口处逻辑清晰，且有区域边界保护机制。

工控系统的设备遍布现场各受控的产线和过程，环境复杂，尤其是 SCADA 系统的应用可跨越数千千米，当需要将物理保护作为应对威胁的对抗或补偿措施时，需对各站点、网络、设备一一进行分析，不得有遗漏，同时应有管理监控的整体防护措施，杜绝出现安全短板或漏洞。

2. 工业控制网络的安全设计

企业的网络系统以运营承载单位网络为基础建设，网络区域划分也与应用性质密切相关。工控系统等级保护的范畴为第 0～3 层，从上到下依次为生产管理层、过程监控层、现场控制层和现场设备层，越往下对系统功能的实时性和可用性要求越高。

从工控系统应用的实时性、可用性要求考虑，通常把处于第 0～2 层的系统功能单元（如 DCS 单独组网）与上面的生产管理层根据保护强度实施隔离，可采取物理隔离或采用网闸、防火墙、网关等网络边界防护措施，并根据安全策略实施信息过滤。

同一个运营单位中处在同样层次的系统功能单元（如 DCS），因被控对象不同，也被划分为不同的网络区域，如电厂中不同区域发电机组的 DCS。该方式有利于系统的建设、运营维护及信息安全的管控，避免了恶意代码渗透到一个 DCS 后肆意蔓延到其他系统。

　　SCADA 系统通常由一个运营承载单位管理，是一个内部网，但 SCADA 系统内各站点之间的通信，要么使用内部的专用网，要么租用网络运营商的网络，网络拓扑复杂，中间节点多。基于安全考虑，需要对 SCADA 系统各站点实施网络分区保护。

　　对于工控系统的通信安全设计，应分析其在通信链路上受到篡改、假冒、泄密、拦截、干扰等威胁后，针对性地使用信息安全技术进行保护。SCADA 系统各站点之间的通信、DCS 内节点之间依赖不安全可靠网络设备的通信，即使二者各自属于一个运营承载单位的内部网络，对于有安全风险的网络链路，也应使用信息安全技术进行保护。

　　以 DCS 为例，工控系统的整体安全框架设计如图 5-3 所示。

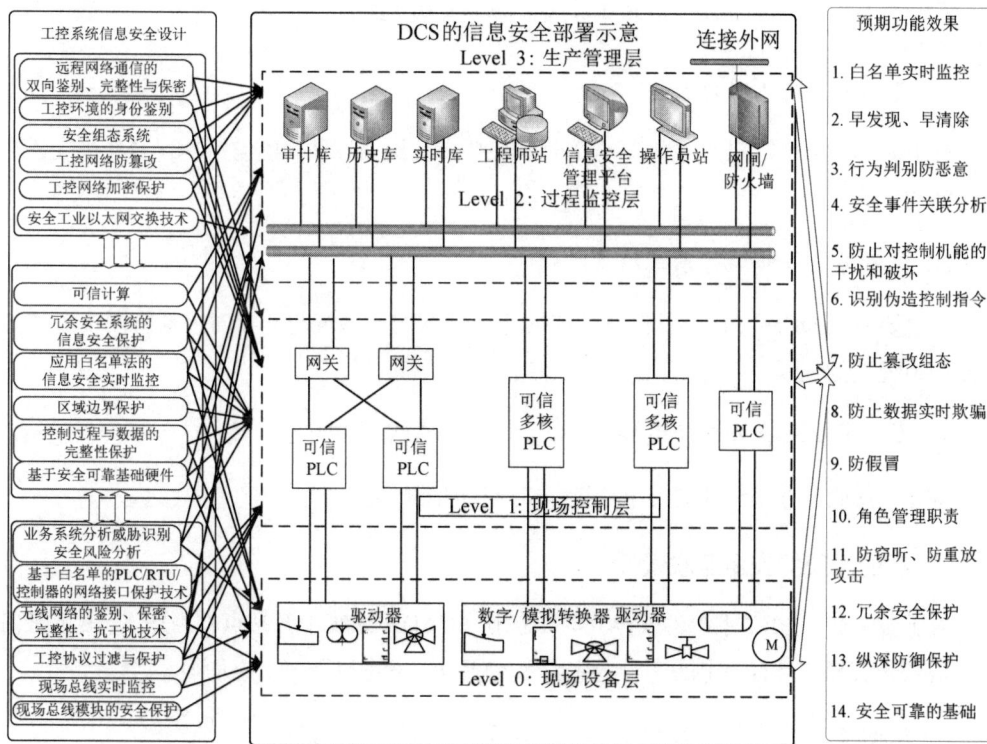

图 5-3　工控系统的整体安全框架设计

5.2.2.2　系统安全互联设计

1. 系统安全互联形式

系统安全互联根据其网络实时性要求和特点分为三种形式，如图 5-4 所示。

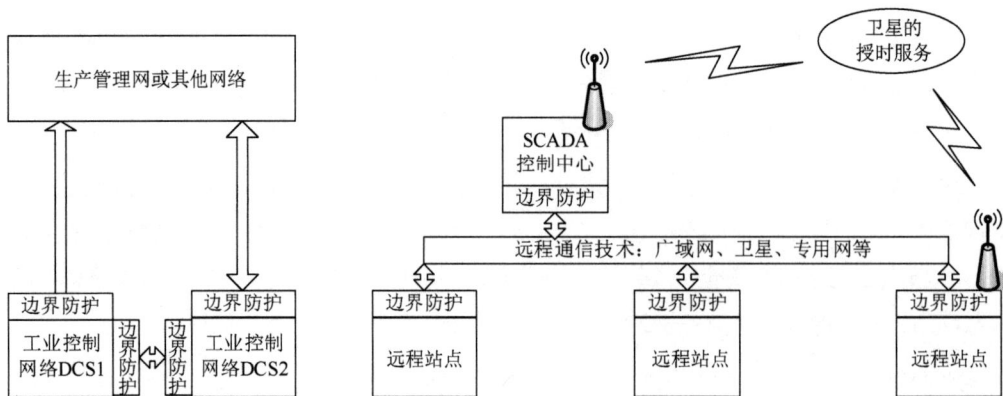

图 5-4　系统安全互联形式

1）各实时系统之间的互联

这主要是指 DCS、PLC 系统等有实时响应要求的网络互联，也包括 SCADA 系统各站点之间的互联。

2）实时系统与非实时系统的互联

这主要是指 DCS、PLC 系统、SCADA 系统等实时子系统与非实时子系统网络（如计划排产系统）的互联。

3）工控系统接收外部的服务

例如，接收北斗系统或 GPS 的授时与时间同步服务。

2. 实时系统的安全互联设计

对于各 DCS、PLC 系统的安全互联（包括 SCADA 系统中各站点的互联），由于它们之间信息交流较多且有一定的实时响应要求，所以应参考以下三个方面。

1）网络互联的可信通信

这可以保障各工控系统之间的互联。在工控系统内跨越没有安全保障的网络互联通信，需进行以下两点设计。

（1）通信对象的身份鉴别。互联通信的两端应经过身份（设备）鉴别，只有身份（设备）鉴别通过后才能被授权进行通信，鉴别方法包括但不限于账号口令、挑战响应法、不对称密钥、数字证书等，参考"工业控制身份鉴别"。

（2）对通信数据的保护。互联通信的数据被篡改后会对系统造成危害，此时发送方需要进行防篡改的完整性保护，通常先对要传输的数据做报文摘要，再将报文摘要加密后发出；接收方对报文摘要解密后验证其与数据的摘要是否一致。为防止重放攻击，需给要传输的数据加上时间戳或随机数。为防止假冒，应有发送方身份（设备）用私钥生成的签名。发送方还应在前述安全处理的基础上对数据进行加密处理，以保证数据在通信过程中不被窃听。典型应用为在通信的两端配置 VPN 设备或组件，所使用的密码应通过国家密码管理机构的认可，适用的场合是利用广域网、互联网或其他公共网的且会遭受安全风险的工控应用，如 SCADA 系统、DCS 之间的通信。

2）在区域边界实施白名单+深度防御过滤

互联通信的数据在通过本系统网络区域边界时，要进行边界防护和信息过滤，具体来说需要进行以下设计。

（1）通用要求是防止未经许可的源 IP 地址、协议、目的端口号进入，阻止未经允许的目的 IP 地址、协议、目的端口号流出。

（2）工控扩展要求是对应用层的工控通信协议内容进行过滤，依据业务性质，对数据的读写操作进行限制，此类应用包括工控防火墙、安全网关等。OPC DA 协议既可用于各工控系统之间的互联，也可与生产管理层互联，实际数据传输是在发送方提出连接请求后，动态生成新的通信链路（这需要防护组件能够对动态生成的通信链路实施安全过滤策略）。OPC DA 协议内容很复杂，读写操作数据只是其中一小部分，而传输的数据大部分是未知的，对其如何过滤还需进一步研究。在配置跨越两个网络通信的 OPC DA 协议时，需使装载 OPC 软件两端主机的账号、登录密码一致，而这带来了安全隐患。可参照《设计要求》9.3.1.5 节工业控制系统安全计算环境设计技术要求中"现场设备访问控制"部分描述的"OPC 服务器和客户机可分别单独放置在各自的安全区内，以访问控制设备进行隔离保护，应对进出安全区的信息实行访问控制等安全策略"，利用防火墙 DMZ 的接口，专门划出一个 DMZ。这个 DMZ 仅有一个使用 OPC DA 协议的服务器或客户机，通过普通的协议与网络内部其他单元通信。当然，从 DMZ 到网络其他单元的信息还需过滤，由于这里的边界过滤负责处理和内部网络的通信，端口号固定，协议数据内容及格式相对清楚，所以有利于实现更好的防护。

3）保护控制过程和数据的完整性

在系统互联的数据交互中，要防止针对控制系统的以干扰系统正常的运行周期、破坏实时性、导致功能失效为目的的攻击所造成 PLC、控制器等停机、宕机的严重后果。《设计要求》7.3.1.5 节工业控制系统安全计算环境设计技术要求提出，"应在规定的时间内完成规定的任务，数据应以授权的方式进行处理，确保数据不被非法篡改、不丢失、不延误、确保及时响应和处理事件，保护系统的同步机制、校时机制，保持控制周期稳定、现场总线轮询周期稳定"。要保护好计算环境，就要在通信、区域边界采取多重防护限制，防止拒绝服务攻击；对于用小包提高发送频度的隐蔽攻击，要计算并测试确定 PLC、控制器等在运行实际控制任务时所能承受的网络包速，即每秒网络包数量（PPS）的最大阈值，超过阈值需立即限制包速，甚至降级运行，即只保留基本控制功能、报警（报给安全管理中心）和关闭通信等保护措施。该措施可在有此功能的防火墙、工业安全交换机、边界防护组件、通信组件、OPC 组件、控制组件等上实现。

在控制过程完整性保护方面，第一级仅提出不延误、确保及时响应和处理事件的要求，第三级和第四级在第二级的基础上增加了"应能识别和防范破坏控制过程完整性的攻击行为，应能识别和防止以合法身份、合法路径干扰控制器等设备正常工作节奏的攻击行为；当控制系统遭到攻击无法保持正常运行时，应有故障隔离措施，应使系统导向预先定义好的安全的状态，将危害控制到最小范围"的条款。为了更好地发现和识别攻击，在工控系统中，任何通信、网络包速、网络帧的大小、维护网络运行等行为都应该是预先定义和设计好的，应有一个白名单；对网络的正常工作模式和隐蔽的攻击，是能够区分识别的，用于 IT 领域的入侵检测系统（IDS）的入侵检测模型理论，无论是异常检测还是误用检测，在工业控制领域都有更高的识别率。同时，第三级和第四级在对故障的处理上，也要求在设计工控系统时要统一考虑信息安全与功能安全。

针对控制系统的干扰系统正常的运行周期、破坏实时性、导致功能失效的攻击，《设计要求》8.3.3.5 节工业控制系统安全通信网络设计技术要求中"通信网络异常监测"部分提出，"应对工控系统的通信数据、访问异常、业务操作异常、网络和设备流量、工作周期、抖动值、运行模式、各站点状态、冗余机制等进行监测，发生异常进行报警；在有冗余现场总线和表决器的应用场合，可充分监测各冗余链路在同时刻的状态，捕获可能的恶意或入侵行为；应在相应的网关设备上进行流量监测与管控，对超出最大 PS 阈值的通信进行控制并报警"。第四级有相同的要求，防护手段主要落实在网络区域边界访问控制组件上。

以上要求，在设计内部网络时同样适用。

3. 实时系统与非实时系统的安全互联设计

目前，第 0 ~ 2 层的工业控制网络与其他生产管理网的互联，多数情况下信息交流量不大且对实时响应要求不高，因此，出于安全考虑，可采取严格的手段管理。例如，对于第三级及以上系统该部分的安全互联，应采用物理隔离、单向网闸等安全措施；对于第二级及以下系统该部分的安全互联，可采用防火墙实施深度过滤的安全策略。

4. 规避外部服务的安全风险设计

工控系统利用北斗或 GPS 校时实现网络各单元的时钟同步。经风险分析，如果北斗或 GPS 中断服务，则会造成工控系统运行不同步的后果。根据《设计要求》7.3.1.5 节工业控制系统安全计算环境设计技术要求"应在规定的时间内完成规定的任务，数据应以授权的方式进行处理，确保数据不被非法篡改、不丢失、不延误，确保及时响应和处理事件，保护系统的同步机制、校时机制，保持控制周期稳定、现场总线轮询周期稳定"的条款，应使用安全可靠的时钟同步服务，配置与之相关的接收设备。第三级在第二级的基础上增加了"现场设备应能识别和防范破坏控制过程完整性的攻击行为，应能识别和防止以合法身份、合法路径干扰控制器等设备正常工作节奏的攻击行为；在控制系统遭到攻击无法保持正常运行时，应有故障隔离措施，应使系统导向预先定义好的安全的状态，将危害控制到最小范围"的条款，强调了对破坏同步行为的识别预警及故障隔离。可视应用采用网络时钟同步措施，如 NTP、IEEE1588 协议、硬接线等。《设计要求》9.3.1.5 节工业控制系统安全计算环境设计技术要求在第三级的基础上增加了程序安全执行保护"应构建基于系统的整个完整链路的可信的或安全可控的时钟源、可信的或安全可控的同步和校时机制，防范恶意干扰和破坏"的条款，要求从时钟源开始到终端设备，整个链路都是受保护和安全可控的，即使来自太空的时钟信号受到攻击，系统仍能可靠地运行。也就是说，在设计系统时，应建立一种机制（如全网时钟同步的机制），在外部服务中断（如外部 GPS 或北斗时钟源发生故障）时能够保证系统的正常运行。

以上要求，在设计内部网络时同样适用。

5.2.2.3　工控系统安全架构设计

1. 工控系统安全架构设计说明

按系统的功能划分，从第 0 层到第 3 层都属于工业自动化与控制系统，第 3 层生产管理层具有 IT 领域的特性，在进行安全设计时，除与第 2 层过程监控的边界防护和安全通信有控制系统的特性要求外，其他的可参照通用要求进行安全设计（第 2 层和第 3 层之间的边界防护与安全通信已在前文说明）。在现有的大多数工控系统中，以从第 0 层到第 2 层的功能为主组成网络系统，很多地方称之为生产网。生产网不仅与互联网隔离，其与一般的 IT 领域的信息网的数据传递也被严格地控制或隔离。下面主要讨论从第 0 层到第 2 层系统功能的安全技术设计。

2．实施纵深防御的安全设计

从第 0 层到第 2 层系统功能的安全技术设计，以 DCS 为例介绍。PLC 系统和 SCADA 系统各站点的安全技术设计，可参照相应的要求进行。

对工控系统进行安全区域的划分，就是根据工控系统中业务的重要性、实时性、关联性，对现场受控设备的影响程度及功能范围、资产属性等划分不同的安全防护区域，对保护目标实现多重防护。工控系统等级保护安全技术设计框架如图 5-5 所示。

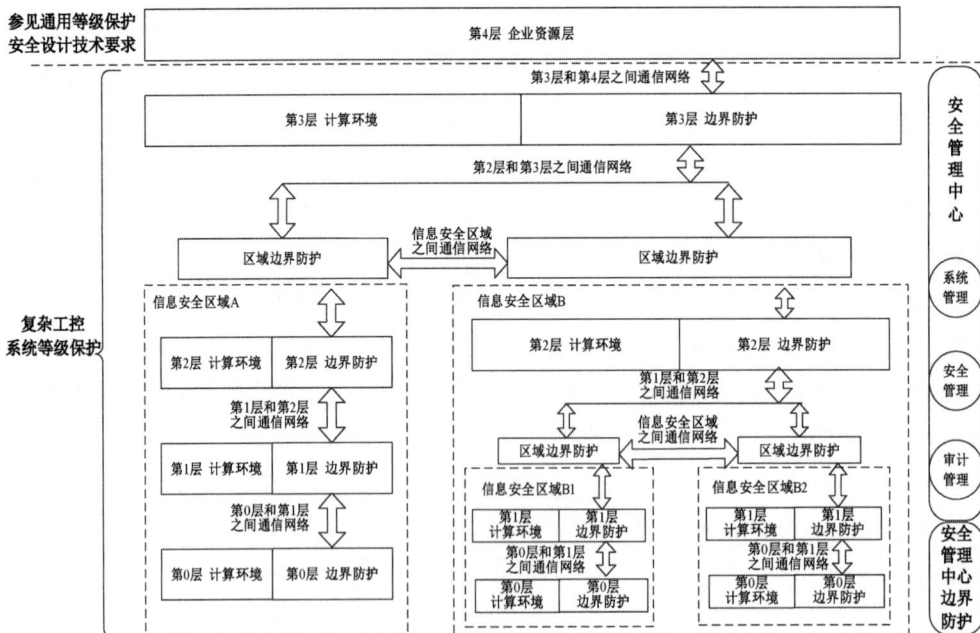

注1：参照IEC/TS 62443-1-1工业控制系统按照功能层次划分为第0层现场设备层、第1层现场控制层、第2层过程监控层、第3层生产管理层、第4层企业资源层。
注2：一个信息安全区域可以包括多个不同等级的子区域。
注3：纵向分区以工业现场实际情况为准（图中分区为示例性分区），分区方式包括但不限于第0~2层组成一个安全区域、第0~1层组成一个安全区域等。

图 5-5　工控系统等级保护安全技术设计框架

图 5-5 是一个仅包含第 0 层到第 2 层的控制功能组件的工控系统，其中：左边是典型的系统模型，它满足独立运行的所有要素，通过区域边界防护与其他系统相连，也可以根据安全需要进行物理隔离；右边的工控系统把第 0 层和第 1 层控制功能组件针对不同功能的子系统进一步划分成两个安全区域，增加了区域边界防护（对于大型系统，可划分多个安全区域），有针对性地实施安全策略。

对工控系统的网络架构划分安全区域，实施计算环境、通信网络、区域边界的安全策略，对以上攻击实施多重防护。

工控系统的保护对象是指分布在受控过程中的现场设备，如各种执行器、传感器，以及由连接这些现场设备的控制器、PLC 等现场控制设备构成的控制回路。

针对控制系统的攻击和防护包括但不限于以下六种形式。

1）对篡改控制程序的防护

对组态工程师的身份进行鉴别，授权组态编程，使控制程序在工程师站等上位机、控制器、PLC 上不能被非法修改、下装和执行。对工程师站的组态环境、工程文件数据进行完整性和可信保护。控制器、PLC 对下装操作员进行身份鉴别，鉴别通过后授权下装，对通过通信网络下装的文件进行完整性检验，存储时进行完整性和可信保护。

2）对伪造控制命令的防护

对操作员进行身份鉴别，对操作员的命令进行完整性保护。

3）对实时欺骗的防护

对现场设备传感器的敏感数据和通信链路进行物理或信息安全的完整性保护，防止修改数据、进行欺骗或诱导。

4）对破坏控制过程和数据完整性的防护

对工控系统的重要子系统划分安全区域，实施对计算环境、通信网络的数据流控制、区域边界的过滤等安全策略，对以上攻击实施多重防护。

5）对窃取生产、制造、行动任务的敏感信息的防护

对敏感信息采取保密措施，对难以加密的现场总线和现场设备进行物理保护，对上层数据进行信息加密处理。

6）对分发攻击的防护

对生产线的产品制造过程实施物理保护和监控，做好各生产设备的信息安全防护，明确人员职责，做好进料检验管理，半成品、制成品检验和存储管理，加强综合管理等。

3. 加强监控实现主动防御

工控系统网络中各单元的运行模式，以及两个端点的通信地址、协议、端口号、网络包速、网络帧的大小、维护网络运行的协议、广播的源地址、模式及频度等都是预先定义和设计好的，而恶意逻辑在实施攻击前需要做探测目标、转移、渗透等准备。只要建立了系统正常运行模式的白名单，就可先期发现恶意逻辑的异常行为，在它还不具备发起攻击的能力时及时将它清除，再逐步利用机器学习和人工智能等技术实现非特征识别的主动防御。

与 IT 领域的 IDS 不同，工控系统网络是一个相对封闭的系统，监测点可遍布网络的所有单元，只要是存在异常的行为都要实时报给值班人员，让其进行分析和处理。工控系统网络的操作员站是 24 小时有人值守的，有条件及时发现、阻止并处理这些恶意逻辑。

等级保护安全设计要求工控系统从第二级开始设立安全管理中心，《设计要求》7.3.4.2节审计管理中强调，"在进行工业控制系统安全设计时，应通过安全管理员对工业控制现场控制设备、网络安全设备、网络设备、服务器、操作站等设备中主体和客体进行登记，并对各设备的网络安全监控和报警、网络安全日志信息进行集中管理。根据安全审计策略对各类网络安全信息进行分类管理与查询，并生成统一的审计报告"。工控系统可利用安全管理中心这个平台做到对信息安全事件的先期发现、关联分析、先期预警和及时清除。

4. 应用冗余机制构筑信息安全

在工控系统的一些较重要的应用中，对关键环节应用冗余机制可以提高系统的可靠性（可用性）。双控制器（4 核共享内存）双网双现场总线冗余结构示意图如图 5-6 所示。

在图 5-6 中，控制器采用主从备份工作方式，每个控制器都由两个以太网和两个现场总线组成主从备份工作方式。当控制器 1 及其网络接口 1 作为主控运行时，遇到了来自以太网的 DoS 攻击，此时它可通过网络接口 2 和备份控制器 2 向安全管理中心报警，而把与上位机及其他控制器通信的任务交给本控制器的网络接口 2。若再次遭遇攻击，则可把整个任务切换给控制器 2。冗余机制的各方在保证控制任务运行的同时，还应把引起系统切换的原因、状态等信息报给安全管理中心。

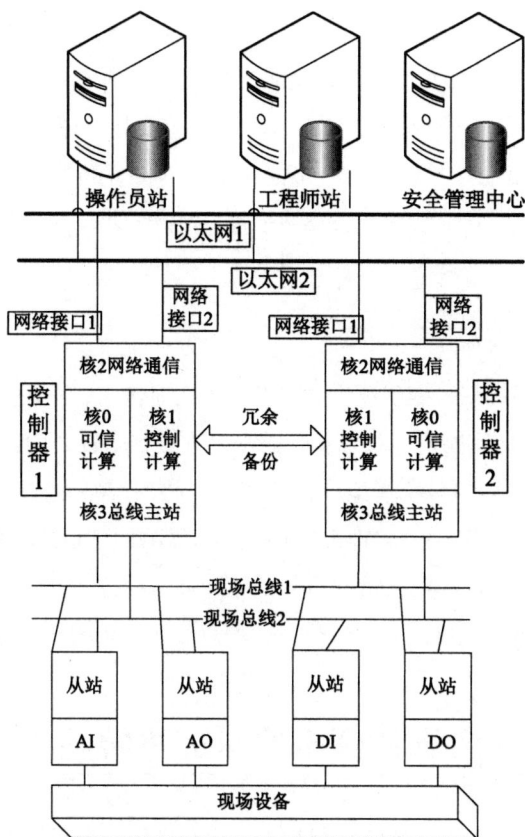

图 5-6　双控制器（4 核共享内存）双网双现场总线冗余结构示意图

在传统的工控系统冗余设计中考虑的是提高可靠性，保证功能安全，消除故障，但引起故障的原因不能排除人为攻击，且这种攻击更精准和系统，导致的后果也更严重。功能安全和信息安全都是以保证工控系统的正常运行为目标的，在今后的设计中应将二者有效融合。

5. 监测分散、管理集中的精准防护

实现恶意逻辑的先期发现、精确定位，首先要及时获取异常信息。就网络层面来说，处于第 1 层和第 2 层的以太网交换机（组）是内部网络的交通枢纽，是一个理想的监测点，可以利用交换机的镜像端口功能，实时获取网络流的信息。但遗憾的是，镜像端口的性能不能满足监控全部网络端口的要求。为解决全面监控的问题，在进行安全设计时，应要求各网络单元设备把自身监测到的异常向安全管理中心报警，并为其提供足够的信息。在等

级保护安全设计要求中，对工控系统规定了进行审计和报警的网络单元为"现场控制设备、网络安全设备、网络设备、服务器、操作站等设备"，审计和报警的内容为"主体和客体"，即报告行动发起者（主体）、行为接受者（客体）并做记录。对网络通信来说，至少应包括源 IP 地址、目的 IP 地址、网络协议号、网络目的端口号等内容，对重要的工控协议，还应包含一部分头部信息。安全管理中心对网络各个单元的报警信息集中管理，进行关联分析，以尽早发现和精确定位恶意逻辑。

6. 结合物理安全做好整体防御

由于工控系统的现场总线和现场设备具有高度实时性、发送消息短（开关量只有 1 位）的特点，所以使用能够保证保密性和完整性的密码方法难度较大，现在还没有现成的产品。等级保护提出用物理保护的对抗措施来抵抗安全威胁的策略，实施该策略应满足以下要求：现场总线及其现场设备，包括连接现场总线的控制器、PLC、RTU 等都在一个封闭的安全的区间内，进出这个区间的人员是可靠的，所有的设备是安全可靠的，同时应在连接现场总线的控制器、PLC、RTU 的端口处对现场总线各设备的状态进行监测。

5.3   工控系统安全设计技术要求应用解读

本节对《设计要求》工控系统等级保护安全设计中第一级至第四级安全要求进行全面解读，同时从应用角度出发对相应的安全设计要求进行说明。本节安全要求中加粗部分为本级安全要求较上一级安全要求的增强。

5.3.1   安全计算环境

5.3.1.1   工业控制身份鉴别

【安全要求】

第一级：现场控制层设备及过程监控层设备应实施唯一性的标志、鉴别与认证，保证鉴别认证与功能完整性状态随时能得到实时验证与确认。在控制设备及监控设备上运行的程序、相应的数据集合应有唯一性标识管理。

第二级：同第一级。

第三级：现场控制层设备及过程监控层设备应实施唯一性的标志、鉴别与认证，保证鉴别认证与功能完整性状态随时能得到实时验证与确认。在控制设备及监控设备上运行的程序、相应的数据集合应有唯一性标识管理，**防止未经授权的修改**。

第四级：现场控制层设备、**现场设备层设备**以及过程监控层设备应实施唯一性的标识、鉴别与认证，保证鉴别认证与功能完整性状态随时能得到实时验证与确认。在控制设备及监控设备上运行的程序、相应的数据集合应有唯一性标识管理，防止未经授权的修改。

【标准解读】

工控系统里需要做设备鉴别的对象包括：现场控制层设备，如控制器、PLC、RTU 等；过程监控层设备，如操作员站、工程师站、实时库、安全管理平台等在通用 PC 平台上开发的工控上位机；第四级增加了现场设备层的设备，如通过现场总线连接的 I/O 站点和模块等。对这些设备、I/O 站点和模块等做鉴别，目的是在缺乏物理环境保护的场合防止这些单元被假冒、被非法替换。

第三级、第四级系统要求做完设备鉴别后，对控制设备及监控设备上运行的程序、相应的数据集合进行唯一性标识管理。这实际上是在做相应的敏感信息标记，以支持不同用户对敏感信息的强制访问控制。

这些程序和数据集合包括在工程师站等平台上组态、开发的应用程序和数据文件，在控制器、PLC、RTU 等设备上经组态下装后运行和存储的二进制代码和数据文件，在操作员站等平台上组态、开发的人机界面及其他应用文件等。为防止被恶意篡改和便于维护，它们必须有唯一性标识，并能表明应用程序源代码和二进制代码的一一对应关系。

需要访问操作工控系统的人既包括工程师、操作员等通过外部网络对系统通信、操作、维护的人员，也包括因信息安全需要增加的安全管理员、审计员等。这些人员在通过身份鉴别获得授权后才能在指定的设备上创建、读写相关文件，如在工程师站上组态生成的要下装到控制设备中运行的控制程序和数据、在操作员站上组态生成的人机界面和历史库应用程序等，其他未获得授权的人员不能对这些数据进行读写等操作。

需要强调的是，控制设备自身应实现安全通用要求相应级别提出的身份鉴别要求，控制器、PLC、RTU 等在组态下装时需要对工程师等开发人员进行身份鉴别，控制设备在接受操作命令前需要对操作员进行身份鉴别。

标识应具有唯一性，可用数字序列标识所能表示的范围越大，安全性就越高。对于未经授权的修改，需结合强制访问控制措施来阻止。在一些计算能力有限的设备中，如现场总线 I/O 站点和模块，在有物理保护的前提下，I/O 站点和模块可将预先设定的地址、通道号等作为身份标识，用一些常规的校验方法防止修改。

第一级、第二级系统需对现场控制层设备和过程监控层设备实施唯一性标识、鉴别与认证，并保证实时性，对鉴别技术应做具体规定。从第三级开始，需采用受安全管理中心控制的口令、令牌、基于生物特征的身份鉴别技术、数字证书及其他具有相应安全强度的两种或两种以上的组合机制进行用户身份鉴别，并对鉴别数据进行保密性和完整性保护。第四级增加了对现场设备层设备的唯一性标识、鉴别与认证的要求。第一级、第二级要求在控制设备及监控设备上运行的程序、相应的数据集合有唯一性标识管理，第三级、第四级要求该标识应能避免未经授权的修改。

【设计说明】

以第三级要求为例，工控系统主要解决两大类需求：对现场控制设备（尤其是缺乏物理环境保护的现场设备）的鉴别；现场控制设备对操作人员的身份鉴别。

1. 对现场控制设备的鉴别

当操作员与现场控制设备通信时，应对现场控制设备进行身份鉴别。在该过程中，可采用持有设备进行与鉴别有关的计算处理，持有设备既可以是 USB-Key，也可以是由操作人员授权使用的通信设备中的鉴别功能模块。

现场控制设备应具有唯一性标识。该唯一性标识可以是任意的 4 字节或 4 字节以上的十六进制数，且经过保密处理后预留保存。现场控制设备的鉴别流程参考如下，但不局限于此。

（1）操作员向现场控制设备发出包含身份鉴别请求和时间戳的报文。

（2）现场控制设备用 SM3 算法处理"唯一性标识+时间戳"，将得出的报文摘要发送给操作员。

（3）操作员把用 SM3 算法处理得出的报文摘要与现场控制设备发送过来的报文摘要进行对比校验，校验一致并通过设备身份鉴别后方可进行后续操作，否则拒绝后续操作，并向安全管理中心报警、记录审计事件。

上述流程使用 SM3 算法仅作为示例，也可将私钥作为现场控制设备（含现场设备）的唯一性标识，加上时间戳等认证内容做签名。

2. 现场控制设备对人员的身份鉴别

当工程师对现场控制设备下装程序、操作员对现场控制设备下达命令时，应使用身份鉴别技术，由现场控制设备对访问者进行身份鉴别，只有通过身份鉴别后才能获得授权并进行操作。在工程师站和操作员站都应配备具有鉴别功能的应用程序，且仅限工程师和操作员角色授权使用。在下面的描述中，工程师或操作员就是身份鉴别的对象。

预先给工程师或操作员角色赋予唯一性标识。该唯一性标识为任意 8 字节或 8 字节以上的十六进制数，且经过加密处理后预留在现场控制设备中。人员的身份鉴别流程参考如下，但不局限于此。

（1）工程师或操作员向现场控制设备发出访问请求。

（2）现场控制设备向工程师或操作员发出一个时间戳。

（3）工程师或操作员用 SM3 算法处理"唯一性标识+时间戳"，将得出的报文摘要发送给现场控制设备。

（4）现场控制设备把用 SM3 算法处理得出的报文摘要与工程师或操作员发送过来的报文摘要进行对比校验，校验一致则通过身份鉴别，现场控制设备授权工程师或操作员进行后续操作，否则拒绝后续操作，并向安全管理中心报警、记录审计事件。

此外，可将私钥作为工程师或操作员的唯一性标识，并加上时间戳等认证内容做签名。

从第三级起（含第三级），要求用两种或两种以上的组合机制进行用户身份鉴别。相对于第三级要求，第一级、第二级不需要对程序、相应数据集合的唯一性标识采取措施，防止其被未经授权修改。第四级需要对现场设备层设备进行唯一性标识管理。

5.3.1.2　现场设备访问控制

【安全要求】

第一级：应对通过身份鉴别的用户实施基于角色的访问控制策略，现场设备收到操作命令后，应检验该用户绑定的角色是否拥有执行该操作的权限，拥有权限的该用户获得授权，用户未获授权应向上层发出报警信息。

第二级：同第一级。

　　第三级：应对通过身份鉴别的用户实施基于角色的访问控制策略，现场设备收到操作命令后，应检验该用户绑定的角色是否拥有执行该操作的权限，拥有权限的该用户获得授权，用户未获授权应向上层发出报警信息。**只有获得授权的用户才能对现场设备进行组态下装、软件更新、数据更新、参数设定等操作。**

　　第四级：应对通过身份鉴别的用户实施基于角色的访问控制策略，现场设备收到操作命令后，应检验该用户绑定的角色是否拥有执行该操作的权限，拥有权限的该用户获得授权，用户未获授权应向上层发出报警信息。只有获得授权的用户才能对现场设备进行组态下装、软件更新、数据更新、参数设定等操作，**才能对控制器的操作界面进行操作**。

　　OPC 服务器和客户机可分别单独放置在各自的安全区内，以访问控制设备进行隔离保护，应对进出安全区的信息实行访问控制等安全策略。

【标准解读】

　　在工控系统里需要做访问控制的对象包括以下两类。

　　（1）用户（人）：包括系统正常运行时的操作员、组态工程师、系统维护人员，以及因信息安全需要增加的安全管理员、审计员等。

　　系统对人的访问控制应基于角色进行，给不同的角色授予不同的访问权限，如操作员只能对现场设备进行操作，工程师只能进行系统维护（如逻辑组态、监控组态等）操作。进一步的授权管理可以由具体的人员（如逻辑组态工程师、监控组态工程师等）执行。

　　对不同类型的用户，根据系统规模及管理需要，按照现场设备资产和操作员的工作范围将其划分为不同的角色，以防止其对工作范围之外的设备进行操作。

　　（2）设备：包括现场控制层设备（如控制器、RTU、PLC 等）、操作员站、工程师站，以及安全管理平台等。

　　对设备的访问控制应授予特定设备访问其他设备的权限。

　　第一级、第二级要求现场设备需要检验用户是否拥有控制操作的权限；第三级增加了对组态下装、软件更新、数据更新和参数设定等维护操作的授权要求；第四级对 OPC 服务器和客户机的部署、隔离措施、访问控制等提出要求。OPC 服务器和客户机分别部署在防火墙不同的安全区内，通过防火墙实施访问控制策略。

【设计说明】

　　以第三级要求为例，对工控系统的访问控制设计说明如下。

　　根据用户的岗位职责，对用户进行分组，不同组别对应不同的角色，如管理员、操作员、工程师等，不同角色对应不同的操作权限，如操作员只能对现场设备执行控制操作，工程师只能对现场设备执行维护操作。细分操作权限，对设备资产进行分组，进行权限划分，以此实现具体用户对实体资源的操控权限限制。现场设备在收到上位机发送的命令后，会在执行某项操作之前对操作用户进行身份鉴别，并检查其授权；在身份鉴别通过且确认其权限后，用户可访问其权限内的资源。例如，只有获得相应权限的用户才可以对现场设备进行组态下装、软件更新、数据更新、参数设定等操作；若发现用户在执行过程中有越权行为，则拒绝其请求，并向上层发出警报信息。工程师在上位机上对控制器发出维护操作请求；控制器在收到维护请求后，需要对工程师的身份进行鉴别，并对其操作权限进行确认，根据鉴别和确认结果允许或拒绝工程师执行的操作。如果通过身份鉴别和权限确认，工程师就可以执行相应的控制操作，并可执行组态下装、软件更新、数据更新、参数设定等操作；如果身份鉴别或权限确认失败，控制器会拒绝操作请求，并向上层发出报警信息。

　　与第三级要求相比，第一级、第二级不要求在对现场设备进行组态下装、数据更新、参数设定等操作时必须进行特殊的权限规定，其他设计原则不变。

　　与第三级要求相比，第四级要求在保持其他设计原则不变的基础之上，增加对 OPC 服务器和客户机的隔离保护、访问控制等要求。OPC 服务器与客户机之间的防火墙应根据需要配置安全策略，如 IP 地址过滤、MAC 地址过滤、端口号过滤，并根据具体的应用环境和安全要求，选择使用具有 OPC 协议过滤、分析功能的工控防火墙。

　　在设计时，应综合考虑物理防护能力，选择符合要求的技术方案。

　　以 DCS 的上位机系统为例，权限管理系统会根据现场不同的人员角色（如监视人员、操作员、值班长、工程师），由系统管理员为其设置角色，并赋予相应的权限。人员角色权限表如表 5-12 所示。

表 5-12　人员角色权限表

人员角色	查看系统状态	屏幕拷贝	查看操作记录	工程组态下装
监视人员	No	No	No	No
操作员	Yes	Yes	Yes	No
值班长	Yes	Yes	Yes	No
工程师	Yes	Yes	Yes	Yes

5.3.1.3　现场设备安全审计

【安全要求】

第一级：遵循通用要求，无扩展要求。

第二级：遵循通用要求，无扩展要求。

第三级：**在有冗余的重要应用环境，双重或多重控制器可采用实时审计跟踪技术，确保及时捕获网络安全事件信息并报警。**

第四级：同第三级。

【标准解读】

当有冗余的重要应用环境遭受攻击时，双重或多重控制器应根据安全策略识别、记录该事件，并将记录的信息通过冗余网络可靠、及时地上传至安全管理中心。

第一级、第二级无要求；第四级要求同第三级，在有冗余的重要应用环境中采用上述技术实现现场设备安全审计。

【设计说明】

该条款涉及的对象包括为控制器、PLC、RTU 等，由这些现场控制设备进行监视并报警。

以第三级为例，可以根据冗余系统的资源和设备计算能力确定要监测的信息，包含以下部分或全部内容。

（1）来自上位机或其他设备对本设备网络端口的扫描。

（2）来自网络对本设备未开放端口的访问。

（3）来自网络对本设备不符合白名单规则（源 IP 地址、目的 IP 地址、协议号、目的端口号等）的访问。

（4）来自网络对本设备符合白名单规则的访问，但身份鉴别失败，或者通信完整性遭到破坏。

（5）过于频繁的广播（超过了正在工作的主设备和本设备可以正常工作的阈值）。

（6）基于业务的网络访问，但 PPS 超过了正在工作的主设备和本设备可以正常工作的阈值。

（7）拒绝服务攻击。

（8）其他网络攻击。

（9）作为冗余的备份设备检测出正在工作的主设备处于不正常状态。

（10）来自网络对本设备符合白名单规则的访问，但其有效内容会影响控制系统的正常工作。

（11）破坏时钟同步机制的行为。

（12）与本设备连接的现场总线工作异常。

（13）现场总线远程站点掉线。

（14）现场总线远程站点模块异常。

（15）现场总线轮询周期改变。

（16）从现场总线收到的数据包的完整性受到破坏。

（17）从现场总线监听到的异常、非法行为。

（18）在本设备内部监测到的安全事件。

（19）本设备内部的不正常事件。

本条款所涉及的现场控制设备将监测到的以上信息，加上时间信息或时钟标志，实时发送到安全管理平台和操作员站，供有关人员及时分析和处理，同时进行审计记录。

5.3.1.4　现场设备数据完整性保护

【安全要求】

第一级：遵循通用要求，无扩展要求。

第二级：遵循通用要求，无扩展要求。

第三级：**应采用密码技术或应采用物理保护机制保证现场控制层设备和现场设备层设备之间通信会话完整性。**

第四级：同第三级。

【标准解读】

需进行数据完整性保护的现场设备包括：现场控制层设备，如控制器、PLC、RTU 等；

现场设备层设备，如传感器、电机、变频器、阀门等。

现场设备中的数据需要进行完整性保护，保护内容包括系统存储和处理的用户信息、通信数据等。应保证数据来源可信、内容完整、未被篡改，一般采用常规的校验机制即可，而在较高的安全要求下，需采用密码技术或其他物理保护机制进行完整性保护。

第一级、第二级无特殊要求，可采用常规的校验机制检验所存储的用户数据的完整性；第三级要求在无法采用物理防护机制的情况下，采用密码技术对现场控制层和现场设备层之间通信会话的完整性进行保护；第四级要求同第三级。

【设计说明】

1）对用户数据的完整性进行校验和恢复

对于第三级要求，在系统进行数据保存和处理时，通过密码技术计算数据的摘要值，并将摘要值和数据保存到指定的安全区域。在使用数据时，重新计算数据的摘要值，并与保存的摘要值进行比较。如果与摘要值不符，就认为数据的完整性遭到破坏。此时，可以从安全区域获得原始数据，从而恢复数据。当现场控制层设备与现场设备层设备之间传输距离较远且存在被攻击的风险，所传输信息被泄露将造成重大的损失等情况时，需要进行数据的完整性保护。

第一级、第二级不需要进行数据恢复设计，对数据的完整性校验可采用循环冗余校验（CRC）、判断存储数据的时间、存储文件的大小等常规校验技术。

第四级与第三级要求相同，故设计方法也相同。

2）现场控制层设备和现场设备层设备之间通信会话的完整性设计

在物理防护机制无法满足系统安全性要求的情况下（如通信网络封闭或者有安全防护措施、线路冗余等），应采用密码技术（如 SM3 等算法）保证现场控制层设备和现场设备层设备之间通信会话的完整性。

综合考虑控制系统的安全需求和实时性要求，选择合适的加密算法、设备的身份认证和鉴别措施，如基于非对称密码算法的双向身份认证、以设备的唯一性标识进行身份鉴别等。在每次会话开始前，通过挑战机制生成随机密码，用于数据传输过程中的加密。在传输的数据包中，应采取措施抵御假冒身份、篡改数据和重放数据等攻击，如在报文中包含数据摘要值、数据包序号、时间戳等。

在设计时，应综合考虑物理防护能力，选择符合要求的技术方案。

PLC 的主控制器和 I/O 模块之间采用线路冗余的方式实现通信的完整性，并在协议中使用数据长度、数据校验和字节的奇偶校验等方法提升通信会话的完整性。

5.3.1.5　现场设备数据保密性保护

【安全要求】

第一级：遵循通用要求，无扩展要求。

第二级：**可采用密码技术支持的保密性保护机制或可采用物理保护机制，对现场设备层设备及连接到现场控制层的现场总线设备内存储的有保密需要的数据、程序、配置信息等进行保密性保护。**

第三级：**应采用密码技术支持的保密性保护机制或应采用物理保护机制，对现场设备层设备及连接到现场控制层的现场总线设备内存储的有保密需要的数据、程序、配置信息等进行保密性保护。**

第四级：**同第三级。**

【标准解读】

需要进行数据保密性保护的现场设备包括：现场控制层设备，如控制器、PLC、RTU等；现场设备层设备，如传感器、仪器仪表、电机、变频器、阀门等。

上位机和现场设备中的数据需进行保密性保护，保护的数据包括计算环境中存储和处理的用户数据、重要的程序、配置信息等。

第二级建议对现场设备层设备及连接到现场控制层的现场总线设备内存储的有保密需要的数据、程序、配置信息等采用密码技术或物理保护机制进行保密性保护，第三级、第四级则要求必须进行保密性保护。

通用要求、工控要求的第二级、第三级、第四级要求对系统和设备中的数据进行保密性保护，第一级则无此要求。

【设计说明】

1）需进行数据保密性保护的情形

需要实施现场设备保密性保护的情况包括但不局限于：现场设备层设备及连接到现场

控制层的现场总线设备存在被攻击的风险；设备内的数据、程序、配置信息被泄露将造成重大的损失；设备内的数据、程序、配置信息被非法篡改对控制系统乃至被控设备的安全运行构成风险；所采取的物理防护措施无法满足系统安全性要求。

2）待保护数据的识别

需要进行数据保密性保护设计的现场设备可以分为两个大类：可在线更新的有保密需要的数据、程序、配置信息的设备（如控制器等）；不可在线更新的有保密需要的数据、程序、配置信息的设备（如 I/O 模块、现场仪表等）。其中，由于不可在线更新的有保密需要的数据、程序、配置信息不能被直接读取，只能通过特殊的工具读取，所以可采用物理保护机制。

在物理防护措施无法满足系统安全性要求的情况下，系统应采用保密技术满足现场设备层设备及连接到现场控制层的现场总线设备中的可在线更新的数据、程序、配置信息的保密性要求。

3）保护机制的选择

第二级不要求一定采用密码技术进行保密性保护，系统设计者可通过技术手段使被保护数据无法被直接解析。例如，利用硬件的特性施加上拉或下拉电位，设置跳线、拨码开关，屏蔽读写工具使用等方法使数据无法从外部读写；利用底层软件的特性设置反跟踪功能，将敏感数据存放在 Flash 的页外，隐藏、控制或缩小读写驱动软件寻址范围，敏感数据分解存储，制造假映像文件及敏感数据在读出后运行前动态合成等方法进行保护，并在有非授权访问时发出报警。

对于第三级、第四级，系统要根据待保护信息的敏感程度、需处理的数据量、数据处理及使用方式，综合考虑系统资源和实时性要求，选择合适的数据加/解密算法和强度。在数据保护中，除要考虑数据的保密性外，还要考虑数据的完整性校验和对数据的访问控制。

在采用可信计算平台的系统中，数据的保密性、完整性和对数据的授权访问应基于可信计算平台统一考虑。

5.3.1.6　程序安全执行保护

【安全要求】

第一级：无。

第二级：无。

第三级：无。

第四级：应构建从工程师站组态逻辑通过通信链路下装到现场控制层的控制设备进行接收、存储的信任链或安全可控链，构建控制回路中从控制设备启动程序到操作系统（如果有的）直至到调用控制应用程序、现场总线的接收-发送模块、现场设备层设备接收-发送模块的程序的信任链或安全可控链，以实现系统运行过程中可执行程序的完整性检验，防范恶意代码等攻击，并在检测到其完整性受到破坏时采取措施恢复；应构建基于系统的整个完整链路的可信的或安全可控的时钟源、可信的或安全可控的同步和校时机制，防范恶意干扰和破坏。

【标准解读】

程序安全执行保护的对象包括在控制设备及监控设备上运行的程序及相应的数据集合，这些程序和数据的安全执行由可信平台实现。通过在可信平台上构建可信验证机制、入侵检测机制和恶意代码防范机制，构建完整的信任链或安全可控链。

第一级、第二级、第三级无特殊要求。第四级要求构建信任链或安全可控链，系统需提供从控制设备启动程序到组态应用的完整可信计算链，保证控制系统运行过程中全生命周期的完整性检验，并在完整性受到破坏时采取恢复措施，系统应对控制系统的时钟和校时机制实现可信校验，以达到以下安全防护目标。

（1）组态逻辑的安全下装、接收和存储。

（2）控制设备中可执行程序的完整性校验及恢复。

（3）安全可控的时钟源及同步和校时机制。

【设计说明】

基于可信计算 3.0 基本原理，构建基于 TPCM 双体系架构的可信控制系统，保证工程师站、控制设备计算环境的安全可信。在这里，用于构建安全可信的计算环境的方法包括上位机及组态软件、控制器及各收发模块、时钟源及同步校时机制。（可信 PLC 或其他可信设备）从可信根出发，从上电开始依次对启动程序（BOOT，如果有）进行度量，启动程序度量完成后，对操作系统进行度量（如果有），操作系统再对应用程序进行度量，从而构建一条从可信根出发的完整的可信链，以构建安全可信的运行环境。

基于安全可信的操作系统，对启动的应用程序（包括工程师站的逻辑组态软件和控制器中的主控模块、数据收发模块等）进行可信度量和验证，保证应用程序的安全可信。

基于安全可信的操作系统，对文件系统（包括逻辑组态数据）的完整性进行度量、验证和访问控制，实现文件系统的安全可信。在设计时，需要综合考虑系统的安全需求和实时性要求，有效识别系统中的敏感数据和关键数据，选择合适的算法和验证机制。

基于安全可信的操作系统，采用非对称密码算法，通过双向身份认证和数据加密算法，构建从工程师站到控制设备安全可信的通信链路，实现逻辑组态数据的下装、传输、接收和存储。

使用基于可信计算平台的时钟源，建立安全可信的通信链路，实现系统时钟的同步，并在数据包中添加包序号、时间戳、摘要值等信息，以防止在传输过程中受到攻击。在采用硬校时，应采取措施提高抗干扰能力，并对数据进行校验，从而发现数据在传输过程中的错误。

对于工控系统的监控层设备：第一级、第二级应安装防恶意代码软件，建议采用可信技术；第三级需要采用可信平台设计；第四级需要在第三级的基础上增加动态关联感知机制。

控制层设备只有第四级要求采用可信技术，第一级、第二级、第三级不做要求。

5.3.1.7　控制过程完整性保护

【安全要求】

第一级：应在规定的时间内完成规定的任务，数据应以授权方式进行处理，确保数据不被非法篡改、不丢失、不延误，确保及时响应和处理事件。

第二级：应在规定的时间内完成规定的任务，数据应以授权方式进行处理，确保数据不被非法篡改、不丢失、不延误，确保及时响应和处理事件，**保护系统的同步机制、校时机制，保持控制周期稳定、现场总线轮询周期稳定**。

第三级：应在规定的时间内完成规定的任务，数据应以授权方式进行处理，确保数据不被非法篡改、不丢失、不延误，确保及时响应和处理事件，保护系统的同步机制、校时机制，保持控制周期稳定、现场总线轮询周期稳定；**现场设备应能识别和防范破坏控制过程完整性的攻击行为，应能识别和防止以合法身份、合法路径干扰控制器等设备正常工作节奏的攻击行为；在控制系统遭到攻击无法保持正常运行时，应有故障隔离措施，应使系统导向预先定义好的安全的状态，将危害控制到最小范围**。

第四级：同第三级。

【标准解读】

控制过程完整性保护范围包括：过程监控层设备，目前主要是通用的 PC 平台，如操作员站、工程师站、实时库、安全管理平台等；现场控制层设备，如控制器、PLC、RTU等；现场设备层设备，如传感器、仪器仪表、电机、变频器、阀门等。

控制过程是一个完整的概念，确保系统可在规定的时间内完成规定的任务，使数据不被非法篡改、不丢失、不延误，要求系统具备识别、隔离、响应、恢复等攻击应对措施，保证控制过程不被破坏。

第一级要求系统能在规定时间内完成规定的任务，对数据的操作应先获得相应的授权，数据不应被非法篡改，在传输和处理过程中，不出现丢失和延误的现象，系统能够及时响应和处理事件。

第二级在第一级的基础上要求对系统的同步机制、校时机制进行保护，在受到攻击时，能够保持控制周期和现场总线轮询周期稳定。

第三级、第四级在第二级的基础上要求系统能够识别和防范破坏控制过程完整性和干扰控制器等设备的正常工作节奏的攻击行为。当系统遭到攻击而无法正常运行时，能够对攻击产生的故障进行隔离，并使系统导向预先定义好的安全的状态。

【设计说明】

下面以第三级要求的控制过程完整性保护设计为例进行说明。在工控应用中，控制器（PLC、RTU）与现场输入/输出设备通过现场总线或同层的工业以太网连接组成控制回路，这是工控应用的基本和关键部分。典型的控制回路处理流程如图 5-7 所示。工控系统信息安全的目标是保障工控系统的正常运行，这和工控系统功能安全的目标（在规定的环境中、规定的时间内完成规定的任务）是一致的。控制过程完整性保护就是要保障系统在规定的时间内完成规定的任务，确保数据不被非法篡改、不丢失、不延误。下面从一个控制周期的开始阶段依次说明控制过程完整性保护所采取的措施。

（1）接收上位机通信，包括对发来的指令进行完整性校验，要求识别并阻挡拒绝服务攻击，尤其要识别并阻挡用小包提高发送频度的隐蔽攻击。根据先前计算且确定的控制器等在运行实际控制任务时所能承受的最大网络包速（PPS 的最大阈值），当发现 PPS 的增长趋向于超过所能承受的阈值时，应立即关闭通信输入接口，只保留基本控制功能，并向安全管理中心和值班的操作员报警。其中，隐蔽攻击的形式包括但不限于正常通信的重传、

ARP 广播、ICMP 频繁探测等。保护措施除关闭通信输入接口外，还包括利用控制器体系结构的特性在网络输入接口进行硬件过滤，如在多核处理器结构中，配置一核专门处理网络通信并过滤隐蔽攻击，与其他核分区隔离。

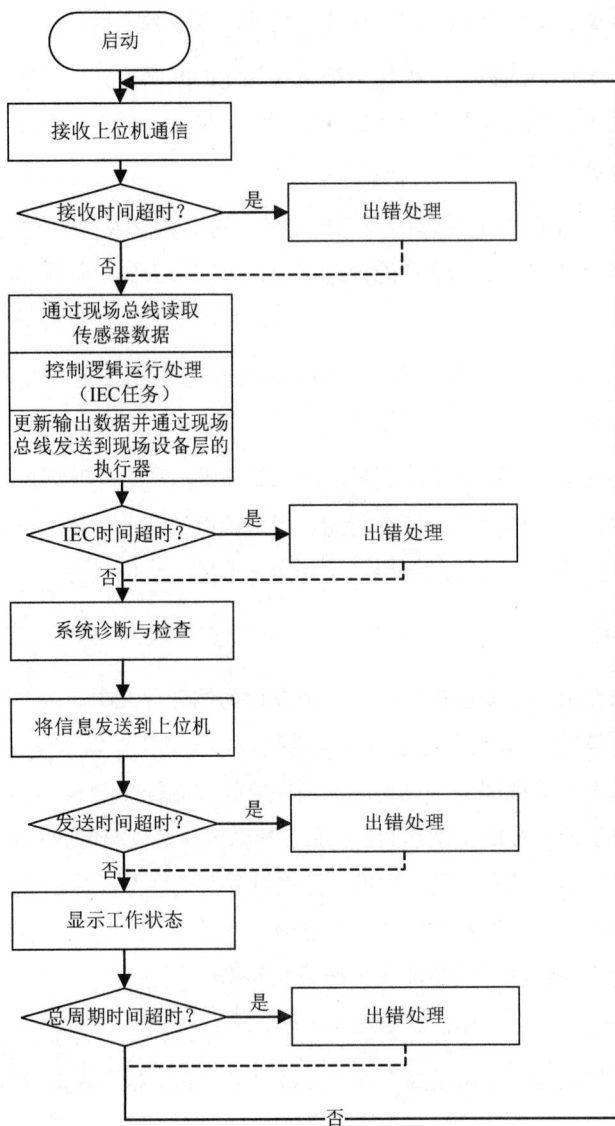

图 5-7　典型的控制回路处理流程

（2）检查上位机通信接收时间是否超时，若超时，则做出错处理。

（3）通过现场总线读取传感器数据，控制逻辑运行处理，更新输出数据并通过现场总线发送到现场设备层的执行器。这是工控应用最基本的功能，也是安全保护最重要的环节。在双机系统中，还需要把控制逻辑运行（IEC 任务）处理的结果同步到备份机，检测同步是否正常。

（4）检查上述处理时间是否超时，若超时，则做出错处理。

（5）通过系统诊断与检查，检测各部件的工作状态及各任务的执行状态，内容包括但不限于现场总线模块是否脱机、掉线，工作状态是否异常，现场总线轮询周期是否稳定，校时机制是否正常，以及网络通信接口是否正常等。在这里，既有功能安全要处理的要素，也有信息安全要检查和保护的内容。

（6）将信息发送到上位机。信息的内容包括但不限于上位机所需要的从现场设备采集的数据，以及上述各环节的出错报警信息、系统诊断检查的状态信息。

（7）检查发送时间是否超时，若超时，则做出错处理。

（8）显示工作状态。通过控制器的液晶屏或指示灯显示工作状态，供现场值班人员检查和判断，尤其在网络出现故障时，现场值班人员应能根据液晶屏或指示灯显示的状态采取措施。

（9）检查总周期时间是否超时，若超时，则做出错处理。

在设计控制系统时，在一个周期内，应给每个任务的执行预留一定的时间裕度，有些环节甚至允许重复，以保证执行的正确性和控制器的及时响应。信息安全保护措施应落实到这些环节中，有些保护技术是在与执行这些任务有关的其他设备单元中实现的，如上位机控制网络通信速率、在控制器前设置防火墙、各网络单元现场总线模块的保护功能等。当出现网络攻击并已严重影响控制器的运行时，应及时关闭网络通信的输入接口，仅保证以上第 3 步任务的执行，以液晶屏或指示灯显示工作状态。如果故障非常严重，则需要导入预先定义好的安全状态。这个预先定义好的安全状态应根据实际应用的要求进行设计，向信息安全与功能安全有机融合的目标努力。

5.3.2　安全区域边界

5.3.2.1　工控通信协议数据过滤

【安全要求】

第一级：无。

第二级：无。

第三级：对通过安全区域边界的工控通信协议，应能识别其所承载的数据是否会对工控系统造成攻击或破坏，应控制通信流量、帧数量频度、变量的读取频度稳定且在正常范围内，保护控制器的工作节奏，识别和过滤写变量参数超出正常范围的数据，该控制过滤处理组件可配置在区域边界的网络设备上，也可配置在本安全区域内的工控通信协议的端点设备上或唯一的通信链路设备上。

第四级：同第三级。

【标准解读】

工控通信协议数据过滤在系统安全保护环境的第一级和第二级中没有特殊要求，第三级要求对不同的网络采取隔离措施，强调对工控通信协议的深度解析。对于工控通信协议的数据过滤，建议采用搭载深度数据包解析引擎的方式实现，对工控系统区域边界的工控通信协议做到实时和精准的识别，对各类数据包进行快速和有针对性的捕获与深度解析，识别有可能对工控系统造成攻击或者破坏的行为，掌握工控通信协议的指令级控制，保证通信流量、帧数量频度、变量的读取频度等在正常范围内。控制过滤处理组件可灵活配置，配置在边界网络设备、本安全区域的工控协议端点设备、通信链路设备上都是有效的。工控通信协议的数据过滤在系统安全保护环境的第四级与第三级要求一致。

【设计说明】

以第三级要求为例，工控系统与企业其他系统之间应划分为两个区域，使用单向技术隔离手段（如部署网闸等设备）。

对于工控系统网络的不同安全区域，通过在区域边界部署防火墙，搭载控制过滤处理组件和解析引擎，满足工控系统在生产和制造过程中对通信效率和冗余机制等方面的要求。

对进出边界的网络流量，源及目标计算节点的身份、地址、端口和应用协议进行可信验证（参见 5.3.1.6 节），仅允许通过验证的网络访问。在对网络流进行包过滤（包括检查数据包的源地址、目的地址、传输层协议、请求的服务等）检查时，对工控网络应用协议有如下要求。

（1）防止拒绝服务攻击，尤其是隐蔽地用提高通信流速（提高 PPS）的方法对 PLC、控制器和 RTU 的攻击。当此类攻击发生时，应缓冲并降低流速，甚至阻断攻击的网络流，以保证现场控制设备正常运行。

（2）控制工控协议的读写操作，包括写的数据不能超出合理的范围。工控协议包括但不限于 OPC、Siemens S7、Modbus、IEC104、Profinet、DNP3 等。

上述要求既可在防火墙上实现，也可在本安全区域内的工控通信协议的端点设备或唯一的通信链路设备上实现，如置于控制器前的通信处理机。

第一级、第二级仅使用防火墙的包过滤功能。第四级与第三级要求相同。

5.3.2.2　工控通信协议信息泄露防护

【安全要求】

第一级：无。

第二级：无。

第三级：**应防止暴露本区域工控通信协议端点设备的用户名和登录密码，采用过滤变换技术隐藏用户名和登录密码等关键信息，将该端点设备单独分区过滤及其他具有相应防护功能的一种或一种以上组合机制进行防护。**

第四级：同第三级。

【标准解读】

第一级和第二级无要求。第三级要求在工控系统里对区域边界的工控通信协议端点设备采取防止信息泄露的措施，如采用身份认证机制对工控通信协议端点设备进行身份验证、设置专用的用户名和密码并进行防护、采用过滤变换技术隐藏用户名和登录密码等关键信息。同时，可在端点设备中部署基于白名单技术的安全防护机制，防止对用户名和登录密码的非法查看、删除、破坏等，对其他异常修改均进行阻止并记录相应的日志，保障端点设备采用一种或一种以上组合机制进行防护。工控通信协议信息泄露防护的第四级与第三级要求相同。

【设计说明】

第三级要求防止跨越网络边界的工控协议泄露本区域的敏感信息。例如，OPC 协议有可能使对方获取 OPC 端点平台的账户和口令等信息，对此问题可采用以下解决方法。

（1）采取深度过滤措施，对底层协议中暴露的己方平台用户名和登录密码进行变换，在保证通信的前提下使对方不能了解己方平台真实的用户名和登录密码。

（2）用多端口工控防火墙单独划出安全域（见图 5-8），将 OPC 服务器置于防火墙端口 2 的安全域中，将 OPC 客户机置于防火墙端口 4 的安全域中，实施多重隔离过滤。

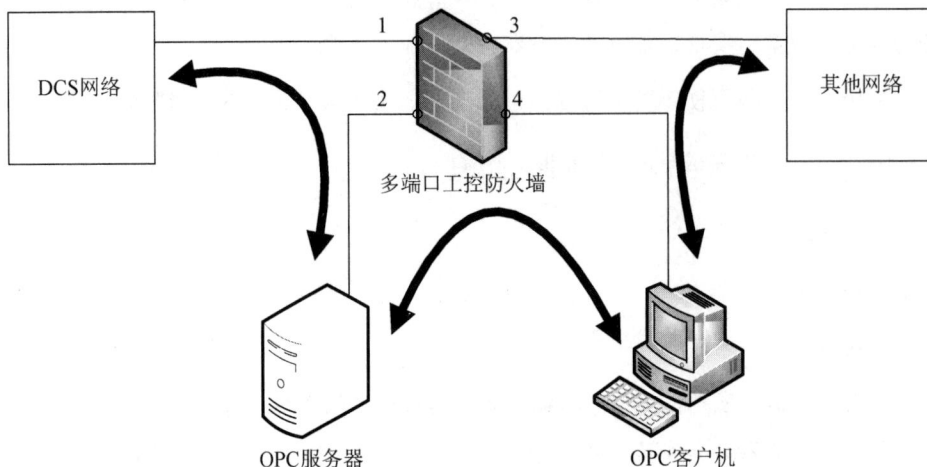

图 5-8　防火墙多重隔离过滤示意图

第一级和第二级需要满足通用要求。第四级与第三级要求相同。

5.3.2.3　工控区域边界安全审计

【安全要求】

第一级：遵循通用要求，无扩展要求。

第二级：遵循通用要求，无扩展要求。

第三级：**应在安全区域边界设置实时监测告警机制，通过安全管理中心集中管理，对确认的违规行为及时向安全管理中心和工控值守人员报警并做出相应处置。**

第四级：同第三级。

【标准解读】

第一级和第二级应该遵循通用要求。第三级强调应对工控网络提供全面的实时监测、风险告警等，并将信息上报安全管理中心，由安全管理员确认异常行为是否具有风险。第四级与第三级要求相同。

【设计说明】

以第三级要求为例，应对工控系统中的网络安全事件和安全威胁进行实时监测告警，包括所有不符合边界访问控制策略的行为、不正常的状态、网络包频度、流量及网络端口扫描、探测行为等。例如，可在电力监控系统局域网中部署网络安全监测装置，对不符合安全区域边界策略的行为进行监测告警，向网络安全管理平台上传事件并提供服务代理功能。在安全区域边界也可部署工控防火墙等安全设备，凡是不允许通过的网络访问，都应做报警和审计处理，应记录的内容包括但不限于访问主体、客体的身份，数据包的源地址、目的地址、协议、端口号，工控应用层协议类型，不正常的流量、频度，以及事件发生的时间等。

第一级未对边界安全监测与审计提出要求；第二级对重要的边界设备、重要的用户行为和重要的安全事件提出了审计要求，并要求向安全管理中心报警，统一管理审计记录；第四级与第三级要求相同。

5.3.3　安全通信网络

5.3.3.1　总线网络安全监测与审计

【安全要求】

第一级：无。

第二级：遵循通用要求，无扩展要求。

第三级：遵循通用要求，无扩展要求。

第四级：**应支持工控总线网络审计，可通过总线审计的接口对访问控制、请求错误、系统事件、备份和存储事件、配置变更、潜在的侦查行为等事件进行审计。**

【标准解读】

在安全通信网络内，与安全相关的事件包括但不限于网络访问控制、请求错误、系统事件、备份和存储事件、配置变更、潜在的侦查行为、违规操作等，审计内容包括这些安全事件的主体、客体、时间、类型和结果等。

第二级要求在安全通信网络内设置审计机制，对安全事件和违规事件进行审计，由安全管理中心通过安全审计接口对与安全相关的事件进行记录、分类，提供存储保护和查询。

第三级在第二级的基础上，要求安全管理中心能够通过安全审计接口对安全事件和违规事件进行报警。

第四级在第三级的基础上，要求安全通信网络设置审计机制，对工控总线上与安全相关的事件（如标准条款所述）进行监测与审计，并上报安全管理中心。

【设计说明】

以第三级为例，应对安全事件进行报警和审计，内容包括安全事件的主体、客体、时间、类型和结果等，安全审计机制需要对审计记录进行分析，确保对针对特定现场总线的安全事件（如模块离线等）和违规行为，可以通过审计接口或其他数据接口向安全管理中心报警。

第四级在第三级的基础上，要求安全通信网络设置的审计机制应支持工控总线网络审计，可通过总线审计接口对访问控制、请求错误、系统事件、备份和存储事件、配置变更、潜在的侦查行为等进行审计。这个接口取决于产品的实现方式，可部署在总线主站与PLC、控制器等的通信连接的接口处。

第一级未对总线网络安全监测与审计进行要求；第二级提供安全审计机制，记录与安全相关的事件。

5.3.3.2　现场总线网络数据传输完整性保护

【安全要求】

第一级：遵循通用要求，无扩展要求。

第二级：**可采用适应现场总线特点的报文短、时延小的密码技术支持的完整性校验机制或可采用物理保护机制，实现现场总线网络数据传输完整性保护。**

第三级：**应采用适应现场总线特点的报文短、时延小的密码技术支持的完整性校验机制或应采用物理保护机制，实现现场总线网络数据传输完整性保护。**

第四级：同第三级。

【标准解读】

安全通信网络需要对网络上传输的数据进行完整性保护，包括但不限于命令、状态量、控制量等所有与安全通信网络相关的数据。

第一级采用 CRC 等常规校验机制支持的完整性校验机制，检验用户数据的完整性，以判断其完整性是否被破坏，实现通信网络数据传输完整性保护。

第二级可采用适应现场总线特点的报文短、时延小的密码技术支持的完整性校验机制或者物理保护机制，检验用户数据的完整性，以判断其完整性是否被破坏，实现现场总线网络数据传输完整性保护。

第三级、第四级应采用适应现场总线特点的报文短、时延小的密码技术支持的完整性校验机制或可采用物理保护机制，检验用户数据的完整性，以判断其完整性是否被破坏，实现现场总线网络数据传输完整性保护。

【设计说明】

以第三级要求为例，在设计时应采用适应现场总线特点的报文短、时延小的密码技术支持的完整性校验机制或者物理保护机制，实现现场总线网络数据传输完整性保护。对于无法提供物理保护的现场总线通信，适当降低实时响应要求到可以接受的程度。应用密码技术对传输的报文进行完整性的校验保护，设计中可采用国家密码管理机构认可的序列码加上防篡改技术等方法。

第一级要求中现场总线传输数据的完整性保护建议使用密码机制，第二级要求中现场总线传输数据的完整性保护同样应用密码机制，第四级要求同第三级。

5.3.3.3　无线网络数据传输完整性保护

【安全要求】

第一级：遵循通用要求，无扩展要求。

第二级：**可采用密码技术支持的完整性校验机制，以实现无线网络数据传输完整性保护。**

第三级：应采用密码技术支持的完整性校验机制，以实现无线网络数据传输完整性保护。

第四级：同第三级。

【标准解读】

在工控系统中，需要对所有参与到无线网络中的设备（如无线温湿度采集器、无线压力传感器、DTU、无线阀门控制器等设备）做数据传输的完整性保护；在不影响工控系统业务性能的前提下，需要对所有的通信传输进行完整性保护。但在一些有特殊要求（如电池供电低功耗无线设备、实时性要求极高等）的场合中，可只对重要的数据通信做完整性保护，包括但不限于以下几点。

（1）设备与认证服务器、设备与设备之间的身份鉴别及授权过程，包括通过设备进行鉴权的管理、操作、运维等工作的人员。

（2）设备的入网注册和通信传输过程。

（3）重要的业务数据（如涉及用户的账户信息、计量收费信息等）、重要的业务控制流程（如远程阀门开关控制流程）及其他一旦泄露或被篡改就会引起不可预知后果的通信传输过程。

工控系统中对无线网络数据传输进行完整性保护的场景，常见的有以下两类。

（1）有无线网络发送功能的现场设备场景，如热力系统的换热站通过系统采集设备将现场数据发送至生产运行与调度系统、石油开采设备将采集现场采油数据发送至厂级生产系统等，主要由现场采集设备采集总线数据，然后通过密码技术与生产系统共同完成传输数据的完整性保护。

（2）在厂站之间的无线网络通信场景中，厂站之间在进行数据通信时主要采用TCP/IP 协议进行数据传输。在此场景下，主要通过密码技术在厂站之间实现传输数据的完整性。

第一级对无线网络数据的传输无要求，数据以明文方式进行无线传输，无数据完整性要求。第二级可采用常规的完整性校验机制（如 CRC 等）实现无线网络数据传输完整性保护，也可采用密码技术实现无线网络数据传输完整性保护。第三级、第四级要求对通过无线网络传输的数据采用密码技术实现无线网络数据传输完整性保护。

【设计说明】

以第三级要求为例，工控系统中的所有无线参与者在进行数据传输时，必须采用摘要算法（优先选用 SM3 算法）对传输的数据进行完整性保护。例如，无线发送方在传输时，需要对整个报文内容做 SM3 运算，并将结果附于末尾，接收方在收到消息后，同样需要对内容做 SM3 运算，然后与报文尾端的数据做比对，一致即表示数据完整性无恙，不一致则丢弃，进入异常处理流程。

在实际设计中，可以在传输链路上部署专用的加密设备，以实现完整性保护。以供热系统为例，供热系统换热站在通过无线网络进行数据传输的过程中，通过在无线通信网关、RTU、生产运行与调度系统之间双向部署加密设备，形成一条受保护的传输链路，如图 5-9 所示。

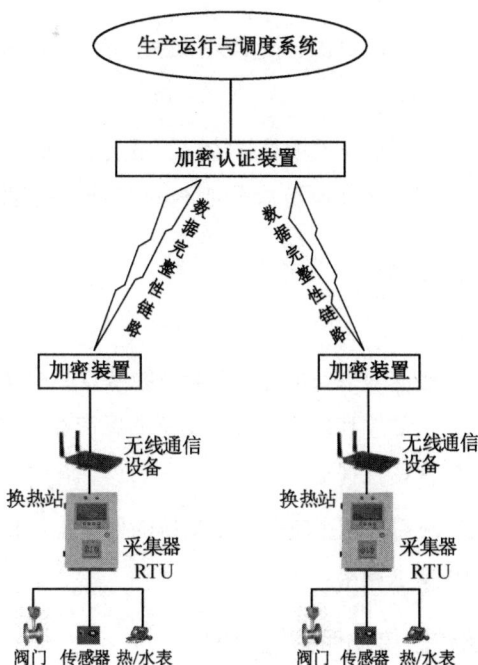

图 5-9 供热系统无线网络数据传输完整性示意图

加密装置与无线通信设备、RTU 设备等一对一连接，并同生产运行与调度系统的加密认证装置形成了一条保证数据传输完整性的通信链路。

5.3.3.4 现场总线网络数据传输保密性保护

【安全要求】

第一级：无。

第二级：遵循通用要求，无扩展要求。

第三级：应采用适应现场总线特点的报文短、时延小的密码技术支持的保密性保护机制或应采用物理保护机制，实现现场总线网络数据传输保密性保护。

第四级：同第三级。

【标准解读】

安全通信网络需要对网络上传输的数据进行保密性保护，包括命令、状态量、控制量等所有与安全通信网络相关的数据。

第二级遵循通用要求，可采用由密码技术支持的保密性保护机制，实现通信网络数据传输保密性保护。

第三级、第四级要求应采用适应现场总线特点的报文短、时延小的密码技术支持的保密性保护机制或物理保护机制，实现现场总线网络数据传输保密性保护。

第一级无要求。

【设计说明】

以第三级为例，要求对通信网络采用适应现场总线特点的报文短、时延小的由密码技术（如国家密码管理机构认可的序列码算法等）支持的保密性保护机制或物理保护机制，实现现场总线网络数据传输保密性保护。

第一级不做要求，第二级可采用由密码技术支持的保密性保护机制，实现通信网络数据传输保密性保护，第四级要求同第三级。

5.3.3.5　无线网络数据传输保密性保护

【安全要求】

第一级：无。

第二级：遵循通用要求，无扩展要求。

第三级：应采用由密码技术支持的保密性保护机制，以实现无线网络数据传输保密性保护。

第四级：同第三级。

【标准解读】

在工控系统中，需要对所有参与到无线网络中的设备（如无线温湿度采集器、无线压力传感器、DTU、无线阀门控制器等设备）做数据传输的保密性保护，在不影响工控系统业务性能的前提下，需要对所有的通信传输进行保密性保护，但在一些有特殊要求（如电池供电低功耗无线设备、实时性要求极高等）的场合中，可只对重要的数据通信做保密性保护，包括但不限于以下几点。

（1）设备与认证服务器、设备与设备之间的身份鉴别及授权过程，包括通过设备进行鉴权的管理、操作、运维等工作的人员。

（2）设备的入网注册和通信传输过程。

（3）重要的业务数据（如涉及用户的账户信息、计量收费信息等）、重要的业务控制流程（如远程阀门开关控制流程）及其他一旦泄露或被篡改就会引起不可预知后果的通信传输过程。

工控系统对无线网络数据传输进行保密性保护的场景，常见的有以下两类。

（1）有无线网络发送功能的现场设备场景，如热力系统的换热站通过系统采集设备将现场数据发送至生产运行与调度系统、石油开采设备将采集现场采油数据发送至厂级生产系统等，主要由现场采集设备采集总线数据，然后通过密码技术与生产系统共同完成传输数据的保密性保护。

（2）在厂站之间的无线网络通信场景中，厂站之间在进行数据通信时主要采用 TCP/IP 协议进行数据传输。在此场景下，主要通过密码技术在厂站之间实现传输数据的保密性。

第一级、第二级系统对无线网络数据的传输无要求，数据以明文方式进行无线传输，无数据保密性要求。第三级、第四级系统要求数据发送防伪造、传输防篡改和接收防窃取，要求对数据的发送到接收过程进行数据保密，必须采用密码算法（如 SM1、SM2、SM4 等）实现保密性的保护。

【设计说明】

以第三级要求为例，工控系统中的所有无线参与者在进行数据传输时，必须采用密码算法（优先选用国密 SM1、SM2、SM4 等算法）对传输的数据进行保密性保护。例如，无线发送方在传输时，需要利用密钥对整个报文内容做加密处理后发送；接收方在收到消息后，同样需要利用密钥将消息解密后才能进行后续处理。密钥的获取方式可灵活选择，可通过预置、密钥交换等方式获取。

第一级只需要对无线参与者进行身份鉴别，不做权限管理。第二级要求对无线用户进行权限管理。第四级要求对无线参与者进行双向的身份鉴别，并利用硬件加密模块进行数据运算与密钥存储。

在实际设计中，可以在传输链路上部署专用的加密设备，以实现保密性保护。以供热系统为例，供热系统换热站在通过无线网络进行数据传输的过程中，通过在无线通信网关、RTU、生产运行与调度系统之间双向部署加密设备，形成一条受保护的传输链路（可参考图 5-9）。加密装置与无线通信设备、RTU 设备等一对一连接，并同生产运行与调度系统的加密认证装置形成了一条保证数据传输保密性的通信链路。

5.3.3.6　工业控制网络实时响应要求

【安全要求】

第一级：无。

第二级：无。

第三级：**对实时响应和操作要求高的场合，应把工业控制通信会话过程设计为三个阶段：开始阶段，应完成对主客体身份鉴别和授权；运行阶段，应保证对工业控制系统的实时响应和操作，此阶段应对主客体的安全状态实时监测；结束阶段，应以显式的方式结束。在需要连续运行的场合，人员交接应不影响实时性，应保证访问控制机制的持续性。**

第四级：同第三级。

【标准解读】

该条款的目的是提示安全系统设计者要保证工控系统在连续运行中的实时响应要求。鉴别的主体是动作的发出者，客体是动作的接受者，在主体对客体实行操作前要对主体进行鉴别，甚至进行主客体的双向鉴别，鉴别后根据控制策略授权进行操作。在鉴别、授权的过程中是不能处理工业控制系统实时响应要求的，能够处理实时响应要求的时间段应是鉴别授权后和退出解除主客体控制策略的这段时间。对于现场值守人员（如操作员）的交接，当班人员（原主体）只有等到接班人员（新主体）完成鉴别授权后才能以明确的时间点退出，以保证对工业控制系统运行事件做出实时响应，明确责任。

第三级、第四级要求实现，第一级、第二级不做要求。

【设计说明】

以第三级为例，根据信息安全需求，对于需要明确区分值守人员责任（如操作员）的场合，应把工业控制通信会话过程设计为三个阶段。

（1）开始阶段，对要上岗的操作员做身份鉴别，应采用口令、密码技术、生物技术等中的两种或两种以上组合的鉴别技术对操作员进行身份鉴别，且其中至少一种鉴别技术应使用密码技术。身份鉴别后获得授权并准备就绪。

（2）运行阶段，在获得当班操作员的交接信号后开始履行操作员的职责。

（3）结束阶段，在下一班操作员完成身份鉴别、获得授权并准备就绪后，以明确的方式把控制权交给下一班操作员。

软/硬件设计应支持以上过程。

等级保护要求第四级同第三级，等级保护第一级、第二级不做要求。

5.3.3.7　通信网络异常监测

【安全要求】

第一级：无。

第二级：无。

第三级：**应对工业控制系统的通信数据、访问异常、业务操作异常、网络和设备流量、工作周期、抖动值、运行模式、各站点状态、冗余机制等进行监测，发现异常进行报警；在有冗余现场总线和表决器的应用场合，可充分监测各冗余链路在同时刻的状态，捕获可能的恶意或入侵行为；应在相应的网关设备上进行流量监测与管控，对超出最大 PPS 阈值的通信进行控制并报警。**

第四级：同第三级。

【标准解读】

安全通信网络应对工控系统的通信数据、访问异常、业务操作异常、网络和设备流量、工作周期、抖动值、运行模式、各站点状态、冗余机制、冗余链路等在同一时刻的状态进行异常监测。

第三级、第四级要求对工控系统的控制回路的过程和数据的完整性进行保护。控制回路一般是以定期轮询的方式工作的，它的数据采集、计算、输出操作等过程都要求精确到毫秒级甚至微秒级，因此对外界通信造成的波动十分敏感。即使是授权的通信，若不稳定，也会破坏控制系统的工作节奏，甚至引起宕机等严重事故，因此在设计系统时要保证通信的稳定性，更要注意防止利用这种控制回路的脆弱性进行的攻击。这种攻击通常被隐藏得很好，不易被发现，可通过控制器（PLC、RTU 等）以合法访问的方式通信，制造网络流的波动，发送过多的广播包、检测包、重放包等，使其工作异常，尤其是通过发小包增加频度的方法（提高 PPS 值），以很低的流量实施攻击。因此，应对通向控制器（PLC、RTU 等）的通信数据、访问异常、网络流量、工作周期、抖动值、PPS 值等进行监测，当发现异常时进行报警；应在相应的网关设备上进行流量监测与管控，对超出最大 PPS 阈值（可设置）的通信进行控制（如阻断或丢弃相关数据）。

【设计说明】

以第三级要求为例，安全设计主要针对控制器（PLC、RTU 等现场控制设备）通过现场总线与传感器、执行器构成的控制回路，通过计算及实际调试，测得保持稳定运行所需的条件，对影响它工作的网络通信，确定其最大允许流量、最大允许的 PPS 阈值。可在通信的源端节点、通信链路上的网络设备、边界防护设备（如防火墙等）上实施安全保护策略，对合法的通信，采用限制发送速度、缓冲等方式控制网络通信；对非法的网络访问，阻止并报警，当网络流仍有可能达到最大允许的阈值时，应立即阻断通信，可用降级运行的方式保证控制回路的基本功能，同时向安全管理中心报警。

这种安全策略可在对控制器（PLC、RTU 等现场控制设备）通信的源端节点和通信链路上的任何网络设备上实现，在靠近控制器的设备上部署较好，原因在于保护目标明确且易于实现，如专门保护控制器的防火墙，位于控制器前的通信处理模块、通信处理机上。

第四级要求同第三级，第一级、第二级不做要求。

5.3.3.8　无线网络攻击的防护

【安全要求】

第一级：无。

第二级：无。

第三级：应对通过无线网络攻击的潜在威胁和可能产生的后果进行风险分析，应对可能遭受无线攻击的设备的信息发出（信息外泄）和进入（非法操控）进行屏蔽，可综合采用检测和干扰、电磁屏蔽、微波暗室吸收、物理保护等方法，在可能传播的频谱范围将无

线信号衰减到不能被有效接收的程度。

第四级：同第三级。

【标准解读】

无线网络攻击具有以下含义。

（1）在工控设备中，通过隐藏的无线发送设备、集成电路块等将敏感数据以非法方式发送出去，如数控机床在未告知其所有者的情况下发送加工数据及参数。

（2）在工控设备中，通过隐藏的无线接收设备、集成电路块等接收外来信号，绕过访问控制机制进行非法操控的行为。

随着无线技术、微电子技术的发展，射频处理收发的微型化，新的通信频率、通信形式推动了无线通信的发展，也增加了这类攻击的风险。这部分标准的内容表明了这类威胁日益增加的趋势，并对预防这类威胁提供了原则性的建议。

【设计说明】

以第三级为例，在有这种无线攻击威胁存在、经风险分析确认能造成严重危害的情况下，应根据如下原则做好防护工作。应对可能遭受无线攻击的设备的信息发出（信息外泄）和进入（非法操控）进行屏蔽，可综合采用检测和干扰、电磁屏蔽、微波暗室吸收、物理保护等方法，在可能传播的频谱范围内将无线信号衰减到不能被有效接收的程度，具体包括以下几点。

（1）工控无线接入设备提供自动/手动调整信道功能，规避无线同频造成的干扰。

（2）对通过无线探测、渗透进行的攻击，以及非法的连接、恶意的无线同频干扰源，可以进行实时检测、告警，并进行必要的防御反制。

（3）使用移动式无线安全合规扫描工具，对工业制造环境的无线网络运行状态进行移动式检测，当发现非授权无线接入设备、非授权移动终端，以及非法接入行为、干扰行为存在时，对其进行精准的物理位置定位，并拍照取证，形成安全风险数据报告，同时，临时阻断安全风险，避免风险进一步扩大。

（4）参照相关标准规范进行防范。

5.3.4　安全管理中心

5.3.4.1　系统管理

【安全要求】

第一级：无。

第二级：遵循通用要求，无扩展要求。

第三级：遵循通用要求，无扩展要求。

第四级：**在进行工业控制系统安全设计时，安全管理中心系统具有自身运行监控与告警、系统日志记录等功能。**

【标准解读】

安全管理中心系统既可以是多个产品的组合，如网管、堡垒机、日志审计、流量管理等产品，也可以是集中管控平台。

系统管理在系统安全保护环境技术的第一级、第二级、第三级中应遵循通用要求，在第四级中强调落实自身安全建设，对系统自身运行的状态进行实时监控，发现异常及时告警，同时对日志进行集中收集，并定期审计。

【设计说明】

以第三级要求为例，系统管理需要做好以下两个方面的工作。

（1）当系统管理员对系统进行资源和运行配置、控制和可信管理时，需要先对系统管理员进行双因素身份鉴别，再通过特定的命令或操作界面进行操作。

（2）当系统管理员在进行系统资源配置、系统加载和启动、系统运行异常处理、数据和设备的备份与恢复、恶意代码防范时，应使用双因素身份鉴别技术进行身份鉴别，并以满足工作要求的最小权限原则进行管理。

在实际设计中，可在现场控制层、过程监控层和生产管理层部署工业安全监测设备，监测审计网络安全中存在的风险并及时告警处置；也可部署集中堡垒机等产品，实现身份管理、角色分权、集中管控、全程审计等功能；或部署大数据分析、态势感知等产品，通过对安全设备、网络设备、主机设备等设备日志信息的采集和关联分析，实现安全监测与预警。

5.3.4.2　安全管理

【安全要求】

第一级：无。

第二级：无。

第三级：**在进行工业控制系统安全设计时，应通过安全管理员对工业控制系统设备的可用性和安全性进行实时监控，可以对监控指标设置告警阈值，触发告警并记录；应通过安全管理员在安全管理中心呈现设备间的访问关系，及时发现未定义的信息通信行为以及识别重要业务操作指令级的异常。**

第四级：在进行工业控制系统安全设计时，应通过安全管理员对工业控制系统设备的可用性和安全性进行实时监控，可以对监控指标设置告警阈值，触发告警并记录；应通过安全管理员在安全管理中心呈现设备间的访问关系，及时发现未定义的信息通信行为以及识别重要业务操作指令级的异常；**应通过安全管理员分析系统面临的安全风险和安全态势。**

【标准解读】

安全管理员通过具备运行状态监测功能的系统或设备，对工控系统的运行状态及安全状态进行集中监测，通过设定阈值或者默认阈值实时报警。在产生告警时，可触发预先设定的事件分析规则，执行预定义的告警响应动作，如控制台对话框告警、控制台告警音、电子邮件告警、手机短信告警、创建工单、通过系统日志（Syslog）或 SNMP Trap 向第三方系统转发告警事件等。

安全管理中心能够呈现工控系统网络拓扑图，图中包含设备间的访问关系（如某个 IP 地址、某个协议访问的端口及工控协议层的通信行为），监测重要业务层操作指令级的异常（如工控协议的某个指令的违规操作），由安全管理员进行分析和处理。

安全管理在系统安全保护环境技术的第一级、第二级中无要求。第三级要求通过安全管理员对工控设备的可用性和安全性进行实时监控，包括对监控指标设置告警阈值，触发告警并记录。安全管理中心能够呈现设备间的访问关系，对工控系统网络的访问行为、协议内容、操作指令等进行监控与审计，帮助安全管理员全面掌握系统中的通信和操作异常。第四级要求在满足第三级要求的基础上，安全管理员能够结合工控设备的资产信息、威胁信息、脆弱性信息，分析工控系统及工控系统面临的安全风险、安全态势。

【设计说明】

以第三级要求为例，需要做好以下四个方面的工作：通过安全管理员对系统中的主客体进行标识，配置可信验证策略，维护策略库和度量值库；通过特定的命令或操作界面进行安全管理操作；能够做到系统状态、异常操作监测和网络威胁检测告警；能够做到自动资产发现，展示设备之间的网络拓扑关系。

（1）通过控制中心进行策略配置、授权、维护的集中管理，提升工业生产网安全运维的便捷性。

（2）安全管理员在进行策略配置、授权、维护集中管理时，应使用双因素身份鉴别技术，并以满足工作要求的最小权限原则进行管理。

（3）在现场控制层、过程监控层、生产管理层部署工业安全监测设备，通过搭载的数据包解析引擎，对生产工艺中的关键事件进行检测，如工程师站组态变更、操控指令变更、PLC 下装、固件升级等关键事件。对 OPC、Modbus TCP、S7、IEC104、CIP 协议进行检测，对各类数据包进行快速、有针对性的捕获与深度解析，检测出数据包的有效指令、数据内容和负载信息，并结合白名单对不符合规则的流量进行告警。实时监测工控系统网络通信情况，识别多种主流工业控制协议，包括 OPC、Modbus TCP、S7、IEC104、CIP、DNP3。基于网络基线模块监测偏离基线的异常流量，识别设备断线、非法连接等异常。采用入侵检测技术实时检测工控系统网络中的威胁行为，如缓冲区溢出、跨站脚本、拒绝服务、恶意扫描、SQL 注入、Web 攻击。同时，内置攻击检测模块，对 Flood 攻击、扫描、畸形包攻击、应用层攻击进行实时检测。可通过启用对应的防护模块，有效地检测非正常报文流入工控网络的问题，对工控协议内网服务进行保护。

（4）基于被动流量发现资产，通过自学习建立工控通信模型，形成网络安全图，呈现设备间的访问关系，展示厂商名称、设备类型、设备型号、IP 地址、MAC 地址、使用的协议、重要性、等级等资产属性，从而及时发现工控系统中的安全异常。

第一级、第二级无要求。第四级要求在满足第三级要求的基础上，确保标记、授权和安全策略的数据完整性，安全管理员能够分析系统面临的安全风险和态势。应采用密码技术保证重要数据在传输和存储过程中的完整性，根据部署到工控系统网络中的工业安全监测设备监测到的数据，安全管理员可以分析安全风险和态势。

在实际设计中，可在安全管理中心部署控制中心，实现对工控系统内工控设备的安全策略管理、配置下发等的统一管控和安全风险分析。在现场控制层、过程监控层、生产管理层部署工业安全监测设备，实现异常操作监测、系统状态监测、网络威胁检测。在工控系统中，提供以资产为中心的网络安全图，及时发现异常行为。

5.3.4.3　审计管理

【安全要求】

第一级：无。

第二级：**在进行工业控制系统安全设计时，应通过安全管理员对工业控制现场控制设备、网络安全设备、网络设备、服务器、操作站等设备中主体和客体进行登记，并对各设备的网络安全监控和报警、网络安全日志信息进行集中管理。根据安全审计策略对各类网络安全信息进行分类管理与查询，并生成统一的审计报告。**

第三级：在进行工业控制系统安全设计时，应通过安全管理员对工业控制现场控制设备、网络安全设备、网络设备、服务器、操作站等设备中主体和客体进行登记，并对各设备的网络安全监控和报警、网络安全日志信息进行集中管理。根据安全审计策略对各类网络安全信息进行分类管理与查询，并生成统一的审计报告。**系统对各类网络安全报警和日志信息进行关联分析。**

第四级：在进行工业控制系统安全设计时，应通过安全管理员对工业控制现场控制设备、网络安全设备、网络设备、服务器、操作站等设备中主体和客体进行登记，并对各设备的网络安全监控和报警、网络安全日志信息进行集中管理。根据安全审计策略对各类网络安全信息进行分类管理与查询，并生成统一的审计报告。系统对各类安全报警和日志信息进行关联分析。**系统通过各设备安全日志信息的关联分析提取出少量的或者概括性的重要安全事件或发掘隐藏的攻击规律，进行重点报警和分析，并对全局存在类似风险的系统进行安全预警。**

【标准解读】

在工控应用中，现场控制设备和现场设备一般没有人机界面，如果对它们的运行状态变化缺少实时监控，直到发生故障时才进行处理，则为时已晚且危害严重，因此，及时处理收集到的状态信息、报警信息和安全事件对阻止危害的发生是至关重要的。传统意义上的审计是事后分析，而在工控应用中，通常依托安全管理中心，实施事前预警处理和事后分析。安全管理员的职责是事前预警处理，审计员的主要职责是审计分析，通过集中审计系统，对工控系统网络及其上运行的各类设备进行信息日志收集、存储，并进行关联分析，从而发现潜在的安全风险，结合安全管理中心平台呈现安全预警信息并处理安全隐患。

第一级在系统安全保护环境设计中对审计管理无要求。第二级要求对安全管理员进行授权，审计工控设备主客体的登记信息，通过安全管理员部署安全组件或安全设备的安全策略，并对工业控制现场控制设备、网络安全设备、网络设备、服务器、操作站等的网络安全进行监控和报警，对网络安全日志信息进行集中管理。通过集中审计功能系统，安全管理员定期对审计记录进行分类、管理、分析，并生成统一的审计报告。

第三级要求在满足第二级要求的基础上，系统可以对各类网络安全报警和日志信息进行关联分析，并根据分析结果进行处理。第四级在满足第三级要求的基础上，通过各设备安全日志信息的关联分析提取少量的、概括性的重要安全事件或发掘隐藏的攻击规律，进行重点报警和分析，并对全局存在类似风险的系统进行安全预警。

【设计说明】

应定期审计工控设备主客体登记信息，部署日志收集系统对工业控制现场控制设备、网络安全设备、网络设备、服务器、操作站等进行日志集中收集管理，定期对集中收集的日志信息进行审计分析并出具报告。应采用旁路流量监测、设备日志关联分析等手段实时监测工控系统的安全运行状况，对网络攻击和异常行为进行识别、报警。

第三级需要做好以下四个方面的工作：通过安全管理员对分布在系统各部分的安全审计机制进行集中管理；对安全审计员进行身份鉴别，通过特定的命令或操作界面进行安全审计操作；能够对工控设备的网络安全监控和报警、网络安全日志信息进行集中管理并生成审计报告；能够对工业安全监测设备和日志收集系统收集的流量和日志信息与安全报警进行关联分析。

（1）在工控系统安全管理中心设置控制中心，采用软件化方式将其安装在系统服务器中，通过控制中心对审计的工控设备进行集中管理。

（2）当安全管理员对审计记录进行分类、存储、管理和查询时，应使用身份鉴别技术对管理员身份进行鉴别，并应以满足工作要求的最小权限原则进行管理。

（3）在现场控制层、过程监控层、生产管理层部署日志收集系统对工业控制现场控制设备、网络安全设备、网络设备、服务器、操作站等进行日志集中收集管理，采用旁路流量方式部署工业安全监测设备，通过设备日志关联分析等手段实时监测工控系统的安全运行状况，对网络攻击和异常行为进行识别、报警，定期对集中收集的流量和日志信息进行审计分析并出具报告。

（4）部署的工业安全监测设备通过学习模式对工控网络中的协议和流量行为进行被动式的学习，从而自动生成相关策略，对工控系统内的网络信息和安全报警进行关联分析。

第一级未对审计管理做出要求，第二级要求满足第三级前三个方面的工作，第四级要求在满足第三级要求的基础上，能够对设备安全日志信息进行关联分析，提取攻击规律，从而提前发现安全威胁并预警，及时处理。

5.4　安全效果评价指南

5.4.1　合规性评价

工控系统安全设计合规性评价是基于《基本要求》做出的评价，包括通用部分合规性评价和扩展部分的合规性评价，主要包括以下三个方面：第一，审核工控系统安全设计总体框架是否满足"一个中心，三重防护"的基本要求，控制层面是否涵盖安全通信网络、安全区域边界、安全计算环境、安全管理中心；第二，审核与《基本要求》相应级别的技术要求是否在安全设计方案中通过具体技术措施、产品及安全服务予以实现；第三，确认安全设计方案中的安全功能、安全强度是否满足基本要求中相应级别的要求。表 5-13 是以基本要求（三级工控系统扩展要求中的部分要求）为例给出的安全合规性评价。

表 5-13　工控系统扩展要求安全合规性评价

控制层面	《基本要求》控制点	合规性评价
安全通信网络	网络架构	按照工业控制等级保护安全技术设计框架，将工控系统与第四层企业资源层等企业其他系统划分了不同区域。区域间部署安全防护设备，如工控防火墙、工业网闸、单向隔离设备及企业定制的边界安全防护网关等，并根据需求合理配置访问控制策略，实现安全访问控制，阻断非法网络访问，保证数据流只能从工控系统单向流向其他系统，即只读属性，不允许写操作。满足第三级基本要求
	通信传输	工控系统 SCADA 系统、RTU 等采用纵向加密认证装置或加密认证网关，为广域网通信提供身份认证、访问控制和加密服务功能。满足第三级基本要求
安全区域边界	访问控制	工控系统与企业其他系统边界部署访问控制设备，如工控防火墙、工业网关等，并配置访问控制策略，以最小化原则，只允许工控系统中使用的协议通过。访问控制功能可以在访问控制设备上实现，也可以通过端点设备或唯一的通信链路设备实现，如置于控制器前的通信处理机。满足第三级基本要求

控制层面	《基本要求》控制点	合规性评价
安全区域边界	无线使用控制	无线通信中实现身份鉴别，在借助运营商（无线）网络的组网中，对通信端（通信应用设备或通信网络设备）建立基于用户的标识（用户名、证书等）的身份鉴别，标识具有唯一性并支持对该设备属性进行鉴别。在工业现场自建的无线（Wi-Fi、WirelessHART、ISA100.11a、WIA-PA）网络中，通信网络设备能够设置唯一标识，且支持对该设备属性进行鉴别。满足第三级基本要求
安全计算环境	控制设备安全	工控系统现场控制层设备及过程监控层设备设计有唯一性的标志、鉴别与认证机制。在控制设备及监控设备上运行的程序、相应的数据集合有唯一性标识管理机制；现场设备访问控制设计有基于角色的访问控制策略，执行操作需要授权机制；现场设备审计能够实现实时审计。满足第三级基本要求

5.4.2 安全性评价

工控系统的安全架构采用纵深防御的设计，采用可落地、可执行的安全防护技术手段，满足了工控系统的安全需求。

1. 边界安全

审核是否通过工业控制网络边界防护设备对工业控制网络与企业网或互联网的边界进行安全防护，是否通过工控防火墙、网闸等防护设备在工业控制网络安全区域之间进行逻辑隔离安全防护。工控防火墙应能提供针对工控协议的数据级深度过滤，实现对Modbus、OPC 等主流工控协议与规约的细粒度检查和过滤，帮助用户阻断来自网络的病毒传播、不法分子攻击等行为，限制违法操作，避免其对工业控制网络的影响和对生产流程的破坏。

2. 远程控制防护

远程控制易导致高风险，确需远程控制的，需要采取严格的管理和技术措施。部分行业禁止厂商利用远程方式进行维护或控制。审核企业信息网络向企业生产网络的远程访问是否安全，是否禁止工控系统面向互联网开通 HTTP、FTP、Telnet 等高风险通用网络服务；确需远程访问的，审核是否采用数据单向访问控制等策略进行安全加固，以及是否对访问时限进行控制，并采用加标锁定策略。

3. 终端防护

审核是否采用工控系统白名单等软件。通过建立系统正常运行模式的白名单，只允许受信任的文件运行，同时对主机进行加固，有效阻止震网病毒、Flame、Havex、BlackEnergy、APT、0day 漏洞等在工控主机中执行和被利用，实现主动防御。白名单软件需要在离线环节进行测试和验证，在上线前需要做好充分的测试，防止这些软件导致工控系统故障。

审核在重要网络节点安全监测方面是否通过部署网络安全监测设备，如工控入侵检测系统、工控系统安全审计系统等，及时发现、报告并处理网络攻击或异常行为。安全监测设备应能识别多种工控协议，适应攻防的最新发展，准确监测网络异常流量，自动应对各层面的安全隐患，通过对相关工控协议进行解析，发现潜在的异常行为，并在第一时间向安全管理中心进行告警。

审核企业过程监督层、过程控制层的安全配置管理，是否强化了补丁管理和身份认证。密切关注重大工控系统安全漏洞及其补丁发布，及时采取补丁升级措施。在安装补丁前，对补丁进行严格的安全评估和测试验证；在工业主机登录、应用服务资源访问、工业云计算平台访问等过程中使用身份认证机制；对于关键设备、系统和平台的访问，采用多因素认证方式；合理分类设置账户权限，以最小特权原则分配账户权限。

4．集中审计管控

审核在安全管理区是否配置集中审计和管理类设备。对系统安全策略进行统一管理，集中收集分析各层级的安全审计内容，通过关联分析，帮助审计管理员从海量日志中迅速、精准地识别安全事件，及时对安全事件进行追溯或干预，满足网络安全法对日志保存 6 个月以上的要求。

5．重要数据的安全保护

审核对静态存储的重要工业数据是否加密，是否设置访问控制功能。对动态传输的重要工业数据进行加密传输，使用 VPN 等方式进行隔离保护，确保数据的完整性、保密性。

5.5　工控系统安全设计案例

5.5.1　城市轨道列车控制系统三级安全设计案例

5.5.1.1　背景介绍

地铁信号系统是地铁运输系统中保证行车安全、提高区间和车站通过能力的手动控制、自动控制及远程控制技术的总称，是地铁行车调度依据行车计划组织行车，并按一定的闭塞方式指挥列车安全、正点运行的重要设备系统，具有下达行车指令、办理列车进路、开放信号、指挥行车的基本功能。

地铁信号系统常用的闭塞方式是基于无线通信的列车控制（CBTC）系统，利用通信技术实现"车地通信"并实时地传递"列车定位"信息。通过车载设备、轨旁通信设备实现列车与车站或控制中心之间的信息交换，完成速度控制。CBTC系统属于连续的列车自动控制系统，装载了车载与轨旁处理器、高精度列车定位系统及连续高容量的双向车地数字通信系统。

5.5.1.2　需求分析

1. 资产分析

CBTC系统资产由列车自动监控子系统（ATS）、列车自动防护子系统（ATP）、列车自动运行子系统（ATO）、计算机联锁系统（CI）、维护支持系统（MSS）、数据通信系统（DCS）等多个子系统组成。CBTC的中心系统采用服务器、工作站进行配置，轨旁系统设备主要由信号机、计轴器及应答器等组成，车辆系统设备包括车载传感器、车载AP设备和MMI系统等，车站系统主要包括安全网交换机、非安全网交换机、车站ZC设备及车站DSU设备。

2. 业务分析

CBTC各子系统通过信息交换网络构成闭环系统，实现地面控制与车上控制结合、现地控制与中央控制结合，构成了一个以安全设备为基础，集行车指挥、运行调整及列车驾驶自动化等功能于一体的列车自动控制系统。CBTC通过车载设备、轨旁通信设备实现列车与车站或控制中心之间的信息交换，完成列车速度控制，保障列车的高效运行。

3. 风险分析

CBTC信息安全风险通常由两个方面决定：物理风险，这部分风险通常是来自设备及系统本身的安全风险，包括系统软/硬件系统发生错误警报、系统硬件老化、系统线路中断及系统布线出现错误等；无线通信风险，这部分风险通常是无线通信在运行过程中带来的，包括系统核心数据包重复、恶意伪装、包丢失、包顺序错乱及包插入等。无论出现何种风险，都会严重影响列车运行，扰乱社会秩序和损害公共利益。具体的安全风险如下。

1）边界安全

信号系统与其他系统之间存在互联接口，但缺乏可靠的技术隔离手段进行区域隔离；未在网络边界部署访问控制设备，缺乏访问控制能力，以及为数据流提供明确的允许/拒绝访问的能力；不能对进出网络的信息内容进行过滤，不能实现对应用层协议命令级的控制。

2）行为安全

不了解系统的安全风险状态，看不清有隐患的资产，难以发现被攻击的资产，未能第一时间感知受攻击后果；缺乏工控系统安全态势感知能力，不能从资产、脆弱性、威胁等视角全面分析工控系统的安全态势。

3）终端安全

地铁线路系统内采用传统网络防病毒软件，由于使用限制无法实时更新特征库和杀毒引擎，对新型恶意代码的防范能力薄弱；部分主机和服务器使用通用型操作系统，由于环境限制，无法实时更新操作系统补丁，操作系统漏洞给 CBTC 系统的安全、稳定运行带来威胁。

4. 合规差异分析

城市轨道 CBTC 系统网络边界缺少非法外联、非法内联的检查和限制，终端设备缺乏安全防护，网络内缺乏监测设备对生产网设备运行状况、网络流量、用户行为的审计，缺乏统一的安全管理中心。

5. 安全需求确认

城市轨道 CBTC 系统遭受网络攻击将造成较大范围内的社会不良影响，会扰乱社会秩序和损害公共利益，按照《信息安全技术　信息系统安全等级保护定级指南》的要求将方案定为等级保护的第三级。

5.5.1.3　安全架构设计

城市轨道 CBTC 系统安全架构设计分为两部分：一部分是对自身设备的安全保护，另一部分是对高速铁路列车控制系统设备和安全数据网络的安全防护与集中管理。系统内的工业交换机应具有内生安全的数据交换与分析能力，包含工业安全监测组件和业务监测组件，具有收集和分析安全网 A、安全网 B、TIAS 网 A、TIAS 网 B、维护网流量信息的能力，构建通信网络安全防护；终端和服务器等部署工业主机防护软件，构建城市轨道安全计算环境防护；在各网络边界部署工控防火墙，支持信号系统专用协议的解析，核心交换机部署工业安全监测设备，构建安全区域边界安全防护；部署工业安全管理与分析平台实现集中管控，构建安全管理中心防护；当城市轨道 CBTC 系统中的 TIAS/ATS 部署在云计算平台上时，通过部署云安全管理平台实现安全服务可运营、易管理。通过以上安全防护措施，可以实现对城市轨道 CBTC 系统的安全等级保护。城市轨道 CBTC 系统架构设计图如图 5-10 所示。

5.5.1.4　详细安全设计

针对通信网络安全设计，在城市轨道 CBTC 系统安全等级保护中，对于自身设备、设备和网络的安全防护应满足以下两点。

（1）工业交换机应在满足数据交换的基础上具有内生安全的分析能力，具有数据存储、安全分析、安全监测等功能。工业交换机通过搭载的专用解析引擎，可以快速捕获并进行有针对性的深度解析，能够检测出数据包的有效数据内容、负载信息和异常流量，能够对城市轨道 CBTC 系统内的业务异常、网络异常等关键信息进行监测，并具有基于特定工控协议的白名单防护功能。

（2）工业安全监测应具有收集安全网 A、安全网 B、TIAS 网 A、TIAS 网 B、维护网流量信息的能力；具有资产识别能力，基于被动流量发现资产，通过自学习建立工控通信模型，形成资产白名单；支持对识别后的资产进行脆弱性发现，包括资产所对应的漏洞信息、开放的端口和不安全的协议；具有通信网络异常监测的能力，对工业控制系统的通信数据、网络和设备流量等进行监测，当发生异常时进行报警。当工业控制系统需要与广域网通信时，做好通信密码防护工作。

针对安全计算环境安全设计，在城市轨道工业控制系统中，工控终端设备部署实施工业主机安全防护软件，工业主机安全防护软件应满足白名单架构，防护系统扫描工业主机的进程，对经过确认的可执行程序生成一个唯一的特征码，将特征码集合起来形成特征库，即白名单。只有白名单内的软件才可以运行，其他进程都会被阻止，以此防止病毒、木马、违规软件的攻击。

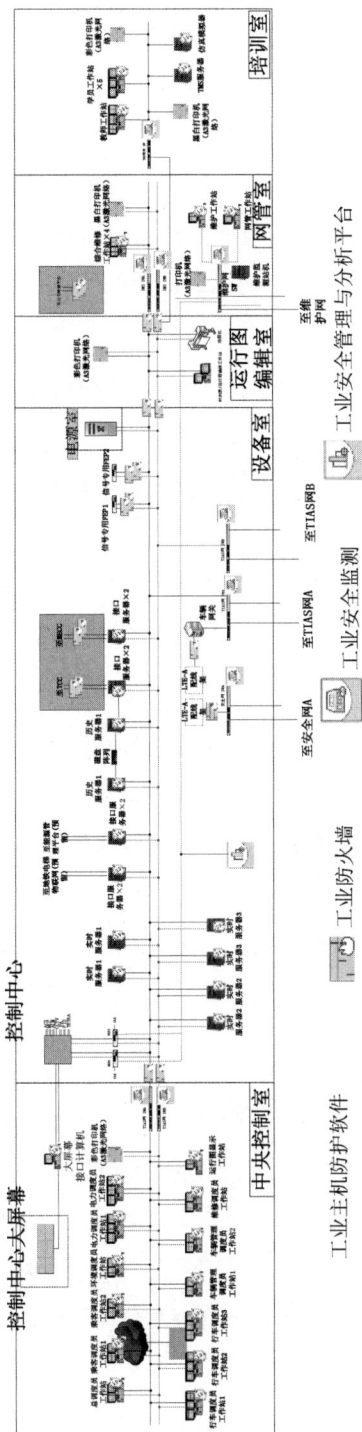

图 5-10　城市轨道 CBTC 系统架构设计图

针对区域边界安全设计，在城市轨道工业控制系统中应部署工业防火墙和工业安全监测设备。工业防火墙应具有深度数据包解析引擎，对信号系统专有协议做到实时和精准的识别，并且能够对各类数据包进行快速、有针对性的捕获与深度解析；应具有基于特定工控协议数据区的白名单防护功能；应具有工控网络数据文件防泄露功能，对信号系统网络中的核心参数及文件传输进行安全过滤。工业安全监测设备应具有入侵检测和安全审计的能力，实时监测网络通信情况，识别偏离基线的异常流量，实时检测工控系统网络中的威胁行为。

针对安全管理中心安全设计，在城市轨道安全管理中心对工业安全管理与分析平台进行安全防护，工业安全管理与分析平台应具有对安全设备和安全软件的管理能力，可实现对设备和软件的集中策略配置；应对工业资产和资产脆弱性进行集中管理，实现对资产脆弱性、告警等数据的收集汇总，实时掌握工控系统网络内的脆弱性；支持拓扑和网络连接关系实时呈现，以展示不同层级设备网络之间的关系；应实现集中监测威胁，帮助企业全面掌握工控网络内的安全状态；支持安全数据可视化，采用可视化技术实现对数据的直观展示，帮助企业清晰掌握当前网络安全态势。

云安全管理平台应负责本地安全组件的生命周期管理、授权激活、日志收集、安全策略。通过 SecFV 安全功能虚拟化，实现丰富的安全防护功能，支持丰富的云安全资源，保障云上业务的安全性，同时通过策略组合满足等级保护扩展要求的合规性；提供丰富的控制层功能，如云安全态势感知、安全组件管理、日志统一管理、用户管理、系统管理等云上安全运维管理功能，提高城市轨道 CBTC 系统中的 TIAS/ATS 云安全资源平台的易用性和可管理性。

5.5.1.5 安全效果评价

针对城市轨道安全防护，按照《设计要求》进行设计，通过对控制系统、工业主机、服务器部署实施工业主机安全防护系统，满足安全计算环境的要求；通过在各区域间部署工业防火墙，在核心交换机旁路部署工业安全监测设备，满足对安全区域边界的要求；通过部署工业安全监测设备，在工业控制系统需要与广域网通信时做好通信密码防护，满足安全通信网络的要求；通过部署工业安全管理与分析平台，满足安全管理中心的要求，并满足《基本要求》。

城市轨道 CBTC 系统符合"一个中心，三重防护"的原则，同时将信息系统安全与功能安全建设协同考虑，在满足信息安全要求的同时，也满足工业控制系统的可用性。

5.5.2　城镇燃气信息系统三级安全设计案例

5.5.2.1　背景介绍

我国天然气资源分布不均，存在西多东少、北多南少的问题。在国家兴建大型管网的背景下，各省市建设的区域管网，对地区内的大型工厂、电厂、供热公司及居民用气可实现燃气管道到户。在暂时未能建设管道的地区采用 CNG 及 LNG 的方式，将燃气输送至各区县的城镇门站，逐步实现城镇管道化运营，保证居民的生产、生活用气。

天然气从高压管网进入城镇门站后，通过计量和分输，进入下一级调压站，经逐层降压，最后输送给终端用户。从门站、分输站、调压站，到最后的调压箱，一般由区域调度室进行管理，不同区域的调度室由总部调度室负责管理。城镇燃气工艺管道流向和业务数据流向如图 5-11 所示。

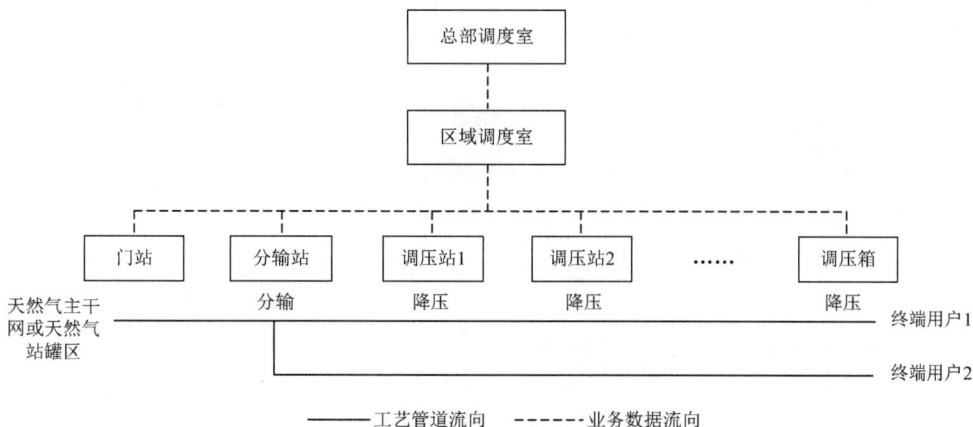

图 5-11　城镇燃气工艺管道流向和业务数据流向

依据上述工艺部署城镇燃气的网络和控制拓扑，门站、分输站和调压站具有大致相同的网络拓扑结构，一般都是通过 PLC 实现不同的业务逻辑。调压箱靠近终端用户，结构更简单，一般通过 RTU 实现相应的业务逻辑。区域调度室和总部调度室的网络拓扑结构基本相同，起到区域性或全局性的监控作用。城镇燃气数据流向和网络拓扑结构如图 5-12 所示。

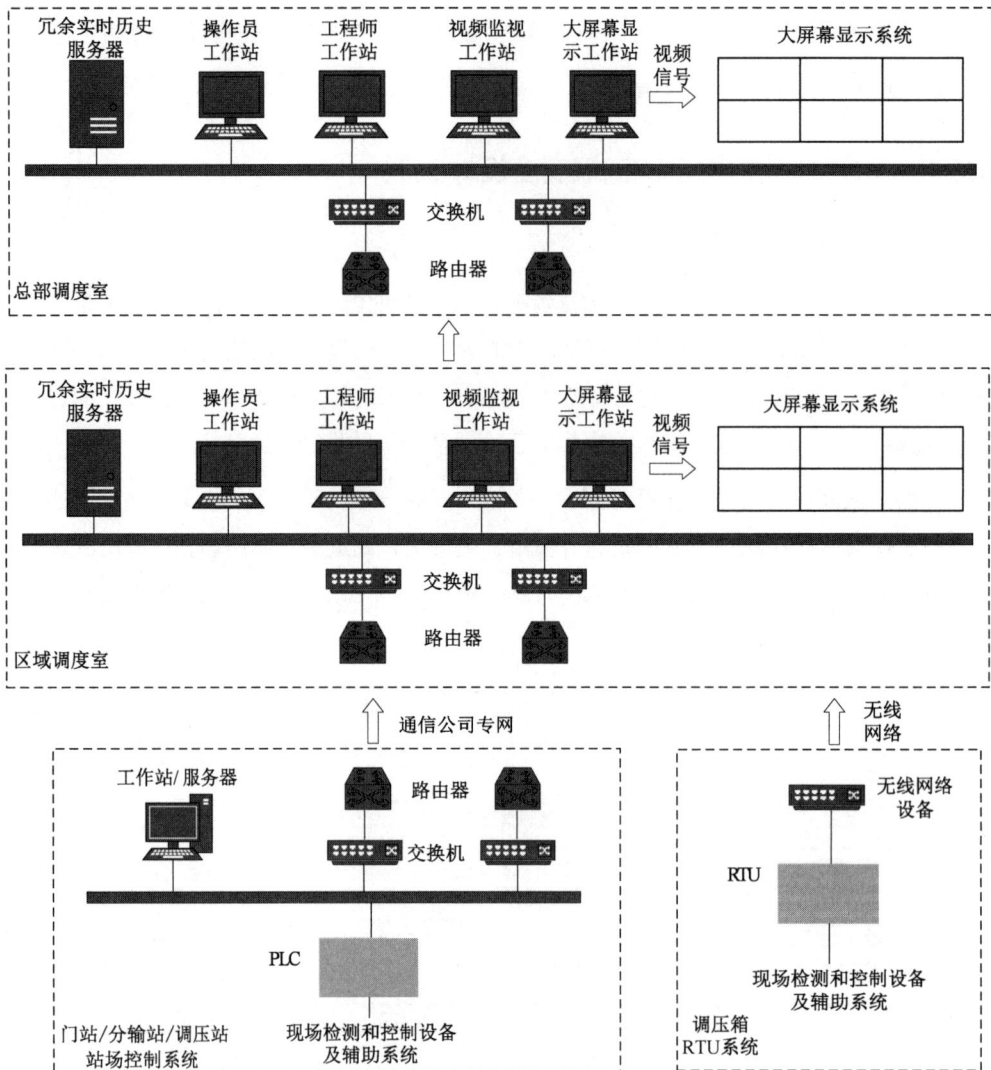

图 5-12　城镇燃气数据流向和网络拓扑结构

5.5.2.2　需求分析

根据城镇燃气的生产工艺特点，做如下安全需求分析。

1）资产分析

城镇燃气业务中不存在重要的资产。

2）业务分析

城镇燃气从门站开始，将高压天然气逐级降压，供城镇居民生活和企业生产使用，业务流程和工艺控制并不复杂。但对于一些中心城市，居民生活用气关系到民生和社会稳定，对于一些重点企业，生产用气关系到其业务能否顺利进行，因此，对于这些场景下的城镇燃气应重点关注。

3）风险分析

接下来，从资产角度和业务角度对城镇燃气常见的网络安全风险进行分析。在本场景下并无重要资产，因此重点放在业务风险分析上。由前文可知，门站、分输站和调压站的站场控制系统结构大致相同，被控对象和控制系统之间直接连接，即控制回路本身是物理封闭的，但是控制系统向上输出数据，或者接收上位系统下发的命令，都是通过网络进行的，存在各种网络风险。调压箱中的控制系统主要是 RTU，直接连接仪表，构成封闭的控制回路，对外通过网络与上位系统相连。

4）合规分析

城镇燃气工控系统操作站等工业终端设备缺乏安全防护，办公网和生产网直接相连，没有做好安全防护，网络内缺乏监测设备对生产网设备运行状况、网络流量、用户行为的审计。

5）安全需求确认

在城镇燃气运输过程中，一旦燃气工控系统遭受网络攻击，将造成较大范围内的社会不良影响，会扰乱社会秩序和损害公共利益，按照《信息安全技术　信息系统安全等级保护定级指南》的要求将方案定为等级保护的第三级。

5.5.2.3　安全架构设计

城镇燃气信息系统的安全架构设计应从实际生产过程出发，在进行设计的同时考虑信息系统中存在的安全问题。在整体网络架构中，既要考虑设备自身的安全等级防护，又要考虑对设备和网络的安全防护的集中管理。

系统中的各控制系统采用访问控制、加密算法等措施加强设备自身的防护，控制系统也可内嵌防火墙，在城镇燃气各站场工作站和服务器上部署工业主机防护软件，构建安全计算环境。同时，在调度室与各级站场网络边界部署工业防火墙，在核心交换机旁路部署审计和入侵检测设备，构建安全区域边界；在控制系统与上位机之间实现加密通信，在调度室与各级站场、交换机旁路部署审计和入侵检测设备，构建安全通信网络；在总部调控中心部署工控安全管理平台，构建安全管理中心。当城镇燃气信息系统内出现非法向外网发起网络流量时或设备已经被病毒、木马感染时，可通过监测系统流量识别出违规外联的设备，并立即告警。通过以上安全防护措施可以实现对城镇燃气系统"一个中心，三重防护"的安全等级保护。城镇燃气信息系统的安全架构设计如图 5-13 所示。

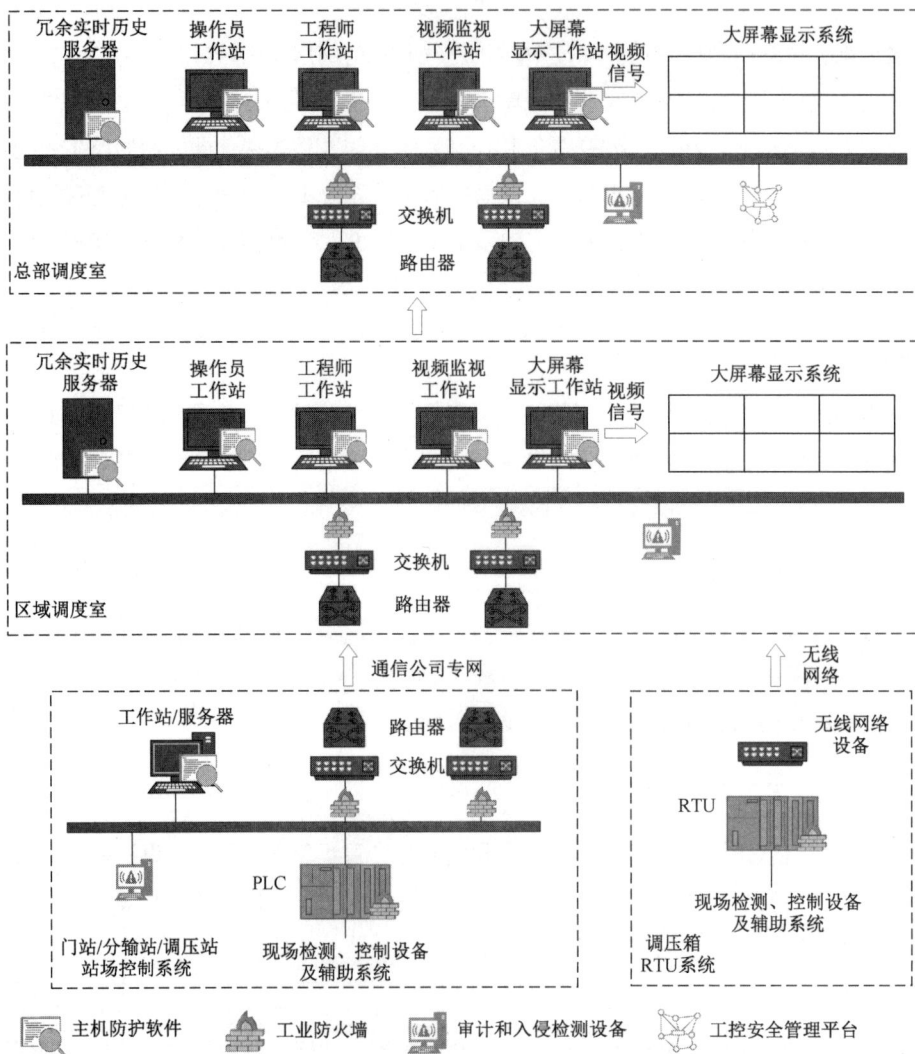

图 5-13　城镇燃气信息系统的安全架构设计

5.5.2.4　详细安全设计

城镇燃气业务关系到社会秩序和公共利益，应确保其安全、平稳、可靠运行。

城镇燃气业务中的安全计算环境，通过对各控制系统、工作站及服务器的加固来实现。对于控制系统的加固，一般可采取两项措施：第一，加强包含控制回路在内的控制系统自身的安全防护；第二，保护上位机编程组态工具与控制系统之间的通信。控制器应关闭不用的外设或后台服务。在需要加载外设或后台服务时，应通过上位机编程组态工具，在完成用户鉴权后进行配置。上位机编程组态工具实现了对控制器的硬件组态及软件编程的功能。该工具应支持访问控制和双因素认证，如通过用户名密码和 USB-Key 进行认证。工作站和服务器一般采用 PC 架构，可以用工业主机安全防护软件进行保护。工业主机安全防护软件应具备白名单功能，只有在白名单内的进程才可以运行，其他进程都会被阻止，以此防止病毒、木马、违规软件的攻击。

城镇燃气业务场景中的安全区域边界，体现在对网络拓扑区域的保护，通过部署工业防火墙、审计和入侵检测设备来实现。工业防火墙应具有深度数据包解析引擎，对工控协议能够进行实时和精准的识别，并且能够对各类数据包进行快速、有针对性的捕获与深度解析；具有基于特定工控协议数据区的白名单防护功能；具有工控网络数据文件防泄露功能，对工控网络中核心工艺参数及文件传输进行安全过滤。控制系统内部可以集成工业防火墙，在一些成本敏感且要求较低的场合，这可以满足其基本的安全需求。审计和入侵检测设备在构建安全区域边界时，通过对资产的识别发现资产，形成资产白名单，并对资产和相关的控制设备进行脆弱性挖掘，包括漏洞信息、开放的端口和不安全的协议等。

城镇燃气业务场景中的安全通信网络，体现在控制系统与各上位机的业务数据交换，以及各工作站和服务器之间的业务数据交换的保护上。控制器与上位机之间进行加密通信，各工作站和服务器之间通过加密的方式进行通信。审计和入侵检测设备在构建安全通信网络时提供了网络异常监测的能力，通过对工控系统的通信数据、网络和设备流量等进行监测，发现异常并进行报警。

城镇燃气业务场景中的安全管理中心，通过总部调度室部署的工控安全管理平台实现管理。平台应具有对安全设备和安全软件的管理能力，实现集中策略配置；对工业资产和资产脆弱性进行集中管理，实现对资产脆弱性、告警等数据的收集汇总，支持拓扑和网络连接关系实时呈现，展示不同层级设备网络之间的关系；支持安全数据可视化，形成对网络安全态势的感知。

5.5.2.5　安全效果评价

本系统按照《设计要求》进行设计，通过对控制系统和工作站服务器的加固及部署工业主机安全防护系统，满足安全计算环境的要求；通过在工控系统中部署工业防火墙及审计和入侵检测设备，满足对安全区域边界的要求；通过实现控制系统与上位机之间的传输加密，以及部署审计和入侵检测设备，满足安全通信网络的要求；通过部署工控安全管理平台，满足安全管理中心的要求。最终满足《基本要求》。

从城镇燃气业务的自身要求看，通过在各控制系统中进行加固，内嵌安全策略或模块，协同考虑安全性和可用性，可以在满足信息安全要求的同时，满足业务过程的可用性。

5.5.3　智慧矿山系统三级安全设计案例

5.5.3.1　背景介绍

以矿山信息化建设为例，智慧矿山很早就被提出，是矿山技术发展的终极形式，在煤矿自动化生产方面，智慧矿山技术极大地提高了生产效率和安全水平。智慧矿山在设计阶段即考虑到系统自动化控制的需求，运用先进的信息化技术、自动化技术，借助物联网、大数据和云计算等方面的最新发展成果构建智慧矿山，以信息化手段推进煤炭生产方式变革，是新常态时期降低安全事故发生率、提升生产效益的必然举措，是煤炭企业在资源、安全、环保政策的强力约束下应对严峻市场危机、促进企业转型升级的必然选择。然而，随着自动控制技术、信息技术在矿山开采过程中的广泛应用和深度融合，矿山生产网络从封闭走向开放，越来越多地采用通用硬件、软件和协议，随之而来的是病毒木马、网络入侵、APT攻击等网络安全威胁迅速向工业控制网络扩散，矿山工控网络安全问题日益突出。

5.5.3.2　需求分析

根据智慧矿山的生产工艺特点，做如下安全需求分析。

1）资产分析

矿山行业具有生产流程复杂、重资产大型设备众多、自动化水平较高的特点。生产流程涉及诸多专业，如采掘系统、运输系统、排水系统、供电系统、皮带集中控制系统、压风系统、提升系统、主风机系统等，并形成了众多支撑服务的采、掘、机、运、通、排水、安全等子系统。这些系统都由大型机电设备构成，由综合自动化系统控制，一旦遭受网络攻击，不仅设备受损，进而引起的停产还将带来更为严重的经济损失。

2）业务分析

矿山地质条件复杂多变，且存在水、火、瓦斯、煤尘、顶板等方面的灾害，为了安全生产，井下同时运行提升、开采、通风、压风、供电、排水、防火、供电、运输等多达几十个子系统，由工控网络安全问题导致各业务系统存在安全隐患的案例时有发生。通过信息化建设，现代矿山企业大多具备安全监测平台、人员定位管理平台、视频分析及监控管理平台、避灾应急平台、机电设备平台、水文监测平台、瓦斯抽放平台、矿压监测平台、安全监控联动报警平台等，工控网络的安全隐患都会直接或间接导致各类管理平台的功能丧失，从而造成生产安全事故。

3）风险分析

接下来，从资产角度和业务角度对智慧矿山常见的网络安全风险进行分析。资产风险主要是指因停产及各类重型机电设备故障而导致的资产损失，业务风险主要是指由各生产安全管理流程及平台的功能丧失造成的生产安全事故。对矿山企业来说，安全问题大于一切。

4）合规分析

智慧矿山工控系统工业终端设备（如操作站等）缺少安全防护，办公网和生产网直接相连，没有做好安全防护，网络内缺少对生产网设备运行状况、网络流量、用户行为进行审计的监测设备，且不具备集中管理的能力。

5）安全需求确认

在智慧矿山开采过程中，工控网络一旦遭受网络攻击，就可能造成通风系统停止运转、运输设备突然停运、供电系统失灵等严重后果，还可能导致瓦斯爆炸、透水、矿工被困于矿井中等严重后果，甚至造成人员伤亡，对社会造成不良影响。按照《信息安全技术　信息系统安全等级保护定级指南》的要求将方案中的定级对象定为等级保护的第三级。

5.5.3.3　安全架构设计

针对智慧矿山工控系统安全计算环境的防护，需重点保护控制设备的安全。在矿山工控系统中的工业主机和服务器上部署矿山主机防护软件，构建智慧矿山安全计算环境防护；在各网络边界部署矿山防火墙、矿山安全监测设备，构建智慧矿山安全区域边界防护；在网络区域交换机旁路部署矿山安全监测设备，构建智慧矿山安全通信网络防护；部署矿山安全综合分析系统实现集中管控，构建智慧矿山安全管理中心防护。

目前，在智慧矿山场景中，工控网络安全保障的目标是确保生产安全。Safety 是指功能/物理安全，在智慧矿山场景中，即人、机、环、管各方面安全。Security 是指信息安全，在智慧矿山场景中，即智慧矿山工业互联网平台、信息中心及相关工控网络的安全。"双 S"安全管理，将生产安全与网络安全耦合，解决矿山工控网络安全隐患导致生产安全隐患的实际问题。智慧矿山"双 S"安全管理平台把影响生产安全的人员精准定位，将违章行为隐患、设备监测及预测性维护类隐患、环境监测类隐患、网络工控系统安全隐患有机结合在统一平台上进行管理，配合不同权限、种类的工单管理和排查机制，对生产安全进行全方位的检测和管控。平台集成了 GIS 技术、BIM 技术、大数据分析技术、时序数据流集成技术、大规模数据处理框架技术、AI 图像视频分析技术等，通过 AI 技术对影响生产安全的人员的行为进行识别，发现存在隐患的违章行为或危险行为，再通过定位系统定位到个人及地点。同时，通过 GIS 平台及统一的数据库，可对当前场景下的其他数据进行多维度分析，如环境、设备、网络等，为生产安全提供全方位的监测和管控方案。系统从 Security 到 Safety 形成闭环，从技术架构上达到信息网络安全与生产功能安全联动的目的。"双 S"安全管理平台的技术服务体系如图 5-14 所示。

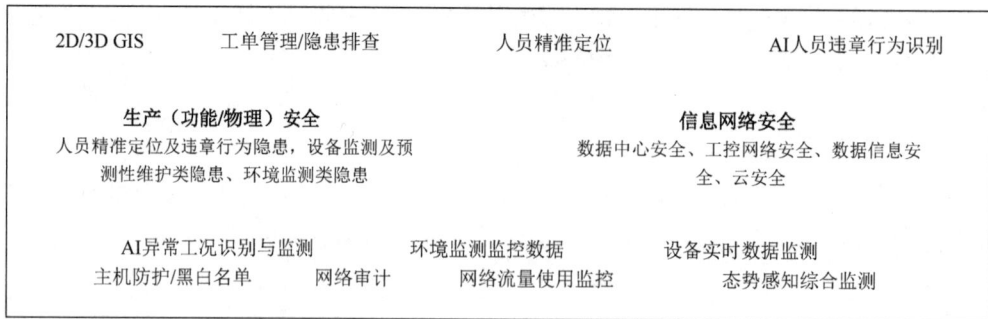

2D/3D GIS	工单管理/隐患排查		人员精准定位		AI人员违章行为识别
生产（功能/物理）安全 人员精准定位及违章行为隐患，设备监测及预测性维护类隐患、环境监测类隐患			**信息网络安全** 数据中心安全、工控网络安全、数据信息安全、云安全		
AI异常工况识别与监测		环境监测监控数据		设备实时数据监测	
主机防护/黑白名单	网络审计	网络流量使用监控		态势感知综合监测	

图 5-14　"双 S"安全管理平台的技术服务体系

智慧矿山工控系统架构图如图 5-15 所示。

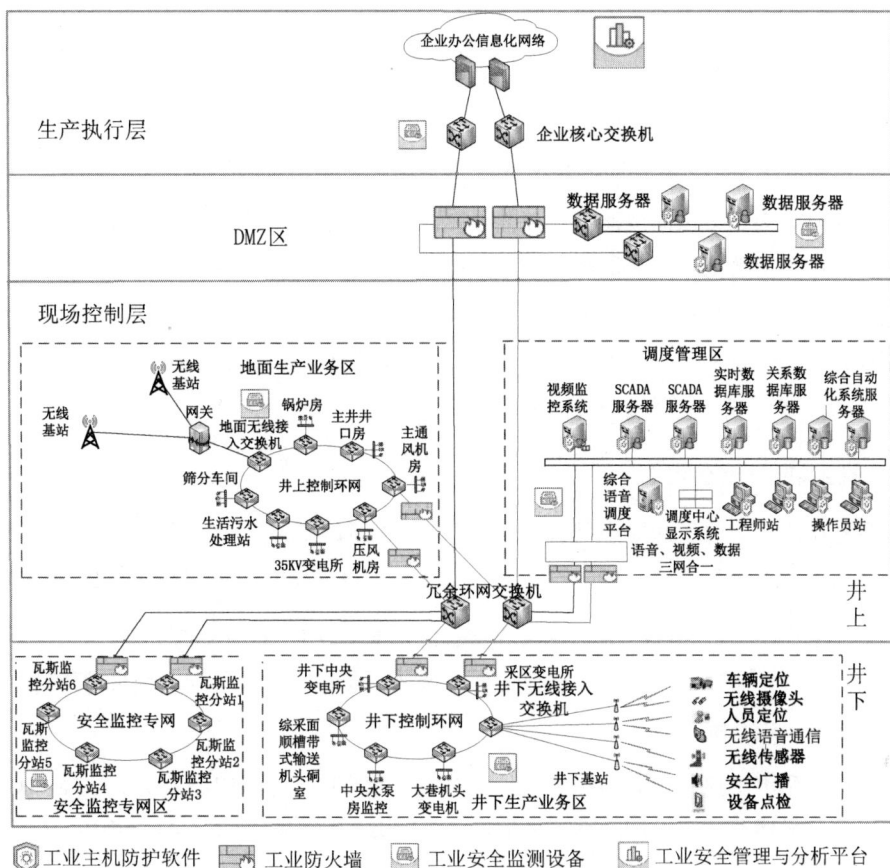

图 5-15 智慧矿山工控系统架构图

5.5.3.4 详细安全设计

1. 安全计算环境安全

在智慧矿山工控系统中，工控终端设备上部署实施了矿山主机安全防护系统，系统结合矿山的数据和系统特征形成白名单安全组件，根据智慧矿山工业主机的进程、系统功能类别形成唯一的系统码。系统码的集合形成了智慧矿山系统的标识码数据库，被称为系统标识码库。在运行过程中，只有通过白名单标识码库的系统，才会被允许运行，除此之外的系统进程都会被阻止，从而达到遏制木马、病毒、非法入侵软件的目的，对整体矿山系统进行保护。

2. 安全区域边界安全

在智慧矿山工控系统中，可部署矿山防火墙和矿山安全监测设备。矿山防火墙具备对多种类型数据包进行自动解析的能力，面对复杂的工控协议，可以进行快速、精准的有效识别，对不同的数据包，可以进行深度解析，排除隐患，保护矿山系统的安全、稳定运行。在数据防泄露方面，对文件传输进行监测、过滤、筛查，具备工业安全审计能力，通过过滤白名单做到安全防控，保证矿山系统不受侵害。工业矿山网络模型主要以卷积神经网络为基础进行构建，如 R-CNN、FastR-CNN、FasterR-CNN、SSD、YOLOv3 等，可结合矿业大数据和神经网络检测算法，利用 FasterR-CNN 等典型检测算法及深度学习算法，包括 SegNet、Deeplab 等常用模型，排除隐患。

3. 安全通信网络安全

在智慧矿山安全通信网络中部署实施矿山安全监测的设备，当智慧矿山工控系统需要与广域网通信时，做好通信密码防护，在多系统之间进行交互时可采取以下保护措施。

针对智慧矿山工控系统内部人员违规安装使用 IT 应用（如微信），管理人员不能及时发现的情况，可以通过将流量以可视化的形式展示，实施流量波形、占用带宽统计，及时发现智慧矿山工控系统中的非法应用。

针对智慧矿山工控系统的内网主机失陷感染恶意程序，或者内部人员非法操作对内网发起网络扫描的情况，可采用网络攻击监测，实时监测网络中的非法扫描并进行告警。

基于数据深度检测技术，实现基于数据类型、大小、名称的数据传输控制，阻止关键性、敏感性、机密性数据及文件通过网络途径外发泄露，满足企业数据传输行为的合规性管理要求。

结合文件深度检测技术，实现基于文件类型、文件大小、文件名称的文件传输控制，满足矿山企业文件传输行为的合规性管理要求。

基于深度应用、协议检测和攻击原理分析的防御技术，可有效检测并过滤 Flood、DoS、木马、蠕虫、漏洞、逃逸等攻击，为企业提供网络全面防护。

4. 安全管理中心安全

在智慧矿山安全管理中心部署矿山安全综合分析系统，汇总多站点工业安全监测上报的数据及矿山主机防护软件上报的资产数据，以数据可视化为核心，为资产及其脆弱性、告警事件、处置情况、网络访问情况提供集中视图，为安全运营提供跨地域的即时可见视图。

针对智慧矿山信息系统安全与生产功能进行安全设计，将信息系统安全与生产功能通过 GIS 技术、BIM 技术、大数据分析技术、时序数据流集成技术、大规模数据处理框架技术、AI 图像视频分析技术等进行联动管理，进而发现隐患、定位隐患、解决隐患，形成两个安全管理闭环。

5.5.3.5　安全效果评价

满足《基本要求》中对计算环境、区域边界、通信网络、安全管理中心的要求，针对智慧矿山安全防护，按照《设计要求》进行设计。通过给控制系统、工业主机、服务器部署实施工业主机安全防护系统，满足安全计算环境的要求；通过在各区域间部署工业防火墙，满足安全区域边界的要求；通过部署工业安全监测设备，满足安全通信网络的要求；通过部署工业安全管理与分析平台，满足安全管理中心的要求。

智慧矿山安全生产的工控系统符合"一个中心，三重防护"的原则，同时协同考虑信息系统安全与生产功能安全建设，在满足信息安全要求的同时，满足生产工控系统的可用性。

通过网络安全防护，能够及时发现生产流程中的安全隐患，并通过地图服务快速定位隐患发生的位置。由于矿山开采行业的特殊性，安全管理依赖地质、地理、位置、环境监测等基础数据，因此要求网络安全隐患的发现、处理能够与位置服务、人员定位服务等系统联动，从而对安全生产与网络安全进行联动系统性管理。

5.5.4　火力发电系统三级安全设计案例

5.5.4.1　背景介绍

火力发电是电力能源的重要组成部分。火力发电一般是指利用可燃物燃烧时产生的热能加热水，使水变成高温、高压的水蒸气，再由水蒸气推动发电机发电的方式的总称。以可燃物作为燃料的发电厂统称火电厂。

按发电方式，火力发电分为燃煤汽轮机发电、燃油汽轮机发电、燃气-蒸汽联合循环发电和内燃机发电。

火电厂的主要设备系统包括燃料供给系统、给水系统、蒸汽系统、冷却系统、电气系统及其他辅助处理设备。

在我国的电力生产供应中，火电仍占领电力的大部分市场，大型火电机组更是承担了大部分职责。大部分火电厂系统属于我国等级保护的第三级系统，同时是关系到国家战略安全的关键基础设施。火电各类系统如下。

1）火电生产工艺系统

火电厂的主要生产工艺系统包括汽水系统、燃烧系统、发电系统、辅控系统。

（1）汽水系统。火电厂的汽水系统由锅炉、汽轮机、凝汽器、高低压加热器、凝结水泵和给水泵等设备组成，包括汽水循环、化学水处理和冷却系统等。

（2）燃烧系统。燃烧系统由输煤、磨煤、粗细分离、排粉、给粉、锅炉、除尘、脱硫等组成。

（3）发电系统。发电系统由副励磁机、励磁盘、主励磁机（备用励磁机）、发电机、变压器、高压断路器、升压站、配电装置等设备组成。

（4）辅控系统。辅控系统包括化学部分、输煤部分、除灰除渣、烟气脱硫、烟气脱硝，以及电气、经济运行内容的公用部分。

2）火电管理与控制系统

火电管理与控制系统包括企业资源计划系统（ERP）、管理信息系统（MIS）、厂级监控系统（SIS）、现场总线控制系统（FCS）、集散控制系统（DCS）、可编程逻辑控制系统（PLC），以及现场设备和装置（Devices）等。

5.5.4.2　安全需求

现今大部分火电厂需满足网络安全等级保护的第三级要求。根据《基本要求》第三级相关要求及电力行业规范要求，火电厂网络安全往往存在以下安全问题。

1）控制网络缺乏有效的隔离和访问控制措施

火电厂运行环境中控制网络内部缺乏足够的隔离和访问控制能力，其隔离和访问控制防护主要集中在生产大区 I 区与生产大区 II 区之间，控制系统内部子系统之间未形成有效的边界隔离和访问控制。

2）缺乏网络审计和监测措施

控制网络内及关键通信链路节点缺乏基于深度协议分析的检测与审计系统，无法形成对网络威胁与网络行为的实时监测和审计。

3）缺乏恶意代码防护措施

火电厂控制系统完成实时在线升级和维护存在困难，导致各类终端（如操作员站、工程师站、历史服务器等上位机终端设备）的操作系统漏洞不能被及时修复，同时缺乏有效的恶意代码防护措施。

针对以上问题，安全需求分析表如表 5-14 所示。

表 5-14　安全需求分析表

安全类	安全项	安全需求分析
安全通信网络	安全审计	普遍缺乏网络集中审计和集中管理
	通信传输	普遍缺乏基于密码技术的通信完整性和保密性防护措施
	可信验证	缺乏可信计算技术应用
安全区域边界	访问控制	区域边界普遍缺乏访问控制能力，强制访问控制应用情况较差
	入侵防范	关键边界入口缺乏入侵防护技术和产品部署
	安全审计	关键边界接口网络缺乏审计措施
	可信验证	缺乏可信计算技术应用
	安全审计	控制边界接口网络缺乏审计措施
	协议过滤	控制网内安全域边界缺乏对工控协议的有效过滤和访问控制措施
	信息泄露防护	通信站和接口站缺乏对登录信息的隐藏措施
安全计算环境	身份鉴别	缺乏双因素身份鉴别技术应用
	访问控制	缺乏强制访问控制模型的应用
	安全审计	缺乏安全审计措施，审计内容不完整
	恶意代码防范	缺乏有效可靠的防恶意代码技术手段，不具备可信免疫能力
	可信验证	缺乏可信计算技术应用
	数据完整性和保密性	缺乏基于密码技术的通信完整性和保密性防护措施
	现场设备数据保密性防护	缺乏基于密码技术的通信完整性和保密性防护措施
安全管理中心	系统管理	缺乏统一的安全管理中心
	审计管理	
	安全管理	

5.5.4.3　安全架构设计

火电厂安全架构设计采用传统防护产品、主动防护产品和内生安全产品相结合的部署方式。传统防护产品包括传统边界隔离类产品（工控防火墙、工业网闸等）和传统监测类产品（入侵检测系统）；主动防护产品包括集中管理平台和审计类产品；内生安全产品包括支持可信计算技术的工业控制器等。针对火电厂的网络安全防护方案，实现在安全管理中心支持下的计算环境、区域边界、通信网络三重防御体系，火电厂安全架构设计图如图 5-16 所示。

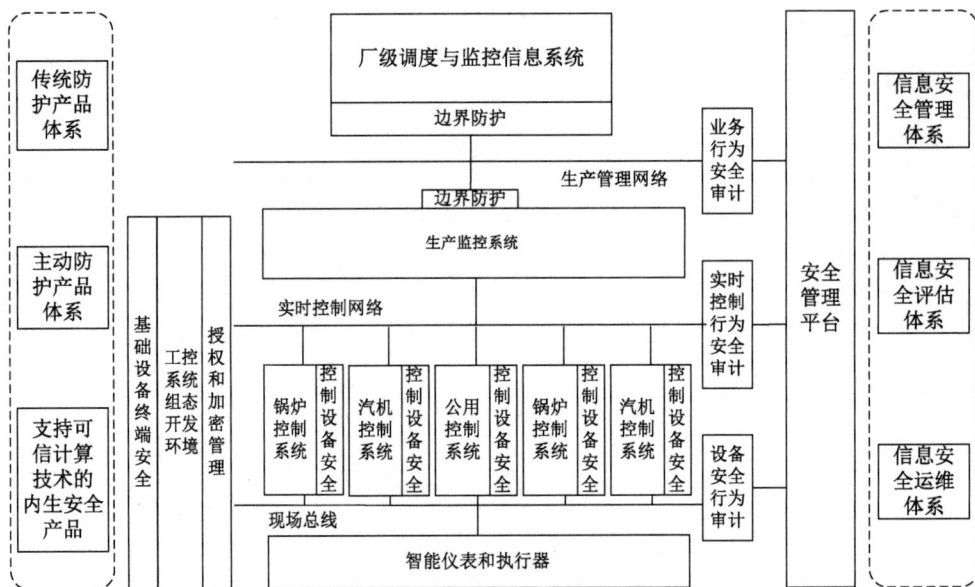

图 5-16　火电厂安全架构设计图

火电厂的网络安全防护方案可分解为四个方面。

安全计算环境：对系统的信息进行存储、处理及实施安全策略的相关部件。

安全区域边界：在系统的安全计算环境边界，以及安全计算环境与安全通信网络之间实现连接并实施安全策略的相关部件。

安全通信网络：在系统的安全计算环境之间进行信息传输及实施安全策略的相关部件。

安全管理中心：对系统的安全策略及安全计算环境、安全区域边界和安全通信网络上的安全机制实施统一管理的平台或区域。

整体安全防护策略如下。

区域划分隔离：根据等级保护要求的区域划分原则将控制系统按照不同的功能、控制区、非控制区进行区域划分。

网络节点保护：对各安全区域的边界节点进行隔离防护，并对各安全区域内的关键通信节点配置防护策略。

终端安全防护：通过终端防护类产品保证上位机终端设备安全，下位机控制器集成内生网络安全功能，满足控制系统扩展要求。

通信数据防护：采用密码技术保证控制系统的关键数据通信的完整性和保密性。

集中审计管控：在安全管理区配置集中审计和管理类设备，对系统安全策略进行统一管理，并集中收集分析各层级的安全审计内容。

5.5.4.4　详细安全设计

1. 安全计算环境

火电厂控制系统内生安全采用可信 DCS。该系统内部集成信息安全功能，支持与组态上位机的加密通信，协议栈经过优化后具备对 DDoS 攻击、畸形报文攻击和非法报文攻击的网络自抵御能力；控制系统支持基于可信计算的可信度量，能够对内核中可能存在的恶意代码进行加载和启动度量，有效降低内嵌恶意代码和代码篡改的风险。可信 DCS 将身份鉴别信息生命周期管理、双因素认证、默认强口令等技术要求以软件功能的方式集成到 DCS 中，能够通过总控对全场身份鉴别信息进行集中管理。可信 DCS 具备双因素认证、通信加/解密、防重放攻击、抗网络风暴等信息安全能力，内部集成基于业务行为及网络行为的内生审计机制，配套的安全组态功能具备强权限控制和高身份鉴别的能力。可信控制器需具备的内生安全能力如下。

- 双因素身份鉴别机制。
- 安全组态控制。
- 高实时性通信加/解密。
- 抗重放攻击、网络风暴及阿喀琉斯二级通信健壮性防护能力。
- 控制业务及网络行为审计。
- 标准化日志接口，支持远程日志采集。
- 基于可信计算的度量功能。

工业主机终端在进行安全防护时，应从配置管理、网络管理、接入管理、安全审计、恶意代码防范等方面进行。控制系统上位机通过对主机终端进行加固，并加装基于可信计算和主机白名单的可信终端防护系统，实现对终端的安全防护。

2. 安全区域边界

控制系统区域边界防护在 SIS 核心交换机旁路部署工业入侵检测系统，对网络数据流量进行入侵检测和告警；在 SIS 核心交换机上接入综合审计系统，用于各网络中日志及信息的采集和汇总分析；部署工业安全管理平台，实现工业安全信息的集中采集、存储、展示、分析、预警及安全设备的管理功能。

控制系统域边界防护通过在各 DCS 的网络和 SIS 网络边界部署工业安全网闸（工控防火墙），实现 DCS 与 SIS 的隔离，确保 DCS 网络边界安全。

控制系统控制层内部通信边界防护在各内部区域间采用具有访问控制列表功能的交换机配置端口及 IP 地址的通信过滤策略。在各 DCS 的主交换机旁路部署工业网络审计系统，实现网络的全流量审计、告警和分析功能，同时对控制系统控制层网络实现对工业私有协议的操作指令审计。

3. 安全通信网络

安全通信网络根据 DCS 现场实际业务需求及网络安全等级保护第三级相关要求进行设计，将 DCS 网络划分为多个分区，并在分区边界处进行隔离防护，具体如下。

（1）纵向将 DCS 网络按照控制区、非控制区及安全管理中心独立分区的原则划分为三个层次。

（2）控制层内部采用独立交换机划分为多个安全区域。

（3）控制层与非控制层各安全区域采用在交换机上实施访问控制列表的方式进行安全区域边界隔离，控制粒度为 IP 地址+端口级。

（4）DCS 网络路由采用静态路由方式实现。

（5）在对各网段及各类设备进行 IP 地址分配时，应连续分配，便于管理，并留有足够的冗余地址以便扩展。

（6）采用双网冗余模式部署，以保证系统的高可用性。

在各 DCS 的主交换机旁路部署工业网络审计系统，实现网络的全流量审计、告警和分析功能，同时对控制系统控制层网络能够实现对工业私有协议的操作指令审计。

4. 安全管理中心

在中心网络单独设计和建立统一的安全管理中心，用于对系统中部署的入侵检测系统、集中审计系统等网络安全设备和其他网络通信组件进行集中数据采集、集中分析，通过对安全信息进行集中采集、集中分析和集中呈现，可以对整个系统进行安全监控与安全管理。

该设计方案的具体部署如下。

（1）对 SIS 的主机终端（包含实时数据库服务器、业务数据库服务器、Web 服务器、SIS 客户端等）进行加固，并加装基于可信计算和白名单的终端防护系统。

（2）对各 DCS 的主机终端（包含服务器、操作站、工程师站、通信站等）进行加固，并加装基于可信计算和白名单的终端防护系统。

工业安全隔离网闸是一种由具有多种控制功能的专用网络安全硬件，可在电路上切断网络之间的链路层连接，并能够在网络间进行安全适度的应用数据交换。工业安全隔离网闸可切断由外部发起的连接保护内部网络，适用于仅单向传输的网络环境，具体部署为：在机组 DCS 网络与 SIS 网络边界部署工业安全隔离网闸。

工业入侵检测系统是一种对工业网络行为进行监视，在发现可疑行为时发出警报或者主动采取措施的网络安全设备，具体部署为：在 SIS 核心交换机旁路部署工业入侵检测系统。

工业网络审计系统是一套基于对工控协议的通信报文进行深度解析，能够实时检测针对工控协议的网络攻击、用户误操作、用户违规操作、非法设备接入并实时报警，同时详细记录一切网络通信行为的网络安全设备。工业网络审计系统的具体部署如下。

- 在锅炉电子间主交换机旁路部署工业网络审计系统。
- 在汽机电子间主交换机旁路部署工业网络审计系统。
- 在公用系统主交换机旁路部署工业网络审计系统。
- 在机组 SIS 网络主交换机旁路部署工业网络审计系统。

工业安全管理平台监控范围包括控制域和非控制域的操作员站、工程师站、实时数据库、历史数据库、网络设备、安全设备及可信 DCS 等。系统通过集中采集各种防护设备和安全设备的事件及告警信息，进行集中的安全信息处理和分析，并面向安全管理平台提供统一的展现和安全运维支撑，具体部署为：在信息中心或中央集控中心部署工业安全管理平台。

5.5.4.5　安全效果评价

火电厂网络安全设计方案通过构建在安全管理中心支持下的计算环境、区域边界、通信网络三重防御体系，满足《基本要求》对等级保护第三级系统的安全计算环境、安全区域边界、安全通信网络和安全管理中心的网络安全要求。同时，安全区域边界的安全防护设计应满足电力行业《电力监控系统安全防护规定》对安全 I 区与安全 II 区进行横向隔离的安全要求。该设计方案有效地提升了火电厂工控系统整体网络的安全防护能力。

5.5.5　高速铁路列车控制系统四级安全设计案例

5.5.5.1　背景介绍

高速铁路是国家的重要基础设施，是人们出行的重要交通工具，也是国家发展战略的重要组成部分，在国民经济及综合交通运输中有极其重要的地位。高速铁路列车控制系统作为高速铁路的核心技术之一，集计算机技术、现代控制技术、通信技术于一体，是保障高速铁路安全、高效运行的核心装备，是指挥高速铁路列车安全高效运行的大脑和中枢神经，是保障行车安全、提高运输效率的关键装备，与国家安全紧密相连，与人们的人身和财产安全紧密相连。随着中国铁路及高速铁路的快速发展，我国构建了完善的中国铁路列车控制系统（CTCS）技术体系，形成了适应不同等级运输要求的（CTCS-0、CTCS-2、CTCS-3 级）列车控制系统装备。

信号安全数据网系统是保障列车安全、有序、稳定、可靠运行的关键基础设施和核心生产作业系统。一旦爆发国家级网络空间战争，信号安全数据网系统将成为首要攻击目标，其遭到破坏后，会严重扰乱社会秩序，还会严重威胁公共利益、民众的人身安全和财产安全。

5.5.5.2　需求分析

1.　资产分析

信号安全数据网系统包括接入安全控制设备主机及维护机、信号安全数据网和网管系统，资产估价等级分为高、中、低。信号安全数据网系统的资产分析如表 5-15 所示。

表 5-15　信号安全数据网系统的资产分析

资产分类	主要设备	资产估价等级
列控中心	主机设备	高
	维护机	低
计算机联锁	主机设备	高
	维护机	低

续表

资产分类	主要设备	资产估价等级
无线闭塞系统	主机设备	高
	维护机	低
临时限速服务器	主机设备	高
	维护机	低
网管系统	EMS 网管服务器	高
	EMS 远程终端	低
	NMS 网管数据采集服务器	中
	NMS 网管数据库服务器	中
	NMS 网管远程终端	低
信号安全数据网	交换设备	高
	通信机制	高
安全设备	防火墙	高

2. 业务分析

信号安全数据网系统负责列车运行控制，保证列车安全、可靠、稳定、有序运行。若其业务信息遭到篡改、删除、替换、破坏等安全威胁，就有可能导致列车无法正常运行，甚至发生安全事故，造成经济损失和人员伤亡，给国民经济和人们的生活带来严重影响。

从业务信息的角度分析，信号安全数据网系统直接与行车相关联。该业务信息遭到侵害后，侵害在客观方面表现为进路信息、列车追踪信息、允许速度信息、线路坡度信息遭到替换、篡改等，生成错误的行车许可，严重影响列车运行，甚至会造成铁路系统运输瘫痪和安全事故，严重影响社会秩序和公共利益。

3. 风险分析

基于对安全数据网网络结构、系统资产、面对的威胁及资产脆弱性的分析，以及漏洞扫描和渗透测试结果，概括总结安全数据网系统主要面临如下风险。

1）接入安全控制设备风险

● 控制设备主机大多采用嵌入式系统、专用安全平台，无法使用传统的主机防护技术。

● 安全控制设备维护终端采用传统网络防病毒软件，无法及时更新恶意代码库和识别新的恶意软件，起不到完整的主机防护作用。

● 安全控制设备维护终端存在高危漏洞，且不具备入侵防范能力。

- 安全控制设备维护终端缺乏有效的安全审计功能，无法感知病毒、入侵等攻击行为。

2）信号安全数据网风险

信号安全数据网内各交换机虽然采用物理手段（如粘贴封条方式）进行端口封闭，但无法有效地阻止非授权设备接入网络，导致网络边界的完整性被破坏，引入外部攻击。

3）网管系统风险

- NMS、EMS 的引入破坏了信号安全数据网的封闭性。
- 网管系统外部终端接入缺少隔离措施，并且 EMS 网管系统与 NMS 网管系统容易从外部终端引入病毒和攻击。
- 由于边界缺少统一的管理，可能存在安全策略不当的情况。
- 缺少网络的攻击检测和感知能力。
- EMS 网管系统网管终端及服务器无法及时更新恶意代码库和识别新的恶意软件，起不到完整的主机防护作用。
- EMS 网管系统网管服务器对登录用户缺少强身份鉴别能力，若非法用户登录时恶意篡改网络设备配置，会对安全数据网造成破坏。
- EMS 网管系统网管终端及服务器存在高危漏洞，且不具备入侵防范能力，容易遭受以安全控制设备维护终端和网管系统为跳板对信号安全数据网系统发起的攻击。
- EMS 网管系统网管终端及服务器缺少有效的安全审计功能，无法感知病毒、入侵等攻击行为。

4. 合规差异分析

高速铁路列车控制系统网络边界缺少非法外联、非法内联的检查和限制，缺少通过协议转换或通信协议隔离，终端设备缺乏安全防护，网络内缺乏监测设备对生产网设备的运行状况、网络流量、用户行为的审计，缺乏统一的安全管理中心。

5. 安全需求确认

高速铁路列车控制系统遭受网络攻击会对社会秩序和公共利益造成严重影响，或者严重危害国家安全，按照《信息安全技术　信息系统安全等级保护定级指南》的要求将方案定为等级保护的第四级。

同时，依据《基本要求》和信号安全数据网技术标准要求，结合实际业务应用的安全需求，提出系统总体安全需求，具体如下。

1）边界隔离

边界隔离措施必须保证铁路信号安全数据网物理隔离，保证铁路信号安全数据网的独立性、封闭性。在安全数据网系统内部根据业务的不同划分为不同的内部安全区域，同时强化铁路信号安全数据网系统内部边界的完整性。

2）通信网络安全保护

首先，需要加强铁路安全数据网自身的健壮性。其次，对通信网络的通信流量进行深度解析，以检测恶意用户伪造合法业务数据的行为，加强通信网络审计和安全感知能力，保证在任一节点对业务数据的访问都有行为审计信息产生。最后，需要加强接入控制，保证只有合法的用户和设备才能接入通信网络。

3）主机安全保护

首先，要加强网管服务器及终端等主机类设备的恶意代码防护能力。其次，要能够对 EMS 网管服务器内各用户进行细粒度授权，通过访问控制对用户权限进行最小化控制，以防止用户的越权访问。同时，加强主机环境边界管控能力，增强主机入侵防护能力，结合系统网络边界防护，获得多层次、纵深防护的能力。最后，要加强主机审计能力。

4）信号安全数据网运维安全

信号安全数据网是指信号系统设备之间的通信网络，必须对信号安全数据网运维人员的行为进行管控，同时需要对关键的运维行为的日志进行记录。

5）增强安全数据网系统安全态势感知能力

对于信号系统中与生命安全有关的工业控制网络，务必达到网络环境可信、网络状态可知、网络运行可控的性能水平，提升网络对异常行为的发现能力和应急响应能力。

6）安全集中管控

随着网络安全等级保护相关标准发布进程的推进，本方案设计中应加强统一安全管理中心建设，形成安全保护网络环境，实现对铁路信号安全数据网系统运行状态的可视、可控、可管。

7）可靠性要求

安全建设中采用的安全设备应具备工业级品质，设备平均故障时间应与铁路采用的业务设备的平均故障时间相同，不应因安全设备问题而导致业务系统出现问题。

5.5.5.3　安全架构设计

在高速铁路列车控制系统场景下，为保障进路信息、列车追踪信息、允许速度信息、线路坡度信息等不会遭到替换、篡改等侵害，阻止非授权设备接入网络，必须加强铁路安全数据网自身的健壮性，并能对通信网络的通信流量进行深度解析。高速铁路列车控制系统的安全架构设计分为两部分，一部分是自身设备的安全等级保护，另一部分是对高速铁路列车控制系统设备和安全数据网网络的安全防护和集中管理。高速铁路列车控制系统中的工业交换机应具有内生安全的数据交换与分析能力；在各网络边界部署工业防火墙，支持信号系统专用协议的解析；在核心交换机上部署工业安全审计系统；在终端和服务器上部署终端防护系统；在 NMS 网管系统中部署工业安全监测控制平台，实现集中管控。通过以上安全防护措施，实现通信网络安全防护、区域边界安全防护、安全计算环境防护、安全管理中心防护，从而实现对高速铁路列车控制系统"一个中心，三重防护"的安全等级保护。高速铁路列车控制系统架构设计如图 5-17 所示。

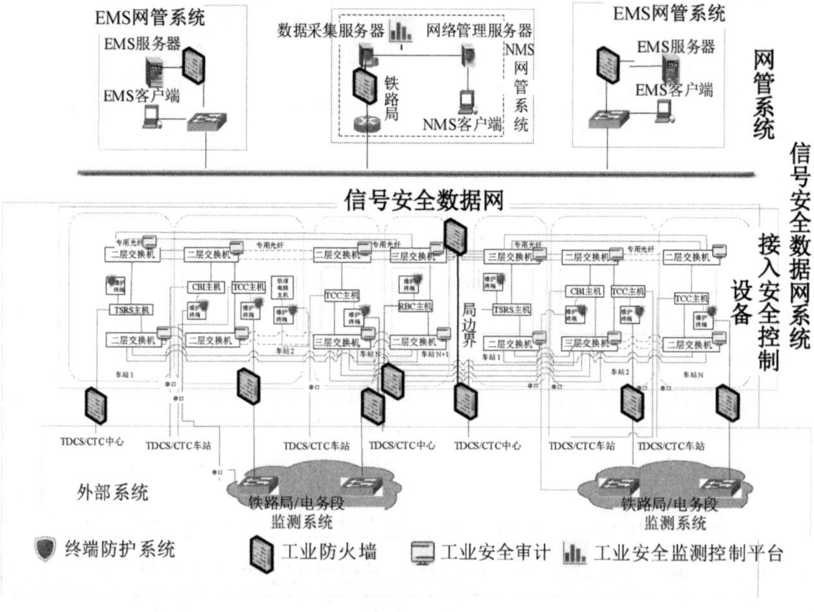

图 5-17　高速铁路列车控制系统架构设计

5.5.5.4　详细安全设计

高速铁路列车控制系统安全等级保护，围绕"一个中心，三重防护"的安全设计原则，详细安全设计如下。

1. 安全通信网络设计

在高速铁路列车控制系统中，工业交换机应具有数据存储、安全分析、安全监测、白名单防护等功能，在满足数据交换的基础上具有内生安全的分析能力。针对铁路信号系统内的业务异常、网络异常等关键信息，通过搭载的专用解析引擎，快速捕获并解析，能够对其中的有效数据内容、负载信息和异常流量进行监测。

当高速铁路列车控制系统需要与广域网通信时，应做好通信密码防护，能够基于被动流量发现资产，通过自学习建立工控通信模型，形成资产白名单。支持对识别后的资产进行脆弱性发现，包括资产所对应的漏洞信息、开放的端口和不安全的协议。此外，应具有通信网络异常监测的能力，对高速铁路列车控制系统的通信数据、网络和设备流量等进行监测，对异常进行报警。

2. 安全计算环境设计

以轻量级"白名单"的技术方式，全方位地保护高速铁路工业控制系统中的工业主机、服务器等资源，在控制系统终端设备上部署实施终端防护系统，根据白名单策略，禁止非法进程运行。通过基于单个 ID 的 USB 移动存储外设管控，禁止非法 USB 设备的接入并对合法 USB 设备进行权限管控。结合漏洞防御、网络防护等安全防护措施，切断病毒和木马的传播与破坏路径。

3. 安全区域边界设计

在高速铁路列车控制系统边界部署工业防火墙，构建可信任的工控网络区域间通信模型，采用结合智能学习的白名单安全策略，过滤一切非法访问，保证只有可信任的设备可以接入工控网络，只有可信任的流量可以在网络上传输。

通过接入镜像流量的方式部署工业安全审计系统（其旁路被动的采集方式不会对工控系统网络造成影响），实现对高速铁路列车控制系统全方位的监测审计和保护。通过搭载入侵检测和防病毒引擎技术，协助运营人员及时发现工控系统中的信息安全威胁并进行响应处理。

当外部设备接入高速铁路列车控制系统内网，或者插入的 U 盘携带病毒，导致高速铁路列车控制系统内网主机被病毒、木马感染并具有传播能力时（如永恒之蓝），可通过实时监测网络中的漏洞利用、木马执行情况，及时发现入侵行为。

4. 安全管理中心设计

部署工业安全监测控制平台，实现对高速铁路安全管理中心的安全防护。通过对工控设备的数据采集，实时掌握整体网络的安全状况；采用可视化技术，将收集的数据进行直观的展现，帮助安全管理人员清晰、全面地掌握当前网络安全态势，有效地实现安全管理和策略配置，如对管控的设备进行集中的在线升级、策略下发、告警策略下发等。

5.5.5.5　安全效果评价

高速铁路列车控制系统部署了终端防护系统、工业防火墙、工业安全审计系统及工业安全监测控制平台，实现在安全管理中心下的三重防护，并在深度理解高速铁路列车工控业务和传统的信息安全威胁基础上，实现对安全计算环境、安全区域边界、安全通信网络和安全管理中心的安全防护，满足《基本要求》。

5.5.6　铁路调度集控系统四级安全设计案例

5.5.6.1　背景介绍

铁路调度集控（Centralized Traffic Control，CTC）系统是对管辖区段内的列车和调车作业进行指挥管理，通过联锁、列控、区间闭塞等信号设备，实现集中控制的铁路信号技术装备，是铁路运输的重要行车设备和指挥中枢。调度中心具备向车站、机务段调度、乘务室等部门发布调度命令及经调度命令无线传送系统向司机下达调度命令（含许可证、调车作业通知单等）的功能。

目前，主流 CTC 系统均基于 UNIX 系统、关系型数据库和面向对象技术进行设计，采用分布式的广域网结构，与联锁、列控、监测、TDMS 和 GSM-R 等系统都有接口。除了与列车控制系统有接口，CTC 系统还可能与客票、电调、灾害监测系统等集成共享。

CTC 系统与行车控制、客票运营等多个大系统均有接口。CTC 系统一旦受到攻击，会对整个铁路系统运营产生重大影响。2008 年 3 月 1 日，信息系统安全等级保护备案证明（编号：800007211002—0002）中明确列车调度指挥/调度集中系统（以下简称 TDCS/CTC 系统）被国家确定为信息安全等级保护四级系统，我国原铁道部/铁路总公司通过等级保护第四级的系统有客票系统、TDCS/CTC 系统、电子支付平台三个系统，这三个系统应在新建时同步进行信息安全建设。因此，TDCS/CTC 系统若达不到等级保护第四级要求，则不得开通。

5.5.6.2　需求分析

1. 资产分析

CTC 系统由铁路局中心系统、车站系统和网络系统三个主要部分组成。铁路局分别设置高铁调度集中中心系统（以下简称高铁中心）和普速调度指挥/调度集中中心系统（以下简称普速中心）。

CTC 系统按系统分为列控设备接口系统、终端系统、查询子系统、运维子系统、应急备用系统、辅助配套系统等。按组网结构：中心局域网由核心交换机、接入交换机、接入路由器等网络设备组成；车站局域网由车站交换机和车站路由器组成；中心与车站间广域网采用环形通道，环内首尾端站连接至中心路由设备，环与环间相对独立。中心与车站网络均采用双网冗余配置。

CTC 系统中有多种服务器，如数据服务器、应用服务器、对外接口服务器等。服务器多基于 Linux 或 Windows 系统开发，为 CTC 系统提供实时的数据存储、调用、查询等功能。

车站终端系统包括调度工作站、助理工作站、维护工作站等。各类工作站通常基于 Linux 或 Windows 系统开发，为调度和维护工作提供人机界面。

联锁、列控、监测、TDMS 和 GSM-R 等系统接口服务器多基于 UNIX 系统开发，为 CTC 系统与列车控制系统提供接口服务。

2. 业务分析

CTC 系统中应急备用子系统为 CTC 系统提供数据备份、应急切换等后备功能，多基于 UNIX 系统开发。

车站子系统提供人机操作界面、监控、维护等功能，多基于 Linux 或 Windows 系统开发。

查询系统和维护子系统提供人机操作界面、查询、维护等功能，多基于 Linux 或 Windows 系统开发。

3. 风险分析

由于当前 TDCS/CTC 系统涉及的管理人员杂、业务广，与其他系统接口较多，所以面临多方面的网络安全威胁。

- 病毒。CTC 系统在建立和使用过程中，需要进行大量的系统测试、软件移植、修改和维护工作。远程连接登录，使用 U 盘、移动硬盘拷贝软件，下载数据，以及下载日志等，都会导致系统感染，造成 CTC 中心或分散自律站机系统瘫痪。

- 非法登录。CTC 操作系统的口令有 Root 口令、Oracle 用户口令等，这些属于公用口令。掌握这些口令的人可以随时进入系统并对系统进行修改，稍有疏忽就会对系统造成破坏。

- 涉及信息安全。例如，对于采用 CTCS-3 级列车控制系统的线路，CTC 中心需要与 GSM-R 综合移动通信系统进行信息交互，实现无线调度命令传输及车次号校核信息、进路预告等信息的传输。CTC 中心需要与临时限速服务器系统（TSRS）进行接口通信，实现临时限速命令的拟定、下达和执行。同时，CTC 中心通过 RBC 接口服务器与无线闭塞中心系统相连，实现 CTCS-3 级列车信息的显示和监督。CTC 中心还需要与既有的 TDCS、TDMS 及 CTC 中心相连，完成列车计划、调度命令和站场信息互传功能及信息交换。CTC 中心系统直接指挥和控制行车，是高速铁路正常生产组织和调度指挥系统的核心系统，其内部网络中保存了很多涉密信息，而 CTC 系统与 GSM-R、TSRS、RBC 及 TDMS 等外网系统进行着数据量大、频度高的数据信息交换。

4. 合规差异分析

CTC 系统缺少完善的身份鉴别技术，对恶意代码及病毒等缺少检测和防御手段，终端设备缺乏安全防护，网络内缺乏监测设备对生产网设备运行状况、网络流量、用户行为进行审计，缺乏统一的安全管理中心。

5. 安全需求确认

CTC 系统遭受网络攻击会对社会秩序和公共利益造成严重影响，甚至对国家安全造成严重损害，按照《信息安全技术　信息系统安全等级保护定级指南》的要求将方案定为等级保护的第四级。

完善 TDCS/CTC 网络安全配套设施建设，要在现有网络安全防护系统的基础上，充分考虑防火墙、入侵检测/防护、漏洞扫描、防病毒系统等安全技术及产品在整个安全体系中所起到的不同防护功能，增加相应的硬件设施，建立多层次的安全防护体系，从而更有效地保障骨干网络系统的安全运行。

5.5.6.3　安全架构设计

CTC 系统在各网络边界部署工控防火墙，支持信号系统专用协议的解析，在核心交换机上部署工业安全监测审计设备，构建 CTC 系统安全区域边界防护；在终端和服务器上部署工业终端防护软件，构建 CTC 系统安全计算环境的防护；部署工业安全管理平台，实现集中管控，实现 CTC 系统安全管理中心防护；系统内的工业交换机具备内生安全的数据交换与分析能力，构建通信网络安全防护。在 CTC 场景中，工控网络安全能够保障调车进路和智能控制的功能，保障实现列车运行与列车进路的控制，保障系统不受远程连接登录及使用 U 盘、移动硬盘拷贝软件带来的病毒侵害，以及保障与外网进行数据交换的信息安全环境。总体来说，安全架构设计分为两部分：一部分是自身设备的安全等级保护，另一部分是对 CTC 系统设备和安全数据网网络的安全防护和集中管理。通过以上安全防护措施，可以实现对 CTC 系统的"一个中心，三重防护"的安全等级保护。CTC 系统的架构设计如图 5-18 所示。

5.5.6.4　详细安全设计

1. 通信网络安全设计

CTC 系统的工业交换机具有内生安全的分析能力。工业安全监测审计设备通过搭载的数据包解析引擎，对关键事件进行检测，对各类数据包进行快速、有针对性的捕获与深度解析，能够检测出数据包的有效指令、数据内容和负载信息，并结合白名单对不符合规则的流量进行告警。在遵循工业控制系统可用性与完整性的基础上，能够检测出数据包的有效内容特征、负载和可用匹配信息，如恶意软件、具体数据和应用程序类型。

2. 安全计算环境安全设计

铁路集中调度工控系统中的工控终端设备，部署工业终端防护软件，通过全盘自动扫描，可以将系统中的可执行文件形成唯一的特征码，特征码不依赖文件名称、文件路径或扩展名，而是依赖可执行文件本身的数据特征，只要可执行文件变化，特征码就会变化。当工业终端防护软件处于告警模式下，异常程序执行被保护的可执行程序时，会进行实时告警，但不阻断；当处于防护模式时，会在进行告警的同时进行阻断，使异常程序无法运行。

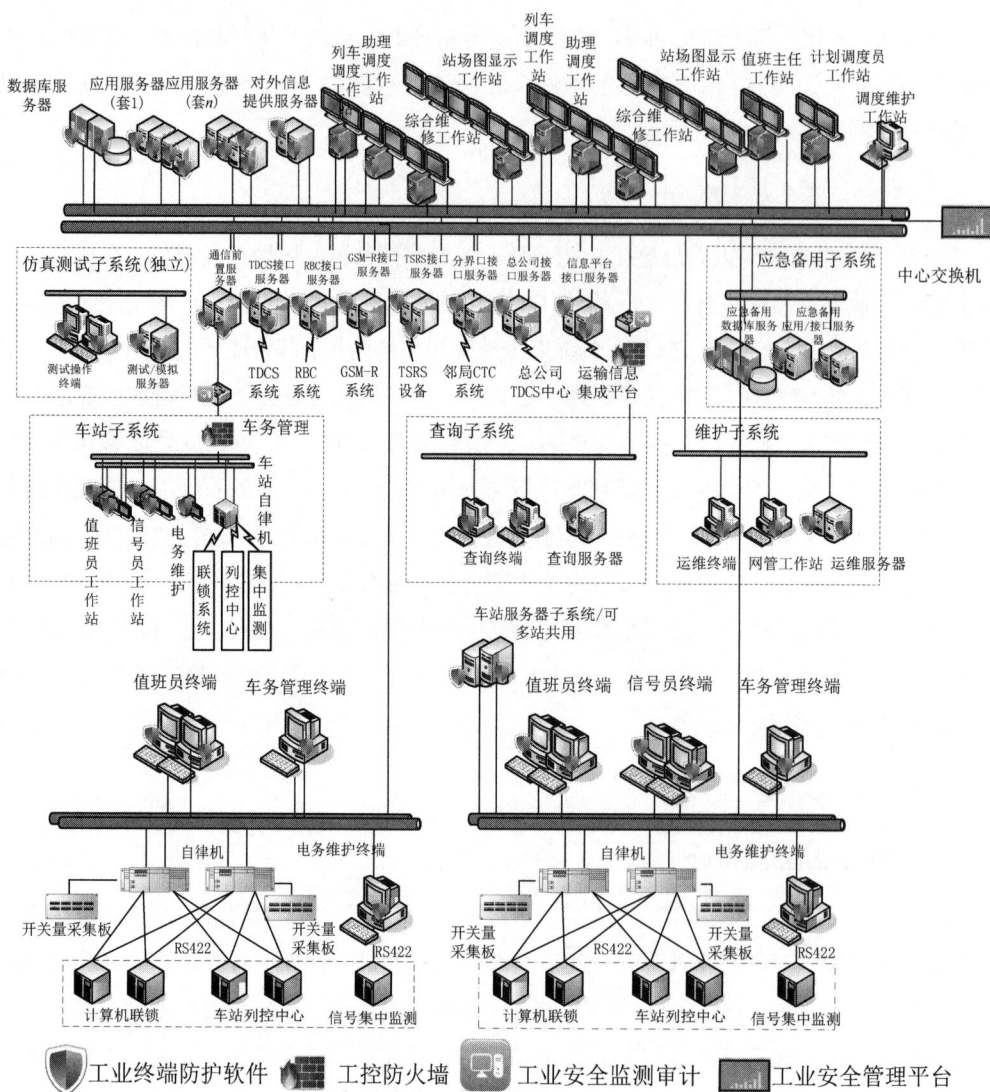

图 5-18　CTC 系统的架构设计

3. 区域边界安全设计

在铁路集中调度工控系统中部署工业防火墙和工业安全监测审计设备，采取针对性的数据包探测机制和解析策略，在遵循工业控制系统可用性与完整性的基础上，检测数据包的有效内容特征、负载和可用匹配信息，如恶意软件、具体数据和应用程序类型，并结合白名单对不符合规则的流量进行过滤。

当外网不法分子通过间谍软件、漏洞等对 CTC 系统进行渗透攻击时，可通过网络基线能力监测 CTC 系统资产的网络连接，若发现 CTC 系统资产与白名单之外的地址进行通信，则进行告警，保障 CTC 系统的网络安全。

4. 安全管理中心安全设计

在铁路集中调度工控系统中部署对安全设备和安全软件具有管理能力的工业安全管理平台，进行安全防护。采集分布式部署在 CTC 系统中的工业安全监测审计设备、工业终端防护软件等的相关数据，以可视化方式集中展示资产、拓扑、威胁、脆弱性和工控系统安全运行的状况，对安全事件进行场景化分析、集中管理和处置跟踪。工业安全管理平台能够有效提升企业的风险预警能力，整体提升企业的安全运营能力和安全防护水平。

5.5.6.5　安全效果评价

本方案针对铁路集中调度工控系统安全防护，参照《设计要求》进行设计。通过本方案的部署实施，铁路集中调度工控系统的防护满足《基本要求》的安全计算环境、安全区域边界、安全通信网络、安全管理中心的要求。

5.5.7　电力监控系统四级安全设计案例

5.5.7.1　背景介绍

电力监控系统相当于整个电力系统的神经网络和控制中枢，对保障电力系统的安全、稳定运行和电力可靠供应具有重要意义，因此，加强电力监控系统的安全防护显得尤为重要。电力监控系统用于监视和控制电力生产及供应过程的、基于计算机及网络技术的业务系统及智能设备，以及作为基础支撑的通信及数据网络等，包括电力数据采集与监控系统（SCADA）、能量管理系统、变电站自动化系统、换流站计算机监控系统、发电厂计算机监控系统、配电自动化系统、微机继电保护和安全自动装置、广域相量测量系统、负荷控制系统、水调自动化系统、水电梯级调度自动化系统、电能量计量系统、实时电力市场的辅助控制系统、电力调度数据网络等。

5.5.7.2　需求分析

1. 资产分析

电力监控系统主要由服务器、工作站、存储系统、网络交换机、时钟同步系统、专线通道设备、系统安全防护设备、数据库、操作系统、应用软件等组成。系统采用基于组件的面向服务体系（SOA）架构，采用星型网络结构，系统横向边界在 I 区、II 区之间采用防火墙实现逻辑隔离，在 II 区、III 区之间采用电力专用横向隔离装置实现物理隔离；系统纵向边界通过在业务通信前置机加装纵向加密卡实现边界安全防护。

2. 业务分析

电力监控系统为电网实时调度业务提供技术支撑，目标是实现电网运行监视全景化、安全分析、调度控制前瞻化和智能化，运行评价动态化。从时间、空间、业务等多个层面和维度，实现电网运行的全方位实时监视、在线故障诊断和智能报警；实时跟踪、分析电网运行变化并进行闭环优化调整和控制；在线分析和评估电网运行风险，及时发布告警、预警信息，并提出紧急控制、预防控制策略；在线分析评价电网运行的安全性、经济性、运行控制水平等。

3. 风险分析

1）安全威胁

从世界各地发生的典型事件看，威胁大致来自三个方面。

- 环境威胁：由自然环境因素导致的损害电力监控系统资产的所有事件，如地震、洪水、风暴等自然灾害。

- 恶意威胁：来自病毒等恶意软件和不法分子的攻击、有组织的信息对抗、国家级的信息战攻击等。

- 非恶意威胁：意外地损害电力监控系统资产的行为和系统本身脆弱性的相互作用，如误操作、硬件缺陷、软件自身缺陷、能源等公共服务供应失效等。

2）脆弱性识别

脆弱性识别如表 5-16 所示。

表 5-16　脆弱性识别

识别对象	识别内容
安全计算环境脆弱性	没有及时安装操作系统和应用安全补丁
	没有经过彻底测试就安装了操作系统和应用安全补丁
	使用默认配置

续表

识别对象	识别内容
安全计算环境脆弱性	重要的配置没有被存储或备份
	便携设备上的数据未受保护
	缺少合适的口令策略
	口令泄露
	访问控制不当
通信网络脆弱性	薄弱的网络安全架构
	没有使用数据流控制
	安全设备配置不当
	没有储存或备份网络设备配置
	传输中没有对口令进行加密
	网络设备口令没有经常更新
	采用的访问控制策略不足
	网络设备物理保护不当
	不安全的物理端口
	缺少环境控制
	无关人员可以访问设备和网络连接
	不在控制网络中的控制网络服务
	重要网络没有备份
区域边界脆弱性	没有定义安全边界
	不存在防火墙或防火墙配置不当
	在控制网中传输非控制数据
	SCADA 系统网络中没有安全监控

4. 合规差异分析

电力监控系统的可靠稳定运行是确保电力生产安全的基础，安全防护措施应融入生产控制业务中，减少中间环节。在实时性方面，应从过程数据的实时采集、传输到控制指令的下达执行等场景中考虑安全措施，在时间上具有时变性和连续性，在空间上具有分布参数和分布处理的特性，在技术上涉及的技术领域和设备系统较多，在管理上涉及的业务部门和层级较多，对系统性要求很高，网络安全防护具有很强的系统性。

5. 安全需求确认

该系统服务遭到破坏后，会对社会秩序和公共利益造成严重影响，具体表现为：使电力生产面临严重的中断威胁，影响多个地市。根据国家标准《信息安全技术　信息系统安全等级保护定级指南》，电力监控系统安全保护等级为第四级。

5.5.7.3　安全架构设计

电力监控系统安全架构设计以《基本要求》为指导，按照"安全分区、网络专用、横向隔离、纵向认证"的防护原则，将各业务模块按照其所处的网络环境、应用模式等划分相应的安全区和安全域，进一步明确安全防护边界，加强对数据输入、输出的防御控制，加强可信技术应用，以"一个中心"管理下的"三重防护"为体系框架，构建安全机制和策略，形成一个立体的信息系统安全保护环境。电力监控系统安全架构设计如图5-19所示。

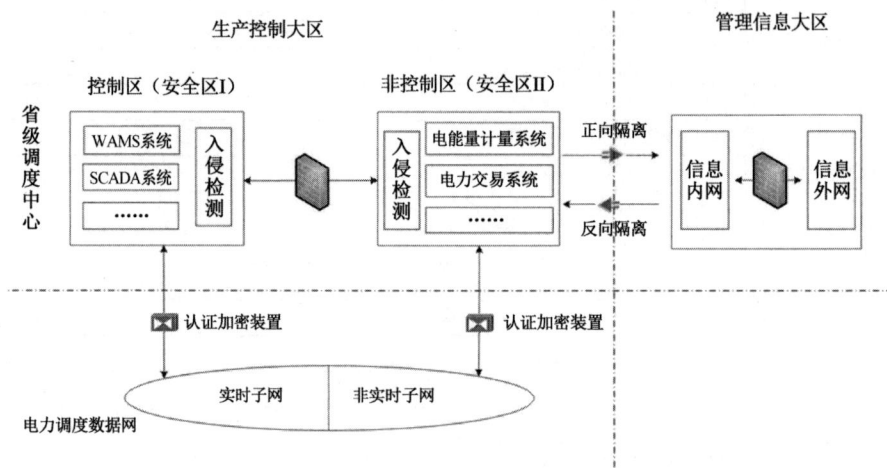

图 5-19　电力监控系统安全架构设计

5.5.7.4　详细安全设计

1. 电力监控系统安全计算环境设计

本体安全：电力监控系统软件、操作系统和基础软件、计算机和网络设备及电力专用监控设备、核心处理器芯片，均应采用安全、可控、可靠的软/硬件产品，并通过国家有关机构的安全检测认证。使用时应合理配置、启用安全策略；应封闭网络设备和计算机设备的空闲网络端口及其他无用端口，拆除或封闭不必要的移动存储设备接口（包括光驱、USB接口等），仅保留调度数字证书所需要的 USB 端口。

操作系统安全：电力监控系统主机操作系统应采用满足安全可靠要求的操作系统、数据库、中间件等基础软件，并进行安全加固，加固方式包括安全配置、安全补丁、采用专用软件强化操作系统访问控制能力、配置安全的应用程序。关键控制系统软件在进行升级、安装补丁前，要请专业技术机构进行安全评估和验证。

认证加密：电力监控系统应采用电力调度数字证书及安全标签，对用户登录本地操作系统、访问系统资源等操作进行身份认证，根据身份与权限进行访问控制，并且对操作行为进行安全审计。

恶意代码防护：电力监控系统应采用恶意代码防范措施，保持特征码以离线方式及时更新，在更新前应进行充分的测试，更新过程应严格遵循相关安全管理规定，禁止直接通过互联网在线更新。

可信免疫：电力监控系统的各个模块内部，应采用基于可信计算的安全免疫防护技术，形成对病毒、木马等恶意代码的自动免疫。

2. 电力监控系统安全通信网络设计

安全分区：根据业务系统的重要性和对系统的影响程度划分为生产控制大区和管理信息大区。其中，生产控制大区又分为控制区（安全区 I）和非控制区（安全区 II）。SCADA 系统直接实现实时监控功能，是电力生产的必备环节。该系统实时在线运行，所以必须置于安全区 I 内，并采用认证、加密等技术实施重点保护。

网络专用：电力调度数据网应当在专用通道上使用独立的网络设备组网，采用基于 SDH/PDH 的不同通道、不同光波长、不同纤芯等方式，在物理层面实现与电力企业其他数据网及外部公共信息网的安全隔离。生产控制大区通信网络可进一步划分为逻辑隔离的实时子网和非实时子网，可采用 MPLS-VPN 技术、安全隧道技术、PVC 技术、静态路由等构造子网。

设备安全：网络设备的安全配置包括关闭或限定网络服务、避免使用默认路由、关闭网络边界 OSPF 路由功能、采用安全增强的 SNMPv2 及以上版本的网管协议、设置受信任的网络地址范围、记录设备日志、设置高强度的密码、开启访问控制列表、封闭空闲的网络端口等。处于外部网络边界的其他通信网关应进行操作系统的安全加固，新上系统应支持加密认证的功能。

可信免疫：承载电力监控系统的网络应实现动态安全免疫，对业务网络进行动态度量。业务连接请求与接收端的主机设备应可以向对端证明当前本机身份和状态的可信性，不应在无法证明任意一端身份和状态可信的情况下建立业务连接。

网络冗余：在电网调度控制中心应实现实时数据采集、自动化系统、调度控制职能、调度场所、调控人员等层面的冗余，形成分布式备用调度体系。

3. 电力监控系统区域边界设计

横向隔离：在生产控制大区与管理信息大区之间，必须设置经国家指定部门检测认证的电力专用单向安全隔离装置，隔离强度应当接近或达到物理隔离。生产控制大区内部的安全区之间，应采用具有访问控制功能的网络设备、防火墙或者功能相当的设施，实现逻辑隔离。严格禁止 E-Mail、Web、Telnet、Rlogin、FTP 等安全风险较高的通用网络服务和以 B/S 或 C/S 方式的数据库访问穿越专用横向单向安全隔离装置，仅允许纯数据的单向安全传输。

纵向认证：在生产控制大区与电力调度数据网的纵向交接处，应采取相应的安全隔离、加密、认证等防护措施，实现数据传输的机密性、完整性保护。安全区 I、安全区 II 的广域网边界保护可部署纵向加密认证装置或加密认证网关。

接入防护：采用严格的接入控制措施，保证业务系统接入的可信性。经过授权的节点允许接入电力调度数据网，进行广域网通信。

入侵检测：生产控制大区边界处部署网络入侵检测系统，合理设置检测规则，及时捕获网络异常行为、分析潜在威胁、保持特征码及时更新，更新前应进行充分的测试。

访问控制：数据网络与业务系统边界采用必要的访问控制措施，生产控制大区内不同系统间应采用逻辑隔离措施，实现逻辑隔离、报文过滤、访问控制等功能。

4. 电力监控系统安全管理中心设计

按照"监测对象自身感知、网络安全监测装置分布采集、网络安全管理平台统一管控"的原则，构建生产控制大区安全管理体系，实时监测电力监控系统的计算机、网络及安全设备运行状态，及时发现非法外联、外部入侵等安全事件并告警；具备安全审计功能，对网络运行日志、操作系统运行日志、数据库重要操作日志、业务应用系统运行日志、安全设施运行日志等进行集中收集、自动分析，及时发现各种违规行为及病毒和不法分子的攻击行为。

5.5.7.5　安全效果评价

本方案以多维栅格状网络防护架构为基础，将安全防护技术融入电力监控系统的采集、传输、控制等各环节、各业务模块，可满足《基本要求》中对计算环境、区域边界、通信网络、安全管理中心的要求，在整体结构上符合《电力监控系统安全防护规定》（中华人民共和国国家发展和改革委员会令第 14 号）的要求。

5.5.8　核电企业 DCS 四级安全设计案例

5.5.8.1　背景介绍

近年来，核电、电网等企业的安全事件在全球范围内产生了重大影响，部分事件甚至改变了地缘政治结构，没有硝烟的网络安全战争已然出现。2010 年，伊朗铀浓缩工厂及布什尔核电站遭受"震网"病毒攻击，导致浓缩铀设施瘫痪，核电厂推迟发电；2015 年 12月，乌克兰电网系统遭受"Black Energy"恶意软件攻击，导致伊万诺-弗兰科夫斯克地区大约一半的家庭停电 6 小时，引发民众恐慌；2016 年，德国 Gundremmingen 核电站因 IT系统检测出恶意程序而被迫关闭。

为应对网络安全战争环境下复杂的网络安全威胁，亟须建立积极防御、综合防范、本质安全的保障体系。核电 DCS 是关键信息基础设施中的重中之重，加强核电 DCS 的安全防护工作刻不容缓。

5.5.8.2　需求分析

1. 资产分析

核电企业 DCS 通常包括安全级 DCS、非安全级 DCS、严重事故仪控 DCS 及多样性保护 DCS。核电企业 DCS 的典型网络拓扑如图 5-20 所示。

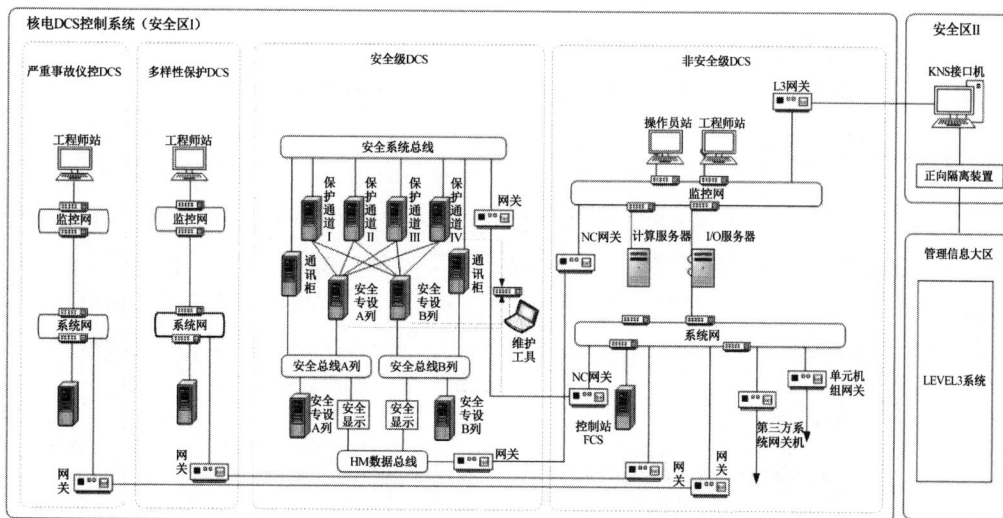

图 5-20　核电企业 DCS 的典型网络拓扑

2. 业务分析

该核电企业生产网络主要部件和设备按照功能分为安全功能部件、安全相关功能部件、非安全功能部件。

3. 风险分析

该核电企业 DCS 的风险如下。

（1）安全区 I 的 L3 网关和安全区 II 的核电厂实时信息监控系统（KNS）接口机之间，没有逻辑隔离手段，存在跨区访问风险。

（2）业务主机缺乏恶意代码防控措施，同时操作系统的漏洞防护没有得到应有的重视和关注，部分操作系统默认安装后，存在容易被利用的漏洞。

（3）业务系统的关键配置文件、主机操作系统的关键配置文件和关键注册表键值，均没有完整性保护措施，存在脆弱性和被恶意修改的风险。

（4）业务主机暂时没有针对不同主机用户的访问控制能力，操作系统用户采用单一认证手段，不满足等级保护第四级要求。

（5）对采用工控协议的通信过程，没有监测和审计手段，存在出现问题后无法追溯的风险。

（6）整个 DCS 网络内缺乏对关键设备和系统的日志审计措施。

（7）需要加强非安全级 DCS 的系统网与第三方系统之间的隔离手段，除采用对接口机进行隔离措施外，可引入专业的边界防护设备进一步规避跨区风险。

4. 合规差异分析

该核电企业 DCS 负责整个电站的控制管理，当其业务系统遭到篡改、删除、替换、破坏等安全威胁时，可能造成某些安全控制系统失效，造成严重的安全事故。根据《基本要求》第四级相关要求及行业法规，该企业 DCS 网络在安全计算环境、安全区域边界、安全通信网络、安全管理中心等维度上，均存在不同程度的不满足项，亟须进行合规整改。

5. 安全需求确认

核电企业 DCS 需要满足等级保护第四级的防护要求。该企业的安全需求如下。

（1）边界防护：首先保证安全区之间的隔离，其次保证非安全级 DCS 与第三方系统之间的逻辑隔离。

（2）未知攻击防范：未知攻击已经成为破坏关键信息基础设施的攻击利器，所以，采取的安全技术必须能够有效地防范未知攻击。

（3）通信网络安全保护：对 DCS 的通信流量进行深度解析，检测关键业务数据和通信行为的变化，防范和预警恶意用户伪造合法的业务数据，最终保证在任一节点对业务数据的访问都有行为审计信息产生。

（4）主机安全保护：要加强系统业务终端、服务器等主机类设备对恶意代码的防护能力；要能够对系统内各个用户进行细粒度授权，通过访问控制对用户权限进行最小化控制，以防止用户的越权访问；要加强主机的审计能力，包括系统级和应用级，对各类型的操作行为日志进行记录。

（5）可靠性要求：采用的安全设备应具备工业级品质，设备平均无故障时间应与核电 DCS 采用的业务设备的平均无故障时间相同。

（6）安全集中管控：根据等级保护标准第四级防护要求，应部署统一安全管理中心，进行统一的安全管理和日志审计，着眼全局，制定安全策略。

5.5.8.3　安全架构设计

1. 设计原则

1）适度防护原则

尽管核电 DCS 被定义为等级保护第四级系统，但在进行核电 DCS 网络安全等级保护规划时，必须要以核电 DCS 面临的实际安全风险为基本要求，过多的安全设计必将造成操作复杂度的提升和安全成本的增加。在考虑可用性和建设成本的前提下，应对现有系统进行防护，建立满足高安全等级要求的核电 DCS。

2）纵深防御原则

在核电 DCS 网络安全防护系统的设计实施过程中，应建立等级保护深度防御体系，对网络边界、通信网络、计算环境进行全面控制。结合核电 DCS 的定级情况，以《基本要求》为依据，参照《设计要求》，建设符合核电 DCS 安全需要的安全技术防护方案。

3）统一管理原则

统一安全管理是建设网络安全等级保护深度防御系统的基本要求，所以，本方案设计时通过设计统一安全管理中心，对控制系统范围内的资源和用户进行统一标记，按照访问控制策略实施，对于各个主机、服务器和边界的事件应统一由安全管理中心进行统一分析和响应，保证整体安全策略的一致性。同时，结合等级保护管理要求，通过安全管理中心定期对控制系统安全情况进行合规性核查分析，动态调整安全防护策略。

4）动态调整原则

网络安全问题不是静态的，它会随着与管理相关的组织结构、组织策略、信息系统和操作流程的改变而改变，因此，必须跟踪业务信息系统的变化情况，及时调整安全保护措施，在安全架构不变的情况下，策略的改变要适应业务的改变。

5）国产化原则

本方案采用的安全产品，应全部为国产化产品，具备自主知识产权，以降低关键位置的设备安全风险，构建满足国家高安全等级系统要求的网络信息系统。

2. 安全域划分

安全域应从业务角度切入，结合安全角度进行划分，具体安全域的划分如图 5-21 所示。

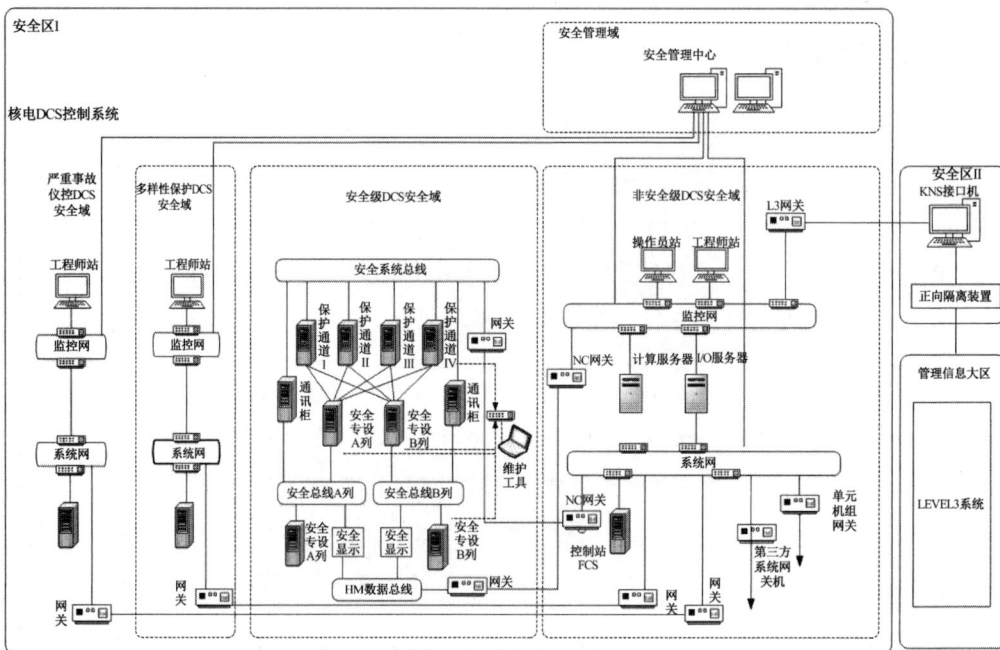

图 5-21　具体安全域的划分

3. 安全防护架构

本方案遵循"一个中心，三重防护"的设计原则，以安全管理中心为核心，构建安全的计算环境、安全的区域边界和安全的通信网络，形成核电 DCS 网络纵深安全防御体系。整体安全防护架构示意图（以非安全级 DCS 为例）如图 5-22 所示。

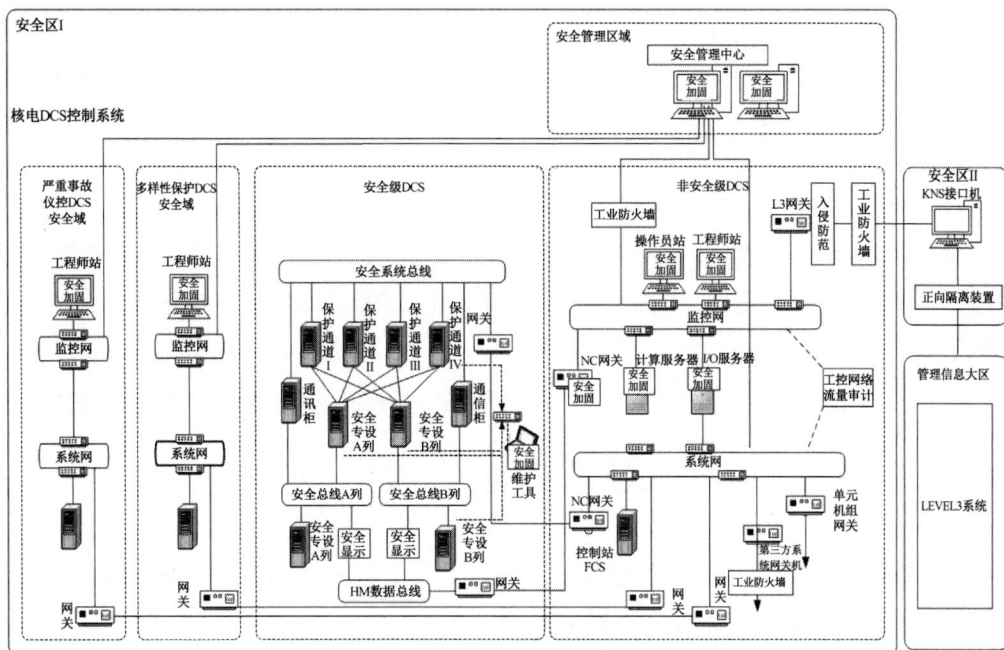

图 5-22　整体安全防护架构示意图（以非安全级 DCS 为例）

5.5.8.4　详细安全设计

1. 安全计算环境

严重事故仪控 DCS、多样性保护 DCS、非安全级 DCS 和安全级 DCS 中的服务器、工程师站、操作员站、网关、通信站、维护工具主要使用的操作系统为 Windows 和 Linux 系统，而这些系统的安全性是工控系统安全的源头，许多安全攻击往往首先针对这些系统发起，因此需要保护 Windows 和 Linux 系统自身的可靠性、完整性，防止被非法破坏。

本方案采用主机安全加固软件实现计算环境的安全加固，将 BLP、BIBA、RBAC 访问控制模型组合起来，对操作系统的安全子系统进行重构，强化监控资源访问控制行为，主要功能包括用户身份鉴别、自主访问控制、强制访问控制、程序可信执行、外设管控、安全审计及自身安全等。

2. 安全区域边界

根据等级保护第四级的要求，安全区域边界技术控制措施至少包含区域边界访问控制、区域边界包过滤、区域边界入侵检测、区域边界安全审计、区域边界完整性防护。对本方案的保护对象而言，这些技术控制措施主要通过以下安全产品的部署和功能来保证。

1）区域边界访问控制

核电 DCS 主要存在两个边界：内部边界和外部边界。

内部边界是指安全级 DCS、非安全级 DCS、严重事故仪控 DCS、多样性保护 DCS、第三方系统及安全管理中心之间的边界。内部边界主要依靠网关、工控防火墙进行访问控制。

外部边界是指安全区 I 与安全区 II 之间的边界。外部边界通过部署工控防火墙进行访问控制。

2）区域边界包过滤

在区域边界部署工控防火墙执行包过滤策略。通过安全管理中心制定统一的包过滤策略，对通过区域边界的所有数据包逐一进行检查。安全管理中心的数据包过滤策略应至少包括数据包的源地址、目的地址、传输层协议、请求的服务端口等。

3）区域边界入侵防范

在安全区 I 与安全区 II 的边界设置入侵检测系统，进而实现以下功能。

- 通过收集和分析网络行为、安全日志、审计数据、其他网络上可以获得的信息，检查网络中是否存在违反安全策略的行为和被攻击的迹象。
- 在不影响网络性能的情况下，对网络进行监测，提供对内部攻击、外部攻击和误操作的实时保护，在网络系统受到侵害之前拦截和响应入侵。

4）区域边界安全审计

本方案中区域边界部署的工控防火墙支持审计机制，能对各类网络行为进行详细的审计。所有的审计信息将集中上报至安全管理中心进行集中管理。

管理中心可以制定审计策略，选择关注的事件并进行审计。只有拥有指定权限的用户才可以对安全审计信息进行查看、分析等操作，对于审计信息进行的操作本身，也会形成相应的日志记录信息，以此构成安全审计信息从产生到关闭的全生命周期管理。

5）区域边界完整性防护

区域边界完整性保护的主要目的是防止非法内联、非法外联，保护网络边界不被破坏，即保证系统的边界是可控的、安全的，其完整性主要取决于穿越区域的连接是可控的、经过授权的，未经允许禁止建立穿越边界的网络连接。

非法内联主要是指防止非法设备接入网络。通过在交换机和网络设备设置端口的 IP 地址、MAC 地址绑定，同时关闭未使用的网络端口，使得只有合法 IP 地址才被允许接入网络。

非法外联主要针对网络内部计算节点，防止计算节点非法访问外网。在内部计算节点部署主机安全软件，通过主机安全软件严格控制非法外设的启用，阻止非法程序执行，防止在计算节点启用无线网卡等硬件。对接入非安全级 DCS 网的计算节点下发互联策略，只有符合互联策略的通信才被允许通过，否则不允许建立连接或收发报文。实时探测内网主机连接外部网络事件，一旦发现外联事件，就进行报警并阻断连接。

3. 安全通信网络

通信网络涵盖非安全级 DCS 的监控网、系统网，严重事故仪控 DCS 的监控网、系统网，多样性保护 DCS 的监控网、系统网。安全通信网络负责保证安全系统在通过网络进行访问时的安全。

这里的网络通信安全主要包括对数据流量进行监测和审计，主要通过以下安全产品的部署和功能来保证：在 DCS 网络内各子系统的关键交换机上部署工控网络流量审计系统；对系统中工控网络数据进行记录、存储、分析，忠实记录定级系统中的所有网络通信；基于一定的安全策略，监测通信网络中的违规事件，并将违规事件形成告警，统一上报。

4. 安全管理中心

安全管理中心是整个安全方案的核心，也是保障控制系统安全的基础。本方案的安全管理中心采用最高安全级别的自研操作系统，通过对系统的结构化改造，为业务服务的可靠运行提供安全保障。

安全管理中心由三个主要子系统（系统管理子系统、安全管理子系统和审计管理子系统）组成，对应了依据"三权分立"模式设计的三个管理员角色——安全管理员、系统管理员、审计管理员，安全管理平台采用三种角色进行分工管理。

在需要进行安全策略调整时，接入具备策略配置权限的统一安全管理终端，通过统一安全管理子系统的功能进行统一策略配置和下发。

5.5.8.5　安全效果评价

本方案参照《设计要求》进行设计，通过本方案的部署实施，核电企业 DCS 的防护满足《基本要求》的相关技术要求，安全防护水平显著提高，减少或规避了实施前主要存在的风险。

第6章 大数据安全保护环境设计

本章对《设计要求》中扩展部分的大数据等级保护安全设计要求内容进行全面解读，按照"一个中心，三重防护"的要求，基于标准应用的角度，从安全需求出发对不同安全等级的大数据应用及平台进行安全设计和指导，并提供相关案例供读者参考。

6.1 安全需求分析指南

6.1.1 安全需求分析的工作流程

大数据安全需求分析由大数据系统安全风险及需求分析和等级保护合规需求分析两部分内容组成。大数据安全需求分析的工作流程如图 6-1 所示。

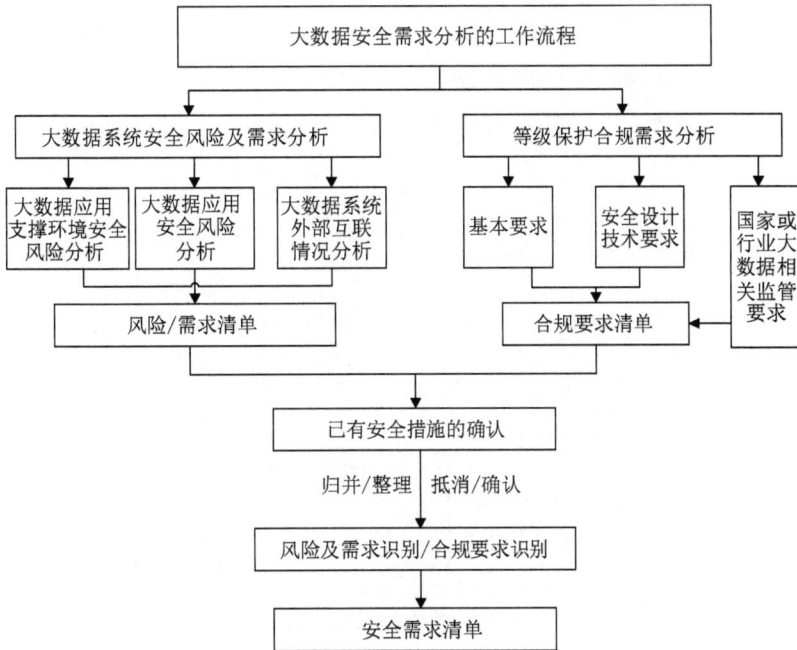

图 6-1 大数据安全需求分析的工作流程

1. 大数据系统安全风险及需求分析

大数据系统安全风险及需求分析包括大数据应用支撑环境安全风险分析、大数据应用安全风险分析和大数据系统外部互联情况分析。参照《信息安全技术 信息安全风险评估规范》（GB/T 20984—2022）和《信息安全技术 大数据安全管理指南》（GB/T 37973—2019），大数据系统安全风险及需求分析的具体流程包括资产识别、威胁识别、脆弱性识别、已有安全措施确认和风险分析。

2. 等级保护合规需求分析

等级保护合规需求分析以等级保护标准中大数据相关合规要求为基础，参照国家或行业大数据相关政策和标准进行，国家或行业大数据相关政策和标准作为等级保护标准的补充内容，在大数据合规需求分析中可选择参考。

6.1.2 安全需求分析的主要任务

6.1.2.1 大数据系统资产分析

对受保护资产对象的识别和判定是进行网络和信息系统安全风险分析的前提，大数据计算环境中的资产除包括由物理服务器、网络设备、安全设备、存储设备等构成的物理设备外，还包括支撑大数据应用的各类软件资源，如计算与分析应用软件、数据组织与分布软件、计算基础设施等，以及被保护的数据资源。大数据系统资产如图 6-2 所示。

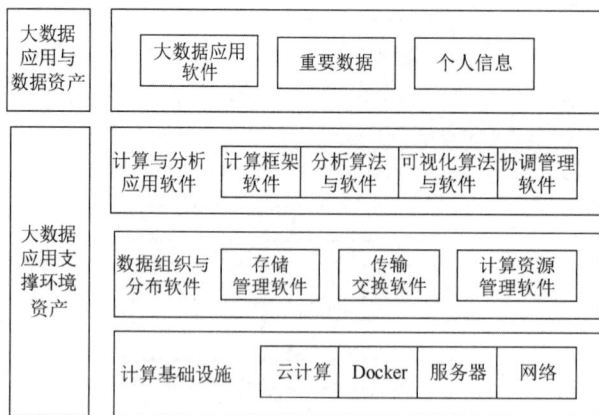

图 6-2　大数据系统资产

在进行大数据系统资产识别时，需关注大数据的资产特点，包括但不限于：个人信息，重要数据，分析算法与软件，可视化算法与软件；大数据处理框架，如流处理框架、交互式处理框架、离线处理框架；存储管理软件，如分布式文件系统、非关系型数据库等；计算资源（如 CPU、内存、网络等）管理软件等。

6.1.2.2　大数据系统安全风险分析

1. 大数据应用支撑环境安全风险分析

大数据应用支撑环境是指采用分布式存储和计算技术，提供大数据的访问和处理，支持大数据应用安全、高效运行的软/硬件集合，包括大数据应用的计算基础设施、数据组织与分布软件、计算与分析应用软件等各层面。大数据计算基础设施层安全风险分析主要针对物理主机、服务器、网络设备、安全设备及其系统软件，其面临的风险与传统网络一样，这里重点分析大数据基础软件所面临的安全风险。

大数据基础软件中各组件主要面临的安全风险如下。

（1）传输交换软件安全风险。传输交换软件是整个大数据平台的入口，其安全性直接影响大数据平台的整体安全。传输交换软件面临的安全风险包括软件自身漏洞、明文传输泄密、账号密码泄露、流量窃听数据、数据丢失、违规操作等。

（2）存储管理软件安全风险。数据存储安全对大数据基础软件安全至关重要，其安全风险包括存储管理软件自身安全，存储管理软件非授权访问、越权访问，存储管理软件外联接口非授权访问，敏感数据未加密导致泄密，违规操作泄密，存储设备接入不安全导致泄密。

（3）计算框架软件安全风险。计算框架表现为一组抽象构件及构件实例间交互的方法。计算框架软件完成上层应用所需的计算，向上层提供服务，面临的安全风险包括计算框架软件自身安全、各节点间认证机制不完善导致泄密、对上层应用认证及权限管理不当、各节点间传输不安全、对敏感数据未经加密或脱敏、对数据导出行为不予控制等。

（4）协调管理软件安全风险。协调管理软件服务于各组件和软件平台，是大数据软件平台的服务和支撑组件，面临的安全风险包括软件运维风险（运维人员的越权和违规操作）；运维过程中的数据管理风险，主要是指重要业务系统的第三方厂商开发人员利用开发源代码、上线调试等机会，遗留系统漏洞，内置软件后门，非法窃取敏感信息。

2. 大数据应用安全风险分析

大数据应用安全风险分析需要将业务场景结合大数据应用各生命周期中涉及的活动

进行，具体包括以下几个方面。

1）数据采集活动风险

数据采集活动风险包括但不限于数据采集设备安全风险、数据采集质量风险、数据采集的合规性风险、数据导入/导出的安全风险等。

2）数据处理活动风险

数据处理活动风险包括但不限于用户账号管理不当导致的安全风险、数据非授权访问安全风险、数据未标记导致的敏感数据泄露风险、数据操作行为不当导致的安全风险等。

3）数据存储活动风险

数据存储活动风险包括但不限于存储系统账号管理不当导致的安全风险、数据非授权访问安全风险、数据加密存储机制不完善导致的数据泄露风险、数据备份机制不完善导致的安全风险等。

4）数据应用活动风险

数据应用活动风险包括但不限于数据分析挖掘活动的安全风险、数据治理活动的安全风险、数据查询检索活动的安全风险、数据销毁活动的安全风险等。

5）数据流转活动风险

数据流转活动风险包括但不限于数据流转合法性风险、数据传输泄露风险、数据开放共享导致的敏感数据泄露风险、数据接口安全风险等。

3. 大数据系统外部互联情况分析

大数据系统外部互联是指与外部系统或网络进行系统互联、数据交换和共享等，大数据系统的外部互联情况如图 6-3 所示。

大数据系统外部互联安全需求需结合外部互联业务场景进行分析，具体如下。

（1）数据共享：通过业务系统、产品向外部组织提供数据，或通过共享数据等方式与合作伙伴交换数据。

（2）数据发布：面向社会公众或特定组织无条件开放或依申请开放数据。

（3）数据交换：数据供方和需方之间以数据作为交换对象，采取的交换数据的行为。

（4）数据接口：通过提供标准的对外接口供特定的组织或个人进行数据访问或交换。

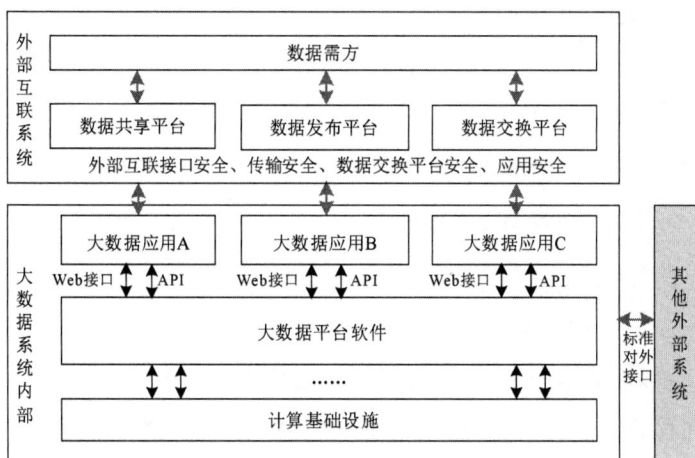

图 6-3　大数据系统的外部互联情况

各业务场景由于采用的技术实现方式不同，面临的安全风险也不同，需针对具体外部互联情况进行有针对性的安全风险分析，一般包括外部互联接口安全、传输安全、数据交换平台安全、应用安全等。

6.1.2.3　大数据安全责任分析

大数据安全责任如图 6-4 所示。

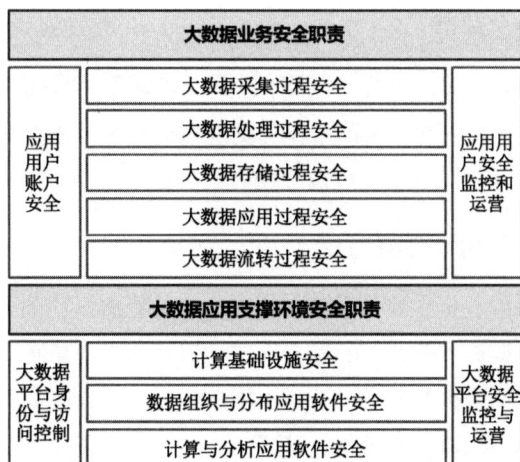

图 6-4　大数据安全责任

1. 大数据应用支撑环境安全职责

大数据应用支撑环境安全职责是对包括大数据应用的计算基础设施、数据组织与分布应用软件、计算与分析应用软件等各层面，采用适合的安全防护技术及监管措施，保障大数据应用支撑环境的安全。

大数据应用支撑环境自身的安全职责如下。

（1）保障大数据应用支撑环境的物理安全。

（2）保障大数据应用支撑环境硬件、软件和网络安全，包括操作系统及数据库的补丁管理、网络访问控制、DDoS 防护、灾难恢复等。

（3）及时发现大数据应用支撑环境的数据组织与分布应用软件、计算与分析应用软件等各层面安全漏洞并修复，确保修复漏洞的过程不影响客户业务的可用性。

（4）及时发现数据组织与分布应用软件、计算与分析应用软件等各层面安全漏洞并及时修复。

（5）确保采用适合的网络安全防护技术保障大数据区域边界安全，包括网络访问安全、接口安全等。

（6）确保采集数据和用户数据的网络传输安全，保障数据传输过程的完整性和保密性不遭受破坏。

（7）对系统管理、安全管理和审计管理实行统一管理。

2. 大数据业务安全职责

大数据业务安全是对采集、处理、存储、应用及流转等大数据业务采用适合的安全防护技术，保障大数据应用的安全。大数据业务安全职责是通过技术手段保障大数据应用在大数据采集、预处理、存储、分析处理及应用过程中的安全性。

6.1.2.4　信息系统合规差异分析

大数据系统安全风险分析主要是通过对用户关心的重要资产的分级、安全威胁发生的可能性及严重性、大数据资产等方面的安全脆弱性进行分析，并通过对已有安全控制措施的确认，借助定量、定性分析的方法，推断出用户关心的大数据资产当前的安全风险，并根据风险的严重级别制订风险处理计划，确定下一步的安全需求方向。

但大数据系统在完成风险分析的基础上，需要根据法律法规、相关监管部门的要求、相关行业内部规定等进行进一步的安全合规差异分析。

1. 网络安全等级保护合规差距分析

在网络安全等级保护中，针对大数据系统在"安全物理环境""安全通信网络""安全计算环境"等方面的具体要求，这里对大数据系统在安全物理环境、安全通信网络、安全计算环境方面进行合规分析，重点对常见的高风险问题进行解释说明。

针对大数据系统的安全物理环境，以第三级系统为例，其高风险问题为承载大数据存储、处理和分析的物理设备不受控，因此要"保证承载大数据存储、处理和分析的设备机房位于中国境内"，否则为高风险。

大数据系统安全通信网络风险分析主要分析的对象为大数据平台及外部互联系统的网络架构，需重点明确是否存在网络设备性能不足的情况、是否合理地划分了内外部网络区域、重要服务器是否与边界直连、通信线路和关键设备有无硬件冗余的情况等。常见的高风险问题如下：大数据平台与其所承载的大数据应用安全保护等级要求不同，大数据平台安全等级低于所承载的大数据应用，无法支撑大数据应用的安全需求；大数据平台的管理数据流与业务数据流未分离，无法针对大数据系统对管理平台和业务平台不同的安全需求制定不同的安全策略；处理重要数据的设备（如服务器、DB 等）未采用热冗余技术，发生故障可能导致系统停止运行。

大数据系统安全计算环境风险分析主要分析的对象为大数据系统中各类设备，包括数据采集终端、数据导入服务组件、数据导出终端、数据导出服务组件、大数据平台提供的辅助工具和组件、大数据应用、数据库等，需重点核查其是否提供明确的各类机制，如身份鉴别机制、访问控制机制、日志审计机制及是否提供入侵防范的功能等。以第三级系统为例，大数据系统常见的高风险问题如下。

身份鉴别模块功能不全面。例如，大数据平台未对数据采集终端、数据导入服务组件、数据导出终端、数据导出服务组件的使用实施身份鉴别；大数据平台无法对不同客户的大数据应用进行标识和鉴别。

访问控制功能不完善。例如，对外提供服务的大数据平台无相应的安全机制来确保只有在大数据应用授权下才可以对大数据应用的数据资源进行访问、使用和管理；大数据平台缺少数据分类分级安全管理功能，以供大数据应用针对不同类别、级别的数据采取不同的安全保护措施；大数据平台无法提供设置数据安全标记功能，无法提供基于安全标记的授权和访问控制措施，不能满足细粒度授权访问控制管理能力要求；涉及重要数据接口、重要服务接口的调用，无相应访问控制措施，包括但不限于数据处理、使用、分析、导出、共享、交换等相关操作。

安全审计缺失。大数据系统无法跟踪和记录数据采集、处理、分析和挖掘等过程；不能确保溯源数据能重现相应过程，溯源数据不满足合规审计要求；不具备对不同客户大数据应用的审计数据隔离存放功能，不能提供针对不同客户的审计数据收集汇总和集中分析的能力。

数据完整性与保密性不完备。例如，大数据平台未能提供静态脱敏和去标识化的工具或服务组件技术；数据在清洗和转换过程中未对重要数据进行保护，无法保证重要数据在清洗和转换后的一致性，在发生问题时不能有效还原和恢复。

数据备份与恢复机制缺乏。例如，大数据系统未提供备份与恢复功能；未提供异地数据备份功能；重要的大数据应用和设备未提供异地灾备功能等。

大数据平台管理机制欠缺。例如，大数据平台不具备为大数据应用提供集中管控其计算和存储资源使用状况的能力；大数据平台不具备对其提供的辅助工具或服务组件进行有效管理的能力等。

2. 其他相关大数据安全国家标准合规差距分析

其他相关大数据安全国家标准是对网络安全等级保护大数据相关要求的补充和细化。针对大数据系统，除了等级保护基本要求，我国大数据标准化工作组还针对大数据安全出台了相关专门的标准，相关监管机构针对大数据也出台了相关政策，这些都是大数据合规需求的重要参考。

6.1.2.5 安全需求确认

大数据安全需求由业务需求、等级保护合规需求和监管需求整合归并形成，如图 6-5 所示。

1. 大数据系统面临的风险分析导出业务安全需求

结合业务场景实际面临的安全风险导出安全需求，包括大数据应用支撑环境安全需求、大数据应用安全需求、大数据系统外部互联安全需求。

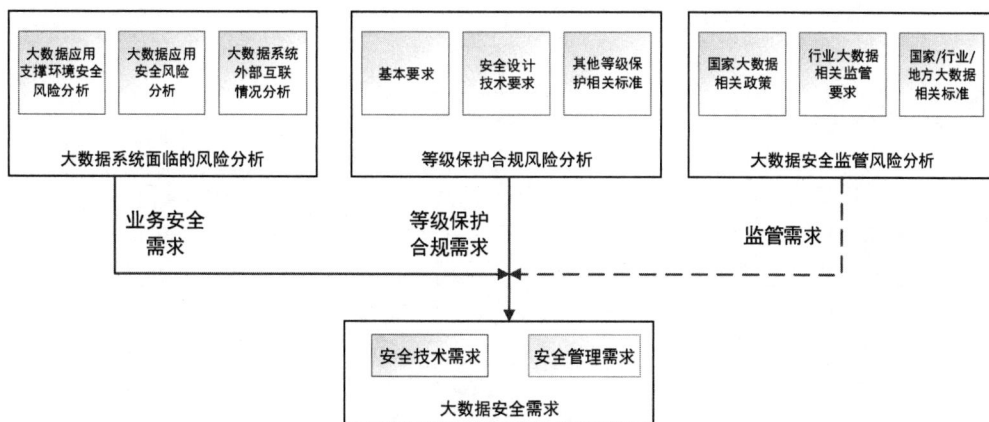

图 6-5　大数据安全需求

2. 等级保护合规风险分析导出等级保护合规需求

结合等级保护合规风险分析导出等级保护合规需求，主要覆盖《基本要求》和《设计要求》。

3. 大数据安全监管风险分析导出监管需求

结合大数据安全相关的国家政策、法规，以及行业相关监管规定、标准导出监管需求。

4. 安全需求的整合归并

将各安全需求分析、整合归并，形成大数据安全需求，主要分为安全技术需求和安全管理需求。

6.2　安全架构设计指南

6.2.1　安全架构设计的工作流程

大数据安全架构设计的工作流程图如图 6-6 所示。

1. 工作目标

确定大数据安全保护对象的安全架构设计，包含大数据整体安全框架设计、大数据安全互联架构设计及大数据信息系统安全架构设计。

```
            开始

      大数据安全架构设计

大数据整体安全    大数据安全互联    大数据信息系统安全
  框架设计        架构设计          架构设计

              输出

      大数据安全架构设计方案

            结束
```

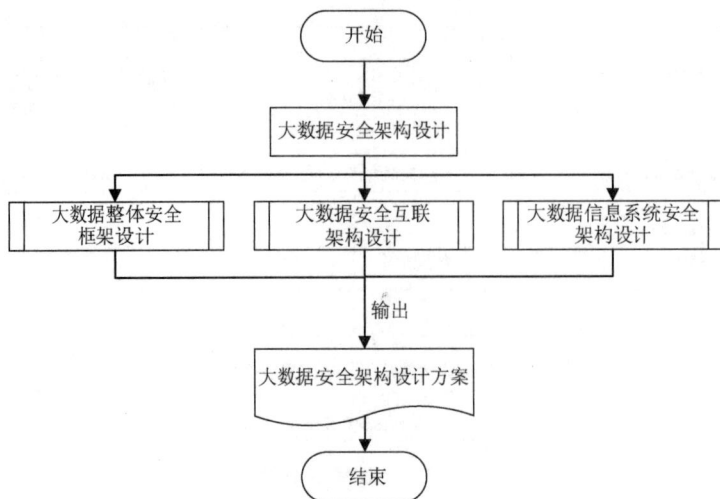

图 6-6　大数据安全架构设计的工作流程图

2. 工作内容

依据大数据安全等级保护对象的安全保护等级，大数据安全架构设计的工作内容如下。

（1）形成大数据整体安全框架设计，包括确定大数据整体安全方针、明确大数据安全防护对象，以便结合《设计要求》和《基本要求》、行业基本要求和安全保护特殊要求，构建机构等级保护对象的安全技术体系结构。对于新建的等级保护对象，应在立项时明确其安全保护等级，并按照相应的保护等级要求进行整体安全框架设计。

（2）形成大数据安全互联架构设计，包括采集传输安全、采集设备安全、数据接入安全、安全审计等，实现与大数据平台和业务应用互联设备、节点的安全认证与鉴权。

（3）形成大数据信息系统安全架构设计。以大数据生命周期为节点，从大数据业务安全、大数据应用支撑环境安全、安全管理中心、区域边界安全、网络通信安全等方面进行设计。

（4）形成大数据跨境安全防护设计。结合大数据跨境流转的场景特点，对跨境边界、跨境传输、跨境使用管理等方面进行安全设计。

3. 工作输出

输出大数据安全架构设计方案。

6.2.2　安全架构设计的主要任务

6.2.2.1　大数据整体安全框架设计

大数据平台及应用的网络架构主要涉及三部分：核心安全域、大数据平台及大数据应用。大数据整体安全网络架构如图 6-7 所示。

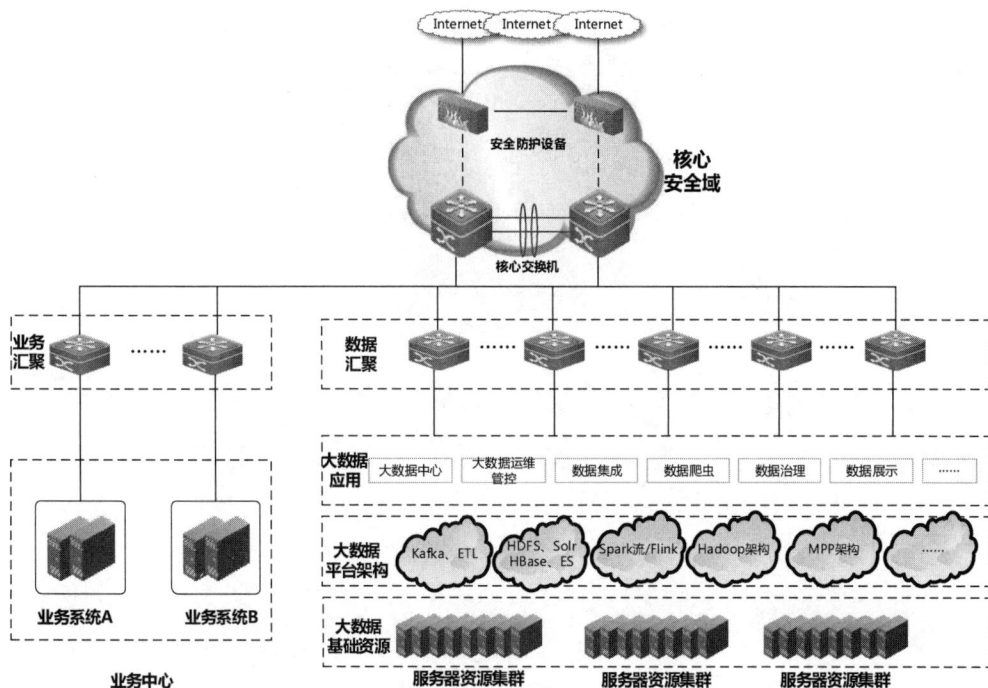

图 6-7　大数据整体安全网络架构

核心安全域需要对边界安全、入侵防护、流量带宽、设备性能等进行安全设计，在网络中采用 ACL、VLAN、VPN、策略路由等技术实现网络安全访问控制设计。

大数据平台底层基于云计算安全架构，通过资源虚拟化、网络虚拟化等技术实现底层资源的弹性扩展。大数据平台的架构部署存在多样性，采用不同的技术框架，可以为大数据应用提供不同的服务能力。例如，Kafka、ETL 技术架构一般用于用户数据源采集；HDFS、HBase 技术架构一般用于搭建分布式文件系统和分布式数据库。

大数据应用一般基于大数据平台提供的技术能力对采集到的数据源进行数据展示，如安全监测、安全分析、数据资产安全管理、态势感知等。

6.2.2.2　大数据信息系统安全互联设计

大数据信息系统安全互联设计主要包括数据源与大数据平台的安全防护设计、大数据平台之间的安全防护设计及大数据平台内部的安全防护设计。

数据源与大数据平台的安全防护设计如图 6-8 所示。

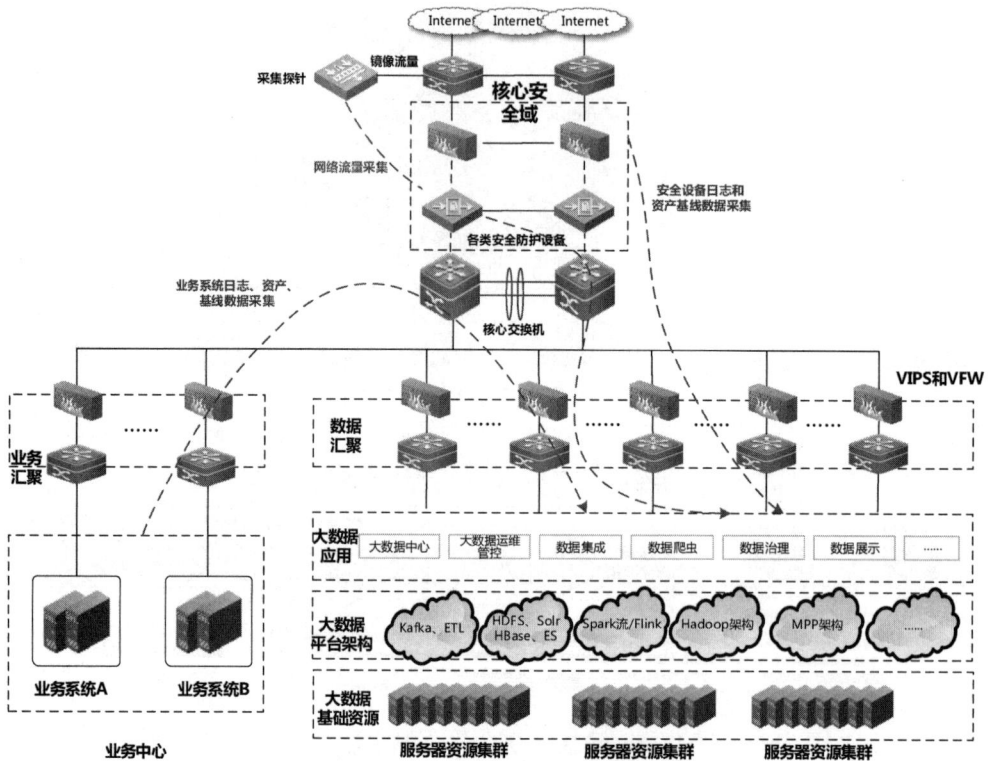

图 6-8　数据源与大数据平台的安全防护设计

大数据信息系统在互联方面主要是大数据应用与大数据平台对采集服务的调用，以及大数据平台在终端上的采集行为。数据采集行为主要操作包括发现数据源、传输数据、生成数据、缓存数据、创建元数据、数据转换、数据完整性验证等。大数据信息系统的数据源包括各类安全系统、模块等产生的告警数据，以及与安全相关的审计日志、安全取证的证据日志或文件、安全配置策略等数据及基础数据、知识数据等。应在安全基础设施、网络、终端、云计算平台、边界和业务应用等关键部位采集相关数据，所以应在采集传输安全、采集设备认证、数据接入安全、采集设备管理、采集审计等方面进行安全防护设计。

大数据平台基于云计算安全架构，通过资源虚拟化、网络虚拟化等技术实现底层资源的弹性扩展，所以大数据平台之间的安全防护设计可参考云计算扩展要求。

大数据平台内部的安全防护设计如图 6-9 所示。

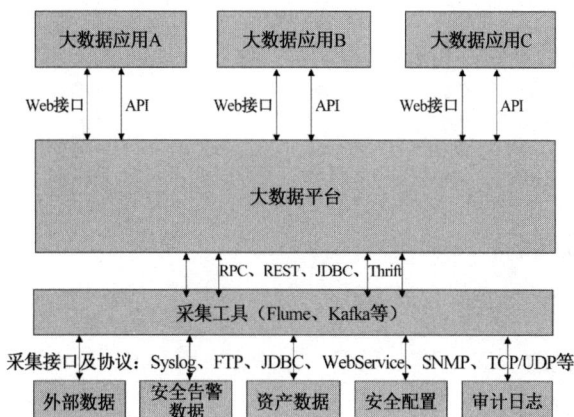

图 6-9　大数据平台内部的安全防护设计

大数据平台主要为各类大数据应用提供不同的技术服务能力，大数据应用通过大数据平台提供的数据调用接口来获取采集的数据并使用。大数据平台还通过采集工具调用不同的接口采集数据源，所以大数据平台内部需要针对平台提供的数据接口进行安全防护设计。数据接口的安全防护主要包括接口鉴权、接口传输安全、接口调用控制、调用日志记录。

1）接口鉴权

接入身份认证：大数据应用接入大数据平台都需要经过身份认证后方可访问。

调用鉴权：系统对接口的调用都要经过鉴权，明确可操作的资源范围、操作权限。

2）接口传输安全

关键信息的传输应支持安全信道传输或加密传输；应对输入数据的有效性进行检查，防范重放攻击和代码注入攻击；若大数据平台内无数据脱敏处理机制，应对出口数据进行敏感性检查和脱敏处理；应支持对传输数据的完整性进行检查，以便发现数据传输过程中的丢失或损坏现象。

3）接口调用控制

流控制：管理员可限制用户对接口的访问次数，限制接口的最大连接量。

流量监控：对大数据平台与系统之间接口的流量进行实时监控，对流量异常的情况能够进行告警与控制。

调用过载保护：如果是部分用户发起对大量 API 调用引起的系统过载，那么要求对其他用户的 API 调用能够得到公平处理；如果是大量用户发起对部分 API 调用引起的系统过载，那么要求对其他的 API 调用能够得到公平处理。

4）调用日志记录

系统及大数据应用对大数据平台接口的调用需要记入日志，并定期进行审计。

6.2.2.3　大数据信息系统安全架构设计

大数据信息系统安全架构设计具体如下。

（1）大数据业务安全：对采集、处理、存储、应用及流转等大数据业务采用适合的安全防护技术，保障大数据应用的安全。

（2）大数据跨境安全：确保数据跨境流动安全合规。

（3）大数据应用支撑环境安全：对大数据应用的计算与分析、数据组织与分布等各层面，采用适合的安全防护技术及监管措施，保障大数据应用支撑环境的安全。

（4）区域边界安全：采用适合的网络安全防护技术，保障网络访问安全、接口安全等。

（5）网络通信安全：采用密码技术保障数据传输的保密性与完整性。

（6）安全管理中心：基于系统管理、安全管理、审计管理实现对安全数据的集中管控。

1. 大数据业务安全

1）采集安全

终端采集：数据采集的数据源主要包括文件、数据库表和消息等。采集的方式通常有周期性的离线采集和流式的实时采集。

数据导入：数据导入业务安全主要实现数据导入鉴权。导入鉴权主要通过认证鉴权、关键数据源管控、采集数据传输安全、临时数据限制、日志记录和告警等多种措施来保障安全性。

数据导出：系统间和后台数据的导出行为包括两种方式，即系统控制方式和业务流程控制方式。

2）处理安全

数据清洗：根据数据定义结果进行数据过滤、去重、校验等操作，生成符合标准及质量要求的数据。数据清洗是实现数据标准化的主要途径。

数据关联：根据数据定义中的关联规则或算法，将数据和其他知识数据、业务数据等进行关联，并输出关联信息，支持关联回填、关联提取。

数据标识：基于标签知识库，利用标签引擎对数据进行比对分析、模型计算，并将其打上标签，为上层应用提供支撑。

3）存储安全

数据存储：按数据敏感程度做好数据分类管理，对不同安全级别的数据采用差异化安全存储，包括差异化脱敏存储、加密存储、访问控制等，并做好加密算法、脱敏方法的安全性保密。

对存储数据的设备及基础设施重点做好安全防护，包括落实数据存储设备的操作终端安全管控措施及接入鉴权机制，设置平台侧访问控制策略，定期实施安全风险评估及整改，配置安全基线，部署必要的安全存储技术手段等。

针对多租户数据的共享存储需求，应建立安全管理策略，提供多租户数据安全管控机制，并建立完备的数据容灾备份与恢复机制，提供基本的完整性校验机制，保障数据的可用性和完整性。做好数据容灾应急预案，一旦发生数据丢失或破坏，可及时检测出来并恢复数据，从而保障数据资产安全、用户权益及业务连续性。

大数据平台数据存储层的安全防护由数据安全防护和组件安全防护两部分组成。组件安全主要通过组件的一些配置进行防护，分为 HDFS、Hive、NoSQL 三部分。

备份恢复：大数据平台自身具备备份功能，特别需要对集群中主节点的 HA 功能进行设置与配置，保证数据存储层的高可用性；还应该提供完备的数据备份与恢复机制来保障数据的可用性和完整性。

备份应支持增量或全量备份，备份内容可选择备份主数据或备份元数据，策略上可支持手动触发备份或按周期、预约执行。

备份恢复可由任意备份点进行恢复，备份恢复可通过手动触发的方式执行，或者通过设置策略的方式在数据受损或丢失时自动恢复，使数据恢复到某一历史版本。

4）应用安全

数据分析挖掘：数据分析能够根据安全业务需求，利用安全分析技术，对数据进行统计、分析、规律性探索及预测等，以满足安全应用业务场景复杂、多变的需求。

数据治理：具体包括数据标准管理、元数据管理、数据质量与监控管理、数据共享与服务管理，为安全数据分析提供高质量的数据支撑。

查询检索：具体包括数据资源情况的查询检索及各类结构化和非结构化数据的查询检索，支持精确/模糊、分类、组合、批量等多种查询方式，支持返回数据汇总信息、判定查询关键词是否命中信息，以及数据摘要或明细信息。

数据销毁：具体应用场景包括大数据业务下线、用户退出服务、节点失效、过多备份等，需记录销毁的对象、原因和流程。

在数据销毁过程中，应对数据销毁过程进行日志记录，以支持安全审计。对于由合作方现场实施敏感数据销毁的场景，应安排内部工作人员进行现场监督。应落实安全销毁措施，对于已删除的敏感信息，应采用可靠技术手段保证信息不可被还原，并做好效果验证。针对逻辑销毁操作，需要为不同数据的存储方式制定相异的逻辑销毁方法，并确保数据的多个副本被相同处理；针对物理销毁操作，应对销毁后的U盘、磁带、硬盘、光盘、闪存、固态硬盘等存储介质进行登记、审批、交接。严禁非法挪用存储介质，避免数据被违规留存或还原。

5）数据流转安全

数据流转是指共享方与订阅方之间的信息互通和数据交换。一个订阅方可以订阅多个共享方的共享数据，同理，一个共享方也会受理多个订阅方的订阅请求。数据流转安全设计包括数据交换节点安全接入与认证、数据传输安全、数据开放与共享、数据溯源。

数据交换节点安全接入与认证：数据交换节点是指需要进行数据交换服务的设备或系统；数据交换节点在申请数据订阅或数据共享时，应该通过大数据平台的安全认证中心或数据交换平台进行身份认证，保证节点的安全接入。

数据传输安全：数据交换传输过程中可以采用加密算法（如DES、3DES、AES等）对数据进行加密传输，即使数据被窃取，也没有可读性，保证数据传输的安全性。

数据开放与共享：数据开放安全防护除了需要关注数据管理安全，还需要对数据接口权限和数据关联性隔离给予重视。例如，对开放的资源进行有效的权限控制，对工具开放的内容通过服务接入认证、应用隔离和版本管理进行安全防护。

数据溯源：数据溯源技术是数据加密、数据签名等数据保护方式之外的一种新型保护技术。通过登记数据的源头权属，记录数据的分布和轨迹，在数据流通和监管的任何环节，都可以通过数据唯一标识确定数据归属、传输路径。在数据泄露事件中，即使目标数据仅存留数据片段或已被人为破坏，数据溯源系统也可以提取数据的标识，找到数据源头和路径信息，为监管方提供非法流通和数据泄露的证据。

数据溯源通过向数据加入数据标识（包含数据提供方的标识、授权使用方的标识、加注时间戳等信息），为数据建立可鉴别的唯一标识，以便在数据流通过程中查询数据的相关信息。当数据泄露后，因数据被破坏而无法通过正常版权信息查证数据源数据、数据归属等，只有通过加注在数据主体中的数据标识才能够进行鉴定和确权，并且可以实现数据回放。

2. 大数据跨境安全

随着大数据、云计算、互联网等技术与业务应用深度融合，数据跨境流动是必然的，跨境的业务应用必须直面境内、境外数据跨境流动的合规要求。

1）构筑安全边界

从物理机房、网络区域、应用部署等方面，构建物理、网络和应用边界，形成企业内数据境内、境外部署的有效隔离。一是通过划定独立境外机房区，单独部署境外机构核心应用，以与境内系统完全物理隔离等方式建立物理安全边界；二是通过设立境外访问境内网络隔离区，建立网络安全边界；三是通过对境外可访问应用实行白名单控制，所有可访问应用均在境外隔离区内落地，以权限最小化为原则，控制境外隔离区内应用向外的网络访问权限，建立应用安全边界。

2）全方位完善技防体系

对境外区部署双层异构防火墙，区分境外机构访问入口和境内业务互联入口，配置IPS、IPSec 等网络安全防护工具，部署防 APT 及流量回溯系统，并进一步加强终端安全、用户认证、桌面安全防护、统一存储管理等信息安全手段。按网络安全等级保护第三级的要求进行应用安全设计和建设，对数据传输进行加密，对关键数据进行加密，信息访问采取两重用户访问权限控制和操作留痕的设计，强化应用安全防控。

3）深入应用加强安全控制

基于统一的技术平台，进一步改进松耦合的应用架构体系，实现境内、境外应用分离部署，支持境外数据本地化存放。基于业务流程优化和跨系统流程调用，增加数据访问控制，实现安全控制下的数据透明互访。采用数据库透明加密、关键数据应用加密等技术，实现数据存储加密，全面灵活地应对境内、境外的各种监管要求。

4）多层次健全管理机制

对开发、测试、运维有严格的信息安全管控机制；与各境外机构签署规范统一的服务协议，构建同等保护水平的合同、条款等数据跨境流动合法通道。

跨境大数据部署应用架构体系如图 6-10 所示。

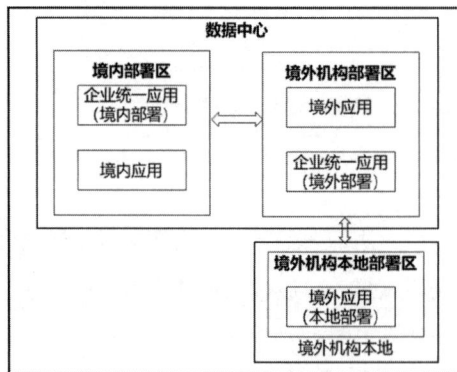

图 6-10　跨境大数据部署应用架构体系

技术策略只是数据跨境流动安全性解决方案的一个方面，要全面达到境内、境外双重监管要求，更需要企业在业务经营战略中明确数据保护政策，从业务管理、制度流程、人员架构等方面建立全面的跨境数据流动管理机制。首先，企业管理层要高度重视制定数据跨境流动中的数据保护政策，树立数据保护责任意识。多层次建立跨境数据保护制度，形成企业内部各部门数据保护责任和规则体系，明确数据收集、转移、存储、使用等各环节的具体安全管理要求。其次，要加强跨境数据安全监测，定期开展合规性检查，及时发现数据保护方面的漏洞并加以改进，防范数据安全风险。

3. 大数据应用支撑环境安全

1）计算与分析安全

批处理：大数据生态圈目前支持 MapReduce、Impala、Pig 和 Tez 等离线批处理框架，这些框架技术的安全防护主要从 Job Submission、Task 和 Shuffle 三方面进行。

流处理：Spark Streaming 是建立在 Spark 上的实时计算框架，通过它提供的丰富的 API 和基于内存的高速执行引擎，用户可以进行流式、批处理和交互式查询应用。Spark Streaming 的安全主要通过认证、授权、加密来保护。Storm 是一个开源、分布式、高容错的实时计算系统。Storm 的安全主要通过开启 SSL、认证、隔离等方式来保护。

2）数据组织与分布安全

安全数据组织：安全数据存储的形态，安全数据存储可根据安全大数据的业务需求建立相应的存储库，包括原始库、资源库、主题库、业务库、知识库、业务要素索引库等。

数据分布和存储安全：数据分布和存储主要涵盖数据如何划分与存储，主数据及参考数据（又称副本数据或辅数据）如何管理。只有对数据进行合理的分布和存储，才能有效地提高数据的共享程度，尽可能降低数据冗余带来的存储成本。

大数据平台及应用计算基础设施采用云计算技术设计，涉及虚拟服务器安全、云计算服务安全等，可参照云计算扩展要求中的安全计算环境部分进行安全设计。

4. 区域边界安全

1）接口参数安全

REST API 是通过 HTTP 或 HTTPS 协议访问的，应满足如下要求。

（1）XSS 攻击防护：增加请求参数检查，过滤或替换请求中构成脚本的必要字符。要过滤或替换的字符建议包括：<、>、\\、"、'、\"、\'、"="、"%"、"../"、+、script:、/script、&lt、&gt、&、u003c、u003e、(、)、{、}、[、]、|、\r、\n。

（2）目录遍历：增加对请求路径的校验，防止路径中出现多层相对路径引用。检查路径中是否包含相对路径../，拒绝路径中是否包含相对路径的请求。

（3）XPath 注入漏洞：对提交的输入内容进行过滤，不仅要验证数据的类型，还要验证其格式、范围和内容，如查找并禁止字符串中的单引号和双引号。

（4）缓冲区溢出漏洞：防止攻击者利用超出缓冲区大小的请求构造的二进制代码让设备执行溢出堆栈的恶意指令。

2）接入访问控制

大数据平台所有组件都需要开启 Kerberos 认证，用户和应用系统在访问大数据平台时，应使用已分配的账号完成 Kerberos 认证。

Kerberos 系统包括应用服务器（AS）、票据授予服务器（TGS）和数据库三个组件。

Kerberos 认证服务应满足如下要求：在使用 Kerberos 认证服务时，Kerberos 服务器与被管服务器（大数据平台、应用系统、工具程序所在的服务器）应指向同一台 NTP 服务器，保持主机时钟同步，允许的时钟最大差值不超过 5 分钟；Kerberos 票据有效期的设置不得超过 24 小时；Kerberos 支持的加密算法包括 AES256、AES128、3DES、RC4、Camellia256、Camellia128。应将配置文件 kdc.conf 中的 allow_weak_crypto 配置项设置为 false 禁用弱加密算法，配置文件 kdc.conf 默认存储在/usr/local/krb5kdc 目录下；为保证 Kerberos 服务的可用性，在实际部署时，应使用主备模式，并应实现主备 Kerberos 的数据同步。

5. 网络通信安全

1）数据传输完整性与保密性

数据传输应根据业务流程、职责界面等情况，合理划分安全域，并在安全边界上配置相应的访问控制策略及部署安全措施。针对跨安全域传输等存在潜在安全风险的环境，应对敏感信息的传输进行加密保护，并根据数据敏感级别采用相应的加密手段。

数据传输应强化传输接口安全管控，实施系统间接口的设备鉴权，并通过 MAC 地址、IP 地址或端口号绑定等方式限制违规设备接入，实施数据流程控制及关键操作日志管理机制。

在敏感信息传输至其他系统前，应确保对端系统采取一定的安全保密措施，保障信息在传输过程中的安全保密。在采用密钥加密时，应对密钥的生成、分发、验证、更新、存储、备份、有效期、销毁进行管理，严格实施密钥存储介质管理，确保密钥的安全。同时，应采用公认安全的、标准化公开的加密算法和安全协议。此外，应对数据传输过程实施数据完整性校验措施，确保所传输数据资产的完整、可信。

2）传输安全

当信息系统和工具通过接口从大数据平台中获取数据时，为防止数据被恶意拦截，接口的数据传输方式及传输内容需满足如下条件。

为保护数据的完整性，应使组件具有相应的检验机制。例如，可使用 Hadoop 系统自带的 Checksum 校验。Hadoop1.0 版本中的校验和类型是 CRC32，Hadoop2.0 版本中的校验和类型是 CRC32C。

为保证数据的机密性，应采用如下方式。

（1）对传输中的敏感数据进行脱敏处理。

（2）RPC、JDBC、Thrift、REST 四类接口在访问大数据平台获取数据时，应采用 SSL 协议传输。

（3）REST 接口在访问大数据平台获取数据时，应使用 HTTPS 协议传输。

6. 安全管理中心

参考本书 6.3.4 节"安全管理中心"部分。

6.3　大数据安全设计技术要求应用解读

本节针对《设计要求》大数据等级保护安全设计中第一级至第四级安全要求进行全面解读，同时从应用角度出发对相应的安全设计要求进行说明，指导用户开展安全设计。本节中安全要求字体加粗部分为本级较上一级安全要求的增强。

6.3.1　安全计算环境

6.3.1.1　可信访问控制

【安全要求】

第一级：应提供大数据访问可信验证机制，并对大数据的访问、处理及使用行为进行控制。

第二级：应提供大数据访问可信验证机制，并对大数据的访问、处理及使用行为进行**细粒度控制，对主体客体进行可信验证。**

第三级：**应对大数据进行分级分类，并确保在数据采集、存储、处理及使用的整个生命周期内分级分类策略的一致性；**应提供大数据访问可信验证机制，并对大数据的访问、处理及使用行为进行细粒度控制，对主体客体进行可信验证。

第四级：同第三级。

【标准解读】

访问控制的目的是通过限制用户对数据信息的访问能力及范围，保证信息资源不被非法使用和访问。可信访问控制的核心是身份的可信，只有实现身份的可信，才能实现对不同的身份进行授权和审计。要实现身份的可信，防止身份被盗用，就需要对所有的身份分别赋予一个唯一的标识，当主体发起一个客体访问时，会先对该主体的身份标识进行认证，进而匹配不同的访问控制策略。不同安全等级的大数据安全保护环境中对"可信访问控制"有着不同的安全要求。

第一级安全要求提出应提供大数据访问可信验证机制，并对大数据的访问、处理及使用行为进行控制。第一级客户的访问控制为在可信验证技术上对访问、处理及使用行为进行基础的访问控制，有相关措施即可。

第二级安全要求在第一级安全要求的基础上，增加了对细粒度控制的说明及对可信验证的主体、客体的说明。

第三级和第四级安全要求相同，在第二级安全要求的基础上，增加了对大数据进行分级分类，并确保在数据采集、存储、处理及使用的整个生命周期内分级分类策略的一致性的安全要求。依据数据资源的重要性进行安全分级分类，是实施后续访问权限控制、加密、脱敏等安全保护措施的基础。只有根据特定数据的价值、重要程度、敏感程度确定了特定数据的安全等级，才能对数据有针对性地采取保护和控制措施。

【设计说明】

1. 数据分级分类设计

数据分级分类流程示意图如图 6-11 所示。

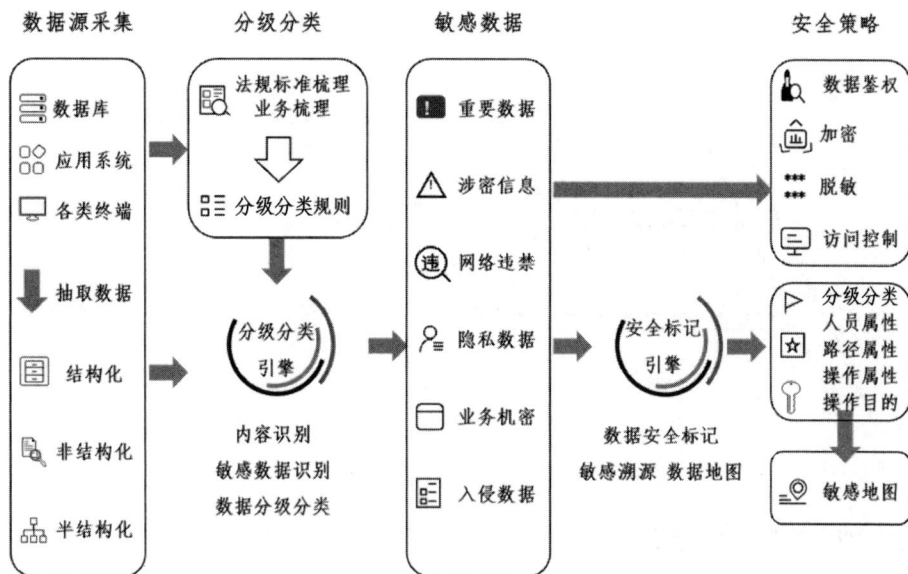

图 6-11　数据分级分类流程示意图

　　对存储在大数据平台的数据先要进行分级分类，对特定角色所能访问的数据根据分级分类进行限制，以及根据标签对特定级别的数据访问进行特定的访问限制，并对特定输出的数据内容进行识别与控制。数据在采集过程中，当数据经过清洗后，需要对所采集的数据进行分级分类，并嵌入安全标签，将元数据和标签信息存入数据资产管理库，当特定级别的数据被访问时，可根据数据标识识别策略进行访问控制，实现大数据环境下基于安全标签的数据资源访问控制机制。

　　数据分级分类应充分考虑数据对国家安全、社会稳定和公民安全的重要程度，以及数据是否涉及国家机密、用户隐私等敏感信息。应根据不同敏感级别的数据在遭到破坏后对国家安全、社会秩序、公共利益，以及公民、法人和其他组织（受侵害客体）的合法权益造成的危害程度来确定政府数据的级别。数据分级分类参考如图 6-12 所示。

　　数据的分级分类结果是数据保护、开放和共享的依据。分级分类结果将确定该类型数据采用什么级别的保护、是否适合开放和共享、数据开放和共享的范围，以及在对该级别数据进行开放和共享前是否需要进行数据脱敏（包括逻辑数据运算等处理）等。

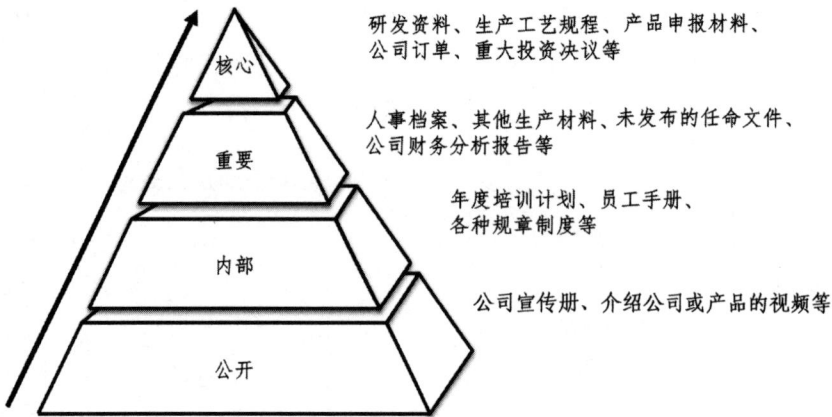

图 6-12   数据分级分类参考

2. 细粒度访问控制设计

大数据统一身份安全平台示意图如图 6-13 所示。

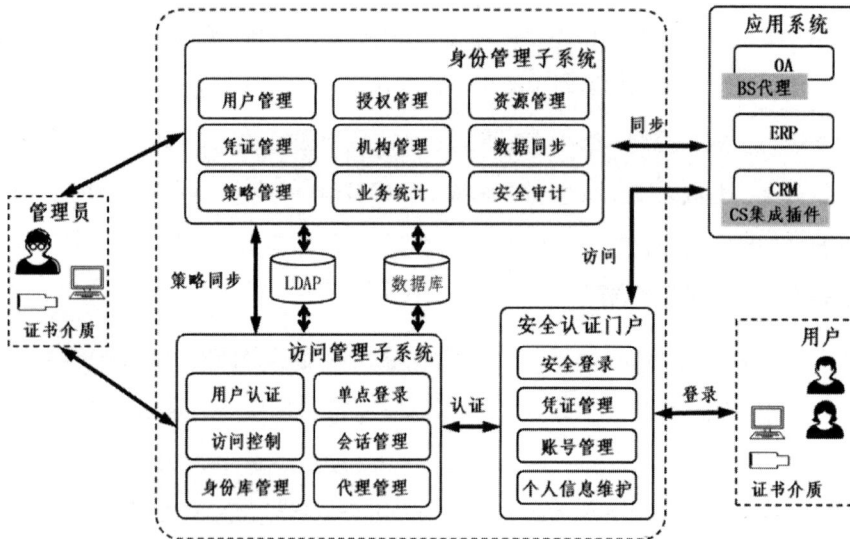

图 6-13   大数据统一身份安全平台示意图

利用 4A 等技术，在大数据环境实现身份管理、身份认证、授权管理、应用资源访问控制及安全审计等，并将其整合成集中、统一的身份安全平台，对大数据平台进行访问保护。大数据平台细粒度访问控制如图 6-14 所示。

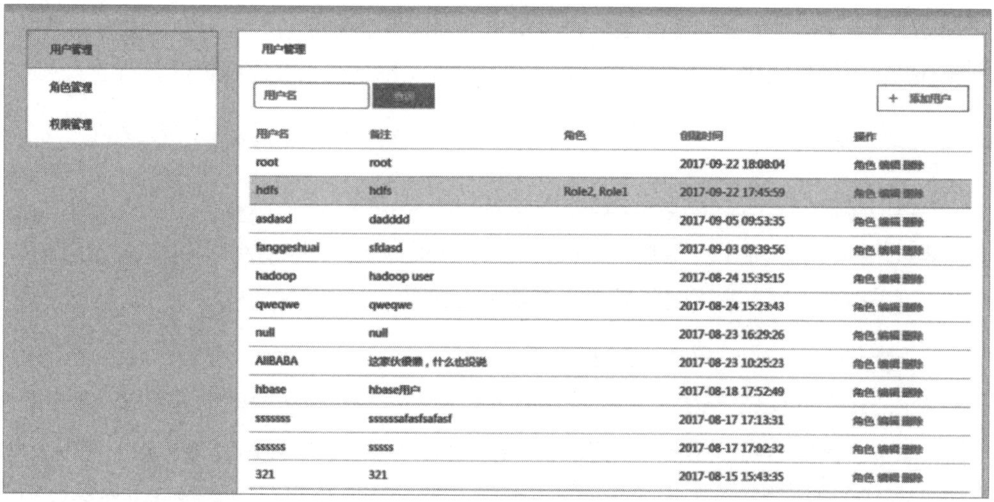

图 6-14　大数据平台细粒度访问控制

基于数据安全等级的划分，对每个用户进行特定数据的细粒度权限管理和访问控制。

细粒度权限管理：对主体、客体进行授权管理，独立维护一套访问控制列表，针对数据共享交换平台上的各种数据库及数据存储组件，进行单独授权管理（Oracle、RAC、HDFS、HBase、Strom、Knox、Solr、Kafka)。

访问控制：实现多种安全模式（DAC、MAC、RBAC、TBAC）细粒度访问控制。自主访问控制（DAC）解决大数据平台超级用户权限独大的问题，文件所属用户不能被更改；强制访问控制（MAC）对用户及资源进行级别划分，不上读，不下写，通过这种梯度的安全标签实现文件的访问控制；基于角色的访问控制（RBAC）把权限与角色相关联，用户通过成为适当角色的成员而得到这些角色的权限；基于任务的访问控制（TBAC）根据数据处理分析任务，分配用户权限。

6.3.1.2　数据保密性保护

【安全要求】

第一级：无。

第二级：应提供数据脱敏和去标识化等机制，确保敏感数据的安全性；应采用技术手段防止进行未授权的数据分析。

第三级：同第二级。

第四级：应提供数据脱敏和去标识化等机制，确保敏感数据的安全性；**应提供数据加密保护机制，确保数据存储安全**；应采用技术手段防止进行未授权的数据分析。

【标准解读】

数据保密性是指保护数据不泄露给非授权的用户，即便信息在传递过程中被未授权的用户截获，这些用户也无法读取有效信息。为了保障大数据系统安全计算环境数据保密性安全，可采取的数据保密措施包括数据脱敏和去标识化、数据加密等。

数据保密性保护是大数据设计技术要求从第二级系统安全保护环境设计开始提出的安全要求。在第二级安全要求中，要求在用户或应用程序实时访问数据过程中，依据用户角色、职责和其他 IT 定义规则，对数据查询导出等进行动态脱敏和去标识化等技术处理，实现授权人员对脱敏后的数据访问，防止数据被滥用、非授权完整复制，进而导致敏感信息外泄，确保敏感数据在调用读取过程中不遭到泄露；还应基于数据安全等级的划分，对每个用户划分特定数据的细粒度访问和操作权限，在平台或第三方对数据资源进行访问、使用、分析和管理前，需先得到大数据应用授权后方可进行，防止权限滥用导致的数据泄露。

第三级安全要求同第二级安全要求。

第四级安全要求在第二级安全要求的基础上增加数据加密保护机制，当将大数据存储在关系型或非关系型数据库中时，能够利用数据加密等方式，保障数据存储的安全。

【设计说明】

1. 数据动态脱敏设计

从保护敏感数据机密性的角度出发，在进行大数据公开或外发时，需要根据数据安全等级对敏感数据进行模糊化处理，特别是姓名、身份证件号码等个人敏感信息，以及未公开的社会经济信息等。业务系统或后台管理系统在展示数据时需要具备数据脱敏功能，或嵌入专门的数据脱敏技术工具。通过脱敏技术，实现对数值和文本类型的数据脱敏，支持多种脱敏方式，包括不可逆加密、区间随机、掩码替换等。脱敏技术需要能自动扫描发现敏感信息，实现高效、方便、准确的信息脱敏。

数据动态脱敏的工作流程示意图如图 6-15 所示。

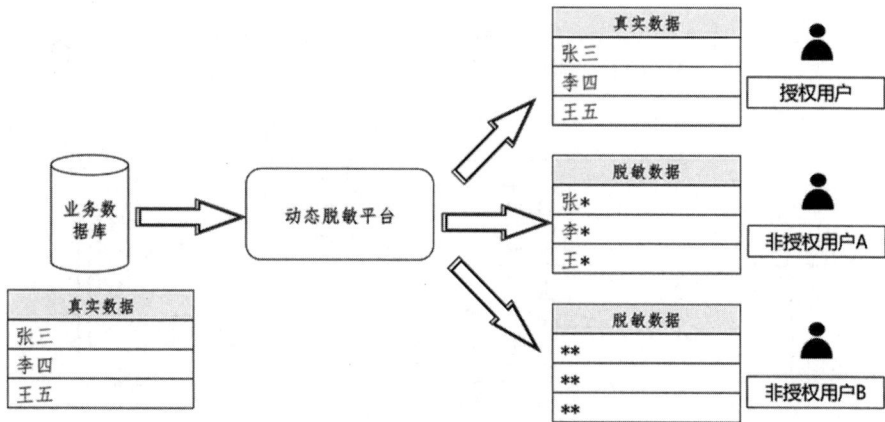

图 6-15 数据动态脱敏的工作流程示意图

数据动态脱敏的工作流程如下。

（1）请求敏感数据，如身份证件号码等个人敏感信息。

（2）服务器向数据库服务器申请获取数据。

（3）服务器将用户 ID 交付给数据动态脱敏平台。

（4）动态脱敏平台根据用户策略仅显示特定位，进行脱敏运算。

（5）服务器将运算后的数据返回给用户。

2. 数据存储加密设计

数据加密是数据安全存储的最后一道防线。数据加密可以防止明文存储引起的数据泄密、突破边界防护的外部不法分子攻击、来自内部高权限用户的数据窃取、绕开合法应用系统直接进行的数据库访问。大数据安全加密引擎支持对结构化数据和非结构化数据进行透明加/解密，实现密文存储和密文访问控制，防止非授权用户和限制特权用户（如管理员、DBA、第三方运维人员）访问敏感数据或复制敏感数据文件，规避数据泄露的风险。

大数据存储加密技术流程图如图 6-16 所示。

多粒度透明加/解密：能够对 HDFS、HBase、Hive 等组件中的数据进行列级、库表级、文档级加密，同时系统在数据存储过程中，不影响正常的数据操作，能够对数据进行正常的搜索、统计、排序等操作。

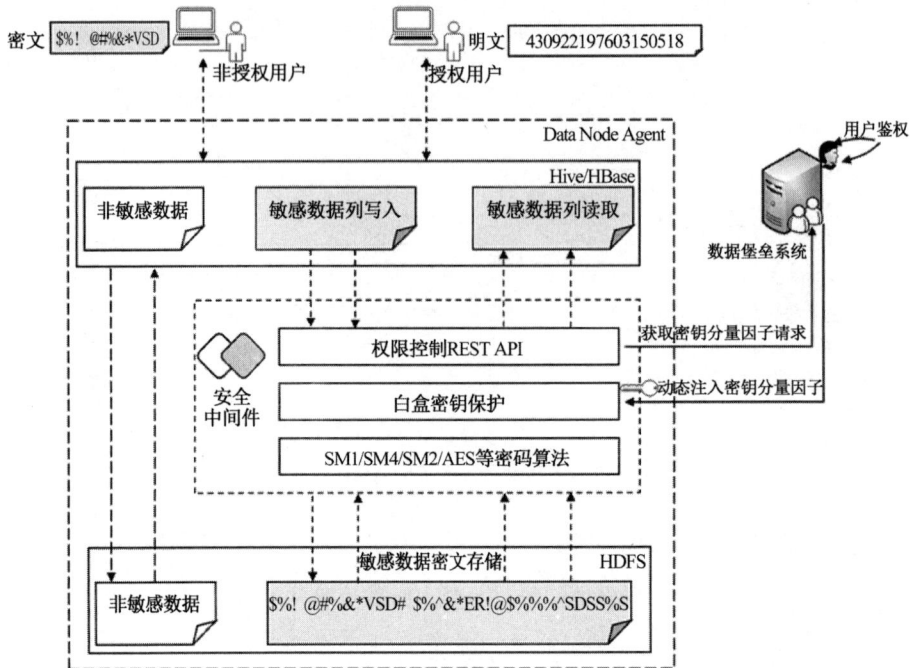

图 6-16　大数据存储加密技术流程图

国密及国际标准加密算法支持：在对文件夹、文件、库、表、列等对象进行加密保护时，能够使用自主可控的国产密码算法（如 SM1、SM4）或国际密码算法（如 AES、DES、3DES、RSA、ECC 等）。在对文件夹、文件、库、表、列等对象进行散列计算时，能够使用自主可控的国产散列算法（如 SM3）或国际散列算法（如 MD5、SHA-1、SHA-2 等）。在对数据进行签名时，能够使用自主可控的国产签名算法（如 SM9）或国际签名算法（如 ECDSA 等）。

集中高可靠的密钥管理：密钥管理支持密钥的生成、分发、备份、更新、恢复、销毁等管理，采用 OASIS 组织发布的标准密钥管理互用性协议（KMIP）弥补传统密钥管理系统的不足，能够与企业大数据中心进行对接。此外，密钥存储采用高可靠的数据存储机制，同时辅以密钥访问控制机制，确保密钥的安全。

6.3.1.3　剩余信息保护

【安全要求】

第一级：无。

第二级：应为大数据应用提供数据销毁机制，并明确销毁方式和销毁要求。

第三级：应为大数据应用提供**基于数据分类分级的**数据销毁机制，并明确销毁方式和销毁要求。

第四级：同第三级。

【标准解读】

剩余信息保护是大数据设计技术要求从第二级系统安全保护环境设计开始提出的安全要求。在第二级安全要求中，要求大数据应用在设计过程中提供数据销毁机制，同时需明确销毁内容、销毁方式、销毁后验证措施等。数据销毁环节的安全目标是保证磁盘中存储数据的永久删除、不可恢复，一般可以通过软件或物理方式实现。数据销毁软件主要采用多次填充垃圾信息或多次擦除等手段实现存储介质上数据的不可恢复，确保数据存储使用的内存、磁盘等空间在被释放或被重新分配使用之前，能够对其中存储的信息进行彻底的清除，避免剩余信息泄露风险。此外，硬盘消磁机、硬盘粉碎机、硬盘折弯机等硬件设备也可以通过物理方式彻底毁坏硬盘。

第三级和第四级安全要求在第二级安全要求的基础上增加了对数据进行分类分级的要求，要求明确数据分级机制，对不同类型、不同密级的数据采取不同的销毁措施。

【设计说明】

大数据应用平台的数据销毁机制一般指利用人工或自动化手段对自有或租用的大数据平台上面的数据进行擦除，实现存储数据的永久删除。数据销毁设计流程图如图6-17所示。

数据销毁流程应包括如下环节。

数据来源的确认：大数据平台常见的数据来源包括平台自身的数据、通过外部接口获取的外部实时数据、通过自身接口对外提供的数据等。在数据销毁机制中应将上述各类数据彻底删除。

数据类型的确认：在明确数据来源的基础上，可将大数据平台中的数据分为元数据、原始数据及其副本、外部获取的数据、对外提供的数据等。同时，根据数据来源及确认的类型，对数据的重要性及涉密程度进行分级，不同级别的数据应采用不同的销毁措施。

数据销毁场景的确认：数据销毁包括但不限于以下场景，即减少数据泄露的处理；防止数据被不适当地分发或处理；不相关及不正确数据的销毁；业务完成后对相关数据的销毁；超过留存期限的数据；数据来源方主动要求的数据销毁等。

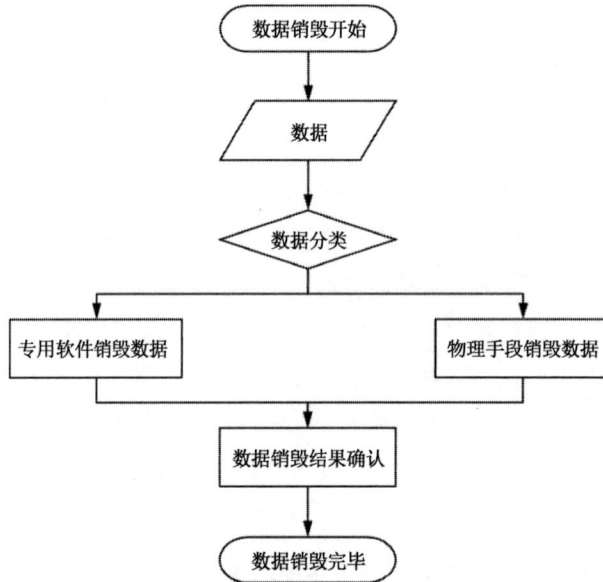

图 6-17　数据销毁设计流程图

数据销毁的手段：常见的数据销毁手段有软件层面对数据进行擦除及物理层面对数据所在存储设备进行销毁等。在软件层面对数据进行销毁的方式包括擦除文件、擦除目录、擦除磁盘分区中的内容、擦除磁盘分区未使用的空间、擦除文件间隙、擦除整块磁盘等。具体可采用数据覆写技术，对磁盘进行三次数据销毁或七次数据销毁。当涉及机密信息时，应使用物理销毁的方式。例如，对磁盘可通过专用的硬盘消磁机、硬盘粉碎机、硬盘折弯机等进行消磁；对固态硬盘等存储介质可使用盘体销毁的手段实现对数据的销毁。

数据销毁流程的控制：数据销毁流程的控制是数据能否被彻底消除的关键，应建立完整的流程，对各环节的操作进行确认，并在数据销毁结束后对结果进行确认，确保符合相关要求。

6.3.1.4　数据溯源

【安全要求】

第一级：无。

第二级：无。

第三级：**应采用技术手段实现敏感信息、个人信息等重要数据的数据溯源。**

第四级：同第三级。

【标准解读】

数据溯源的主要目标是实现对敏感信息、个人信息在流转过程中的追溯，通过数据水印、数据溯源等技术实现对敏感数据的源头追溯，确保敏感数据在发生流转外发泄露和被窃取时能够第一时间被发现。

数据溯源技术是从第三级开始要求的。第三级和第四级安全要求都提出利用数据水印溯源系统来实现数据溯源和数据防泄露、防窃密。

第三级和第四级安全要求提到采用技术手段对大数据中的敏感信息、个人信息等重要数据进行数据溯源。具体来说，可采用数据水印和数据溯源技术。数据水印通常是不可见的或不可查的，它与原始数据紧密结合并隐藏其中，已经成为源数据不可分离的一部分，并可经一些不破坏源数据使用价值或商用价值的操作保存下来。水印信息不会对已有数据库表结构信息进行修改，避免水印信息被窃取人员直观剔除，通过提高水印信息的伪装度和水印信息的冗余度，保证溯源操作 100% 可执行。数据溯源技术将在后文进行详细介绍。

【设计说明】

第三级和第四级安全要求可以通过数据水印溯源系统来实现对敏感信息、个人信息等重要数据的数据溯源。

敏感信息数据发现：通过敏感数据发现技术和工具，内置敏感数据算法，按照用户指定的一部分敏感数据或预定义的敏感数据特征，在执行任务过程中对抽取的数据进行自动识别并发现敏感数据。通过自动识别敏感数据，可以避免按照字段定义敏感数据元的烦琐工作，同时最大限度地对所有抽取的敏感数据进行自动水印处理，能够持续发现新的敏感数据。敏感数据发现实施部署如图 6-18 所示。

数据水印：数据水印溯源系统包含通用的水印数据模型和水印规则与算法，如针对姓名、身份证件号码、地址等类型特有的水印算法，身份证件号码增加水印后同时可保持部分数据特性，如年龄、性别、所在地区等。除此以外，还能保证数据水印融入前后的关联关系和增加水印后字段间的运算关系。下面列举一些不同类型数据的水印技术。

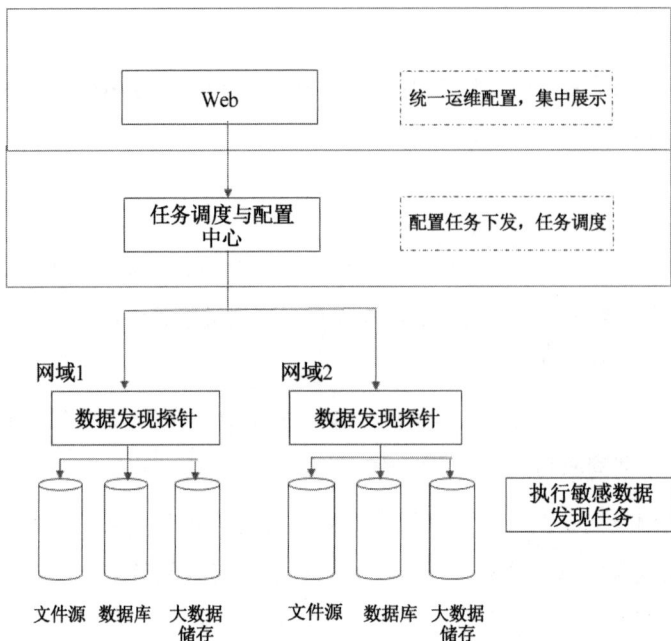

图 6-18　敏感数据发现实施部署

对于 PDF、Office 文件等文档类数据，可以采用明水印或暗水印技术。明水印打在背景上，但容易被移除。暗水印利用的是 PDF、Office 文件头部的一段 00 00 00 00 00，这段值可被替换为水印密钥，不影响对文件的正常使用，其中水印密钥是对时间、IP 地址、用户、文件等信息进行加密形成的字符串，但这种水印也会受到攻击。对 PDF 来说，在采用暗水印技术时还可使用其他方法，如文本微调，通过稍稍改变字符间距、行间距和字符特征等方法来嵌入水印，这种水印能抵御攻击。

针对图片的数据水印技术既可以是明水印，也可以是暗水印。明水印直接在图片上叠加水印背景，操作简单。暗水印有很多方法，主要包括空间域水印和变换域水印，变换域水印相对于空间域水印来说健壮性更强，可以抵抗压缩操作等攻击行为。数据水印技术实现效果图如图 6-19 所示。

数据溯源：通过数据水印溯源系统的数据溯源模块，对泄露信息在第一时间通过水印标识进行溯源，通过读取水印标识编码，追溯泄露数据的流转过程，并准确定位泄露单位及责任人，实现数据溯源。

数据溯源过程和数据水印溯源系统部署示意图分别如图 6-20 和图 6-21 所示。

图 6-19　数据水印技术实现效果图

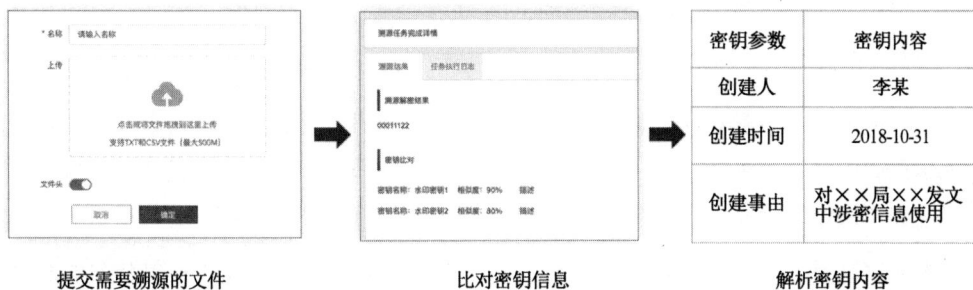

		密钥参数	密钥内容
		创建人	李某
		创建时间	2018-10-31
		创建事由	对××局××发文中涉密信息使用

提交需要溯源的文件　　　　　　比对密钥信息　　　　　　解析密钥内容

图 6-20　数据溯源过程

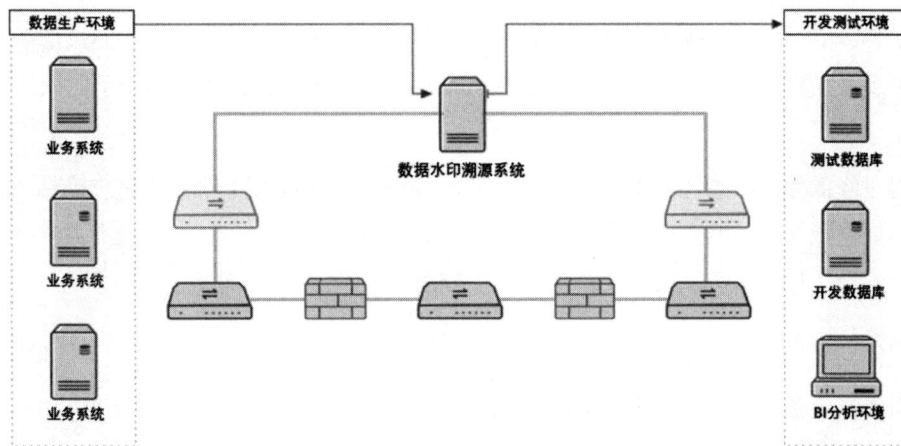

图 6-21　数据水印溯源系统部署示意图

数据水印溯源系统部署于内网大数据的安全计算环境中，不需要在生产数据库或外发数据库上安装任何客户端软件，只需具备读取生产数据库和写入测试数据库的权限即可。通过数据水印溯源系统，可以实现数据发现、抽取、数据水印和数据溯源。

6.3.1.5　个人信息保护

【安全要求】

第一级：无。

第二级：无。

第三级：**应仅采集和保护业务必需的个人信息。**

第四级：同第三级。

【标准解读】

个人信息保护的主要目标是通过过滤业务数据中的相关个人信息，设定业务采集相关个人信息的条件，并通过个人信息保护技术，如数据脱敏、敏感个人信息感知、敏感个人信息监控和操作审计等，确保个人信息在业务活动中受到保护。

个人信息保护要求是从第三级开始的。第三级和第四级安全要求都提出利用数据脱敏等技术来实现对个人信息的保护。

只对业务必需的个人信息进行采集和保护。确认采集的用户个人信息是业务所需要的，涉及个人信息的数据采集过程需要对与业务相关的个人信息进行敏感过滤后再采集，并且在流转中对个人信息进行数据脱敏处理，在数据脱敏后确保可以反向识别或复原等。

通过降低数据敏感性、匿名化敏感数据及对数据进行假名处理，从而遵守隐私合规性和分析要求，保障数据安全；在数据存储、传输、流转、处理过程中对涉及业务的个人信息进行安全保护，如敏感数据发现、敏感个人信息监控和操作审计等。

【设计说明】

对涉及业务的个人信息的采集和保护设计如下。

1. 业务相关敏感个人信息的识别和过滤

在数据采集过程中无须人工，可以仅通过部署数据脱敏系统，即可自动识别和过滤涉及业务的敏感个人信息（包括姓名、手机号码、身份证件号码、地址、银行卡、公司名称、工作单位、固定电话、存折账号、邮编、电子邮箱、护照号码、营业执照号码等）。系统会内置敏感数据算法和敏感数据采集过滤规则，可以通过敏感数据算法及用户自定义敏感类型方式识别和发现采集过程中的敏感数据，并通过脱敏系统的自定义过滤规则库实现对与业务相关的个人信息的采集。

数据脱敏：数据在业务流转过程中，通过部署内置大量敏感数据模型和脱敏规则与算法的数据脱敏系统，既可以指定被脱敏数据表的范围，也可以灵活自定义脱敏算法。例如针对姓名、身份证件号码、地址等类型特有的脱敏算法：身份证件号码脱敏后同时保持部分数据特性，如年龄、性别、所在地区等，除此以外还能保证脱敏结果的唯一性，保证数据脱敏前后的关联关系和脱敏之后字段间的运算关系。数据脱敏过程又可分为静态脱敏过程和动态脱敏过程。

（1）静态脱敏过程：通过将静态脱敏系统以旁路方式部署于生产环境和测试环境之间，实现在数据采集过程中的个人数据保护，这既不需要改变现有网络结构，也不需要安装客户端软件，只需要确保脱敏系统与数据库之间的网络可达。通过 Web 方式登录，执行脱敏策略任务的配置和管理操作。系统也支持分布式部署。静态数据脱敏部署图如图 6-22 所示。

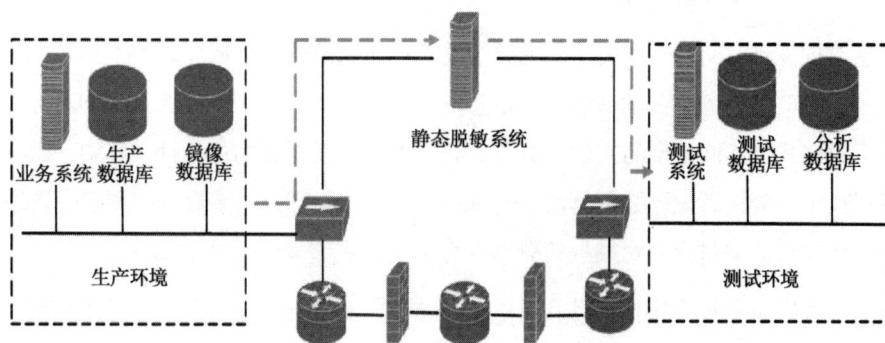

图 6-22　静态数据脱敏部署图

（2）动态脱敏过程：通过将动态脱敏系统部署在数据库上，在生产数据采集时实时进行脱敏，实现个人数据保护。动态脱敏系统以"逻辑旁路，物理串行"的代理网关式部署，需要与数据库服务器和终端运维设备或应用程序保持网络可达。部署过程中需调整原有的数据库访问配置，将数据库访问 IP 地址和端口调整为数据脱敏管理防护模块系统定义的 IP 地址和端口，数据库实例名、数据库账号和密码保持不变。动态数据脱敏部署图如图 6-23 所示。

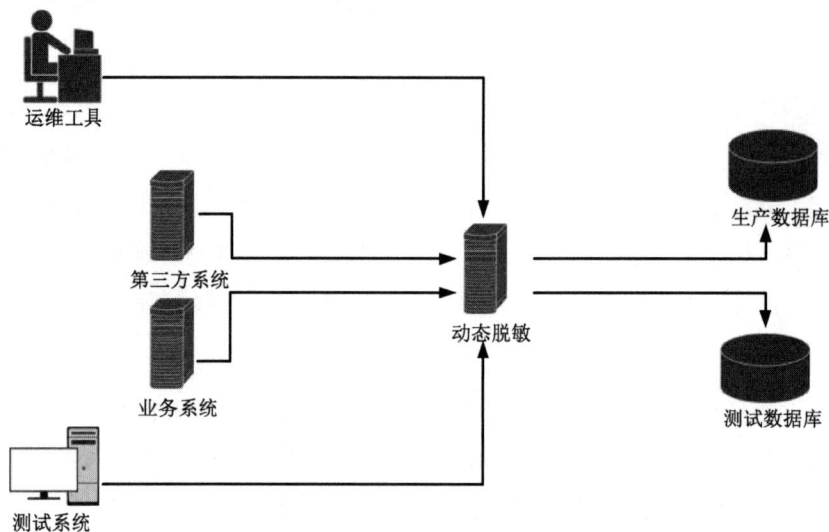

图 6-23　动态数据脱敏部署图

2. 敏感信息操作监控和审计

敏感数据发现：通过数据资产发现类、敏感数据发现类或数据溯源类工具平台可对大数据系统采集的与业务有关的敏感个人信息资产进行自动感知，准确识别不同来源、不同用途、不同格式、不同类型的大数据资源，确保敏感个人信息的可见性。其中，敏感个人信息发现技术工具内置敏感数据算法，按照用户指定的一部分敏感数据或预定义的敏感数据特征，在执行任务过程中对抽取的数据进行自动识别并发现敏感数据。

敏感个人信息监控和操作审计：在对个人隐私数据进行合法访问时，可能存在恶意的数据请求。为了及时发现潜在的个人隐私数据安全风险，大数据管理平台需要对涉及个人隐私数据访问和操作的过程进行监控，及时发现异常并告警，同时采取强制下线、锁定账号等若干紧急处理预案，避免数据泄露和破坏的情况发生。在大数据环境下，通过完善的监控规则并结合基于信用分析、行为分析、内容识别的 AI 引擎技术，采取足够可靠的运维安全审计和数据操作审计手段。

6.3.2　安全区域边界

区域边界访问控制

【安全要求】

第一级：无。

第二级：无。

第三级：**应仅允许符合安全策略的设备通过受控接口接入大数据信息系统网络。**

第四级：同第三级。

【标准解读】

区域边界访问控制是指通过技术措施防止对大数据信息系统网络资源进行未授权的访问，从而保障大数据信息系统在合法的范围内使用。

区域边界访问控制是第三级提出的安全要求，要求在安全区域边界设置访问控制机制，是网络安全域划分和明确安全控制单元的体现。区域边界访问控制的实施对象是配置了访问控制策略的网络设备或网络安全设备。访问控制策略是网络安全防范和保护的主要策略，其目的是保证大数据信息系统的网络资源不被非法使用和访问，或者防止由于合法用户的不当操作而造成破坏。通过采取访问控制措施可以具备对网络、系统和应用的访问进行严格控制的能力。

【设计说明】

大数据系统网络边界的访问控制一般通过部署防火墙系统实现，对所有流经防火墙的数据包按照严格的安全规则进行过滤，将所有不安全的或不符合安全规则的数据包进行屏蔽，杜绝其越权访问，防范各类非法攻击行为。

大数据信息系统区域边界访问控制示意图如图 6-24 所示。在此设计中，防火墙以网关模式部署在大数据系统网络边界中，所有流量都经过防火墙处理，以此实现对用户或服务器的身份、地址、端口和应用协议等验证功能，并对进出网络边界的数据信息进行控制，阻止未经授权的访问。

大数据系统网络安全区域之间的访问可通过部署防火墙系统或采取 VLAN 隔离等技术措施实现访问控制。通过在防火墙上配置安全策略，对跨越网络安全区域的访问进行控制，仅允许已知的业务访问。

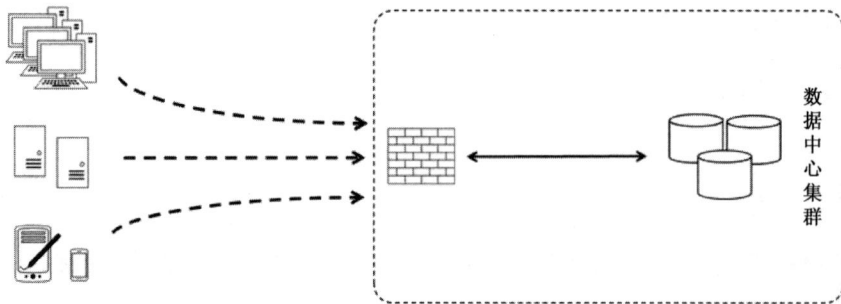

图 6-24　大数据信息系统区域边界访问控制示意图

6.3.3　安全通信网络

大数据系统安全通信网络设计技术要求无扩展要求，主要参照通用安全通信网络设计技术要求并结合大数据系统的特点进行解读和应用设计。

6.3.3.1　通信网络安全审计

【安全要求】

第一级：无。

第二级：**应在安全通信网络设置审计机制，由安全管理中心管理。**

第三级：应在安全通信网络设置审计机制，由安全管理中心**集中**管理，**并对确认的违规行为进行报警。**

第四级：应在安全通信网络设置审计机制，由安全管理中心集中管理，并对确认的违规行为进行报警，**且做出相应处置。**

【标准解读】

安全审计是将主体对客体进行的访问和使用情况进行记录和审查，以保证安全规则被正确执行，并帮助分析安全事件产生的原因。安全审计可有效地震慑潜在的攻击者，为已经发生的系统破坏和数据泄露事件提供有效的追溯依据，帮助管理者及时发现系统入侵行为和潜在的安全漏洞。

通信网络安全审计是从第二级系统开始提出的设计技术要求。第二级设计技术要求提出应在安全通信网络设置审计机制，一般可通过网络通信设备（包括但不限于路由器、交换机、负载均衡等）自身的安全审计，以及通过部署网络安全综合审计系统实现，同时通信网络的审计机制应由安全管理中心统一管理。

第三级设计技术要求在第二级设计技术要求的基础上增加了对已确认的违规行为进行报警的要求，从而降低系统被非法入侵的概率。第四级设计技术要求在第三级设计技术要求的基础上除了要求对违规行为进行报警，还要求对违规行为进行处置。

【设计说明】

1. 网络设备自身安全审计

1）路由器审计管理

首先，需开启路由器自身的系统日志功能，以完成对路由器自身的运行状态、网络流量等的检测和记录；其次，应开启路由器的审计功能，以记录事件的日志、用户、事件类型和成功与否等与审计相关的信息；最后，应该能对由审计记录进行分析而得到的审计报表进行保护，保证其不会被删除、修改等。

2）交换机审计管理

交换机审计管理和路由器审计管理的内容相似，可采取与路由器审计管理相似的方法进行日志信息的保护和分析，在此不再赘述。

3）其他通信设备审计管理

其他通信设备审计管理和路由器审计管理的内容相似，可采取与路由器审计管理相似的方法进行日志信息的保护和分析，在此不再赘述。

2. 网络安全综合审计系统审计管理

网络安全综合审计系统可以对网络中的设备和系统运行过程中产生的信息进行实时采集与分析，同时对各种软/硬件系统的运行状态进行监测。当发生异常情况时，系统可以立即发出告警信息，并向网络管理员提供详细的审计报告和异常分析报告，让网络管理员可以及时发现系统的安全隐患，并采取有效措施保护网络系统安全。网络安全综合审计系统部署设计如图 6-25 所示。

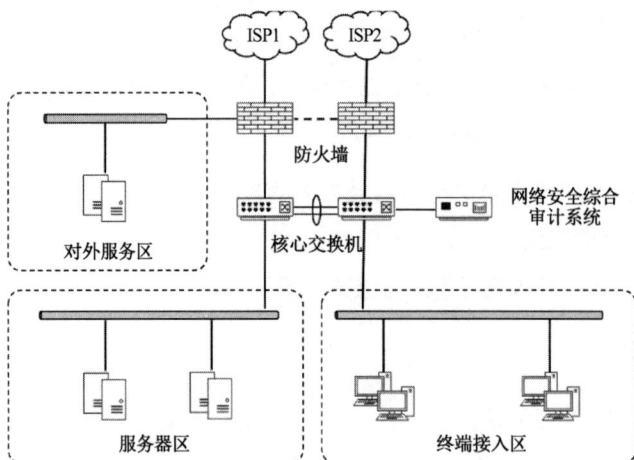

图 6-25　网络安全综合审计系统部署设计

在图 6-25 中，通过部署网络安全综合审计系统，对核心交换机上的用户访问流量和业务交互流量进行审计。同时，收集网络上的网络设备和安全设备产生的管理日志和设备运行日志，将日志传输至安全管理中心进行审计。

6.3.3.2　通信网络数据传输完整性保护

【安全要求】

第一级：可采用由密码等技术支持的完整性校验机制，以实现通信网络数据传输完整性保护。

第二级：同第一级。

第三级：应采用由密码等技术支持的完整性校验机制，以实现通信网络数据传输完整性保护，**并在发现完整性被破坏时进行恢复**。

第四级：同第三级。

【标准解读】

通信网络数据传输完整性保护是从第一级系统开始提出的设计技术要求。第一级和第二级设计技术要求提出可采用由密码等技术支持的完整性校验机制，以实现通信网络数据传输完整性保护。在通信网络数据的传输过程中，根据通信网络位置不同，需要进行内部数据传输完整性保护和外部数据传输完整性保护。对于内部数据传输完整性保护，一般可通过 PKI/CA 平台体系中的完整性校验功能、数字签名等密码技术，实现通信过程中的数据传输完整性保护。对于外部数据传输完整性保护，可通过采用支持国产密码算法技术的 VPN 技术对广域通信链路中传输的信息进行加密保护，提高外网通信网络数据的网络传输安全性，通过 VPN 网关对数据源进行完整性校验。

第三级设计技术要求与第四级设计技术要求相同，在第一级和第二级设计技术要求的基础上增加了在通信传输完整性被破坏时进行恢复的要求，即除了提供完整性校验机制，还应提供其他机制，以便在发现数据完整性被破坏时对数据进行恢复。

【设计说明】

在目前的实践中，安全通信网络中的数据传输完整性保护常常不作为单独的功能实现，而是作为数据传输保密性保护功能的一部分实现。数据传输完整性的实现一般需明确完整性传输的范围、完整性传输使用的设备和算法。

明确完整性传输的范围：需要先明确网络架构中哪部分需要对通信进行完整性检查，常见的数据传输主要包括内部网络区域与外部网络（包括互联网、其他外部线路等）之间的传输、可信任的内部网络区域与不可信任的内部网络区域之间的传输（如总部与分支机构之间的数据传输）、可信任的内部网络区域之间的传输（如数据中心之间的数据传输）、敏感数据的传输等。

明确完整性传输使用的设备和算法：在明确传输范围的基础上，需明确完整性传输使用的设备和算法。目前广泛使用的设备为 SSL VPN 设备与 IPSec VPN 设备。对于端点之间的通信，一般通过部署 IPSec VPN 设备实现；对于移动用户的远程接入，一般使用 SSL VPN 实现。目前广泛使用的算法为杂凑（Hashing）算法，常见的有 MD5、SHA-1、SHA-256、SHA-512、SM3 等。由于 MD5 和 SHA-1 安全性较低，因此建议使用支持 SHA-256、SHA-512 及 SM3 算法的设备。

明确完整性传输的范围及完整性传输使用的设备和算法后，可对内部数据传输完整性保护和外部数据传输完整性保护进行设计。

1. 内部数据传输完整性保护设计

对于内部数据传输，如应用客户端访问应用系统，可采用数字签名技术、完整性校验功能进行完整性检查，保障通信网络数据传输的完整性。数字签名流程示意图如图 6-26 所示。

图 6-26　数字签名流程示意图

在图 6-26 中，通过部署数字签名服务器，用户提交敏感操作/敏感数据，客户端签名软件将调用相关接口对敏感操作/敏感数据产生数字签名；数字签名传入应用系统，应用系统调用签名中间件接口，将签名信息传入签名服务器，完成数字签名验证，签名服务器返回验证结果；应用系统根据验证结果完成后续的业务逻辑操作。

数字签名服务除了能够满足用户签名需求，还可以提供系统间身份认证及交互数据的数字签名功能，满足系统间的强身份认证及保证数据的完整有效。

2. 外部数据传输完整性保护设计

外部数据传输完整性保护，可通过采用 VPN 技术对广域通信链路中传输的信息进行加密保护。外部数据传输 VPN 部署设计示意图如图 6-27 所示。

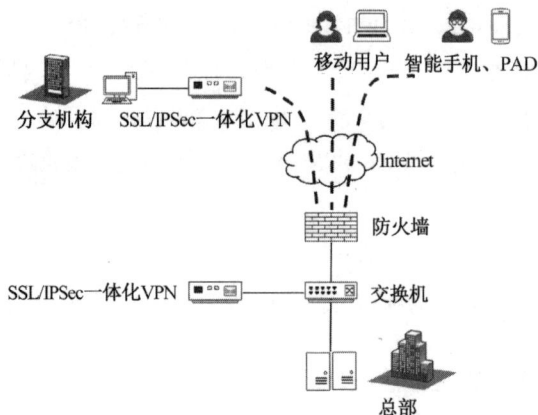

图 6-27　外部数据传输 VPN 部署设计示意图

由图 6-27 可知，在总部部署支持 SM3 算法的 SSL VPN 设备，用于移动用户访问内部网络，能够保证数据在互联网中传输的保密性；部署 SSL 设备对内部的应用信息进行 SSL 加密，可实现应用系统信息在传输过程中的完整性保护。在总部和分支机构部署支持 SHA-256、SM3 算法的 IPSec VPN 设备，可用于总部与其他分支机构的安全访问。部署与总部直连的专线的机构或通过在两端部署 IPSec VPN 设备并建立安全隧道，可实现加密访问，从而保证数据在传输过程中的完整性。

6.3.3.3　通信网络数据传输保密性保护

【安全要求】

第一级：无。

第二级：**可采用由密码等技术支持的保密性保护机制，以实现通信网络数据传输保密性保护。**

第三级：应采用由密码等技术支持的保密性保护机制，以实现通信网络数据传输保密性保护。

第四级：采用由密码等技术支持的保密性保护机制，以实现通信网络数据传输保密性保护。

【标准解读】

通信网络数据传输过程中可能遇到被中断、复制、篡改、伪造、窃听和监视等威胁，因此需要保证通信网络数据传输过程中的保密性，要对传输数据进行加密，并使用安全的传输协议。

通信网络数据传输保密性保护是从第二级系统开始提出的安全设计技术要求。第二级设计技术要求提出可采用由密码等技术支持的保密性保护机制，以实现通信网络数据传输保密性保护。在通信网络数据的传输过程中，根据通信网络位置不同，需要进行内部数据加密传输和外部数据加密传输。对于内部数据加密传输，一般可通过使用 HTTPS、SSH 或有数据加密措施的私有安全协议进行通信，实现通信过程中的数据传输保密性保护。对于外部数据加密传输，应确保整个报文或会话的保密性，一般可通过 VPN、网络密码机等技术措施实现整个报文或会话的保密性保护。

第三级设计技术要求与第四级设计技术要求相同，在第二级设计技术要求的基础上，强调应采用密码技术实现通信网络数据传输保密性保护的要求。

【设计说明】

对于外部数据加密传输，可采用支持国产密码算法技术的 VPN 技术对广域通信链路中传输的信息进行加密保护，提高外网通信网络数据的网络传输安全性。VPN 是在公用网络上建立专用网络的技术，涵盖跨共享网络或公共网络的封装、加密和身份验证链接的专用网络的扩展，主要采用隧道技术、加/解密技术、密钥管理技术和使用者与设备身份认证技术。

IPSec/SSL VPN 部署设计如图 6-28 所示。

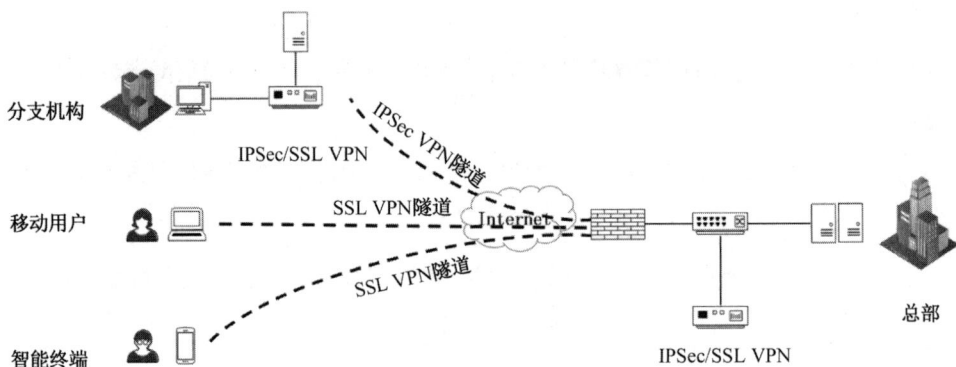

图 6-28　IPSec/SSL VPN 部署设计

如图 6-28 所示，IPSec 通过在特定通信方之间（如总部和分支机构之间）建立"通道"，来保护通信方之间传输的用户数据，该通道通常被称为 IPSec VPN 隧道。IPSec VPN 网关设备基于 IPSec 协议在通信双方之间建立 IPSec VPN 隧道，实现业务数据的安全传输。IPSec 支持认证及加密机制，认证机制使 IP 通信的数据接收方能够确认数据发送方的真实身份，以及数据在传输过程中是否遭到篡改。加密机制通过对数据进行加密运算来保证数据的机密性，以防数据在传输过程中被窃听。

SSL VPN 可以提供安全、快捷的远程网络接入服务，并适合移动接入。用户可以使用移动客户端在任意能够访问互联网的位置安全地接入内部网络，访问内部网络的共享资源。SSL VPN 服务通过 SSL VPN 网关来提供，SSL VPN 网关位于远端接入用户和内部网络之间，负责在二者之间转发报文。

6.3.3.4　可信连接验证

【安全要求】

第一级：通信节点应采用具有网络可信连接保护功能的系统软件或可信根支撑的信息技术产品，在设备连接网络时，对源和目标平台身份进行可信验证。

第二级：通信节点应采用具有网络可信连接保护功能的系统软件或可信根支撑的信息技术产品，在设备连接网络时，对源和目标平台身份、**执行程序**进行可信验证，**并将验证结果形成审计记录**。

第三级：通信节点应采用具有网络可信连接保护功能的系统软件或可信根支撑的信息技术产品，在设备连接网络时，对源和目标平台身份、执行程序**及其关键执行环节的执行资源**进行可信验证，并将验证结果形成审计记录，**送至管理中心**。

第四级：应采用具有网络可信连接保护功能的系统软件或具有相应功能的信息技术产品，在设备连接网络时，对源和目标平台身份、执行程序**及其所有执行环节的执行资源**进行可信验证，并将验证结果形成审计记录，送至管理中心，**进行动态关联感知**。

【标准解读】

安全通信网络的第一级到第四级系统设计技术要求均对可信连接验证提出了相关要求。

第二级设计技术要求要求通过采用基于可信根支撑的通信设备，包括但不限于可信路由器、可信交换机、可信接入网关等，在通信设备连接网络时，对源和目标平台身份、执行程序进行可信验证，并将验证结果形成审计记录。

其中，第一级设计技术要求相对第二级设计技术要求而言，属于静态的可信，通信设备在连接网络时，仅需对源和目标平台身份进行可信验证；第三级设计技术要求在第二级设计技术要求的基础上，增加了对执行程序在关键执行环节对执行资源进行动态可信验证的要求，动态可信验证要求在应用程序执行的同时进行安全防护，计算全程可测可控，不被干扰，使计算结果总是与预期一致，并将验证结果形成审计记录送至安全管理中心。第四级设计技术要求在第三级设计技术要求的基础上，要求对执行程序在所有执行环节对执行资源进行动态可信验证，并增加了动态关联感知的要求。

【设计说明】

需要基于可信根对通信设备的源和目标平台身份、执行程序及执行环节的执行资源进行可信验证，但由于可信计算生态及产业的限制，当前产业界关于通信设备和边界设备的可信验证只有架构及相关技术，具体方案设计可视实际需求，选择是否应用。

6.3.4　安全管理中心

大数据系统安全管理中心设计技术要求无扩展要求，可参见设计要求中通用部分和云安全部分相关内容进行设计，有关解读可对应参照本书 2.3.4 节和 3.3.4 节中"安全管理中心"的相应内容，在此结合大数据的特性，对大数据安全管理中心的安全设计进行简要说明，供读者在开展安全设计时参考。

针对安全管理中心的集中管控要求，建议研究部署大数据安全管理系统等具备集中管控能力的系统或平台，对安全设备或安全组件进行管控，将各个设备或组件节点的日志统一上传至安全集中管控平台进行汇总分析，并且可以实时监控，对数据访问情况及风险情况进行统一展现，一旦发现违规及非法行为，就按照各个节点的不同需求进行对应的策略下发，及时进行防护。

大数据安全管理系统通过配置 IP 地址、端口、传输协议等信息，对网络中设备或组件的状态进行监测，对网络中发生的各类安全事件进行识别、报警和分析。大数据安全管理系统设计示意图如图 6-29 所示。

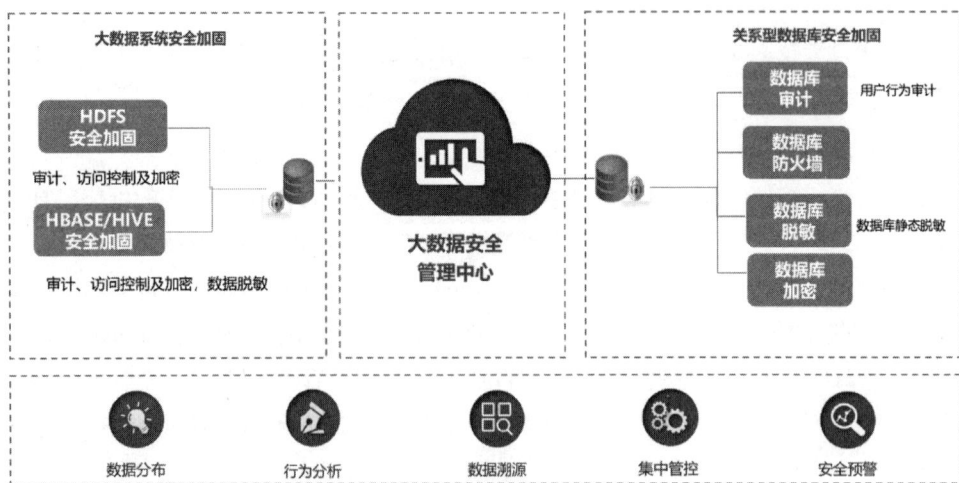

图 6-29　大数据安全管理系统设计示意图

数据分布包含数据概览、敏感库、敏感表、敏感字段、敏感数据类型、应用列表。数据概览主要统计数据库数量、敏感数据库数量、表数量、敏感表数量、字段数量、敏感字段数量、敏感数据类别。数据访问量统计包括敏感数据类型静态分布、敏感数据访问量、敏感数据表访问量、频繁访问的敏感表、新增敏感表和新增敏感库等内容。

用户行为展示某个特定用户的访问行为。例如，展示访问量 TOP10 的用户，点击某个用户，则显示某个用户的情况，包括用户基础信息、访问的敏感数据分布、访问趋势、操作轨迹、行为轨迹和热度图等。

用户基本信息主要展示用户名、最近活跃时间、访问的应用数、应用列表、访问数据总量、访问数据等级、使用的 IP 地址数、单日最大访问量、单小时最大访问量。其中，单日最大访问量和单小时最大访问量不随时间的变化而变化。

数据溯源模块可根据泄露的数据回溯出可疑的用户或 IP 地址。在回溯时，已知信息越多，则回溯的结果越精确。

大数据安全管理系统通过配置 IP 地址、端口、传输协议等信息，对网络中设备或组件的状态进行集中管控。

告警统计信息包含告警统计信息和态感分析告警信息，可以根据内置的告警模板及智能学习等方式，提前对大数据系统的异常访问情况进行预警。

6.4　安全效果评价指南

6.4.1　合规性评价

大数据安全设计安全合规性评价原则及方法与通用安全环境设计合规性评价一致。大数据安全扩展要求合规性评价如表 6-1 所示。

表 6-1　大数据安全扩展要求合规性评价

序号	安全层面	第三级要求	合规性评价
1	安全通信网络	应保证大数据平台不承载高于其安全保护等级的大数据应用	审核大数据平台及大数据应用安全等级保护设计等级，并且确认大数据平台安全保护等级不低于大数据应用安全保护等级
2		应保证大数据平台的管理流量与系统业务流量分离	审核大数据平台底层是否采用云计算虚拟化架构，大数据平台的管理流量与业务流量安全设计可参考云计算扩展要求，明确管理流量与系统业务流量分离

续表

序号	安全层面	第三级要求	合规性评价
3		大数据平台应对数据采集终端、数据导入服务组件、数据导出终端、数据导出服务组件的使用实施身份鉴别	审核大数据平台身份鉴别组件，是否对数据采集终端（数据提供者、采集探针等）、数据导入服务组件（数据源管控组件、临时数据限制组件、日志组件等）、数据导出终端、数据导出服务组件（系统控制组件、业务流程组件）等模块实现双向身份鉴别，并且是否采用至少包含 Kerberos 系统的认证服务，开启 Kerberos 认证
4		大数据平台应能对不同客户的大数据应用实施标识和鉴别	审核大数据平台安全设计是否已实现针对大数据的分级分类能力，并且结合分级分类能力关联大数据应用，对大数据应用实施身份标识，并且基于身份标识实现安全访问控制
5		大数据平台应为大数据应用提供集中管控其计算和存储资源使用状况的能力	审核大数据平台是否提供集中安全管控能力，该能力可通过部署大数据安全管理系统等具备集中管控能力的系统或平台实现，对大数据应用的计算和存储资源使用状况进行管控
6		大数据平台应对其提供的辅助工具或服务组件实施有效管理	审核大数据平台是否提供辅助工具或服务组件： ① 统一的版本检测和依赖性管理，对出现的版本冲突事件进行报警； ② 各个组件可配置自己的访问控制策略，避免整个大数据平台所有组件都使用相同的访问控制策略； ③ 提供完善的补丁管理、升级、分发功能； ④ 具备各组件安全告警集中汇总分析能力
7	安全计算环境	大数据平台应屏蔽计算、内存、存储资源故障，保障业务正常运行	审核大数据平台底层架构，是否采用虚拟化云计算技术，保证底层资源的弹性计算能力及资源扩展能力，能够保障计算、内存、存储资源正常运行
8		大数据平台应提供静态脱敏和去标识化的工具或服务组件技术	审核大数据平台是否提供静态脱敏和去标识化功能，并且提供自定义配置脱敏算法，如 Hash 脱敏、遮盖脱敏、替换脱敏、变换脱敏、加密脱敏等
9		对外提供服务的大数据平台，平台或第三方只有在大数据应用授权下才可以对大数据应用的数据资源进行访问、使用和管理	审核大数据平台权限管理能力，是否采用细粒度的授权访问控制。例如，利用 4A 等技术确保对外提供服务的大数据平台或第三方仅由权限管理员进行权限配置，保证权限合理并且权限最小化，对于每个需要授权访问的请求都必须核实用户是否被授权执行这个操作，确保不会发生越权现象
10		大数据平台应提供数据分类分级安全管理功能，以供大数据应用针对不同类别、级别的数据采取不同的安全保护措施	审核大数据平台是否提供数据分类分级管理功能，如按照数据敏感程度分为 1～4 级，分别为低敏感级、较敏感级、敏感级、极敏感级。数据分级分类应充分考虑数据对国家安全、社会稳定和公民安全的重要程度，以及数据是否涉及国家秘密、用户隐私等敏感信息
11		大数据平台应提供设置数据安全标记功能，基于安全标记的授权和访问控制措施，满足细粒度授权访问控制管理能力要求	审核大数据平台是否具备利用标签标识用户、节点、网络、应用、数据敏感度和作用范围的能力，并基于标签的访问控制实现高安全级别要求的强制访问控制，如实现多种安全模式（DAC、MAC、RBAC、TBAC）细粒度访问控制

续表

序号	安全层面	第三级要求	合规性评价
12		大数据平台应在数据采集、存储、处理、分析等各环节，支持对数据进行分类分级处置，并保证安全保护策略一致	审核大数据平台是否具备在数据采集、存储、处理、分析等各环节进行数据分级分类的能力，并保证分级分类策略一致（分级分类策略参考条款 h）
13	安全计算环境	涉及重要数据接口、重要服务接口的调用，应实施访问控制，包括但不限于数据处理、使用、分析、导出、共享、交换等相关操作	审核大数据平台进行应用接入时，是否保证大数据应用接入大数据平台都需要经过身份认证后方可访问。安全接口认证时至少包含 Kerberos 系统的认证服务，开启 Kerberos 认证，在大数据平台进行接口调用时，保证系统对接口的调用都要经过鉴权，明确可操作的资源范围、操作权限
14		应在数据清洗和转换过程中对重要数据进行保护，以保证重要数据清洗和转换后的一致性，避免数据失真，并在产生问题时能有效还原和恢复	审核大数据平台是否具备数据完整性和数据保密性能力，采用密码技术（传输加密、存储加密）、校验技术在大数据平台进行数据清洗和转换过程中依据数据分级分类原则，提供不同数据清洗和转换策略，对重要和敏感数据提供数据验真服务，以及用户身份信息比对服务，输出校验结果，并保证清洗和转换工具具备回滚机制

6.4.2　安全性评价

1. 动态防御

审核是否以动态安全思想保护大数据存储与计算架构安全，是否采用动态防御技术或部署动态防御设备实现对 Hadoop、Spark 等大数据生态安全管控。基于行业及业务特性，针对数据和计算业务中涉及的硬件环境、系统对象、业务数据，按需提供可快速部署、快速使用的服务化、组件化、热启停动态防御模块，构建动态防御体系。

2. 主动防御

审核安全防御模式是否为主动防御，主动检测预警技术对用户域、数据域的分析是否准确与及时。在外部入侵与内部威胁对大数据平台产生实质影响时，是否能够及时实施拦截等保护措施。主动防御体系是否能够及时避免、转移、降低大数据平台所面临的风险，对攻击与威胁进行及时反馈，形成主动检测、预警、保护、反馈闭环防御。

3. 纵深防御

审核是否以多点布防、以点带面、多面成体、纵深防御的思想，搭建纵深防御体系框

架。形成安全大数据物理环境、安全大数据通信网络、安全大数据区域边界、安全大数据
计算环境、大数据安全管控中心等多层级纵深防御体系。

4. 精准防护

审核是否结合大数据平台实例访问特点、实例接入特点、数据存储特点、数据计算特
点定义指标、规则与策略，通过精准访问控制模式实现用户域与数据域安全，实现大数据
相关 0day 漏洞攻击防护。

5. 整体防控

审核是否采用技术手段或部署产品/设备建立整体防控的机制，并具备整体防控的能
力，由大数据物理环境安全，大数据平台准入、平台 IAM 等大数据通信网络与边界安全，
以及数据接入管控、访问控制等大数据计算环境安全和大数据安全管理中心多个部分，共
同构建大数据平台整体安全防控体系。

6. 联防联控

审核安全产品和组件是否实现安全联动、集中管控。在用户域和数据域方面，用户域
安全风险及管控措施应与数据域实现情报共享与联合管控。在纵深防护与管控方面，构建
大数据物理环境安全、大数据通信网络安全、大数据边界区域安全、大数据计算环境安全、
大数据安全管控中心等多层次安全联动和集中管控体系。审核安全管理和运维是否实现各
责任主体之间的安全联动，是否具备安全事件、应急响应的安全联动。

7. 数据跨境传输防护

在数据跨境传输防护方面，审核是否满足《中华人民共和国网络安全法》《中华人民共
和国保守国家秘密法》《数据出境安全评估办法》及相关行业法律法规要求。审核是否已采
取加密、脱敏等技术防止数据丢失、损毁、泄露、篡改，保护数据全生命周期安全。

8. 数据交易防护

在数据交易防护方面，审核是否满足《中华人民共和国网络安全法》《中华人民共和国
保守国家秘密法》《信息安全技术 数据交易服务安全要求》及相关行业法律法规要求。审
核是否已采取加密、脱敏、鉴权等技术防止数据丢失、损毁、泄露、篡改、越权使用。审
核是否对数据全生命周期进行记录与审计。

9. 个人隐私数据防护

在个人隐私数据防护方面，审核是否满足《中华人民共和国网络安全法》《中华人民共和国保守国家秘密法》《信息安全技术 个人信息安全规范》及相关行业法律法规要求。审核是否采取加密、脱敏、鉴权等技术防止数据丢失、损毁、泄露、篡改、越权使用。审核是否采取措施防止个人隐私被非法收集与滥用。审核是否记录个人隐私数据采集、传输、存储、处理、交换、销毁过程，是否审计个人隐私数据的使用过程，是否具备安全事件追溯能力。

6.5　大数据安全设计案例

6.5.1　某运营商大数据安全管控平台二级安全设计案例

6.5.1.1　背景说明

按照《中华人民共和国网络安全法》《电信和互联网用户个人信息保护规定》《信息技术 个人信息安全规范》《电信和互联网行业提升网络数据安全保护能力专项行动方案》《2019 年基础电信企业数据安全合规性评估要点》等的要求，基础电信企业需要完善数据安全组织保障体系，建立健全数据安全制度，有效落实数据安全管理责任，配套数据安全技术保障措施，加强数据安全和用户个人信息保护，加快建设网络安全数据管理和技术支撑平台。

当前，全网层面数据安全管理的规范化和标准化不足，没有集中化数据安全管控的平台，缺少对整个 IT 领域数据安全的统一的策略防护和有效管控。基础电信企业为了落实 IT 领域改革目标，建设数据安全管控平台，逐步推进安全管理工作的集中化。通过建设一套面向全国、全网进行统一数据安全管控的集中化支撑平台，实现全网业务敏感数据的规范化、标准化和常态化管理，推动基础电信企业数据安全管控目标的落地。

6.5.1.2　需求分析

1. 合规需求

为推动网络安全等级保护工作，落实《中华人民共和国网络安全法》等相关法律法规和标准要求，基础电信企业应对其数据安全管控平台实施网络安全等级保护测评工作，本案例的大数据应用等级为第二级。

开展网络安全等级保护测评工作，有助于发现数据安全管控平台安全保护状况与相应安全保护等级的网络安全等级保护基本要求间的差距和可能存在的安全隐患，为后续数据安全管控平台安全建设整改和监管机构的监督管理提供参考。

2. 安全需求

基础电信企业为 IT 公司用户提供相应的系统服务 API，为 IT 公司用户搭建安全的大数据管控平台。为实现上述目标，需确保大数据安全管控平台的安全能力及为 IT 公司用户提供相应的技术能力。

6.5.1.3　安全架构设计

为满足 IT 公司用户敏感信息安全要求，满足市场个人信息保护需求及 IT 公司内部数据安全管控需求，基础电信企业建设数据安全管控平台。数据安全管控平台进行集中化的数据安全标准化、规范化、常态化管理，全面掌握全域敏感数据资产分类分级及分布情况，有效监控敏感数据流转路径和动态流向，通过集中化数据安全管控策略管理，实现数据分布、流转、访问过程中的态势呈现和风险识别。其中，数据安全技术手段基于新增 DLP 和原有的数据加密脱敏、数据库审计等进行数据收集，通过采集引擎和控制引擎进行隐私数据收集与管控，数据安全管理实现对数据发现、集中化策略管理、数据泄露分析、数据安全运营的全生命周期管控。平台的整体架构设计如图 6-30 所示。

数据采集层：依托数据发现探针及已有的数据安全相关系统实现数据收集。

业务层：实现对数据发现、数据泄露分析、数据安全运营等的全生命周期管控。

展示层：从敏感数据分布、敏感数据事件、敏感数据风险、敏感数据策略、敏感数据任务、工业和信息化部专项行动等维度实现结果的汇总可视化呈现。

平台软件功能由业务层及展示层组成，其中业务层包含九大功能模块，分别为数据发现、安全策略中心、安全任务中心、数据泄露分析、对外接口管控、系统接口管控、全生命周期管理、数据安全运营、系统管理。

数据发现：通过前端数据发现探针实现对各局点、各生产部门业务系统敏感数据的发现和分级分类。

安全策略中心：实现对数据发现策略、对接数据安全管控平台的 DLP 平台、4A 平台、数据加密/脱敏平台等安全系统的策略集中配置管理。

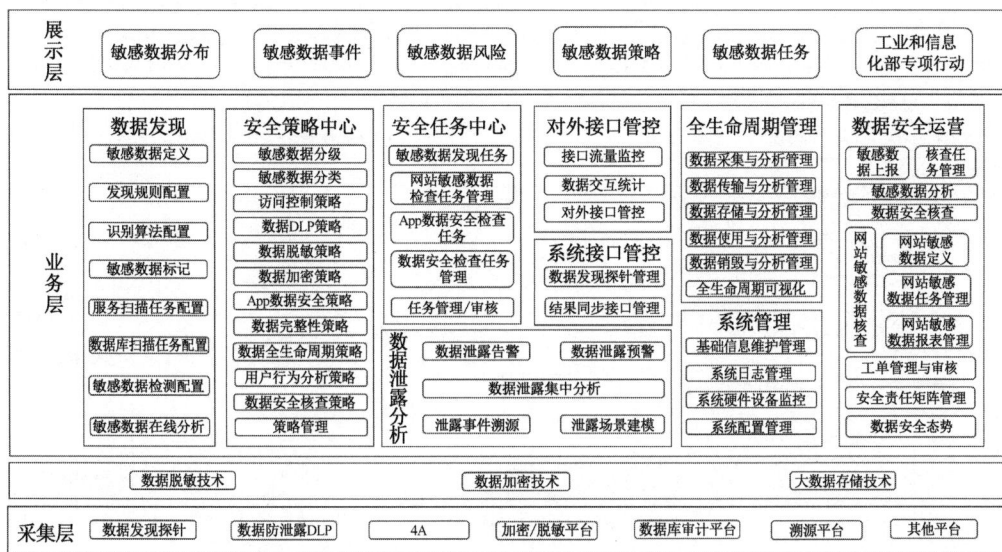

图 6-30　平台的整体架构设计

安全任务中心：实现平台任务的统一管理、配置、审批。

数据泄露分析：对数据流转进行建模分析，发现不符合相关流转规定的敏感数据泄露事件。

对外接口管控：通过 DLP 日志等实现业务系统间流量、日志的分析管理。

系统接口管控：实现对数据发现探针状态监控管理，将敏感数据发现结果与 4A 平台同步等。

全生命周期管理：依托 DLP 及数据发现组件实现对敏感数据全生命周期监控管理。

数据安全运营：实现工单审批、敏感数据上报、日常核查管理、报表管理等功能。

系统管理：实现分权分域、基础数据管理、系统设备状态监控等功能。

本案例的业务流程如图 6-31 所示。

安全策略中心：实现对数据安全管控各类系统策略的集中管理，包含策略的创建、修改、发布、启用等。系统策略集包含分级策略、分类策略、数据 DLP 检测策略、数据载体发现策略、数据检查范围策略、数据发现策略、数据访问控制策略、数据加密策略、数据脱敏策略、App 安全策略、文件完整性检查策略、数据生命周期检测策略、用户行为分析策略、数据接口分析策略、数据安全核查策略等。

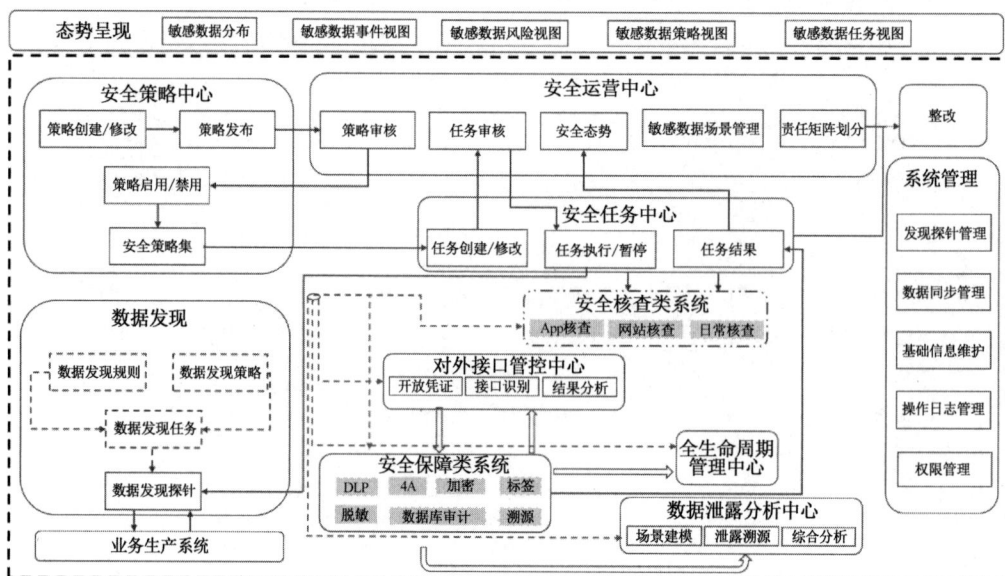

图 6-31　本案例的业务流程

策略创建后经安全运营中心对策略进行审核，审核通过后形成策略集。对策略集的使用有两种情况：一是直接将策略同步到各数据安全保障平台，由其根据相应策略制定任务，并将对应结果上报到安全管控平台；二是和数据发现相关的策略，数据安全管控平台由安全任务中心制定相关发现任务（任务由策略及识别方法、发现载体等组合而成），由安全任务中心将发现任务下发到前端数据发现探针，实现对敏感数据的发现。

安全任务中心：实现对数据安全管控各相关平台的任务管理与制定，对各任务执行结果进行统计分析并生成报告等。

安全运营中心：实现任务审核、策略审核、责任矩阵划分等。

对外接口管控中心：实现对各业务系统之间数据流转的监控分析，实现对各业务系统数据对外开发的统一管理。

安全核查类系统：主要进行 App 安全检测结果的分析、网站安全性分析及企业日常安全核查任务管理。企业日常安全核查任务管理是对企业内部或上级管理部门要求的月度、季度、年度数据等安全管理任务的执行情况的统一管理。

安全保障类系统：现有企业内部已建设的与数据安全管控相关的各类系统。本安全管控平台对接各类系统，接收相关安全日志、操作日志，实现数据流转合规性核查。

数据泄露分析中心：接收 DLP 日志、事件，通过对安全事件、日志的建模分析，实现对数据泄露的告警及预警。

全生命周期管理中心：对 DLP 检测日志，实现对安全数据从采集到销毁的全生命周期监控。

系统管理：部分实现基础信息维护、设备管理、账号管理等功能。

态势呈现：各对应的功能模块均可对各维度统计分析结果进行态势呈现，重点从整体上对敏感数据事件、敏感数据风险、敏感数据分布、敏感数据任务等进行态势分析。

本案例的业务流程如下。

（1）安全策略中心实现对数据安全管控各类系统策略进行集中管理。

（2）策略创建后经安全运营中心对策略进行审核，审核通过后形成策略集。

（3）安全任务中心实现对数据安全管控各相关平台的任务管理与制定。

（4）安全运营中心实现任务审核、策略审核、划分责任矩阵等。

（5）对外接口管控中心实现对各业务系统之间数据流转的监控分析。

（6）安全核查类系统对安全核查任务进行管理。

（7）数据泄露分析中心实现对数据泄露的告警及预警。

（8）全生命周期管理中心实现对安全数据从采集到销毁的全生命周期监控。

（9）系统管理部分实现基础信息维护、设备管理、账号管理等功能。

6.5.1.4　详细安全设计

1. 安全物理环境

数据安全管控平台的各地数据中心所处大楼具有一定的防震、防雨和防风能力，均通过了专业机房的验收。机房采用了相应耐火等级的建筑材料，配置了自动消防系统、视频监控系统；采取严格的访问控制措施和安检措施，有专人值守和巡检；采取防静电措施、漏水检测措施，实现机房内温湿度自动调节；通信线缆和电力线缆分桥架铺设，由多个不同的变电站供电，具有备用电力供应能力。

2. 安全通信网络

网络方面划分了不同区域，各区域间逻辑隔离，对网络设备性能及带宽进行安全监测；在出口路由器 CSR 配置访问控制策略，实现数据安全管控平台网络区域与其他网络区域隔离；用户通过 VPN 方式进行远程访问，采用密码技术保证数据的完整性。同时，提供第三方安全产品接入的开放接口，通过联调后允许第三方安全产品接入。

3. 安全区域边界

数据安全管控平台对跨边界的访问和数据流进行控制，且对进出的数据进行严格的访问控制；部署流量安全监控设备实时检测各种攻击和异常行为，并与安全流量防护设备联动，防护来自互联网的 DDoS 攻击，记录相关攻击日志；部署 4A 服务器，对所有用户操作行为进行审计，对网络设备、服务器日志进行实时查询；在数据安全管控平台的所有虚拟机、物理机上部署主机入侵防护客户端，对异常流量进行入侵检测，实时收集告警日志，将告警日志和操作日志一并转发至日志服务系统，并存储在 OSS，保存期限超过 6 个月；部署在数据安全管控平台上的不同业务分属于不同的 VPC，VPC 间默认隔离。

4. 安全计算环境

采用口令和动态验证码相结合的双因素方式进行身份认证；通过应用和服务器运维综合平台基于用户角色分配权限，实现用户三权分立；将服务器日志发送至审计系统，同时操作系统和堡垒机两侧的日志均会实时推送至集中日志平台，最终审计信息统一发送至威胁监控平台对日志进行统一分析，审计记录保存 6 个月；虚拟机、物理机部署主机入侵防护客户端对入侵行为进行检测、查杀，每天进行漏洞扫描，并将漏洞信息推送至漏洞管理系统；数据在传输过程中均使用数字证书进行签名，由企业员工账号中心存储和管理，且加密存储；服务器集群部署，剩余信息被清除时通过填零处理机制保证残余数据被彻底清除。

5. 安全管理中心

系统、安全、审计管理员通过云运维、运营平台对系统进行不同类型的操作，对设备进行管理配置；通过堡垒机进行日常设备管理；同时，对设备及业务的运行情况进行集中监测，基于操作系统实现资源的统一调度。

6. 安全管理

基础电信企业针对日常管理活动建立了各类管理制度，基本形成了由安全策略、安全管理制度、操作规程和记录文档构成的全面的安全管理制度体系；设置了安全策略中心、安全运营中心、对外接口管控中心及其他信息安全管理工作的职能部门；人员安全管理规范、系统建设过程文档齐备，系统运维过程中审批、变更流程完备。

6.5.1.5 安全效果评价

本案例紧紧围绕基础电信企业数据安全管控需求，最大限度地贴合基础电信企业的真实使用场景，在解决基础电信企业数据安全痛点的情况下，有助于强化基础电信企业的敏感数据识别、监控手段，降低企业核心代码及知识产权等核心数据资产泄露的风险；增强企业终端数据安全风险管控能力，从源头上把控数据安全泄露风险；通过建立健全数据安全管理制度，完善其数据安全管控体系，显著提升基础电信企业数据安全管控技术水平。

依据《基本要求》中对第二级系统的要求，对数据安全管控平台的安全保护状况进行综合分析、评价，数据安全管控平台无中、高风险安全问题，故数据安全管控平台通过网络安全等级保护测评。

6.5.2 某大数据应用系统二级安全设计案例

6.5.2.1 背景说明

某互联网企业数据资源来源包括内部员工用户、外部互联网用户及第三方生态伙伴对接系统等。数据接入方式包含但不限于内部应用通过 RESTful 传输接口写入、数据库同步、第三方系统接入等。数据的传输渠道包含互联网、内部网络及与第三方生态伙伴的传输渠道，支持通过对象存储、数据仓库、数据库等方式进行数据存储。

为了更好地满足海量数据、高速交互及不同网络数据交换安全管理需求，需要按照数据全生命周期安全管理模式对大数据进行统一管理，建设大数据应用安全保障体系。

本案例对大数据安全计算环境中的大数据业务安全部分展开描述，这对大数据安全来说是一个比较特别而重要的部分，本案例是《设计要求》中大数据业务全生命周期关键业务节点的安全管控和防护的典型实例。

6.5.2.2　需求分析

1. 合规需求

为推动网络安全等级保护工作，落实《中华人民共和国网络安全法》等相关法律法规和标准要求，涉及提供大数据应用服务的公司应实施网络安全等级保护测评工作，本案例的大数据应用等级为网络安全等级保护的第二级。

开展网络安全等级保护测评工作，有助于发现大数据应用系统的安全保护状况与网络安全等级保护基本要求的差距，为后续大数据应用系统的安全建设整改提供参考，从而降低大数据应用系统潜在的安全合规风险，满足监管要求。

2. 安全需求

大数据已经渗透到各个行业领域，逐渐作为一种生产要素发挥着重要作用，其在成为未来竞争的制高点的同时，也成为一种安全挑战。

大数据应用作为企业数据服务的承载平台，涉及数据采集导入、数据传输、数据存储、数据加工、数据流动、数据销毁等多个环节，一旦出现安全风险，极易导致数据泄露。

因此，企业在提供大数据服务时，必须在数据全生命周期具备必要的安全技术能力，并能采取安全管控措施。

6.5.2.3　安全架构设计

本案例的大数据应用系统作为企业的内部数据仓库，收集各种数据，企业数据分析人员基于业务场景需求，在经过特定的审批流程后，即可创建或访问数据仓库中的特定数据并进行数据加工、数据展示等，实现数据价值，提升业务效率。

在特定的业务场景，企业内部数据还需要在不同业务/部门之间流动共享或与第三方交互，实现数据挖掘，从而提供数据增值服务。

企业数据分析人员的数据操作行为经过数据执行引擎和数据规则引擎流入不同的数据集，需实现数据路由和租户隔离。

某大数据应用系统的安全架构设计如图 6-32 所示。

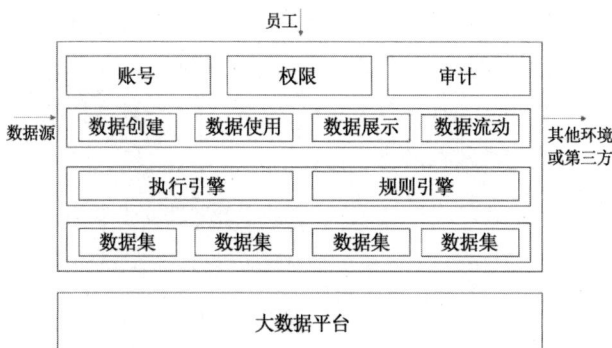

图 6-32　某大数据应用系统的安全架构设计

6.5.2.4　详细安全设计

1. 数据采集

本案例的数据采集输入来自多种方式，如内部应用通过 RESTful 传输接口写入、DB 同步等，在这些数据输入大数据应用平台前，企业制定了数据库设计规范，明确了各种业务场景相关数据字段的定义与设计，尤其是敏感的个人数据。在写入或同步到大数据平台后，大数据应用通过自动化的手段，基于规则和机器学习，持续对活跃的数据字段、内容进行轮询，实现数据分类分级，如可以分为企业数据、业务数据、客户数据等类别。

根据当下相关的法律法规要求，对特定的个人数据可以参考《信息安全技术 个人信息安全规范》做进一步的分类分级，如个人敏感数据、直接可识别个人信息、间接可识别个人信息、非个人信息等，并在大数据应用平台的不同数据表、列、字段标识相关的标签和安全级别，安全级别非授权审批不能降级。

2. 数据传输

内部应用通过 RESTful 传输接口写入、DB 同步到大数据应用平台时应注意两点：首先，必须通过 Key 验证、Hash 签名等进行会话验证鉴权，确保数据源真实、可靠；其次，数据传输必须通过 TLS/SSL 实现加密传输，防止数据传输过程中被劫持。

3. 数据存储

大数据应用数据仓库中的数据存储可基于业务设置不同的租户，基于团队设置不同的项目，默认不同租户、不同项目之间的数据不能互访，只有经过审批授权后方可调用。

本案例的大数据平台针对与大数据应用相关的数据提供了一个扁平的线性存储空间，并在内部对线性地址进行了切片，一个分片称为一个 Chunk。每个 Chunk 都会复制出三个副本，分别为 Master、Chunk Server 和 Client，平台将这些副本按照一定的策略存放在集群中的不同节点上，保障用户数据的可靠性。

当有数据节点损坏，或者某个数据节点上的部分硬盘发生故障时，集群中部分 Chunk 的有效副本数会小于三。一旦发生这种情况，Master 就会启动复制机制，在 Chunk Server 之间复制数据，保证集群中所有 Chunk 的有效副本数达到三个。

综上所述，所有用户层面的操作都会同步到底层的三个副本上，无论是新增、修改还是删除数据。通过这种机制，可以保障用户数据的可靠性和一致性。

另外，在每个项目数据存储遵循默认的备份策略的前提下，严禁国内租户/项目数据同步、备份传输至境外，并定期对数据的完整性、可用性进行校验。

4. 数据使用

数据分析人员在访问大数据应用相关数据表时，必须具备相应的账号，并申请加入当前租户/项目，再按需申请相关数据表，选择相关数据列、字段，并详细说明业务场景和使用原因，当申请敏感列、个人信息字段或高安全等级数据时，审批流程自动升级，以确保数据申请使用的合理、合法。

在获得权限后，数据分析人员即可开展数据加工挖掘。在默认情况下，查询显示的数据信息有条数限制，禁止批量、全量查询特定数据表信息。敏感数据在控制台下发指令后，执行引擎和规则引擎都会按照一定的规则（如替换、Hash、截断等）进行脱敏处理，如因业务需要看到明文信息，则必须经过数据安全审批且记录相关操作日志。

数据分析人员在操作过程中，对所有操作语句都需要进行记录，并进行人、时间、账号、权限、操作行为等全链路安全回归审计，尤其是对敏感数据、个人信息字段或高安全等级数据进行查询、聚合、导出等操作，一旦发现违规行为，及时告警并进行风险处置。

5. 数据流动

数据分析结果如需离开大数据应用环境并传至其他环境，如下载导出到本地，必须经过申请、审批，并记录相关操作日志。另外，应在本地环境部署必要的防泄露措施，监控数据外发。

在特定的业务场景，如需跨业务或跨部门申请数据，审批流程自动升级，必须详细说明申请原因、使用场景，并经过安全团队、法务团队审批，防止数据过度聚合或超用户授权范围使用。

如需对外透出数据加工成果，必须对第三方合作机构进行严格的准入审批和持续的安全合规监控，避免违规滥用；如涉及个人端透出，只有获得用户的明确授权，才可以最小化透出相关信息。

6. 数据销毁

当数据分析人员进行数据删除操作后，释放的存储空间由大数据平台回收，同时禁止任何用户访问，并按照属地法律法规要求对内容进行擦除，保证用户数据的安全性。

6.5.2.5　安全效果评价

本案例的大数据应用依据《基本要求》开展网络安全等级保护测评，经过第三方机构综合分析、评价，目前无中、高风险安全问题，等级测评结论为优，符合监管要求。

6.5.3　某部委大数据三级安全设计案例

6.5.3.1　背景说明

某部委数据资源来源包括内部用户、其他部委、行业单位、互联网、感知设备等。数据接入方式包括数据库接入、文件交换、流式接入等。数据传输的渠道包括互联网、电子政务外网、卫星通信网、无线通信网等。数据以关系型数据库、数据仓库、NoSQL 和文件等方式进行存储。此外，数据中心承载各类业务，应用系统之间共享交换数据服务。

为了更好地满足智能、高效的业务管理需求，实现"可视可管、可知可控、智能防御"的安全建设目标，需建设大数据安全保障体系。

6.5.3.2　需求分析

1. 合规需求

该案例大数据应用支撑环境及大数据应用安全保护等级为第三级，需满足网络安全等级保护第三级系统的相关要求，通过合规建设和测评有助于发现该部委大数据应用支撑环境及大数据应用安全保护状况与《基本要求》第三级的差距和可能存在的安全隐患，为后续大数据系统安全建设整改和监管机构的监督管理提供参考。

2. 安全需求

数据分类分级建设需求：对某部委的业务数据进行分级分类，并以此为基础加强数据管控，防范数据泄露风险。

数据采集和传输安全建设需求：对采集人员身份进行鉴别，防止假冒采集人员非法采集数据；在数据传输过程中，须采取加密措施，防止数据被窃取、篡改。

数据存储安全建设需求：根据数据的不同类别、级别采用不同的安全存储机制，对于重要程度低的数据，可以明文存储；对于重要程度高的数据，可以使用加密存储，保证关键数据的保密性。

数据使用安全建设需求：对数据使用者的身份进行鉴别，防止假冒合法人员使用数据；对数据使用者进行权限控制，防止数据使用者越权访问数据；对内部人员通过应用访问敏感数据的行为进行监控和审计，以及时发现数据被滥用、泄露的情形。

数据共享交换安全建设需求：数据资源在共享开放过程中，需针对个人隐私信息等高敏感数据进行匿名化处理；针对数据共享的接口进行发现、监控和审计，防止数据被泄露。

数据销毁安全建设需求：数据全生命周期结束后，数据未被彻底删除，或者存有敏感数据的介质未被销毁，一旦数据被恢复，就会引发数据泄露的风险；数据销毁方法不当会出现数据被逆还原的风险。

6.5.3.3　安全架构设计

该案例的数据安全总体结构如图 6-33 所示，按照识别、保护、检测、响应、恢复的理念建设数据安全管理系统，针对数据全生命周期安全管控的控制点，通过数据安全管理平台和数据流转各阶段工具的协同，实现项目的建设目标。

数据全生命周期安全：基于数据安全的风险分析，在数据采集环节，采用身份认证、准入控制、分级分类等手段，保障大数据被依法依规采集、获取；在数据传输环节，采用隔离交换、传输加密和完整性校验等手段，保障大数据被安全传输；在数据存储环节，采用数据发现、数据标记、分类分级、数据库加密等手段，保障大数据被安全存储；在数据使用环节，通过认证授权管理、数据库访问控制、数据库审计、数据动态脱敏等手段，保障数据被合规使用；在数据共享环节，采用数据动态脱敏、应用数据审计等手段，保障大数据被安全共享；在数据销毁环节，采用介质消磁和内容销毁等手段，保障数据被安全销毁。总之,通过对数据采集、数据传输、数据存储、数据使用、数据共享、数据销毁各环节采取相应的安全防护措施,建立大数据全过程的纵深安全保护体系,保障数据全生命周期安全。

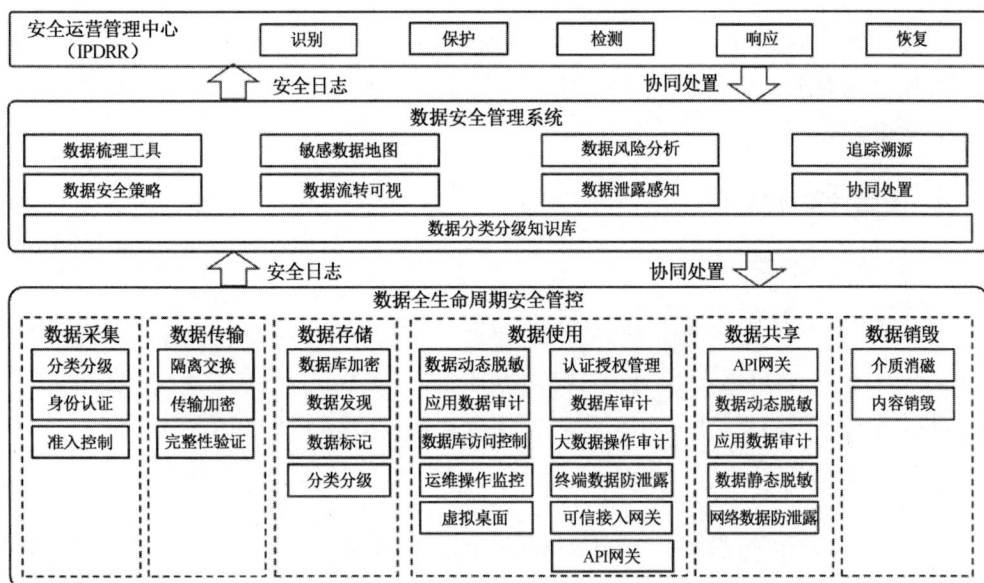

图 6-33　数据安全总体结构

6.5.3.4　详细安全设计

1. 安全物理环境

承载某部委大数据存储、处理和分析的设备机房位于中国境内,该数据中心机房所处大楼具有一定的防震、防雨和防风能力,均通过了专业机房的验收。机房采用了相应耐火等级的建筑材料,配置了自动消防系统、视频监控系统;采取严格的访问控制措施和安检措施,有专人值守和巡检;采用防静电地板或环氧树脂地坪,配备了静电消除器、防静电手环、专用空调、温湿度探头等,布设了漏水检测装置;通信线缆和电力线缆分桥架铺设,由多个不同的变电站供电,并使用 UPS、柴油发电机进行备用电力供应。

2. 安全通信网络

大数据平台为等级保护第三级系统,其上承载的大数据应用均为三级及以下应用,根据大数据平台内各服务器、网络设备等所承载的功能、数据的重要性等不同,划分不同的安全域，并对网络设备性能及带宽进行安全监测；对大数据平台的管理流量与系统的业务流量进行分离。

3. 安全区域边界

在大数据平台内部及外部各安全区域边界采取边界防护和访问控制措施，边界安全防护可参照通用要求进行设计，采用虚拟化或云计算平台架构的大数据系统可参照云计算设计要求。

4. 安全计算环境

1）数据分级分类

对数据进行分级标注，进一步根据标注级别对数据进行权限管理，满足数据级别权限向下兼容的要求；将分级后的数据进行分类存储和管理。在完成数据分级分类的基础标识后，要对数据特征进行梳理，实现对流动中未标识的敏感数据的安全审计和防护。

2）数据采集

在数据采集和传输过程中，采用数据源采集设备身份认证和数据传输加密技术，保障数据采集、传输安全。通过签名、加密等方式，防止数据传输过程中发生敏感数据泄露、传输双方身份抵赖等情况，通过数据校验保证数据传输过程的完整性。数据采集安全包括采集传输安全、采集设备认证、身份鉴别和属性授权三部分。

采集传输安全：通过数据加密保护功能，对传输协议、链路进行加密，保障传输安全；通过数据加密保护功能，对数据进行签名和验签，防止身份抵赖。

采集设备认证：数据源采集设备均应注册登记；支持对数据源采集设备进行身份识别和认证。

身份鉴别和属性授权：在进行数据采集前，必须经过身份认证及访问控制系统的鉴别，确保其身份的正确性及具备访问数据的合法性。

3）数据接入安全

数据接入过程主要通过调用身份认证体系提供的安全能力，对接入数据进行权限管理、身份认证管理、鉴别访问权限管理和访问控制管理。

数据接入主要依靠 DaaS 层的服务管理来实现。DaaS 层的数据服务接口对接身份认证体系的认证系统、权限管理系统，并在 DaaS 层的数据服务接口进行数据权限的控制执行。

4）数据处理安全

数据处理主要包括数据提取、数据清洗、数据关联、数据比对、数据标识和数据分发，为数据组织和数据服务提供支撑。在将数据处理结果分发到数据资源库的过程中，对数据资源库账号进行安全管理，保障数据的安全。

5）数据治理安全

数据治理是指对数据资源全生命周期的规划设计、过程控制和质量监督。数据治理主要包括数据资产管理、数据安全管理、数据开发管理、数据质量管理和数据运维管理等。采用数据授权、数据鉴权、数据库审计、业务操作审计、高敏感数据加密、数据脱敏等技术，防止在数据治理过程中出现数据泄露和篡改。

数据授权：根据用户属性、数据属性及用户对数据的操作行为，配置用户数据访问权限策略，通过身份认证和访问控制体系提供数据授权服务。

数据鉴权：基于数据的访问权限策略，对数据的访问权限进行鉴别，通过访问控制体系提供数据鉴权服务。

数据库审计：对内部运维人员、数据库管理员等高权限用户访问敏感数据或误操作重要业务数据的行为进行审计。数据库审计应具备敏感审计记录保护、异常行为审计、特权用户行为审计、敏感数据访问审计、高危操作审计、数据库访问行为审计、业务操作实时回放等能力。

业务操作审计：通过获取和解析网络流量，提取业务操作用户、业务操作内容、业务操作行为等，根据设定的安全监控策略，审计业务操作用户是否为授权用户，业务操作内容和操作行为是否在授权范围内，并对违反授权策略的行为进行阻断。

高敏感数据加密：对运维人员和数据分析人员在运维和数据分析过程中接触的高敏感数据进行加密处理，防止高敏感数据泄露。

数据脱敏：通过脱敏规则对敏感数据进行处理，实现对敏感数据的安全保护。通过安全基础设施的数据脱敏服务，对生产环境中的敏感数据访问进行脱敏处理，脱敏后的数据级别应低于脱敏前的级别；通过安全基础设施的数据脱敏服务，对导出的敏感数据进行脱敏处理，脱敏后的数据级别应低于脱敏前的级别。

6）数据交换安全

数据交换是指各类数据资源对外提供的访问和管理能力，采用数据服务化、数据服务访问控制、数据授权、数据鉴权、数据泄露检测等技术，保障数据交换安全。通过数据层接口提供数据服务，降低数据泄露的风险。采用前后台分离的方式，数据服务控制数据访问，通过安全基础设施中的可信 API 代理访问数据。

数据服务访问控制：在应用服务调用数据服务的过程中，验证应用服务的身份，鉴别访问请求权限。

数据授权：根据用户属性、数据属性及用户对数据的操作行为，配置用户数据访问权限策略。由零信任体系提供数据授权服务。

数据鉴权：基于数据的访问权限策略，对数据的访问权限进行鉴别。由零信任体系提供数据鉴权服务。

数据泄露检测：通过数据分级分类标签，检测发现违反数据保护策略的敏感数据，定位泄露的源头，防止敏感数据被泄露。通过安全基础设施的数据泄露检测服务实现敏感数据泄露检测和溯源。

终端数据泄露检测：相关人员在使用终端设备进行业务查询、办理的过程中，可能将大数据平台的数据下载、导出到本地办公终端，可采用终端数据防泄露系统防止数据从办公终端泄露。终端数据防泄露系统具备数据分类、数据使用监控、数据使用权限管理、数据使用全程审计的功能。

网络数据泄露检测：在数据中心内部传输数据过程中，为了防止因违规、误操作导致数据泄露，通过网络数据防泄露系统对外发的数据进行敏感性识别，以便及时发现、拦截，禁止共享开放的数据流出数据中心。

7）数据销毁

当数据到达数据全生命周期的末期，或者用户提出特定数据销毁需求的，应对数据进行彻底删除，也就是确保数据删除之后不能再被恢复。数据销毁方式可分为软销毁和硬销毁两种。

5. 安全管理中心

数据安全管理中心基于全局统一的敏感数据知识库提供一体化策略管理能力，基于数据流动监测和日志留存提供数据安全风险的感知与分析能力。通过敏感数据地图、策略协同、风险分析等特性，以及数据全生命周期安全的控制点（终端数据防泄露、网络数据防泄露、大数据安全审计等产品）协同管理，实现数据可视、风险可管、数据可控的目标。

6.5.3.5　安全效果评价

某部委大数据系统借助安全访问平台，在零信任体系、安全防护体系的支撑下，具备了数据采集安全、数据访问安全、数据交换安全、数据销毁安全的完备能力。可确保数据仅对合法用户可见，结合业务场景和使用环境进行精细化的动态授权，能够保护数据全生命周期安全，并且能够实现数据访问过程中违规行为及风险的全面发现与审计。

6.5.4　某政务大数据三级安全设计案例

6.5.4.1　背景说明

根据国务院有关推进"互联网+政务服务"和政务信息系统整合共享的相关要求，各级政府积极响应构建政务大数据平台，通过多种方式对不同机构、各下属单位进行数据汇聚和融合，并在业务的驱动下，充分结合社会数据，为政府、企业和公众提供政务相关的数据服务，为行业提供产业相关的数据服务，为公众提供公共服务和便民服务。利用大数据辅助政府治理，促进大数据产业发展，增强人民群众的获得感。

由于政务大数据平台涉及多个数据源接入，具有多种多样的数据汇聚方式，涉及国计民生相关数据的共享，同时政务大数据的数据全生命周期也有其独特性，因此政务大数据平台的安全至关重要。

6.5.4.2　需求分析

1. 合规需求

政务大数据平台需要满足网络安全等级保护对于大数据安全部分的"一个中心，三重防护"的要求，详见网络安全等级保护大数据安全部分相关标准。

2. 安全需求

政务大数据平台的安全需求主要包括大数据应用支撑环境安全和数据安全两方面需求。

1）大数据应用支撑环境安全

大数据应用支撑环境安全主要是指大数据核心组件、组件应用、组件接口等的安全问题。

核心组件安全：大数据平台广泛采用开源组件，各个组件独立设计、开发，并根据不同的业务需求进行组合搭建，若针对各个组件的安全管控不当，就极易产生安全风险。针对上述问题，需要制定大数据平台组件安全配置基线规范，推动针对大数据平台组件安全的合规性检查。

根据组件的重要性与通用性，需要对 HBase、Hive、HDFS、YARN&MR 四类组件的身份认证、访问控制、数据保护、日志审计等方面进行规范。

组件应用安全：政务大数据平台的应用组件包括协调办公、共性应用等服务，一般都采用 Web 的方式对外提供各类服务，75%以上的攻击瞄准了网站。这些攻击可能导致平台遭受声誉和经济损失，造成恶劣的社会影响。

组件接口安全：接口是大数据平台与应用系统、工具程序之间的交互点，为了保证大数据平台自身的安全及平台中的敏感数据安全，需对接口进行安全管控，包括传输安全、访问控制、接口日志记录与预警、调用控制、接口参数安全等。

2）数据安全

数据资产路径可视化：能够实现数据资产可视化路径地图，可以清晰地了解敏感数据、非敏感数据分布在平台的位置、数据被谁使用、数据使用者的权限、敏感数据的传递路径、数据表的继承和血缘关系，进而呈现数据地图。

敏感数据泄密感知：识别主动泄密的异常行为，通过建立数据操作异常行为模型，实现对敏感数据泄密的感知。

数据内容识别：针对多种数据类型、多种应用场景，提供多种检测算法，算法可以灵活组合。利用机器学习等技术实现敏感数据检测。需要支持主流文件格式，包括但不限于 Microsoft、Apple、Adobe、HP、IBM、金山等。支持日常公文类文件、数据库文件、邮件类、网页类等的内容提取，支持多层文档嵌套的内容提取。

6.5.4.3　安全架构设计

针对政务大数据系统及业务发展的特点，以及安全风险分析及安全管控机制，本案例提出政务大数据安全总体设计框架如图 6-34 所示。

图 6-34　政务大数据安全总体设计框架

在此案例中，政务大数据安全总体设计框架体系涉及基础架构安全、大数据应用支撑环境安全、大数据业务流程和安全防护措施、大数据安全管理中心四部分。

基础架构安全：考虑通信网络安全、区域边界安全、计算环境安全等涉及大数据平台依赖的 IT 基础设施、网络和通信的安全。

大数据应用支撑环境安全：考虑大数据平台自身安全，包括计算与分析安全、数据组织与分布安全、大数据平台组件安全等。

大数据业务流程和安全防护措施：从大数据全生命周期考虑各阶段的安全防护能力建设。

大数据安全管理中心：负责系统管理、安全管理和审计管理。

6.5.4.4　详细安全设计

根据上述政务大数据安全总体设计框架，结合网络安全等级保护等相关标准规范要求，本案例对安全物理环境、安全通信网络、安全区域边界、安全计算环境、安全管理中心五个方面做出了详细的安全设计方案。

1. 安全物理环境

大数据平台所处的机房和物理环境具有防震、防雨、防风能力，均通过了专业机房的验收。机房采用了相应耐火等级的建筑材料，配置了自动消防系统、视频监控系统；采取严格的访问控制措施和安检措施，有专人值守和巡检；采取防静电措施、漏水检测措施，实现机房内温湿度自动调节；通信线缆和电力线缆分桥架铺设，由多个不同的变电站供电，具有备用电力供应的能力。

2. 安全通信网络

网络层可信传输：主要涵盖专线接入、IPSec 接入、互联网 VPN 接入等模式。专线接入能够确保大数据平台与互联网或其他外部环境之间的数据通信始终处在独立、隐蔽、安全的网络链路中，从物理层面或逻辑层面实现与其他流量的有效隔离。

应用层可信传输：大数据应用过程中有非常多的调用过程，因此需要对应用与应用之间的传输采用 SSL 等技术进行链路加密，并对各类 API 设计足够的安全代码规范和使用策略。同时，采用 CA 证书管理体系，针对基于 Web 的大数据应用场景、移动应用场景提供 HTTPS 安全解决方案。

3. 安全区域边界

大数据平台基于物理网络环境和虚拟网络的隔离措施，实现传统网络、VPC 网络、Internet 网络三网隔离，彼此之间不能互相访问。物理网络通过防火墙、VLAN、ACL 进行访问隔离和控制；虚拟网络通过 Gateway、VPC、安全组进行严格的访问控制，对入口镜像流量包进行深度解析，实时检测各种攻击和异常行为，对所有用户操作行为进行审计，并且对网络设备、服务器日志进行实时查询，对产生的告警日志进行实时收集，并进行集中化的日志管理。

4. 安全计算环境

1）大数据业务安全部分设计内容

（1）大数据采集阶段。

敏感数据发现：在大数据采集过程中，需要对敏感数据进行发现，通过自动化数据扫描工具对数据资产进行自动感知，准确识别不同来源、不同用途、不同格式、不同类型的大数据资源，确保敏感数据的可见性。

数据分类分级：基于敏感数据发现结果，可以进一步分析不同数据之间的关系和相互作用，输出全面的数据分类和风险定级信息，并形成符合业务自身特性的大数据分类分级架构安全方案。

数据真实性分析：大数据具有来源广泛、海量存储、快速生成的特征，需要利用有效的大数据分析技术构建合理的数据筛选和清洗模型，确保大数据的判断准确率达到足够的水平。可参考的建模技术包括机器学习和深度学习等人工智能手段。

（2）大数据处理阶段。

大数据处理阶段需重点考虑针对数据清洗、数据关联、数据标识的安全措施。

① 数据清洗。

通过对数据进行辨别和分离，实现对冗余数据及垃圾数据的滤除。完成提取动作后的数据都需要进行清洗，被识别为垃圾数据的数据可以直接滤除，或者在标识后正常处理并交付后端模块判断如何进一步处理。其他未被滤除的数据则直接进入后续处理环节。

数据去重：在各类场景下设定相应的数据重复判别规则及合并、清除策略，对数据进行重复判别，并对重复数据进行合并或清除处理。

格式转换：不同来源的数据可能存在多种不同的格式，需要根据数据元标准把非标准数据转换成统一的标准格式进行输出，将不同来源的同类数据按照统一规则进行转换。

数据校验：校验主要包括对数据的完整性校验、一致性校验等。常用的校验规则有空值校验、取值范围校验、居民身份证号码/手机号/IMEI/MAC/IP 地址等校验、数值校验、长度校验、精度校验等。此外，还有更为复杂的多字段条件校验、业务规则校验等。

② 数据关联。

关联回填：将不完备的日志数据与知识数据等按场景进行关联，并将关联的要素等信息回填到日志，提升数据的关联度及价值。

关联提取：根据提取规则，对各类数据资源中的关键要素之间的关系或关联进行提取，主要包括人、物、组织、时空、电子标识等要素之间的关联和其他业务要素之间的关联。关联提取是从单条数据记录中进行数据关联提取的。

③ 数据标识。

建立数据标识平台，数据标识基于标签知识库，利用标签引擎对数据进行比对分析、模型计算，并将其打上标签，为上层应用提供支撑。标签引擎包括规则解析、规则路由、规则编译和规则执行。

（3）大数据存储阶段。

政府大数据采用分布式存储方式，以多副本、多节点方式存储来自不同信息来源的数据。对于存储状态下的数据，需要根据数据分类分级结果，对识别出的重要或敏感数据采用更严格、更安全的保护措施（包括但不限于数据存储加密、数据库加密等）。

数据加密：在大数据环境下，对数据加密的安全性要求与传统数据管理相同，需要采用国家密码管理局认证的加密协议和加密手段来确保符合国家层面的安全保障要求。同时，大数据加密处理需要利用更高级的技术来满足其海量、高性能的要求，如基于属性的加密、同态加密等。

密钥管理：密钥管理往往是整个数据加/解密过程中最关键且最烦琐的步骤。因此，在本次设计中建设了密钥管理中心，它作为数据安全服务中心为各业务应用提供密钥服务，满足不同场景、不同业务、不同数据的密钥管理机制，可以有效地实现加密密钥的全生命周期安全保障。

存储介质安全：在大数据平台环境下，分层、分类、分级的存储系统是大数据有效运转的基础。其中，根据数据处理效能和数据存储的不同需求，存储介质包括但不限于内存、SSD、磁盘、磁带等。可信存储技术可以提供更加安全的存储接口和存储协议，确保数据的保密性和完整性得到有效保证。

（4）大数据应用阶段。

在大数据应用阶段，建立严格的授权管理、策略管理、细粒度权限设计、隐私管控等技术和管理支撑。通过设计基于角色的访问控制、针对隐私保护的访问控制、数据血缘访问控制、基于密码学的访问控制及协同访问控制等管控措施，满足在大数据使用过程中面对的多元化、多技术融合的复杂场景。

用户/业务鉴权：确保数据的合法访问，通过身份管理、认证管理和授权管理实现完整的鉴权机制。通过用户身份标识、用户票据认证、用户授权检查、业务身份标识、业务票据认证和业务授权检查"六把钥匙"形成端到端的大数据平台访问鉴权体系。

监控审计：合法的数据访问中也可能存在恶意构造的数据请求。为了及时发现潜在的数据安全事件，大数据管理平台对关键数据访问和操作过程进行监控，实时、及时发现异常并告警，同时采取强制下线、锁定账号等若干紧急处理预案，避免数据泄露和破坏的情况发生。

数据销毁：由于传统的数据销毁方法（如物理删除等）执行效率低，并且可能存在遗漏问题，已经不能满足大数据的实际需求。建立有效的敏感数据加密机制，可通过对其密钥进行不可逆销毁，让加密数据无法被恢复解读，从而实现大数据环境下的数据可信删除策略。

（5）大数据流转阶段。

政府机构、企事业单位的信息系统和公共数据环境的互联互通是大数据应用的必然发展方向，同时成为推动大数据产业链不断完善的必然途径，数据共享安全成为政务大数据平台的重要关注点之一。由于大数据资源跨越多个部门、多个管理区域甚至多个行政地区，不可避免地存在数据被多方使用的情况，因此针对数据共享安全问题，需要建立一套大数据管理平台自我防御体系，确保数据共享过程中关键数据的安全性和隐私性。

敏感数据脱敏：随着《中华人民共和国网络安全法》的正式实施，国家及监管机构对个人信息的保护愈发重视，监管力度也一再加强。为了满足大数据平台对数据安全和隐私保护方面的各种合规性要求，需要根据不同数据使用场景（开发、测试、分析等）制定有针对性的数据脱敏方案，并且在大数据平台快速部署，直接对用户身份信息、代码等敏感数据进行脱敏处理，实现对有效数据灵活调用，减少数据脱敏过程的时间和成本。

同时，从大数据全生命周期安全管理角度出发，需要进一步构建更加完善的大数据隐私保护体系，明确隐私保护中的知情权、遗忘权等核心内容。

数据溯源：通过加注操作向数据加入数据标识，数据标识包含数据提供方的标识、授权使用方的标识及加注时间戳等信息，为数据建立可鉴别的唯一标识，以便在数据流通过程中查询数据的相关信息。在数据泄露后，数据被泄露者破坏，无法通过正常版权信息查证数据源数据、数据归属等信息，只有通过加注在数据主体中的数据标识进行鉴定和确权，并且可以实现数据回放。

2）大数据应用支撑环境安全设计内容

本案例重点探讨大数据组件安全内容，大数据管理的组件包括大数据的基础架构组件（如 Hadoop、Spark）、平台的应用服务组件（如协同办公、共性应用）、大数据的模型算法三部分。

大数据的基础架构组件安全： 大数据平台的各种基础架构组件在开源模式下缺乏整体安全规划，自身安全机制存在局限性。比如，Hadoop、Spark 等组件的最初设计是为了管理大量的公共 Web 数据，假设集群总是处于可信的环境中，由可信用户使用的相互协作的可信计算机组成，因此没有建立起完善的安全机制且未进行整体安全规划，在身份管理、访问控制和安全审计等方面均存在一定的安全隐患。大数据组件的漏洞也是需要关注的问题。

针对以上问题，政务大数据平台应建立起集中化的安全管理和审计平台，通过专门的集中化的组件形成大数据平台总体安全管理视图，实现集中的系统运维、安全策略管理和审计，通过统一的配置管理界面，解决安全策略配置和管理繁杂的难题。在身份认证方面，通过边界防护，保证 Hadoop 集群入口的安全。通过集中身份管理和单点登录等方式，简化认证机制；通过界面化的配置管理方式，可以方便地管理和启用认证系统。在访问控制方面，通过集中角色管理和批量授权等机制，降低集群管理的难度；通过基于角色或标签的访问控制策略，实现对资源（例如文件、目录、表、数据库、列族等访问权限）的细粒度管理。在加密和密钥管理方面，提供灵活的加密策略，提供更好的密钥存储方案，保障数据传输过程及静态存储都是以加密形式存在的。

建立大数据漏洞管理平台管理各类组件漏洞，包括安全漏洞、安全配置问题、应用系统安全漏洞等。检查系统存在的弱口令等问题，同时需要具备快速定位风险类型、区域、严重程度，直观展示安全风险的能力。

平台的应用服务组件安全： 建立起 Web 应用防护系统，可通过深入分析和解析 HTTP 的有效性，提供安全模型，只允许已知流量通过，基于应用层规则可检测应用程序异常情况和敏感数据是否正在被窃取，并阻断攻击或隐蔽敏感数据，保护云计算平台的 Web 服务器，确保云计算平台的 Web 应用和服务免受侵害。

Web 应用防护技术提供了一种安全运维控制手段，基于对 HTTP/HTTPS 流量的双向分析，为 Web 应用提供实时的防护，防护功能包括 Web 应用防火墙、CC 攻击防护、DNS 劫持检测、0day 漏洞补丁、网页防篡改。

大数据模型算法的安全： 政务大数据平台采用了大量的机器学习和深度学习等大数据模型算法。大数据模型算法的安全问题包括深度学习框架中的软件漏洞、对抗机器学习的恶意样本生成、训练数据的污染等。这些威胁可能导致人工智能所驱动的识别系统出现混乱，造成漏判或者误判，甚至导致系统崩溃或被劫持，因此政务大数据平台要从以下几个方面进行模型算法的加固。

（1）定期进行 AI 软件漏洞扫描，及时对开源框架漏洞进行防护修补。

（2）建立模型算法的安全机制，如算法保密性，确保源代码安全存储不泄露。通过行为分析判断是否存在暴力探测 AI 引擎的漏洞。

（3）建立安全的数据来源管控机制，通过模型验证等手段提升模型的健壮性，防止大量假数据污染 AI 模型，严控训练数据来源，并进行规则筛选，增强以对抗性数据作为机器学习模型的输入的难度。

3）敏感数据安全设计内容

与大数据平台的数据量相比，敏感数据密度明显偏低，敏感数据与普通的、风险级别较低的数据混杂在一起，难以对其进行判别。与此同时，大数据平台敏感数据可能包含政务、企业、金融等多个领域的关键信息，如果被误判为低风险数据直接发送到公共平台或互联网区域，将会导致较为严重的泄密事件。因此，大数据平台应具备敏感数据管理能力。

敏感数据管理是在数据流动的过程中，从业务层面分析敏感信息的业务流程，结合风险传递过程，识别敏感数据业务流向的能力。该能力应包括以下几个方面的特征。

敏感数据识别：将敏感数据从海量数据中抽取出来并加以判别的能力。该能力应通过行业库关键字、正则表达式等方式，精准识别存储于文件系统、数据库、大数据组件中的敏感数据，以及在平台中流动传输的敏感数据。利用机器学习将已知的敏感数据作为样本进行训练，获得精度较高的识别引擎，再将引擎应用于数据内容的识别。

敏感数据流向管理：在敏感数据被识别出来后，其分布、存储位置、参与的计算、组件间的流动、出入境的状态都需要被详细审计。审计内容应包括敏感数据所有人、敏感属性、所进行的操作与计算、操作计算时间、最终流向等信息，以辅助管理员有效地掌控敏感信息态势。

流转节点风控：敏感数据除在流向上存在问题之外，其流转节点风险也与安全息息相关。即便敏感数据在可控的范围内在组件中进行流转，所有计算流程均未超出边界，但因大数据框架、文件系统甚至物理机器存在明显的脆弱性，敏感数据依然有泄密风险。因此，需要结合流向管理，对敏感数据流经的每个节点实体进行风险、漏洞等评估，确保每个节点安全措施到位，有效实现敏感数据安全管控。

5. 安全管理中心

系统管理： 提供了统一、智能的安全监控能力，作为整个大数据平台的安全支撑平台，这些监控作为大数据安全运维的中心，与网络安全设备进行协同防御，为用户提供全方位的安全防护服务。通过利用多种主动防御手段，在网络内部建立一个立体的防御体系。安全监控系统采集网络基础设施的安全事件，并对海量的安全事件进行关联分析，评估网络安全风险，定位系统脆弱点。统一监控不仅针对设备层进行安全管理，还覆盖了用户业务层的安全。通过对业务系统进行建模，仿真业务流程，保证用户业务的可用性与可靠性。

审计管理： 政务大数据平台具有 4V 特性，即规模性（Volume）、多样性（Variety）、高速性（Velocity）和价值性（Value）。因此，其数据流动量、业务规模、流动频率与速度都非常突出，采用常规手段难以对内容与业务是否存在安全问题进行判断。同时，由于平台数据敏感性高、分析结果价值丰富，因此流动的数据一旦存在问题，将留下很多不可预知的隐患。安全运营团队应建设高效的安全审计系统，辅助安全专家实现运维管理决策。审计系统需具备任意部署的特性，对企业网络中的关系型数据库、对象数据库、大数据组件各类会话信息、访问操作、操作语句实现全量审计入库。

安全管理： 政务大数据平台还需建立全方位的安全态势感知网络，要对网络安全威胁进行可视化呈现。基于支持二维、三维地理空间分布，对全网主机及关键节点的综合安全信息进行网络态势监控。支持逻辑拓扑层级结构，从全网的整体安全态势到信息资产、安全数据的监测，进行全方位态势监控。支持全网各节点的信息查询，实时反映节点信息的状态，对节点信息安全进行全面监测。支持全面的网络威胁入侵检测分析功能，通过 AI 技术深入分析网络流量信息，并支持多种图表的威胁告警方式，同时支持自定义告警策略，设置告警范围和阈值等策略。通过 APT 攻击检测系统，对攻击来源、攻击目的、攻击路径进行溯源分析，同时根据安全威胁事件的来源信息和目标信息，结合 GIS 技术将虚拟的网络威胁和现实世界生动地结合起来，实现网络安全态势的可视化。

6.5.4.5　安全效果评价

根据网络安全等级保护"一个中心，三重防护"的设计原则，本方案从安全区域边界、安全通信网络、安全计算环境和安全管理中心四个方面对某政务大数据安全进行了需求分析、规划设计和实施运维，使某政务大数据的安全防护技术覆盖整个大数据业务和服务过程，满足网络安全等级保护第三级安全设计要求。本方案为政务数据的录入、使用、共享、流转建立了完善的安全保障机制，为政务数据的科学、合理、安全使用起到了良好的示范作用。

6.5.5　基于云计算的大数据平台三级安全设计案例

6.5.5.1　背景说明

大数据平台部署模式主要依赖大数据平台基础设施层采取的技术，可采用虚拟化技术、云计算技术及数据仓库技术，支持上层大数据平台数据处理和计算；也可能由集成核心大数据服务所需的服务器、存储与网络设备、虚拟化软件等通用基础设施和计算资源，降低大数据服务基础设施部署和运维管理的复杂度，优化大数据服务性能等。

当用户依托公有云计算资源使用数据时，基础设施层可由公有云计算服务商提供，用户也可以依赖私有云计算模式使用数据，与上层大数据平台数据处理和计算同属于一个主体。需要按照不同层级服务资产的归属，确认各自的责任主体，基于此，在开展网络安全等级保护工作时承担的建设范围和安全职责会有所不同。

6.5.5.2　需求分析

1. 合规需求

为推动网络安全等级保护工作，落实《中华人民共和国网络安全法》等相关法律法规和标准要求，大数据平台运营者应对大数据平台实施网络安全等级保护测评工作，大数据平台安全保护等级为第三级。

在开展网络安全等级保护测评时需要考虑不同的测评对象。开展网络安全等级保护测评工作，有助于发现大数据平台安全保护状况与相应安全保护等级的网络安全等级保护基本要求间的差距和可能存在的安全隐患，为后续大数据平台安全建设整改和监管机构的监督管理提供参考。

2. 安全需求

对于基于云计算的大数据平台，基础设施层要实现云计算基础设施的安全能力，并在计算分析层和数据平台层实现数据清洗、脱敏、隔离、分级分类及溯源等能力。为实现上述目标，需确保提供云计算基础设施及具备计算分析、数据处理的安全技术能力。

6.5.5.3　安全架构设计

基于云计算的大数据平台是为大数据应用提供资源和服务的支撑集成环境，包括基础设施层、数据平台层和计算分析层。相对于传统架构大数据平台，基于云计算的大数据平台服务依托原生云架构，依靠云操作系统，实现底层云计算平台计算系统。基于云计算的大数据平台整体架构设计如图 6-35 所示。

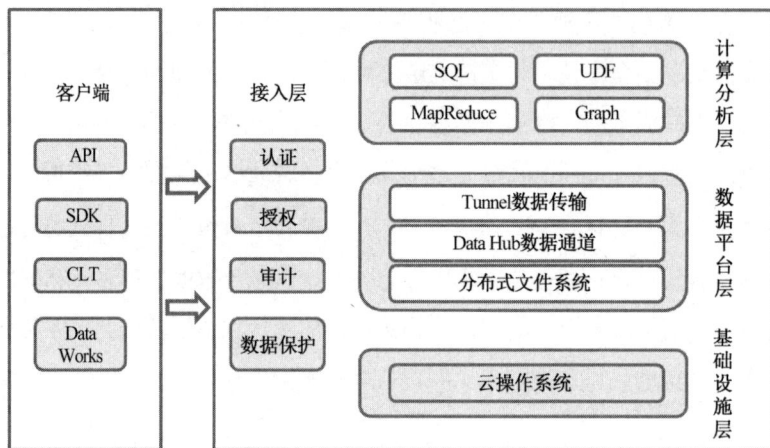

图 6-35　基于云计算的大数据平台整体架构设计

大数据平台基础设施层基于原生云架构，以自研分布式技术和产品为基础，一套体系支撑所有云产品和服务，提供完整的云计算平台开放能力，具备完善的企业级服务特性、完善的灾备解决方案和完全自主可控的能力。通过将物理服务器的计算和存储能力及网络设备虚拟化、虚拟计算、分布式存储和软件定义网络，为上层系统提供 IT 基础服务的支撑能力。

大数据平台的数据平台层通过分布式文件系统提供基础文件服务；通过 Tunnel 实现数据通道作为数据对外的统一通道支持各类异构数据源导入/导出；同时通过 Data Hub 支持增量数据的导入和数据传输插件传递至 Data Works 进行数据分析和挖掘。

大数据平台计算分析层支持多种计算模型。

SQL：大数据平台以表的形式存储数据，支持多种数据类型，并对外提供 SQL 查询功能。

UDF：用户自定义函数，通过创建自定义函数来满足不同的计算需求。

MapReduce：大数据平台提供的 Java MapReduce 编程模型可以简化开发流程。

Graph：大数据平台提供的 Graph 功能是一个面向迭代的图计算处理框架，通过迭代对图进行编辑、演化，最终得出结果。

大数据平台通过客户端进行访问，支持通过 API 进行离线数据处理服务，支持通过 SDK 封装方式进行访问，可利用 Windows/Linux 操作系统下的客户端工具通过 CLT 提交命令完成操作，同时支持 Data Works 可视化工具进行数据同步、任务调度、报表生成等操作。大数据平台客户端基于接入层，实现用户对平台的认证、鉴权、审计和数据保护等。

6.5.5.4　详细安全设计

1. 安全物理环境

基于云计算的大数据平台服务的国内地域数据中心所处大楼具有一定的防震、防雨和防风能力，都通过了专业机房的验收。机房采用了具有相应耐火等级的建筑材料，配置了自动消防系统、视频监控系统；采取严格的访问控制措施和安检措施，有专人值守和巡检；采用防静电地板或环氧树脂地坪，配备了静电消除器、防静电手环、专用空调、温湿度探头等，布设了漏水检测装置；通信线缆和电力线缆分桥架铺设，由多个不同的变电站供电，并使用 UPS、柴油发电机进行备用电力供应。

对于用户自行选择或建设的大数据平台所在数据中心应按照《基本要求》的要求实施。

2. 安全通信网络

大数据平台基础设施层若采用公有云基础设施，则由云服务商承担基础架构层硬件、虚拟化及云产品服务层的安全防护责任。若采用自建云基础设施，则可基于物理网络的大数据平台网络环境部署高性能网络设备、负载均衡，满足对业务承载能力的需求。通过统一运维平台对网络设备的性能进行实时监控，对带宽水位进行监测，并基于云操作系统的专有网络实现虚拟网络安全域划分，对入口镜像流量进行安全监控、深度解析流量包，实时检测出各种攻击和异常行为。同时，在物理通信网络的基础上增加了对管理流量和系统业务流量的分析防护安全要求。

3. 安全区域边界

大数据平台基于物理网络环境实现经典网络、VPC 网络、Internet 网络三网隔离，彼此之间不能互相访问，对入口镜像流量包进行深度解析，实时检测出各种攻击和异常行为，同时部署 3A 服务器，对所有用户操作行为进行审计，并对网络设备、服务器日志进行实时查询，对产生的告警日志进行实时收集，将告警日志和操作日志一并转发至日志服务，并存储在 OSS 平台，保存期限超过 6 个月。

4. 安全计算环境

安全计算环境包括基础设施层、数据平台层和计算分析层，用户通过安全的通信网络跨越安全的区域边界，以网络直接访问、API 接口访问或 Web 服务访问等方式访问安全的大数据平台。大数据平台的系统管理、安全管理和安全审计由安全管理中心统一管控，主要增加了大数据各组件的身份鉴别、数据脱敏、数据分级分类等大数据平台的控制点，安全的大数据平台环境应提供安全加固（操作系统、镜像）、数据脱敏、数据分级分类、双因素身份鉴别、访问控制、安全审计等安全能力。

5. 安全管理中心

系统管理员、安全管理员、审计管理员通过统一的云管控制台对系统进行不同类型的操作，对设备进行管理配置。通过堡垒机进行日常设备管理，同时对设备及业务的运行情况进行集中监测，基于操作系统实现对资源的统一调度。

6. 安全管理

大数据平台运营者设计网络安全策略和制度，完善网络安全组织架构和岗位设置，按照国际和行业认可的信息安全管理制度体系，将体系要求的安全建设和运维要求以平台化、系统化和自动化的方式实现。对于采用公有云基础设施，安全管理部分能力可由公有云服务商来提供。

6.5.5.5　安全效果评价

依据《基本要求》中对第三级系统的要求，对大数据平台的安全保护状况进行综合分析评价，大数据平台无中、高风险安全问题，故大数据平台通过网络安全等级保护测评，等级测评结论为优。

6.5.6　某政府大数据安全管控平台三级安全设计案例

6.5.6.1　背景说明

某政府在推动大数据应用发展的过程中，以及在公共服务领域的应用实践中，产生了海量的政务大数据。为建设新型智慧城市，建立统一的政务大数据平台，需要将各级政府部门、各单位管辖的数据资源汇集起来，实现政府数据的互联互通，并对大量的多源异构数据融合进行大数据综合分析、挖掘，从而帮助政府将现有的数据资源进行转化并创造出价值，有效地提升政府管理和决策能力。

该地政务大数据资源来自各委、办、局，涵盖各行业，数据结构多样，关联关系多，并涉及大量的个人隐私数据、国家敏感数据，数据安全性的问题也是当地政府十分重视和密切关注的事情，亟须构建统一的大数据安全管理平台，解决大数据全生命周期，包括采集、传输、处理、存储、交换、销毁等各环节的数据安全风险。

本案例着重介绍"一个中心，三重防护"核心思想的"一个中心"部分，在大数据安全管理实践过程中，统一的大数据安全管理平台尤为重要，需要覆盖数据全生命周期，实时管控数据泄密问题、安全事件、用户违规操作、安全策略执行等情况，本案例将介绍某政府大数据安全管理平台的最佳实践。

6.5.6.2　需求分析

1. 合规需求

按照《中华人民共和国网络安全法》，对网络的防护实际上是对数据及其承载系统的防护，数据平台数据安全防护体系建设正是对大数据平台大数据全生命周期的完整性、保密性和可用性的一个安全屏障。

按照《基本要求》，针对大数据安全部分的"一个中心，三重防护"的需求开展网络安全等级保护测评工作，有助于发现大数据平台安全保护状况与相应安全保护等级的网络安全等级保护基本要求间的差距和可能存在的安全隐患，为后续大数据平台安全建设整改和监管机构的监督管理提供参考。

2. 安全需求

1）数据采集安全需求

数据采集的数据包含各委、办、局的敏感信息，这些数据在汇集过程中会经过网络传输。经过网络传输的敏感信息在没有加密措施保护的情况下，存在被网络监听的可能，导致敏感信息泄露的风险。

采集前置机安全需求：前置机、交换区汇集了各单位的原始数据。前置机、交换区需要部署必要的安全防护措施，防止非法分子入侵、病毒感染、非法登录等各种安全风险。一旦前置机被入侵感染，其汇集的数据将面临泄露、丢失及被破坏等各种安全风险。

采集前置机接入安全需求：如果采集平台缺少可信认证机制，便不能分辨前置机、交换区的合法性，存在非法接入风险。在非法接入后，会与数据平台的网络联通，数据平台存储的数据将面临极大的安全风险。

数据采集违规操作安全需求：数据采集平台的用户执行其权限外的操作属于违规操作，违规操作行为需要被监控，一旦造成平台异常或数据被破坏，可以回溯违规历史操作。

2）数据治理平台安全需求

违规操作监控需求：数据使用和运维管理人员违规操作导致数据泄露的风险。

开发测试环境数据脱敏需求：开发测试人员具有数据库操作权限，会接触到敏感信息，因此存在敏感信息泄露风险。

3）数据存储安全需求

统一运维访问控制需求：大数据资源池包括关系型数据库（TData）、大规模并行数据仓库（TDase）、分布式大数据系统（TBDS）。每类数据库都有自己的账号和权限体系。如果要应用全局安全策略，需要对每类数据库分别设置，分别设置会存在工作量成倍增加的问题。

数据灾备需求：大数据资源池的数据最终被存储在物理磁盘上，以保存项目的所有数据；需要对数据进行容灾备份，以确保数据存储的安全性。

4）数据资源管理平台安全需求

资源管理平台违规操作监控：数据资源管理平台对外提供数据，需要对平台的违规操作行为进行监控；当异常行为发生时，能及时告警，并可追查取证。

数据沙箱脱敏需求：数据需求方会向数据平台请求对批量数据进行分析，当平台提供批量数据时，需要审核是否有必要提供原始数据，对于非必须提供原始数据的内容且是敏感数据的要采取脱敏处理，避免信息泄露。

5）智能网关安全需求

应用服务器可信认证需求：智能网关通过接口方式为应用提供数据服务，如果接口缺少应用服务器的可信认证机制，便不能分辨应用服务器的合法性，存在非法应用服务器接入风险。

数据提供传输加密：智能网关对外提供数据，这些数据会通过网络传输，通过网络传输的敏感信息在没有加密措施保护的情况下，存在被网络监听的可能，甚至存在敏感信息泄露风险。

6）大数据安全平台通用需求

敏感数据整体态势感知：安全策略的优化依赖对当前的数据安全状态的掌握，对当前数据安全状态了解得越充分，对后续的安全策略优化越能提供充足的支撑。数据会经历采集、处理、存储、交换共享、使用、销毁等过程，若缺少所有过程的联动分析，就无法形成数据流动的整体态势，对当前数据安全状态很难形成整体掌控，不能为后续的数据安全决策提供有效支撑。

数据安全事件统一告警管控：当发生安全事件时，需要及时告警反馈，快速进入应急响应流程。如果缺少安全事件异常告警机制，当发生安全事件时，就无法及时得到告警反馈。安全事件越晚被发现，造成的损失就会越大。

6.5.6.3　安全架构设计

某政府大数据安全管控平台架构如图 6-36 所示。

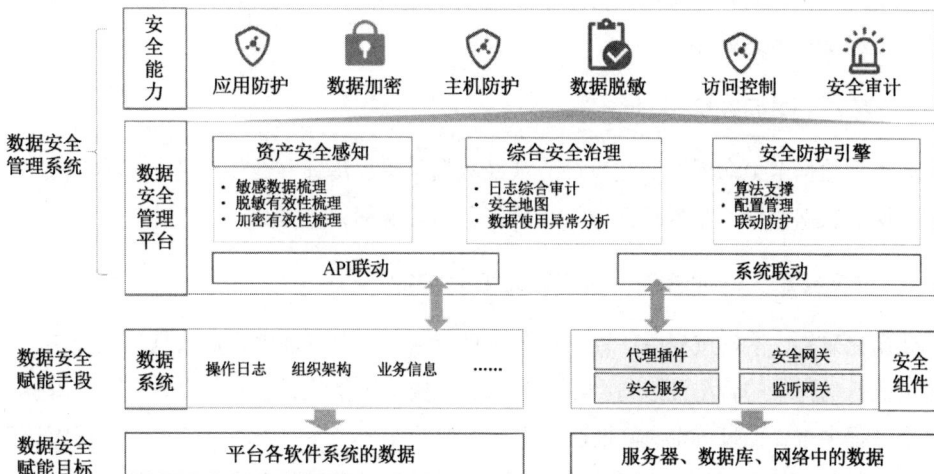

图 6-36　大数据安全管控平台架构

数据安全赋能目标包含平台各软件系统的数据，以及服务器、数据库、网络中的数据。根据数据全生命周期管控体系，为目标数据提供数据脱敏、数据加密、安全审计、访问控制等安全防护能力。

为了具备大数据安全的防护能力，大数据安全系统根据目标数据的特点，提供多种技术手段。由于平台各软件系统的数据处理机制不同，为了达到对软件系统中数据的安全防护，可以采用与软件系统 API 联动的方式，双方定制安全接口共同完成。

服务器、数据库、网络中的数据多为标准技术存储流转，如常见的关系型数据库、分布式大数据系统、大规模并行数据仓库、TCP/IP 地址、Windows/Linux 操作系统等。数据安全系统根据要达到的防护目标，会使用代理插件、安全网关、安全服务、监听网关等多种安全组件。

数据安全管理平台居中协调，统一管理安全策略，通过安全组件为数据提供安全防护能力。数据安全管理平台在安全防护过程中，也通过各种安全组件感知敏感数据资产，并对敏感数据进行的脱敏、加密等行为统一梳理。此外，数据安全管理中心对汇集的安全事件信息、敏感数据资产信息进行智能分析，形成整体安全事件地图，对数据安全现状进行整体把控，以指导安全策略持续优化，不断提高数据安全能力的成熟度。

某政务大数据平台打破数据壁垒，实现数据集中管理，破解大数据发展难题，具备跨部门、跨领域、跨地域的数据融通能力，实现域内数据集中管理、域外数据共享交换、域边界依规则柔性扩展，实现数据可上报至上级政府的数据开放平台、数据共享交换平台，形成数字经济的生态循环。

6.5.6.4　详细安全设计

政务大数据全生命周期安全设计应涉及数据采集、治理，数据运营，脚本建模开发，数据交换、数据存储、数据统计分析、数据共享等流程，具体如下。

1. 数据采集、治理流程，实现脚本安全审批

数据在采集、治理过程中，针对运维过程，结合安全审批机制及数据访问控制，对运维人员执行的脚本的合法性进行判断，只有合法脚本才能执行成功，非法脚本禁止执行。在这个过程中需要经过审批，审批通过之后由数据安全治理中心同步信息到数据库访问控制中心，数据库访问控制中心以同步的信息为依据对脚本进行判断。数据采集、治理流程如图 6-37 所示。

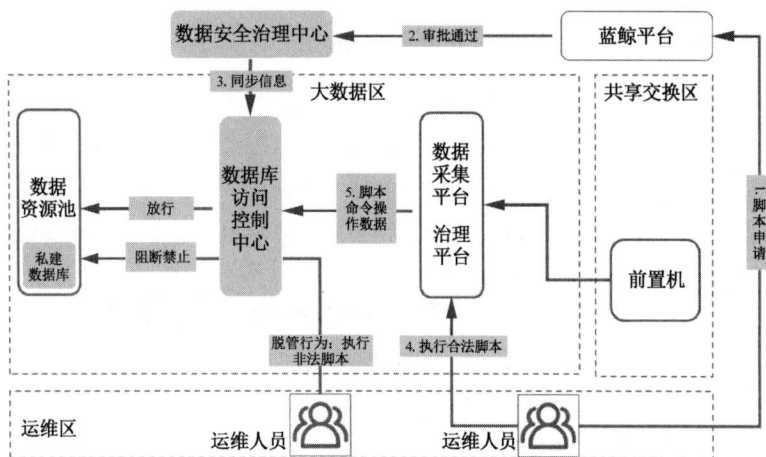

图 6-37　数据采集、治理流程

2. 数据运营流程，各系统操作行为严格管控

在数据运营过程中，各系统的操作行为贯穿数据全生命周期，需要对数据传输、存储、处理、交换及销毁全过程的操作行为进行审计及管控，涉及的平台包括采集、治理、分析平台，最后将审计日志同步到数据安全治理中心进行统一管理、联动分析。若不这样做，则很难对当前数据安全状态形成整体掌控，不能为后续的数据安全决策提供有效支撑。数据运营流程如图 6-38 所示。

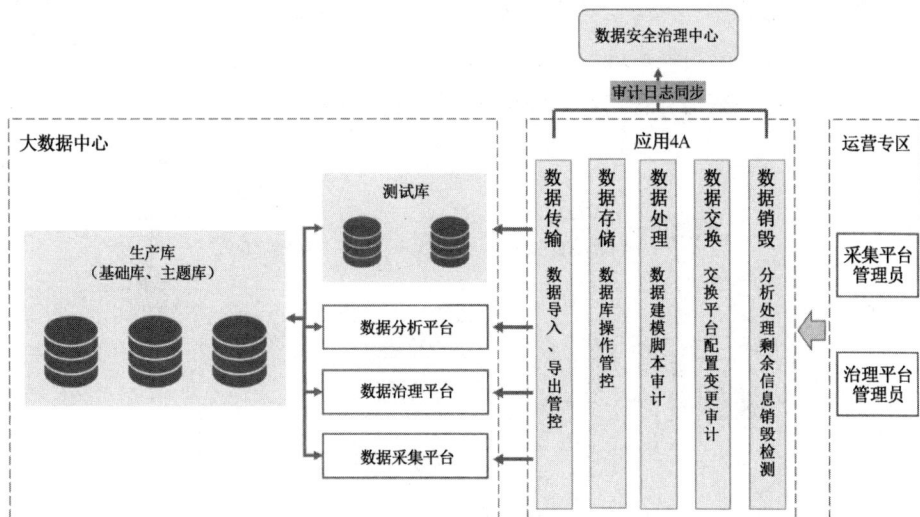

图 6-38　数据运营流程

3. 脚本建模开发流程，数据开发脱敏管理

针对开发测试环境，数据开发及运营人员会向大数据资源池申请对开发生产数据进行开发测试工作，当大数据资源池提供批量数据时，对敏感数据要进行脱敏处理，避免信息泄露。在此过程中也会进行审计，数据安全治理中心将申请次数和开发次数进行对比，在开发次数多于申请次数的情况下进行告警处理。脚本建模开发流程如图 6-39 所示。

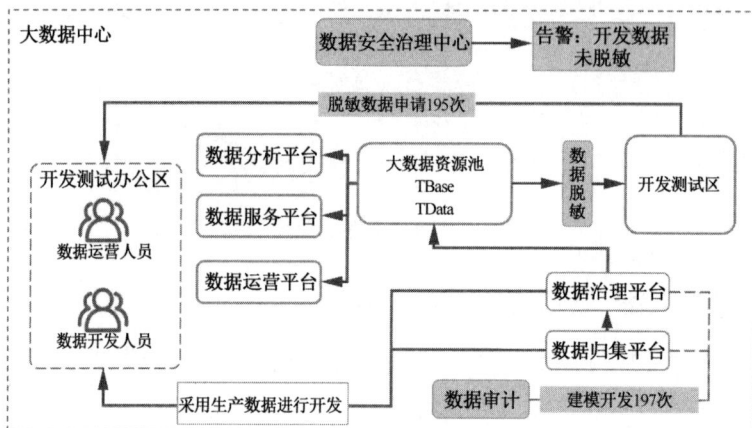

图 6-39　脚本建模开发流程

4. 数据交换流程，高敏感数据加密管理

在数据交换过程中，为降低敏感数据泄露的风险，需要保证交换过程数据的保密性。在提供数据时，需要先对数据进行加密，在最后使用时再进行解密。在此过程中，数据安全治理中心进行统一密钥管理。数据交换流程如图 6-40 所示。

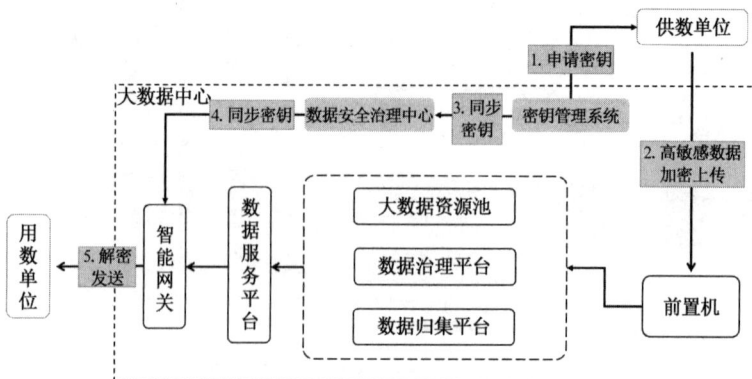

图 6-40　数据交换流程

5. 数据存储流程，数据分类分级保护

数据存储在大数据资源池，只有对数据的分布情况有详细的了解，才能对外发数据进行合理的安全管控，对存储在数据资源池中的数据的分布情况，特别是高敏感数据的分布情况进行梳理、呈现，并进行分级。在外发数据时，针对数据的级别采取不同的管控手段，严格控制数据的外发。数据存储流程如图 6-41 所示。

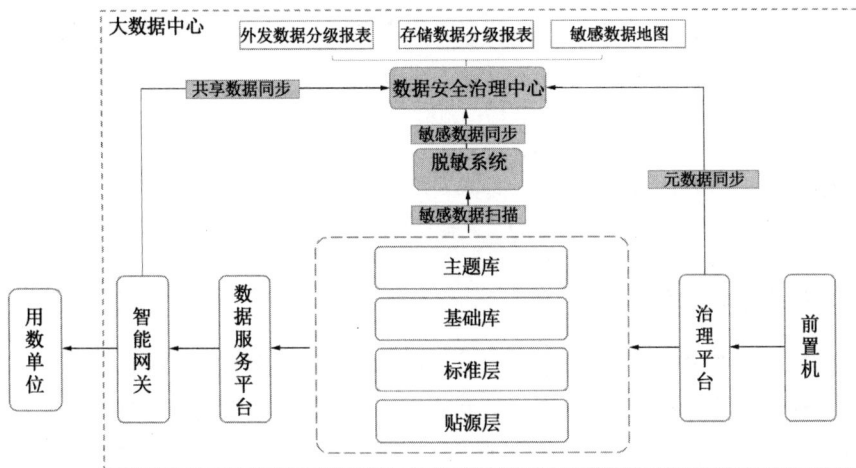

图 6-41　数据存储流程

6. 数据统计分析流程，分析平台水印追溯

数据分析报告的分析结果价值极高，一旦泄露出去，会给数据资产和成果带来严重损失。某政务大数据平台承载的用户单位数量大，在分析数据被泄露出去之后，要想快速追踪泄露者，需要对分析报告添加水印，并且同步水印信息到数据安全治理中心，这样数据一旦泄露，就可以通过泄密报告追踪数据泄密者，迅速进行追责。数据统计分析流程如图 6-42 所示。

7. 数据共享流程，数据水印实现安全追溯

在数据共享过程中，各省、地市的用户单位每天向大数据中心提出的数据请求繁多，请求的数据量也非常大，数据共享出去后，泄露的风险极大，一旦泄露出去，则很难定位追责。因此，可以在数据中心给用户单位提供数据前对数据添加水印，给不同的用户单位发送有不同标签的数据。一旦数据泄露，就可以根据泄露的数据标签追踪溯源。

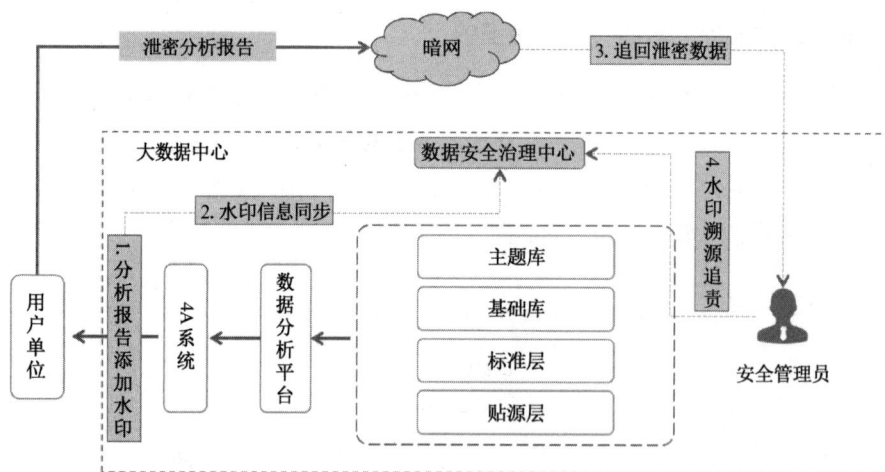

图 6-42　数据统计分析流程

6.5.6.5　安全效果评价

通过对数据全生命周期采取相应的安全防护措施，建立大数据全过程的纵深安全保护体系。从基础到应用，渐进详细地规划了某政府的大数据安全管理平台建设内容，为整个体系起到了框架指导的作用；强化了系统及数据的安全防护能力，提升了安全运维保障能力，为某政务大数据平台的安全建设保驾护航。

附录 A　缩略语

- 0day：Zero Day，零日。

- 3A：Authentication, Authorization, Accounting，AAA 服务器。

- 3DES：Triple Data Encryption Algorithm，三重数据加密算法。

- 4A：Authentication, Authorization, Accounting, Audit，统一安全管理平台解决方案。

- 4V：Volume, Variety, Velocity, Value，规模性、多样性、高速性、价值性。

- 5A：Anytime, Anyone, Anywhere, Anydevice, Anything，任何时间、任何人、任何地点、任何设备、任何事务。

- AC：Access Controller，接入控制器。

- ACL：Access Control List，访问控制列表。

- AES：Advanced Encryption Standard，高级加密算法。

- AI：Artificial Intelligence，人工智能。

- AK：Access Key，密钥。

- AP：Access Point，接入点。

- API：Application Program Interface，应用程序接口

- APN：Access Point Name，接入点名称。

- App：Application，应用程序。

- APT：Advanced Persistent Threat，高级持续性威胁。

- ARM：Acorn RISC Machine，精简指令集处理器架构。

- ARP：Address Resolution Protocol，地址解析协议。

- AS：Application Server，应用服务器。

- ATS：Automatic Train Supervision，列车自动监控子系统。

- ATO：Automatic Train Operation，列车自动运行子系统。
- ATP：Automatic Train Protection，列车自动防护子系统。
- BGP：Border Gateway Protocol，边界网关协议。
- BIBA：BIBA Mandatory Access Control，BIBA 强制访问控制模型。
- BIM：Building Information Modeling，建筑信息模型。
- BIOS：Basic Input Output System，基本输入输出系统。
- BLP：Bell-LaPadula Mandatory Access Control，BLP 强制访问控制模型。
- BYOD：Bring Your Own Device，自带设备办公。
- CA：Certificate Authority，证书颁发机构。
- CBTC：Communication Based Train Control，基于通信技术的列车控制。
- CDN：Content Delivery Network，内容分发网络。
- CI：Computer Interlocking，计算机联锁系统。
- CLT：Command Line Tool，命令行工具。
- CNG：Compressor Natural Gas，压缩天然气。
- CPU：Central Processing Unit，中央处理器。
- CRC：Cyclic Redundancy Check，循环冗余校验。
- CSR：Certificate Signing Request，证书签名申请。
- CSRF：Cross-Site Request Forgery，跨站请求伪造。
- CTC：Centralized Traffic Control，调度集中系统。
- CTCS：Chinese Train Control System，中国铁路列车控制系统。
- DAC：Discretionary Access Control，自主访问控制。
- DB：Database，数据库。
- DBA：Database Administrator，数据库管理员。
- DCS：Distributed Control System，分布式控制系统。
- DCS：Data Communication System，数据通信系统。

- DDoS：Distributed Denial of Service，分布式拒绝服务。

- DES：Data Encryption Standard，数据加密算法。

- DHCP：Dynamic Host Configuration Protocol，动态主机配置协议。

- DLP：Data Leakage Prevention，数据防泄密。

- DMZ：Demilitarized Zone，隔离区。

- DNP：Distributed Network Protocol，分布式网络协议。

- DNS：Domain Name System，域名系统。

- DPI：Deep Packet Inspection，深度包检测。

- DSU：Data Service Unit，数据业务单元。

- DTS：Dispatcher Training Simulator，调度员培训模拟子系统。

- DTU：Date Transfer Unit，数据传送装置。

- EAL：Evaluation Assurance Level，评估保证水平。

- ECC：Elliptic Curves Cryptography，椭圆加密算法。

- ECS：Elastic Compute Service，弹性计算服务。

- EMS：Element Management System，网元管理系统。

- ER：Enterprise Resource，企业资源。

- ERP：Enterprise Resource Planning，企业资源计划。

- ETL：Extract-Transform-Load，数据提取、转换和加载。

- FCS：Fieldbus Control System，现场总线控制系统。

- FTP：File Transfer Protocol，文件传输协议。

- GIS：Geographical Information System，地理信息系统。

- GPS：Global Positioning System，全球定位系统。

- GSM-R：Global System for Mobile Communications-Railway，铁路数字移动通信系统。

- HA：High Available，高可用性集群。

- HBase：Hadoop DataBase，Hadoop 数据库。

- HDFS：Hadoop Distributed File System，分布式文件系统。

- HIS：Hospital Information System，医院信息系统。

- HMI：Human Machine Interface，人机接口。

- HTML：Hyper Text Markup Language，超文本标记语言。

- HTTP：Hyper Text Transfer Protocol，超文本传输协议。

- HTTPS：Hyper Text Transfer Protocol Secure，超文本传输安全协议。

- IaaS：Infrastructure as a Service，基础设施即服务。

- IAM：Identity Access Management，身份访问管理。

- IC：Integrated Circuit，集成电路。

- ICMP：Internet Control Message Protocol，互联网控制报文协议。

- ICS：Industrial Control System，工业控制系统。

- ID：Identity Document，身份标识号。

- IDC：Internet Data Center，互联网数据中心。

- IDS：Intrusion Detection System，入侵检测系统。

- IEC：International Electrotechnical Committee，国际电工委员会。

- IED：Intelligent Electronic Device，智能电子装置。

- IMEI：International Mobile Equipment Identity，国际移动设备识别码。

- I/O：Input/Output，输入/输出。

- IP：Internet Protocol，互联网协议。

- IPS：Intrusion Prevention System，入侵防御系统。

- IPSec：Internet Protocol Security，互联网安全协议。

- IPSecVPN：Internet Protocol Security Virtual Private Network，互联网协议安全虚拟专用网。

- ISO：International Organization for Standardization，国际标准化组织。

- ISP：Internet Service Provider，互联网服务提供商。

- IT：Information Technology，信息技术。

- JDBC：Java Database Connectivity，Java 数据库连接接口。

- KMIP：The Key Management Interoperability Protocol，密钥管理互用性协议。

- KNS：Kns Nuclear power plant real-time information monitoring System，核电厂实时信息监控系统。

- L2TP：Layer 2 Tunneling Protocol，第二层隧道协议。

- LNG：Liquefied Natural Gas，液化天然气。

- LPWAN：Low-Power Wide-Area Network，低功率广域网络。

- LR-WPANs：Low-Rate Wireless Personal Area Networks，远程无线个人局域网。

- M2M：Machine to Machine，机器与机器。

- MAC：Media Access Control，媒体访问控制。

- MAM：Mobile Application Management，移动应用管理。

- MBR：Master Boot Record，主引导记录。

- MCM：Mobile Content Management，移动内容管理。

- MD5：Message-Digest Algorithm 5，消息摘要算法第 5 版。

- MDM：Mobile Device Management，移动设备管理。

- MES：Manufacturing Execution System，制造执行系统。

- MIPS：Microprocessor Without Interlocked Piped Stages，无内部互锁流水级的微处理器。

- MIS：Management Information System，管理信息系统。

- MMI：Multi Media Interface，多媒体交互系统。

- MPP：Massively Parallel Processing，大规模并行处理。

- MSS：Maintenance Support System，信号集中监测系统。

- NB-IoT：Narrow Band Internet of Things，窄带物联网。

- NFC：Near Field Communication，近场通信。

- NFV：Network Functions Virtualization，网络功能虚拟化。

- NMS：Network Management System，网络管理系统。

- NoSQL：Not only SQL，非关系型数据库。

- NTP：Network Time Protocol，网络时间协议。

- OA：Office Automation，办公自动化。

- OASIS：Optimized Adaptable Secure Intelligent Seamless Organization for the Advancement of Structured Information Standards，优化的、可适配的、安全的、智能的、无缝的结构化信息标准促进组织。

- OPC：OLE for Process Control，用于过程控制的 OLE。

- OPS：Oracle Parallel Server，甲骨文并行服务器。

- OS：Operating System，操作系统。

- OSS：Object Storage Service，对象存储服务。

- OWASP：Open Web Application Security Project，开放式 Web 应用程序安全项目。

- PaaS：Platform as a Service，平台即服务。

- PC：Personal Computer，个人计算机。

- PCS：Process Control System，过程控制系统。

- PIN：Personal Identification Number，个人身份号。

- PLC：Programmable Logic Controller，可编程逻辑控制器。

- PPS：Packets Per Second，每秒网络包数量。

- PPTP：Point-to-Point Tunneling Protocol，点对点隧道协议。

- PVC：Permanent Virtual Circuit，永久虚拟电路。

- QoS：Quality of Service，服务质量。

- RAC：Real Application Clusters，实时应用集群。

- RBAC：Role-Based Access Control，基于角色的访问控制。

- RBC：Radio Block Center，无线闭塞中心。

- RDP：Remote Desktop Protocol，远程桌面协议。

- REST：Representational State Transfer，描述性状态迁移。

- REST API：Representational State Transfer Application Programming Interface，描述性状态迁移应用程序接口。

- RFC：Request For Comments，一系列以编号排定的文件。

- RFID：Radio Frequency Identification，射频识别。

- ROM：Read-Only Memory，只读存储器。

- RPC：Remote Procedure Call，远程过程调用。

- RTDB：Real Time Database，实时数据库。

- RTOS：Real Time Operating System，实时操作系统。

- RTU：Remote Terminal Units，远程终端单元。

- SaaS：Software as a Service，软件即服务。

- SCADA：Supervisory Control and Data Acquisition，数据采集与监视控制。

- SDK：Software Development Kit，软件开发工具包。

- SHA：Secure Hash Algorithm，安全散列算法。

- SHA-1：Secure Hash Algorithm 1，安全散列算法 1。

- SHA-2：Secure Hash Algorithm 2，安全散列算法 2。

- SIM：Subscriber Identification Module，用户身份识别模块。

- SIS：Safety Instrumented System，安全仪表系统。

- SLA：Service Level Agreement，服务等级协议。

- SIS：Supervisor Information System，厂级监控系统。

- SLS：Simple Log Service，简单日志服务。

- SNMP：Simple Network Management Protocol，简单网络管理协议。

- SOA：Service Oriented System，面向服务的系统。

- SOAP：Simple Object Access Protocol，简单对象访问协议。
- SOC：Security Operation Center，安全运行中心。
- SPLC：Secure Product Lifecycle，云产品安全生命周期。
- SQL：Structured Query Language，结构化查询语言。
- SSD：Solid State Disk，固态驱动器（又称固态硬盘）。
- SSH：Secure Shell，安全外壳。
- SSID：Service Set Identifier，服务集标识符。
- SSL：Secure Socket Layer，安全套接字层。
- SSL VPN：Secure Socket Layer Virtual Private Network，安全套接字层虚拟专用网络。
- TBAC：Task-Based Access Control，基于任务的访问控制。
- TCP：Transmission Control Protocol，传输控制协议。
- TDCS：Train Dispatching Command System，列车调度指挥系统。
- TDMS，Transportation Dispatching Management System，铁路运输调度管理系统。
- TF：Transfer Function，传输功能。
- TGS：Ticket Granting Server，票据授权服务器。
- TIAS：Trafifc Integrated Automation System，行车综合自动化系统。
- TLS：Transport Layer Security，传输层安全协议。
- TPCM：Trusted Platform Control Module，可信平台控制模块。
- TPM：Trusted Platform Module，可信平台模块。
- TSRS：Temporary Speed Restrict Server，临时限速服务器。
- UEFI：Unified Extensible Firmware Interface，统一可扩展固件接口。
- UKey：USB Key，电子密钥。
- UPS：Uninterrupted Power Supply，不间断电源。
- URL：Uniform Resource Locator，统一资源定位符。
- USB：Universal Serial Bus，通用串行总线。

- USB-Key：Universal Serial Bus Key，通用串行总线密钥。

- VDB：Virtual Database，虚拟数据库。

- VDFW：Virtual Distributed Firewall，虚拟分布式防火墙。

- VFW：Virtual Firewall，虚拟防火墙。

- VIPS：Virtual Intrusion Prevention System，虚拟入侵防御系统。

- VLAN：Virtual Local Area Network，虚拟局域网。

- VM：Virtual Machine，虚拟机。

- VPC：Virtual Private Cloud，虚拟私有云。

- VPDN：Virtual Private Dial Network，虚拟专用拨号网络。

- VPN：Virtual Private Network，虚拟专用网。

- VVPN：Virtualized Virtual Private Network，虚拟专用网络。

- VXLAN：Virtual eXtensible Local Area Network，虚拟扩展局域网。

- WAF：Web Application Firewall，网站应用级入侵防御系统。

- Web：World Wide Web，全球广域网。

- WEP：Wired Equivalent Privacy，有线等效保密。

- Wi-Fi：Wireless Fidelity，无线保真。

- WLAN：Wireless Local Area Network，无线局域网。

- WPS：Wi-Fi Protected Setup，Wi-Fi 保护设置。

- XPath：Extensible Markup Language Path Language，可扩展标记语言路径语言。

- XSS：Cross-Site Scripting，跨站脚本。

- YARN&MR：Yet Another Resource Negotiator, MapReduce，另一种资源协调者和多进程模型。

- ZC：Zone Controller，区域控制器。